获上海市优秀教材三等奖

上海市教育委员会高校重点教材建设项目

工程流体力学

Engineering Fluid Mechanics

（第2版）

主编　宋秋红　夏泰淳　王世明　兰雅梅

组编　上海市教育委员会

上海交通大學出版社

内 容 提 要

本教材是上海市教育委员会普通高等学校教材重点建设项目，是水产类院校及普通高等院校工科专业流体力学课程教材。本教材的主要内容有：绪论、流体静力学、流体运动学、理想流体动力学、平面势流理论、水波理论、黏性流体动力学、有压管流和明渠流、边界层理论、一维气体动力学基础。

本书针对一般工科院校学生的基础及专业特点，注意加强理论基础，注重对学生能力的培养，论述简洁明了、深入浅出，物理概念清楚。各章均有一定数量的例题以及结合教材内容的习题，有助于读者的理解及自主学习。为配合教学，编写出版《工程流体力学习题指导》以及教学课件ppt（可在上海交通大学出版社网站免费下载）。

本教材可作为高等院校海洋工程、热能动力工程、暖气与通风工程、机械工程等专业本科教材，也可供建筑工程、环境工程、水利工程等专业本科生及从事上述专业的工程技术人员参考。

图书在版编目(CIP)数据

工程流体力学/宋秋红等主编. —2版. —上海：上海交通大学出版社，2012(2023重印)

ISBN 978-7-313-09005-8

Ⅰ. 工… Ⅱ. 宋… Ⅲ. 工程力学—流体力学—高等学校—教材 Ⅳ. TB126

中国版本图书馆CIP数据核字(2012)第219476号

工程流体力学

（第2版）

宋秋红 夏泰淳 王世明 兰雅梅 **主编**

上海交通大学出版社出版发行

（上海市番禺路951号 邮政编码200030）

电话：64071208

常熟市文化印刷有限公司 印刷 全国新华书店经销

开本：787mm×1092mm 1/16 印张：19.25 字数：459千字

2006年2月第1版 2012年9月第2版 2023年3月第7次印刷

ISBN 978-7-313-09005-8 定价：59.00元

序

流体力学是力学的一个分支，是一门应用范围异常广阔的学科。它向其他学科的渗透力很强，几乎与所有基础和技术学科都可形成交叉学科。故在普通工科院校非力学专业本科阶段设置工程流体力学课程，对学生知识结构的组成和创新潜能的培养是十分必要的。

作者长期从事于水产院校工科专业的流体力学教学，该教材是作者集20多年的教学和教改之经验并结合科研工作中的实践，精心编撰而成。

教材的编写既考虑到理论的严谨性，又照顾到读者的基础程度，循循善诱，深入浅出。全书贯彻了基本、实用、简练的原则，摈弃繁琐的推导，着重于对流动现象、基本公式和定理的物理意义之解释与分析，特别强调这些基本原理在工程实践中的应用。教材的内容比较全面，覆盖了流体力学的基本理论，因此教材的适用对象相对较广。

该教材的一个显著特点是在加强例题分析的基础上，配置了相应的实用性较强的习题。同时编著了配套的习题指导和解析。这有助于训练学生解决实际问题的能力，提高教学效果。

相信该书的出版，为一般非力学类工程专业的学生和有关工程技术人员提供了一本使之能迅速、牢固、系统地掌握流体力学基本原理的合适教材和参考书。

力学前辈武际可先生在庆祝中国力学学会四十周年的文章"力学——迎接21世纪新的挑战"中激情满怀地写道："搞建设，力学是墙根；攻科技，力学是刀刃。砌墙根要好砖，学力学要好男好女。……一个现代社会的成员，缺少了力学文化，寸步难行。每个成员的这种文化素质提高了，将为社会增加无形的财富，减少有形的损失，社会的生产效率提高将是难以估计的。"有感于武先生的情怀与哲理，作为全国高等学校力学教学指导委员会的一员，深感提高力学教学质量的意义和责任；承蒙作者抬爱，邀我作序；为耕耘者潜心写书精神之所动，欣然命笔。

刘桦

2005年12月

再版前言

《工程流体力学》教材自2006年2月出版至今已逾6年，在此期间先后重印了3次，共计11130册，受到了广大教师和学生们的欢迎，并于2007年荣获上海市教委优秀教材三等奖。

为适应21世纪的需要，通过多年的教学实践，本教材对第1版进行了修订。《工程流体力学》(第2版)在内容上更重视"三基"训练，即基础理论、基本知识和基本技能，并且也吸纳、介绍了近年来在流体力学领域中的新知识、新进展。文字方面仍保持少而精的原则，重点更加突出，简明实用。本次修订，在广泛征求和收集部分院校师生对原教材意见的基础上，对全书内容进行了更新、充实和修改，注意拓宽知识面和实际工程上的应用，增加了第8章明渠流动的内容。为了便于学生复习和自测，还增添了模拟试卷，以利于学生的自主复习和总结提高。全书由宋秋红、夏泰淳、王世明、兰雅梅执笔编写，最后由宋秋红、夏泰淳统稿完成。

我们力求第2版教材有所改进和提高，以适应大多数院校的教学需要。同时，我们也恳请教材使用者，能发现问题，给予指正，使本教材能不断臻于完善。

作　者

2012.7.28

前　　言

随着科学技术的日益发展，流体力学这门学科的重要性也渐显出来。可以毫不夸张地说，现在几乎所有的工程专业都直接或间接地与流体力学有关。由于流体力学学科的渗透力很强，与所有基础和专业学科之间都有交叉学科形成，因此各类工程专业，即使是非力学专业，开设流体力学课程也十分必要。但是，由于流体力学中的一些概念比较抽象，再加上流体运动本身十分复杂，因此学生在学习中往往存在不少困难。为了帮助一般工科专业学生迅速、牢固、系统地掌握流体运动的基本概念，作者依据20多年来在教学上的体会和心得编写了本书，并尽可能使教材具有简洁明了和深入浅出的特点。考虑到水产专业及一般工科专业学生的基础和专业需要，本教材尽可能简化对公式、定理的数学推导，而着重于对其物理概念的阐明、理解和应用，强调知识点的工程背景，以引导学生建立正确的物理概念和力学模型；本书加强了例题分析，这些例题具有典型性和实用性，既有助于学生增强对现象、概念和结论的理解，也有利于学生掌握解决实际问题的能力和方法；书中还配置了相应的实用性较强的习题，有助于学生进一步消化和理解教材的内容。这是理论与实践相结合的重要环节。为了引导学生少走弯路，方便学生自主学习，作者还为本教材所有习题配套编写了习题指导和解析。上海交通大学出版社网站提供本教材试卷的电子版本及参考答案。

本教材共分10章，前6章主要是以不考虑黏性的理想流体为主要研究对象，分别讲述了绪论、流体静力学、流体运动学、理想流体动力学，以及研究理想流体运动极为重要的平面势流理论和简单的水波理论；第7章至第9章主要阐明黏性流体的量纲分析和相似原理，圆管中的流动以及边界层理论；最后，第10章简单介绍了一维可压缩气体的理论基础。由于教材的内容既有一定的广度，也有一定的深度，因此适用的对象相对比较广。本书的主要使用对象是非力学类工程专业，如机械、热能、动力、能源、暖通、船舶、环保、海洋工程及相关专业的本科生，也可供从事有关流体力学工作的教师及工程技术人员参考。不同对象可根据需要取舍，也适合系统学习。

在本书编写过程中，上海交通大学刘桦、刘岳元教授等对本教材提出过很多积极建议，并分别审阅了部分章节。上海水产大学教授周应祺对作者从事的流体力学课程教学与书稿提出过许多宝贵意见和建议，特在此表示衷心的感谢。赵汉取和张杰承担了全部书稿的制图和打印工作，付出了不少辛勤劳动，在此也一并致谢。

本书编写时，有些内容及部分习题是从主要参考文献中的教材中引用的，在此特向有关作者和出版社表示感谢。

本书是上海市教委普通高等院校重点建设教材，但在编写过程中，限于作者水平和能力，书中如有不当之处，恳请专家和读者提出批评与指正。

作　者

2005年10月

目　录

第1章 绪　　论

1.1 流体力学的任务与研究对象

1.1.1 流体力学的任务

流体力学是一门宏观力学，它研究由于外部原因而引起的流体运动，而对于流体的分子运动是不予考虑的。它是航空、水利、建筑、制冷、渔业、造船及机械等近代工业的理论基础。

流体力学主要研究流体运动的规律，以及流体与固体、液体及气体界面之间的相互作用力问题。随着近代能源、环境保护、化工和石油等生产的发展，流体力学与工程技术的关系愈来愈密切。

流体力学与祖国现代化建设有着密切的联系。研究各种水上或水下运动物体（如船舰、潜艇、各种网具等），可以了解它们的水动力学性能，以便获得阻力小、性能佳的物体形状；研究河流、渠道和流体在各种管道中的流动，特别是流体与各种壁面之间的作用力，可以掌握它们的运动规律，获得节能高效的工程设计；研究大气和海洋运动，可以更好地为农业、渔业、航海技术服务。

流体力学学科的渗透性很强，几乎与所有基础和技术学科形成了交叉学科。因此，在非力学专业开设流体力学课程十分必要。没有流体力学的发展，现代工业和高新技术的发展是不可能的。流体力学在推动社会发展方面作出过重大贡献，今后仍将在科学与技术的各个领域中发挥更大的作用。

1.1.2 流体力学的研究对象

流体力学的研究对象就是流体以及在其中运动的物体。流体包括液体和气体两大类。它们的共性是，由于流体质点之间的内聚力很小，所以具有很大的流动性。所谓流动性是指，流体在无论多么微小的剪切力作用下，都会发生连续剪切变形，直至剪切力停止作用为止。但是液体和气体也具有各自的个性：对于液体来说，它具有一定的容积，往往存在一个自由表面；对于气体来说，它不具有固定的容积，不存在自由表面，但容易压缩。在研究某个问题过程中，如果液体或气体各自的个性可忽视的话，那么这两者之间便具有大致相同的规律。

例如，当研究在空气中飘行的气球和深水中运动的水雷时，由于水雷在深水中运动，自由表面对其的影响可以忽略不计；而气球运动的速度很小，气体的压缩性也可不予考虑，因此，这两个物体尽管在不同的流体中运动，它们的力学规律是完全相同的。

1.1.3 流体力学的一个最基本假设

在研究流体力学时，认为流体完全充满它所占有的空间而不存在任何空隙。这就是说流体力学研究对象是一种所谓的连续介质，且不考虑流体的分子运动。以空气为例，在0℃

时，1 个大气压下 1 cm^3 体积内含有 2.96×10^{19} 个分子。换言之，若以 10^{-3} mm 为边长的正方体内(体积为 10^{-9} mm^3)含有 2.96×10^{7} 个分子，则从宏观工程的角度来看，如此小的体积完全可看作一个几何点(称为流体质点)。有了这个连续介质假设，每个流体质点就具有确定的宏观物理量。当流体质点位于某个空间点(x, y, z)时，若将流体质点的物理量 $B(t)$作为该空间点的量，就可以建立该物理量的空间连续分布函数 $B(x, y, z, t)$。例如，流体的一切力学特征如：速度、密度及压强等都可以看作坐标及时间的函数，就有可能利用有效的数学工具来计算。在数学上，连续的确切含义是可以无限分割，实数系是一个连续系，空间的连续系就构成了“场”。

学习流体力学，要理解和掌握基本理论、基本概念和基本方法，注意理论联系实际，学会准确分析和解决工程中的各种流体力学问题，并培养深入研究和探讨流体力学学科发展的能力。

本书主要采用国际单位制，例如：长度用“米”，符号为 m；时间用“秒”，符号为 s；质量用“千克”，符号为 kg；力是导出单位，采用“牛顿”，符号为 N，$1\,N=1\,kg\cdot m/s^2$。在某些专业设备上，仍有采用工程单位制的习惯。使用时，必须注意两种单位的换算。基本换算关系是 1 kgf ＝9.807 N。

1.2　作用在流体上的力

流体运动状态发生变化的外因是流体受到了力，因此首先必须分析作用在流体上的力。流体中作用力按作用方式可以分为质量力和表面力两大类。

1.2.1　质量力

质量力是施加在每个流体质点上的力。它具有以下几个特点：若在流体中取出一团被封闭表面 A 所包围的某一任意体积 V 的流体，质量力是作用在体积 V 内所有流体质点上，力的大小与这一流体质点的质量成正比，而与在体积 V 外流体的存在无关。质量力是分布力，它是分布于各流体质点的体积上，质量力又称为长程力，它能穿越空间作用到所有的流体质点上。一般来说，质量力包括重力和惯性力两种。

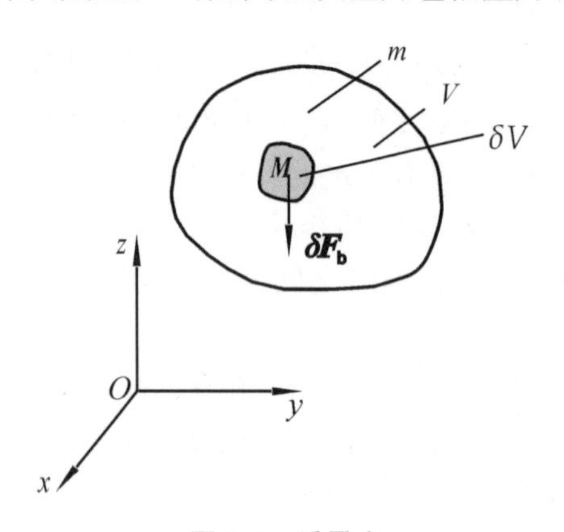

图 1.1　质量力

在流体力学中，质量力的大小通常以作用在单位质量上的力来表示。

在流体中取质量为 m 的一团流体，其体积为 V，流体质点 M 在其中，包围 M 点的流体元体积为 δV，设流体元的密度为 ρ，作用于流体元的总质量力为 $\delta \boldsymbol{F}_b$(图 1.1)，定义 M 点单位质量的质量力

$$\boldsymbol{f}=\lim_{\delta V\to0}\frac{\delta \boldsymbol{F}_b}{\delta m}=\lim_{\delta V\to0}\frac{\delta \boldsymbol{F}_b}{\rho\delta V}$$

这个力简称质量力。

在直角坐标系中质量力 $\boldsymbol{f}$ 的分量式为

$$\boldsymbol{f}=f_x\boldsymbol{i}+f_y\boldsymbol{j}+f_z\boldsymbol{k}$$

在国际单位制中，质量力的单位是 m/s^2，与加速度的单位相同，总质量力的单位是 N。

在图 1.1 中，假设质量为 δm 的流体受到总质量力 $\delta \boldsymbol{F}_{\mathrm{b}}$ 作用，产生的加速度

$$\boldsymbol{a} = \frac{\delta \boldsymbol{F}_{\mathrm{b}}}{\delta m}$$

则
$$\boldsymbol{f} = \boldsymbol{a}$$

分量形式为：

$$\begin{cases} f_x = a_x \\ f_y = a_y \\ f_z = a_z \end{cases} \tag{1.1}$$

式(1.1)表示质量力在坐标轴上的投影分别等于质量力产生的加速度 $\boldsymbol{a}$ 在坐标轴上的投影。

举例如下，一辆小车内盛装液体并以加速度 $\boldsymbol{a}$ 作直线运动，如图 1.2 所示。在自由液面上取一点 O 作为原点，并建立坐标系如图，那么，这些液体受到的质量力可以表示为

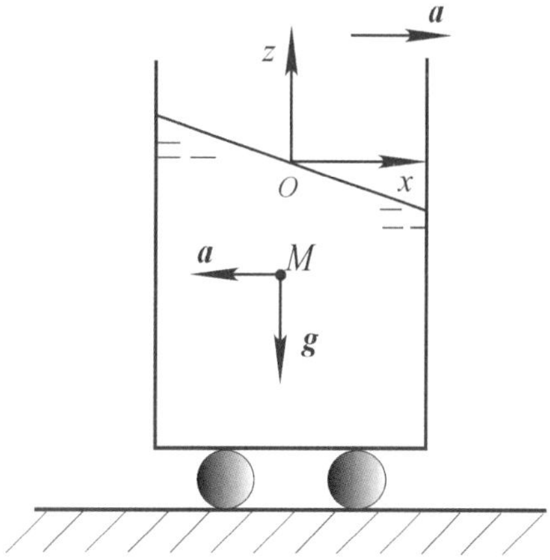

$$f_x = -a,\ f_y = 0,\ f_z = -g$$

或
$$\boldsymbol{f} = -a\boldsymbol{i} - g\boldsymbol{k}$$

图 1.2　重力和惯性力

1.2.2　表面力

表面力是直接作用在流体表面上的力，它是分布力，但分布于面积上。这个力的施力体主要取决于流体与流体接触还是与物体接触，前者施力体是流体，后者施力体是物体。表面力又称为短程力，是指相邻的流体与流体，流体与物体之间通过分子作用(如分子碰撞、内聚力、分子动量交换等)产生的力，它只有在分子间距的量级上才是显著的。随着两个质点的间距增大，短程力急剧减小为零。一般来讲，表面力包括压力和黏性力两种。

在流体力学中，表面力通常以单位面积上的表面力来表示。

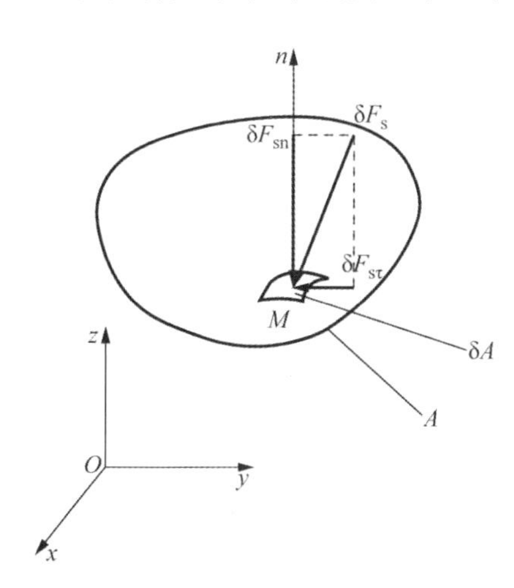

图 1.3　表面力

在运动流体中，设某团流体与外界接触的表面为 A，在 A 上取一小块微小面积 δA，其中流体质点 M 在 δA 内(图 1.3)。若作用在 δA 上的总表面力为 δF_{s}，将其沿 δA 的法向和切向分解为两个分力 δF_{sn} 和 $\delta F_{\mathrm{s\tau}}$，则定义：

$$p = \frac{\delta F_{\mathrm{sn}}}{\delta A}$$

为 δA 上的平均压应力；

$$\tau = \frac{\delta F_{\mathrm{s\tau}}}{\delta A}$$

为 δA 上的平均切应力，

取极限
$$p_M = \lim_{\delta A \to 0} \frac{\delta F_{\mathrm{sn}}}{\delta A}$$

称为 M 点的压应力，习惯上将其称作 M 点的压强。

$$\tau_M = \lim_{\delta A \to 0} \frac{\delta F_{s\tau}}{\delta A}$$

称为 M 点的切应力，习惯上将其称作 M 点的黏性应力。压强和切应力的单位是帕斯卡(Pascal)，以符号 Pa 表示，$1\ \text{Pa} = 1\ \text{N/m}^2$，工程单位为$\text{kgf/m}^2$或者 kgf/cm^2。换算关系是 $1\ \text{kgf/cm}^2 = 9.8 \times 10^4\ \text{Pa}$。

1.3 流体的主要力学性质

在研究流体的平衡及运动时，必须知道流体的力学性质。流体最主要的力学性质是惯性、黏性以及压缩性和热胀性。

下面阐述这几个力学性质。

1.3.1 惯性

所谓惯性是指物体维持原有运动状态的性质，要改变物体的运动状态，则必须克服惯性的作用。一般用物体的质量来表征物体惯性的量度。在地球引力场里，由于物体的重量与质量成正比，因此重量也是惯性的量度。但是在多数情况下，流体的总质量或者总重量是没有意义的。因此往往用密度和重度来表征流体的惯性。

1. 密度

密度是单位体积流体的质量，以符号 ρ 来表示。

设一团流体体积为 δV，质量为 δm，流体质点 M 在其中(图 1.4)，则这团流体的平均密度为：

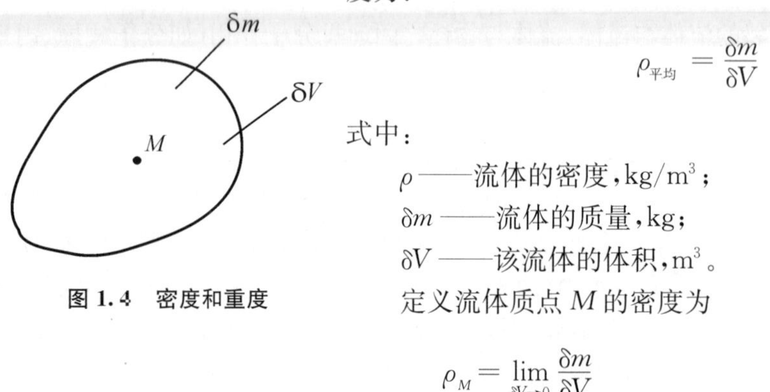

图 1.4 密度和重度

$$\rho_{\text{平均}} = \frac{\delta m}{\delta V}$$

式中：

ρ ——流体的密度，kg/m^3；

δm ——流体的质量，kg；

δV ——该流体的体积，m^3。

定义流体质点 M 的密度为

$$\rho_M = \lim_{\delta V \to 0} \frac{\delta m}{\delta V}$$

各点密度不完全相同的流体，称为非均质流体；而各点密度完全相同的流体，称为均质流体；如果流体的密度始终不变，则称为不可压缩流体，可用 ρ=常量来表示。

2. 重度

重度或称容重，是单位体积流体的重量，以符号 γ 来表示。

如图 1.4 所示，这团流体的重量为 $\delta G = \delta m \cdot g$，则这团流体的平均重度

$$\gamma_{\text{平均}} = \frac{\delta G}{\delta V}$$

式中 $\gamma_{平均}$ 的单位为 N/m^3。

定义流体质点 M 的重度为

$$\gamma_M = \lim_{\delta V \to 0} \frac{\delta G}{\delta V}$$

显然密度 ρ 和重度 γ 之间的关系为 $\gamma = \rho \cdot g$，其中 g 是重力加速度。

压强和温度的变化对液体的密度影响很小，一般可视液体的密度为常量，如采用水的密度为 1 000 kg/m^3，水银的密度为 13 600 kg/m^3。但压强和温度的变化对气体的密度影响较大，一个标准大气压下，0℃空气的密度为 1.29 kg/m^3。

在一个标准大气压下，水的密度见表 1.1，几种常见流体的密度见表 1.2。

表 1.1　水的密度

温度/℃	0	4	10	20	30
密度/$kg \cdot m^{-3}$	999.87	1 000.00	999.73	998.23	995.67
温度/℃	40	50	60	80	100
密度/$kg \cdot m^{-3}$	992.24	988.07	983.24	971.83	958.38

表 1.2　几种常见流体的密度

流体名称	空气	酒精	四氯化碳	水银	汽油	海水
温度/℃	20	20	20	20	15	15
密度/$kg \cdot m^{-3}$	1.20	799	1 590	13 550	700～750	1 020～1 030

在一些工程问题中，还经常用到比重这一概念。流体的比重是指该流体的重度与水在温度为 4℃时的重度之比。或者讲该流体的密度与 4℃水的密度之比。比重用符号 d 表示。

由于比重比密度更容易记，在工程上用得较多，例如水银的比重为 13.6，酒精的比重为 0.8，相应的密度分别是 13.6×10^3 kg/m^3 和 800 kg/m^3。比重的公式如下：

$$d = \frac{\gamma}{\gamma_{4℃水}} = \frac{\rho}{\rho_{4℃水}}$$

很显然，比重是一个无量纲量。

1.3.2　黏性

1. 黏性的表象

当用棒旋拨盆中的水时，盆内的水被带动而作整体旋转运动。将棒取出后，水旋转速度渐渐减小，直至静止。这个例子说明：流体除了流动性外，还有带动或阻止邻近流体运动的特征。流体在运动时，流体内部的流体质点或流体流层之间因相对运动而产生内摩擦力（或内切向力），以抵抗相对运动，这种性质称为黏性。而此内摩擦力称为黏滞力。在流体力学研究中，流体黏滞力十分重要。

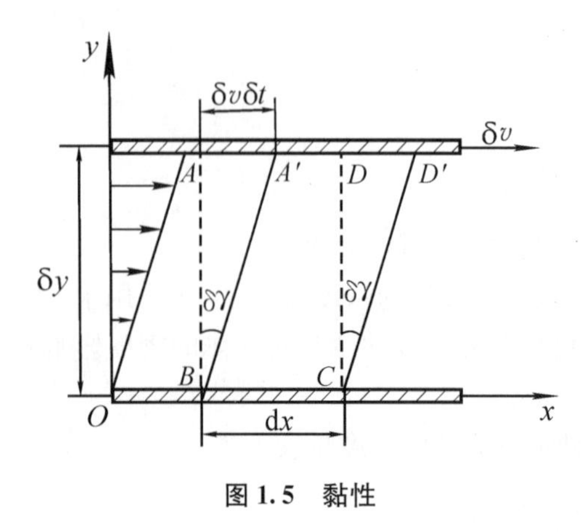

图 1.5　黏性

为了说明流体的黏性，可参阅图 1.5，两块水平放置的无限大平行平板，相距 δy，两板间充满黏性流体。设下平板固定不动，而上平板上施加一个力 δF，使其以速度 δv 向右运动。由不滑移假设，贴近上、下平板的流体质点必附着于板面，与下平板贴近的流体质点其速度为零，而与上平板贴近的流体质点同样以平板的运动速度 δv 向右运动。在两平板间，每层流体质点的速度如图 1.5 所示。倘若两平板之间的距离 δy 很小，而且平板移动速度 δv 不大时，可以认为平板间每层流体的速度分布是直线分布，否则就是曲线分布。

2. 牛顿内摩擦定律

牛顿曾做过此类实验，设移动上平板时单位面积上所需的力为 τ_0，那么

$$\tau_0 \propto \delta v \quad 且\ \tau_0 \propto \frac{1}{\delta y}$$

或者可写成：

$$\tau_0 = \mu \frac{\delta v}{\delta y}$$

式中 μ 是比例系数，称为黏度系数（或黏度），单位是 $\mathrm{N \cdot s/m^2}$，以符号 $\mathrm{Pa \cdot s}$ 表示。

τ_0 代表黏性流体作用于移动平板单位面积上的切向力或者摩擦阻力。实际上，流体在运动时，各层之间都会产生摩擦阻力。设任意两层流体，它们之间的距离为 $\mathrm{d}y$，它们之间的速度差为 $\mathrm{d}v$，则这两层流体之间单位面积所受到的切向力（简称切应力）为

$$\tau = \mu \frac{\mathrm{d}v}{\mathrm{d}y} \tag{1.2}$$

式中，$\frac{\mathrm{d}v}{\mathrm{d}y}$是速度在法线方向的变化率，称为速度梯度。式(1.2)就是牛顿内摩擦定律。

观察由虚线所围的矩形流体元 $ABCD$ 的变形。如图 1.5 所示，根据不滑移假设，经过 δt 时间后，AD 线移动到 $A'D'$，移动的距离为 $\delta v\delta t$，AB 和 DC 线的偏转角均为 $\delta\gamma$，矩形变成平行四边形。偏转角 γ 对时间 t 的导数 $\dot{\gamma}$ 称为角变形速率，简称切变率。即

$$\dot{\gamma} = \frac{\mathrm{d}\gamma}{\mathrm{d}t} = \lim_{\delta t \to 0} \frac{\delta\gamma}{\delta t} = \lim_{\delta t \to 0} \frac{\delta v \delta t}{\delta y \delta t} = \frac{\mathrm{d}v}{\mathrm{d}y}$$

故式(1.2)也可写成：

$$\tau = \mu \frac{\mathrm{d}v}{\mathrm{d}y} = \mu\dot{\gamma} \tag{1.3}$$

式(1.3)表示：黏度 μ 的物理意义是产生单位切变率所需切应力的大小。在一定的切应力作用下，黏度大的流体产生的切变率小，流得慢；黏度小的流体产生的切变率大，流得快。

温度对流体黏度的影响很大。液体的黏度随温度升高而减小，气体的黏度随温度升高

而增大。这是由流体黏性的微观机制决定的：液体的黏性主要由分子内聚力决定。当温度升高时，液体分子运动幅度增大，分子间平均距离增大，由于分子间吸引力随间距增大而减小，使内聚力减小，黏度也相应减小；气体的黏度主要由分子动量交换的强度决定。当温度升高时，分子运动加剧，动量交换剧烈，表现切应力增大，使黏度也相应增大。压强对于 μ 值影响很小，故一般可以忽略不计。只有发生几百个大气压变化时，黏度才有明显变化。在高压作用下，液体和气体的黏度都将随压强的升高而增大。

牛顿内摩擦定律只适用一般流体，如水和空气等，它们均为牛顿流体，而将不满足该定律的流体称为非牛顿流体，如泥浆、污水、油漆和高分子溶液等。

如果既考虑流体的惯性，同时又考虑流体的黏性，则定义运动黏度：

$$\nu = \frac{\mu}{\rho} \tag{1.4}$$

式中，ν 的单位是 m^2/s，由于在 ν 的单位中没有力的单位，只具有运动学的要素 m 和 s，故称 ν 为运动黏度。

表 1.3 中列举了不同温度时水的黏度。

表 1.3　不同温度下水的黏度

t/℃	$\mu/(10^{-3}\,\mathrm{Pa\cdot s})$	$\nu/(10^{-6}\,\mathrm{m^2\cdot s^{-1}})$	t/℃	$\mu/(10^{-3}\,\mathrm{Pa\cdot s})$	$\nu/(10^{-6}\,\mathrm{m^2\cdot s^{-1}})$
0	1.792	1.792	40	0.654	0.659
5	1.519	1.519	45	0.597	0.603
10	1.310	1.310	50	0.549	0.556
15	1.145	1.146	60	0.469	0.478
20	1.009	1.011	70	0.406	0.415
25	0.895	0.897	80	0.357	0.367
30	0.800	0.803	90	0.317	0.328
35	0.721	0.725	100	0.284	0.296

表 1.4 中列举了一个大气压下（压强为 98.07 kPa）不同温度时空气的黏度。

表 1.4　不同温度下空气的黏度

t/℃	$\mu/(10^{-5}\,\mathrm{Pa\cdot s})$	$\nu/(10^{-6}\,\mathrm{m^2\cdot s^{-1}})$	t/℃	$\mu/(10^{-5}\,\mathrm{Pa\cdot s})$	$\nu/(10^{-6}\,\mathrm{m^2\cdot s^{-1}})$
0	1.72	13.7	90	2.16	22.9
10	1.78	14.7	100	2.18	23.6
20	1.83	15.7	120	2.28	26.2
30	1.87	16.6	140	2.36	28.5
40	1.92	17.6	160	2.42	30.6
50	1.96	18.6	180	2.51	33.2
60	2.01	19.6	200	2.59	35.8
70	2.04	20.5	250	2.80	42.8
80	2.10	21.7	300	2.98	49.9

3. 理想流体

在研究流体力学问题时,如果考虑表面力中的切应力(黏性力),会带来数学上的困难,而且从牛顿内摩擦定律中可以看出,当流体的黏度 μ 很小,$\frac{dv}{dy}$也很小时,则 τ 可以忽略不计,并能得到实用的精确度。因此在流体力学中引入了非黏性流体或理想流体的概念。这种流体其表面力中只有压强而没有黏性力(切应力)。这一抽象,在科学和实用上有很大的价值,它使讨论的问题大为简化,易于得到简单明了的解答。

4. 理想流体压强的性质

在理想流体中,某一定点处表面力中只有压强。参阅图 1.6,A 为某一流体质点,要描述 A 点的压强,必须过 A 点作作用面Ⅰ-Ⅰ,或Ⅱ-Ⅱ,等等。那么沿着作用面内法线方向就分别表示 A 点的压强 $p_{A\mathrm{I}}$ 和 $p_{A\mathrm{II}}$,显然 p_A 的方向是和作用面有关的。那么 $p_{A\mathrm{I}}$ 和 $p_{A\mathrm{II}}$ 的大小是否相等呢? 下面用微分体积法来证明它们的关系。

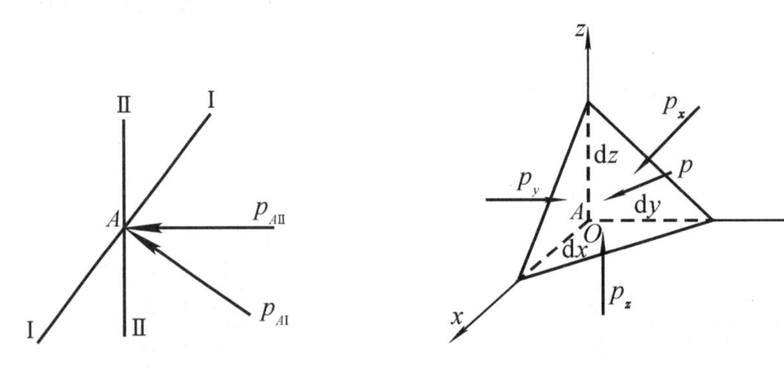

图 1.6 流体质点的压强方向 **图 1.7 微分四面体平衡**

参阅图 1.7,理想流体在某瞬时,以 A 为顶点取一微分四面体,其三条棱长在直角坐标系中分别为 dx, dy, dz。作用于此微分四面体各表面上的总压力分别是 $p\delta A$, $p_x\delta A_x$, $p_y\delta A_y$, $p_z\delta A_z$。其中,p 为沿微分四面体斜面法线方向的压强,δA 为该斜面的面积。

除表面力外,作用于该微分四面体上还有质量力。总质量力在 x, y, z 轴上的投影分别是

$$f_x\rho\frac{1}{6}dxdydz;\quad f_y\rho\frac{1}{6}dxdydz;\quad f_z\rho\frac{1}{6}dxdydz$$

根据平衡条件,可得

$$\begin{cases} p_x\delta A_x - p\delta A\cos(\boldsymbol{n},\ \boldsymbol{x}) + f_x\rho\frac{1}{6}dxdydz = 0 \\ p_y\delta A_y - p\delta A\cos(\boldsymbol{n},\ \boldsymbol{y}) + f_y\rho\frac{1}{6}dxdydz = 0 \\ p_z\delta A_z - p\delta A\cos(\boldsymbol{n},\ \boldsymbol{z}) + f_z\rho\frac{1}{6}dxdydz = 0 \end{cases}$$

式中,$\cos(\boldsymbol{n},\ \boldsymbol{x})$, $\cos(\boldsymbol{n},\ \boldsymbol{y})$, $\cos(\boldsymbol{n},\ \boldsymbol{z})$分别为微分四面体的斜面 δA 的法线与 x, y, z 轴的方向余弦。对于微分四面体而言,各微面积之间有如下关系,即

$$\begin{cases}\delta A_x = \delta A\cos(\boldsymbol{n},\ \boldsymbol{x}) \\ \delta A_y = \delta A\cos(\boldsymbol{n},\ \boldsymbol{y}) \\ \delta A_z = \delta A\cos(\boldsymbol{n},\ \boldsymbol{z})\end{cases}$$

若当 $\mathrm{d}x,\ \mathrm{d}y,\ \mathrm{d}z \to 0$ 过程中，由于高阶微量可以忽略不计，并应用上式关系，即可得

$$p_x = p_y = p_z = p \tag{1.5}$$

这表明在理想流体中，流体质点的表面力仅是压强，该压强的大小与作用面的方向无关，而仅是该点坐标及时间的函数，即

$$p = f(x,\ y,\ z,\ t) \tag{1.6}$$

对于静止流体而言，则

$$p = f(x,\ y,\ z) \tag{1.7}$$

沿任意方向压强的变化，可以用下式来表示：

$$\mathrm{d}p = \frac{\partial p}{\partial x}\mathrm{d}x + \frac{\partial p}{\partial y}\mathrm{d}y + \frac{\partial p}{\partial z}\mathrm{d}z \tag{1.8}$$

例 1.1 在图 1.8 中，已知圆管中流体的速度分布为 $u = C\left(1 - \dfrac{r^2}{R^2}\right)$，其中 C 为常数。试求管中切应力 τ 的分布公式。

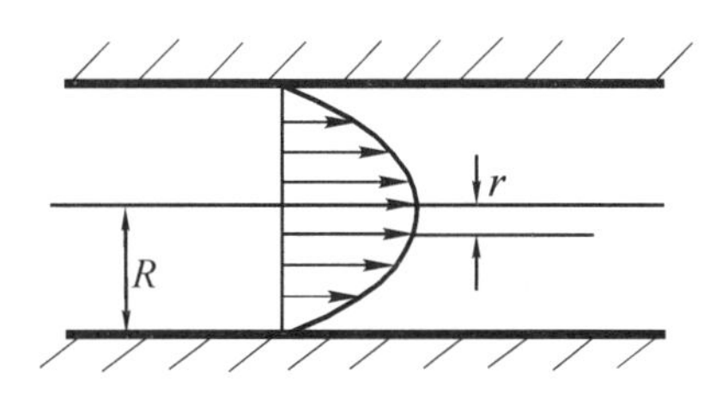

图 1.8 圆管中流速分布

解 管中任意两层流体距离为 $\mathrm{d}r$，其速度差为 $\mathrm{d}u$，即 $\mathrm{d}u = C\dfrac{-2r\mathrm{d}r}{R^2}$，根据牛顿内摩擦定律(1.2)式，则 $\tau = \mu\dfrac{\mathrm{d}u}{\mathrm{d}r} = -\dfrac{2\mu Cr}{R^2}$，式中负号仅表示方向而已。

例 1.2 一个底面积为 40 cm × 45 cm，高为 1 cm 的木块，质量为 5 kg，沿着涂有润滑油的斜面等速向下运动(图 1.9)。已知 $v = 1$ m/s，$\delta = 1$ mm，求润滑油的黏度系数 μ。

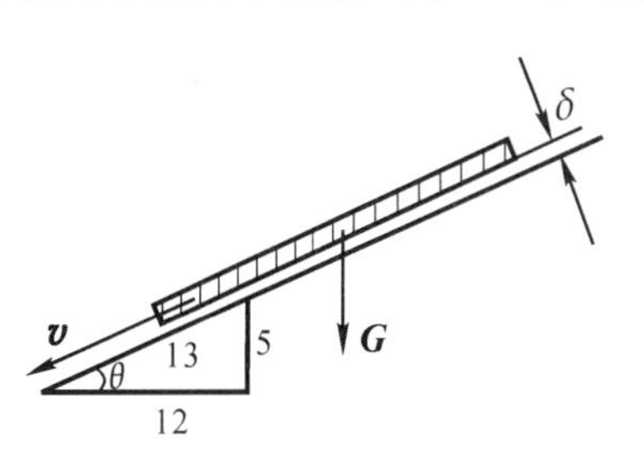

图 1.9 木块在斜面上的运动

解 最上层润滑油黏附在木块上同木块一起，以 $v = 1$ m/s 运动；最下层润滑油黏附在斜面上，$v = 0$。其中上层油连木块受到沿斜面方向的作用力

$$F = G\sin\theta = \frac{5 \times 9.81 \times 5}{13} = 18.87\ \mathrm{N}$$

单位面积上作用力

$$\tau = \frac{F}{A} = \frac{18.87}{0.40 \times 0.45} = 104.83\ \mathrm{Pa}$$

应用牛顿内摩擦定律(式 1.2)，上、下两层流体的切应力

$$\tau = \mu\frac{\mathrm{d}v}{\mathrm{d}y}$$

则润滑油的动力黏度

$$\mu = \tau \frac{\mathrm{d}y}{\mathrm{d}v} = 104.83 \times \frac{0.001}{1} = 0.105\ \mathrm{Pa \cdot s}$$

1.3.3 压缩性和热胀性

当不计温度效应时，压强的变化引起流体体积和密度的变化，这种性质称为流体的压缩性。当流体受热时，体积膨胀，密度减小的性质，称为流体的热胀性。

1. 液体的压缩性和热胀性

通常用压缩系数 k 来表示液体的压缩性。设某一体积 V 的流体，其密度为 ρ，当压强增加 $\mathrm{d}p$ 时，体积减少 $\mathrm{d}V$，密度增加 $\mathrm{d}\rho$，密度的增加率$\frac{\mathrm{d}\rho}{\rho}$，则压缩系数 k 的定义是：

$$k = \frac{\frac{\mathrm{d}\rho}{\rho}}{\mathrm{d}p} = -\frac{\frac{\mathrm{d}V}{V}}{\mathrm{d}p} \tag{1.9}$$

很显然液体的压缩系数 k 表示液体压缩性的大小，k 的单位是 $\mathrm{m^2/N}$。

压缩系数 k 的倒数 $1/k$，称为液体的体积弹性模量，简称体积模量，用 E 来表示。即

$$E = \frac{1}{k} = \frac{\mathrm{d}p}{\frac{\mathrm{d}\rho}{\rho}} = \rho \frac{\mathrm{d}p}{\mathrm{d}\rho} \tag{1.10}$$

式中，E 的单位为 $\mathrm{N/m^2}$。

液体的压缩系数随温度和压强而变化，水温为 0℃时，不同压强下的压缩系数见表 1.5，表中符号 at 表示工程大气压，1 at = 98 000 Pa。

表 1.5 水的压缩系数

p/at	5	10	20	40	80
$k/(10^{-9}\mathrm{m^2 \cdot N^{-1}})$	0.538	0.536	0.531	0.528	0.515

液体的热胀性表示流体因温度升高，体积膨胀的性质。一般用热胀系数 α 来表示，设某流体原体积为 V，当温度增加 $\mathrm{d}T$ 后，体积增加 $\mathrm{d}V$，液体的密度变化率为$-\frac{\mathrm{d}\rho}{\rho}$，热胀系数

$$\alpha = \frac{\frac{\mathrm{d}V}{V}}{\mathrm{d}T} = -\frac{\frac{\mathrm{d}\rho}{\rho}}{\mathrm{d}T} \tag{1.11}$$

液体的热胀系数 α 表示液体热胀性的大小。α 的单位是 1/℃。

表 1.6 列举了水在一个大气压下，不同温度时的热胀系数。

表 1.6 水的热胀系数

t/℃	1～10	10～20	40～50	60～70	90～100
$\alpha/(10^{-4}/℃)$	0.14	0.15	0.42	0.55	0.72

从上表中可以看出，水的压缩性和热胀性都很小，一般情况下可以忽略不计。只有在某些特殊的情况下，如水击、热水采暖等，才需要考虑水的压缩性和热胀性。

表 1.7 列举了水在一个大气压下，不同温度时的重度及密度。

表 1.7　一个大气压下水的重度及密度

温度 /℃	重度 /$kN \cdot m^{-3}$①	密度 /$kg \cdot m^{-3}$	温度 /℃	重度 /$kN \cdot m^{-3}$①	密度 /$kg \cdot m^{-3}$	温度 /℃	重度 /$kN \cdot m^{-3}$①	密度 /$kg \cdot m^{-3}$
0	9.806	999.9	15	9.799	999.1	60	9.645	983.2
1	9.806	999.9	20	9.790	998.2	65	9.617	980.6
2	9.807	1 000.0	25	9.778	997.1	70	9.590	977.8
3	9.807	1 000.0	30	9.755	995.7	75	9.561	974.9
4	9.807	1 000.0	35	9.749	994.1	80	9.529	971.8
5	9.807	1 000.0	40	9.731	992.2	85	9.500	968.7
6	9.807	1 000.0	45	9.710	990.2	90	9.467	965.3
8	9.806	999.9	50	9.690	988.1	95	9.433	961.9
10	9.805	999.7	55	9.657	985.7	100	9.399	958.4

注：① 在国际单位制中常将因数 10^3 写成千，以符号 k 表示；10^6 写成兆，以符号 M 表示。

2. 气体的压缩性和热胀性

对气体来说，温度和压强的变化对气体密度的影响很大。在温度不过低，压强不过高时，气体服从理想气体的状态方式，即

$$\frac{p}{\rho} = RT \tag{1.12}$$

式中：

p——气体的绝对压强，Pa；

T——气体的热力学温度，K；

ρ——气体的密度，kg/m^3；

R——气体常数，单位为 $m^2/(s^2 \cdot K)$。对于空气，$R = 287$；对于其他气体，在标准状态下，$R = 8\,314/n$，式中 n 为气体分子量。

当气体在很高的压强、很低的温度下，或接近液态时，就不能当作理想气体看待，式(1.12)不再适用。

当温度不变时，状态方程可简化为：

$$\frac{p}{\rho} = \frac{p_1}{\rho_1} \tag{1.13}$$

当压强不变(定压)时，状态方程可简化为：

$$\rho_0 T_0 = \rho T \tag{1.14}$$

式中，$T_0 = 273$ K，ρ_0 是 T_0 时的密度。T 是某一热力学温度，ρ 是 T 时的密度。

在表 1.8 中，列举了在标准大气压(为海平面上 0℃时的大气压)下不同温度时的空气重度及密度。

表 1.8 在标准大气压时的空气重度及密度

温度 /℃	重度 $/N\cdot m^{-3}$	密度 $/kg\cdot m^{-3}$	温度 /℃	重度 $/N\cdot m^{-3}$	密度 $/kg\cdot m^{-3}$	温度 /℃	重度 $/N\cdot m^{-3}$	密度 $/kg\cdot m^{-3}$
0	12.70	1.293	25	11.62	1.185	60	10.40	1.060
5	12.47	1.270	30	11.43	1.165	70	10.10	1.029
10	12.24	1.248	35	11.23	1.146	80	9.81	1.000
15	12.02	1.226	40	11.05	1.128	90	9.55	0.973
20	11.80	1.205	50	10.72	1.093	100	9.30	0.947

在等温条件下，压强增加一倍，气体体积减少一半，密度就增加一倍，因此气体的可压缩性比液体大得多。但是，当气流的速度不大，或者受到的压强变化不大时，在流动过程中，密度没明显变化，仍可将它作为不可压缩流体来处理。

例 1.3 海水的密度与压强的关系，可用如下经验公式表示：

$$\frac{p}{p_a}=3\,000\left[\left(\frac{\rho}{\rho_a}\right)^7-1\right]$$

上式中 p_a，ρ_a 均为标准状态下的值。设海面上水的密度为 $\rho_a=1\,030\ kg/m^3$，试求在海洋深处 10 km 处水的密度 ρ、重度 γ 和比重 d。

解 按静水中压强与水深的关系(见下一章)，10 km 深处的压强与海面上压强之比约为 $p/p_a=1\,000$。代入压强密度经验公式，可得

$$\frac{\rho}{\rho_a}=\left(\frac{p/p_a+3\,000}{3\,000}\right)^{1/7}=1.042$$

10 km 处水的密度、重度、比重分别为

$$\rho=1\,030\times1.042=1\,073\ kg/m^3$$
$$\gamma=\rho g=1\,073\times9.81=10\,526\ N/m^3$$
$$d=\rho/\rho_{H_2O(4℃)}=1\,073/1\,000=1.073$$

计算结果表明，在 10 km 海洋深处，压强增加了 1 000 倍，水的密度仅增加 4.17%，因此在通常情况下可将水视为不可压缩流体。

例 1.4 已知压强为 1 at(98.07 kPa)，0℃时烟气的重度为 13.13 N/m³，求 200℃时烟气的重度和密度。

解 因压强不变，故为定压情况。

利用式(1.14)

$$\rho_0T_0=\rho T$$
$$T=T_0+t=273\ K+t$$
$$\rho_0=\frac{\gamma_0}{g}=\frac{13.13}{9.81}=1.34\ kg/m^3$$

故
$$\rho = \rho_0 \frac{T_0}{T} = 1.34 \times \frac{273}{273 + 200} = 0.77 \text{ kg/m}^3$$
$$\gamma = \rho g = 0.77 \times 9.81 = 7.55 \text{ N/m}^3$$

可见，对气体而言，当温度变化很大时，其重度和密度均有很大的变化。

习 题

选择题(单选题)

1.1 按连续介质的概念，流体质点是指：(a)流体的分子；(b)流体内的固体颗粒；(c)几何的点；(d)几何尺寸同流动空间相比是极小量，又含有大量分子的微元体。

1.2 与牛顿内摩擦定律直接相关的因素是：(a)切应力和压强；(b)切应力和剪切变形速度；(c)切应力和剪切变形；(d)切应力和流速。

1.3 流体运动黏度 ν 的国际单位是：(a)m^2/s；(b)N/m^2；(c)kg/m；(d)$\text{N} \cdot \text{s/m}^2$。

1.4 理想流体的特征是：(a)黏度是常数；(b)不可压缩；(c)无黏性；(d)符合 $\frac{p}{\rho} = RT$。

1.5 当水的压强增加一个大气压时，水的密度增大约为：(a)1/20 000；(b)1/1 000；(c)1/4 000；(d)1/2 000。

1.6 从力学的角度分析，一般流体和固体的区别在于流体：(a)能承受拉力，平衡时不能承受切应力；(b)不能承受拉力，平衡时能承受切应力；(c)不能承受拉力，平衡时不能承受切应力；(d)能承受拉力，平衡时也能承受切应力。

1.7 下列流体哪个属牛顿流体：(a)汽油；(b)纸浆；(c)血液；(d)沥青。

1.8 15℃时空气和水的运动黏度 $\nu_{空气} = 15.2 \times 10^{-6}\ \text{m}^2/\text{s}$，$\nu_{水} = 1.146 \times 10^{-6}\ \text{m}^2/\text{s}$，这说明：(a)空气比水的黏性大；(b)空气比水的黏性小；(c)空气与水的黏性接近；(d)不能直接比较。

1.9 液体的黏性主要来自于液体：(a)分子热运动；(b)分子间内聚力；(c)易变形性；(d)抗拒变形的能力。

计算题

1.10 黏度 $\mu = 3.92 \times 10^{-2}$ Pa·s 的黏性流体沿壁面流动，距壁面 y 处的流速为 $v = 3y + y^2$(m/s)，试求壁面的切应力。

1.11 在相距 1 mm 的两平行平板之间充有某种黏性液体，当其中一板以 1.2 m/s 的速度相对于另一板作等速移动时，作用于板上的切应力为 3 500 Pa。试求该液体的黏度。

1.12 一圆锥体绕竖直中心轴作等速转动，锥体与固体的外锥体之间的缝隙 $\delta = 1$ mm，其间充满 $\mu = 0.1$ Pa·s 的润滑油。已知锥体顶面半径 $R = 0.3$ m，锥体高度 $H = 0.5$ m，当锥体转速 $n = 150$ r/min 时，求所需的旋转力矩。(见习题 1.12 图)

1.13 习题 1.13 图示为上下两平行圆盘，直径均为 d，间隙为 δ，其间隙间充满黏度为 μ 的液体。若下盘固定不动，上盘以角速度 ω 旋转时，试写出所需力矩 M 的表达式。

1.14 当压强增量 $\Delta p = 5 \times 10^4$ Pa 时，某种液体的密度增长 0.02%。求此液体的体积弹性模量。

1.15 一圆筒形盛水容器以等角速度 ω 绕其中心轴旋转。试写出图中 $A(x, y, z)$处质量力

的表达式。(见习题 1.15 图)

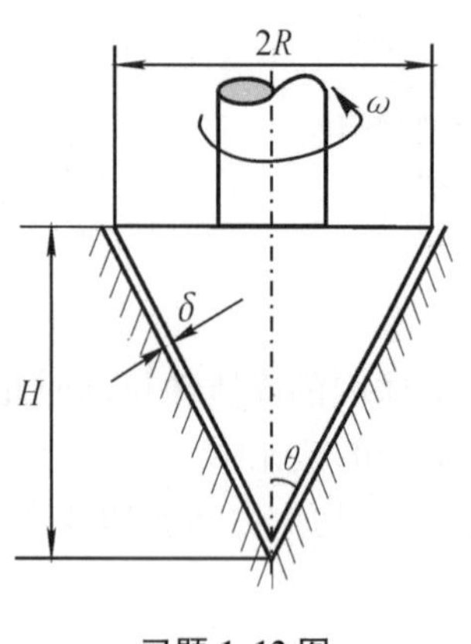

习题 1.12 图

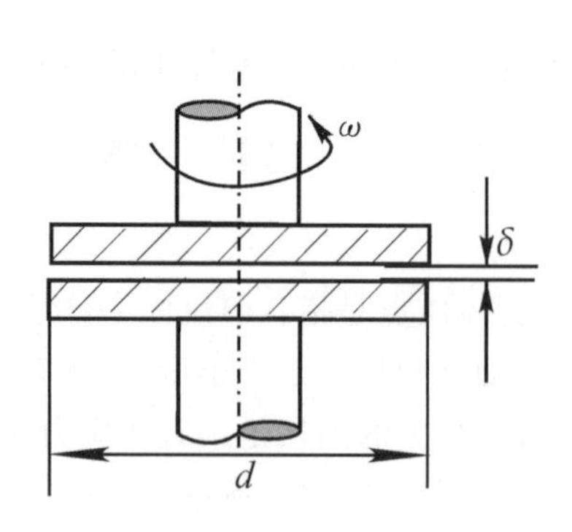

习题 1.13 图

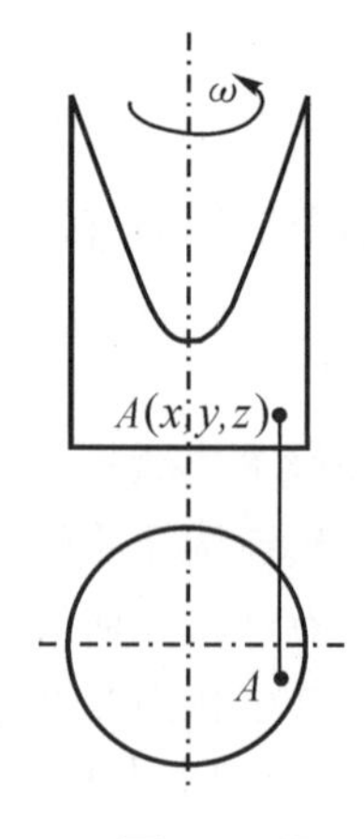

习题 1.15 图

1.16 习题 1.16 图示为一水暖系统,为了防止水温升高时,体积膨胀将水管胀裂,故在系统顶部设一膨胀水箱。若系统内水的总体积为 8 m^3,加温前后温差为 50℃,在其温度范围内水的热胀系数 $\alpha = 0.000\,5/℃$。求膨胀水箱的最小容积。

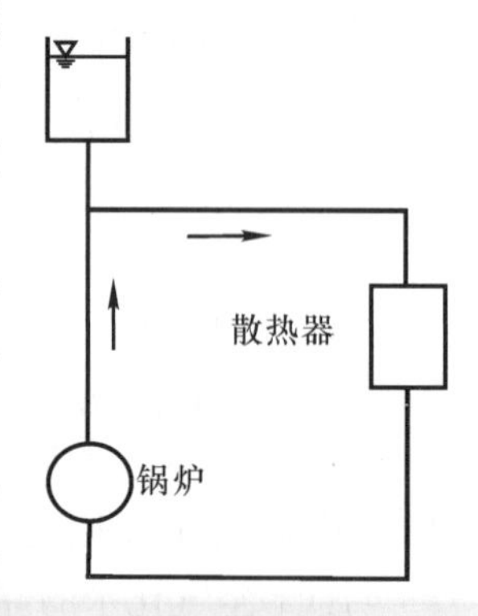

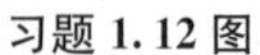

习题 1.16 图

1.17 当汽车上路时,轮胎内空气的温度为 20℃,绝对压强为 395 kPa,行驶后,轮胎内空气温度上升到 50℃,试求这时的压强。

1.18 习题 1.18 图示为压力表校正器。器内充满压缩系数为 $k = 4.75 \times 10^{-10}\ m^2/N$ 的油液。器内压强为 10^5 Pa 时,油液的体积为 200 mL。现用手轮丝杆和活塞加压,活塞直径为1 cm,丝杆螺距为 2 mm,当压强升高至 20 MPa 时,问须将手轮摇多少转?

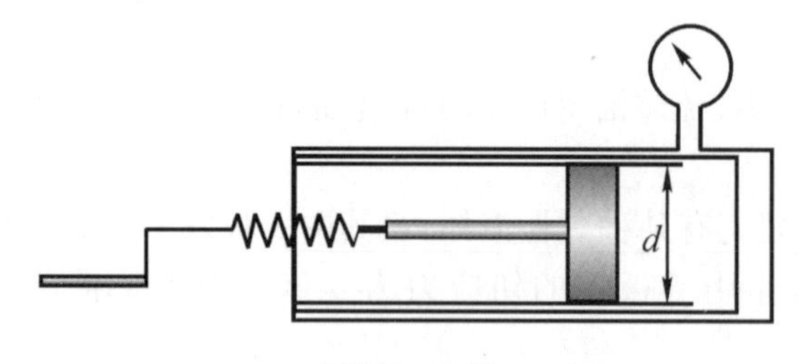

习题 1.18 图

1.19 黏度测量仪由内外两个同心圆筒组成,两筒的间隙充满油液。外筒与转轴连接,其半径为 r_2,旋转角速度为 ω。内筒悬挂于一金属丝下,金属丝上所受的力矩 M 可以通过扭转角的值确定。外筒与内筒底面间隙为 a,内筒高 H,如习题 1.19 图所示。试推出油液黏度 μ 的计算式。

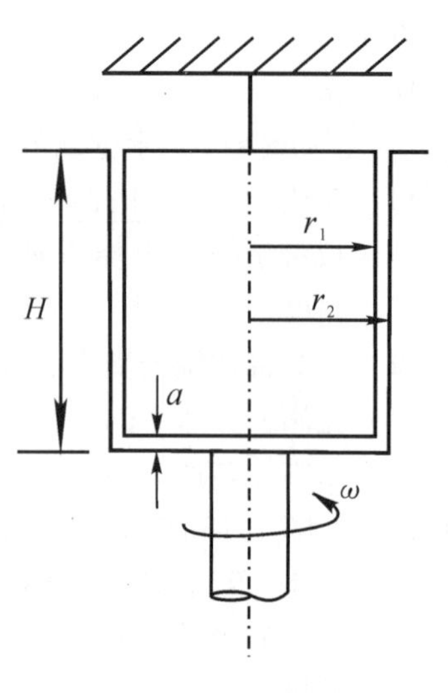

习题 1.19 图

第 2 章 流体静力学

流体静力学主要研究流体处于绝对静止或相对静止状态下的力学规律。由于流体处于静止时,其内部之间无相对运动,因此表面力中黏性力可不予考虑,仅考虑静压强,即流体可作为理想流体来处理。

本章主要阐述压强的分布规律,以及物体壁面受到静止液体总压力的计算。

2.1 流体静力学的基本方程

2.1.1 流体平衡微分方程式

流体静力学的基本方程是静止流体质点受到的质量力和表面力中压强必须满足的关系式。

参阅图 2.1,设 $M(x, y, z)$ 为流体中的某一点,包围 M 点取一平衡微分六面体,它的边长分别是 $\mathrm{d}x$, $\mathrm{d}y$ 及 $\mathrm{d}z$。建立直角坐标系如图 2.1 所示。现在来分析微分六面体流体受力。

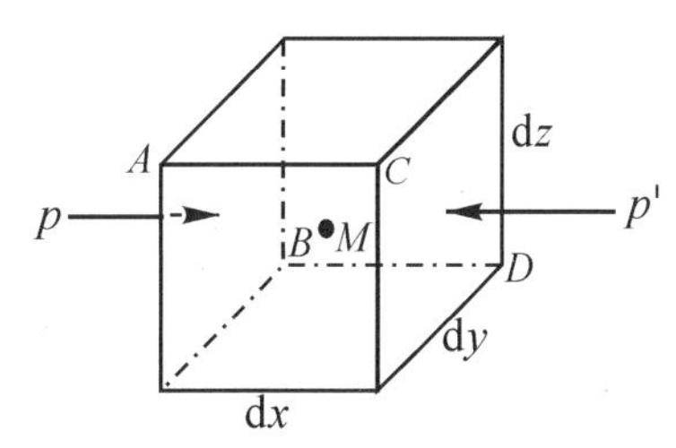

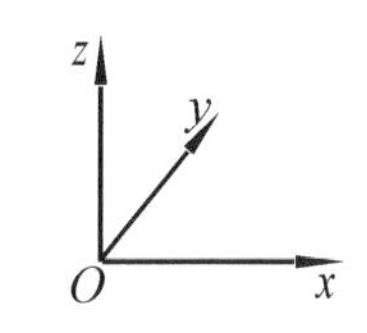

图 2.1 平衡微分六面体

1. 表面力

设 $p = p(x, y, z)$ 是 AB 面上的平均压强,$p' = p(x + \mathrm{d}x, y, z)$ 是 CD 面上的平均压强。根据多元函数泰勒(Tayler)级数展开,并略去高阶微量,前两项为

$$p' = p(x + \mathrm{d}x, y, z) = p(x, y, z) + \frac{\partial p}{\partial x}\mathrm{d}x$$

表面力在 x 方向的投影为

$$p(x, y, z)\mathrm{d}y\mathrm{d}z - \left[p + \frac{\partial p}{\partial x}\mathrm{d}x\right]\mathrm{d}y\mathrm{d}z = -\frac{\partial p}{\partial x}\mathrm{d}x\mathrm{d}y\mathrm{d}z$$

同理,在 y 方向的投影为

$$-\frac{\partial p}{\partial y}\mathrm{d}x\mathrm{d}y\mathrm{d}z$$

在 z 方向的投影为

$$-\frac{\partial p}{\partial z}\mathrm{d}x\mathrm{d}y\mathrm{d}z$$

2. 质量力

设质量力为 $\boldsymbol{f} = f_x\boldsymbol{i} + f_y\boldsymbol{j} + f_z\boldsymbol{k}$,流体的密度为 ρ。总质量力在 x 方向的投影为

$$f_x \rho \mathrm{d}V = f_x \rho \mathrm{d}x\mathrm{d}y\mathrm{d}z$$

同理,在 y 方向的投影为

$$f_y \rho \mathrm{d}V = f_y \rho \mathrm{d}x\mathrm{d}y\mathrm{d}z$$

在 z 方向的投影为

$$f_z \rho \mathrm{d}V = f_z \rho \mathrm{d}x\mathrm{d}y\mathrm{d}z$$

根据平衡条件,表面力和质量力在 x, y, z 轴上投影之和应分别等于零。故

$$\begin{cases} -\dfrac{\partial p}{\partial x}\mathrm{d}x\mathrm{d}y\mathrm{d}z + f_x \rho \mathrm{d}x\mathrm{d}y\mathrm{d}z = 0 \\ -\dfrac{\partial p}{\partial y}\mathrm{d}x\mathrm{d}y\mathrm{d}z + f_y \rho \mathrm{d}x\mathrm{d}y\mathrm{d}z = 0 \\ -\dfrac{\partial p}{\partial z}\mathrm{d}x\mathrm{d}y\mathrm{d}z + f_z \rho \mathrm{d}x\mathrm{d}y\mathrm{d}z = 0 \end{cases}$$

或

$$\begin{cases} \rho f_x = \dfrac{\partial p}{\partial x} \\ \rho f_y = \dfrac{\partial p}{\partial y} \\ \rho f_z = \dfrac{\partial p}{\partial z} \end{cases} \tag{2.1}$$

矢量式为

$$\rho \boldsymbol{f} = \nabla p$$

式(2.1)称为流体静力学的平衡微分方程式,也称为流体静力学的基本方程。它可以解决流体静力学中的许多基本问题。很显然,$\boldsymbol{f}$ 必须是有势力。

方程式(2.1)的物理意义是:在静止流体中,作用在单位体积流体上的质量力与压强合力(压强梯度)平衡;也可以认为,静止流体中压强在空间的变化是由质量力的存在而造成的。一般情况下质量力分布是已知的(如重力),压强分布是需要求取的。如果 $\rho = C$, 可用此平衡方程式直接积分求压强分布;如果 $\rho \neq C$, 则还须补充密度和压强之间的关系式才能求解。

在以上式子中,第一、第二及第三式两端分别乘以 $\mathrm{d}x$, $\mathrm{d}y$ 及 $\mathrm{d}z$,然后将等号的左边和右边分别相加,并考虑到

$$\mathrm{d}p = \frac{\partial p}{\partial x}\mathrm{d}x + \frac{\partial p}{\partial y}\mathrm{d}y + \frac{\partial p}{\partial z}\mathrm{d}z$$

可得

$$\mathrm{d}p = \rho(f_x \mathrm{d}x + f_y \mathrm{d}y + f_z \mathrm{d}z) \tag{2.2}$$

方程(2.2)是流体静力学基本方程的另一种形式。它既适用于不可压缩流体,即 $\rho =$ 常量,也可适用于可压缩流体,即 $\rho \neq$ 常量。它既适用于绝对静止的流体,也适用于相对静止的流体。

2.1.2 等压面

在静止流体中，压强相等的各点所组成的面称为等压面。在等压面上每个流体质点的压强 $p=$ 常量，或者表示为 $\mathrm{d}p=0$，等压面是求解静止流体中不同位置之间压强关系时经常应用的概念，使用此概念的条件必须是连通的同种流体。等压面有一个很重要的特性，就是作用于静止流体中任一点上的质量力必定垂直于通过该点的等压面。

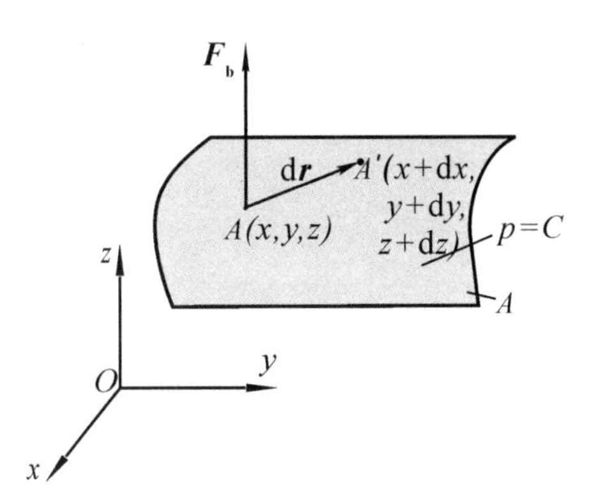

图 2.2 等压面

参阅图 2.2，设 A 是一个等压面，在质量力的作用下，将流体质点 $A(x, y, z)$ 在等压面上移至另一点 $A'(x+\mathrm{d}x, y+\mathrm{d}y, z+\mathrm{d}z)$。

在此移动过程中，质量力所作的功

$$\boldsymbol{W}=\boldsymbol{f}\cdot\mathrm{d}\boldsymbol{r}=(f_x\boldsymbol{i}+f_y\boldsymbol{j}+f_z\boldsymbol{k})\cdot(\mathrm{d}x\boldsymbol{i}+\mathrm{d}y\boldsymbol{j}+\mathrm{d}z\boldsymbol{k})=f_x\mathrm{d}x+f_y\mathrm{d}y+f_z\mathrm{d}z$$

由于静力学基本方程 $\mathrm{d}p=\rho(f_x\mathrm{d}x+f_y\mathrm{d}y+f_z\mathrm{d}z)$ 在等压面上 $\mathrm{d}p=0$，所以 $f_x\mathrm{d}x+f_y\mathrm{d}y+f_z\mathrm{d}z=0$，或者 $\boldsymbol{W}=0$。很显然，由于 $\boldsymbol{f}$ 和 $\mathrm{d}\boldsymbol{r}$ 均不等于零，因此这两个矢量必定互相垂直。

参阅图 2.3(a)，当流体处于绝对静止时，等压面是水平面。此时质量力仅仅是重力，所以质量力和等压面垂直。在图 2.3(b)中，当流体在作相对运动时，质量力中除了重力外，还有惯性力，这两个力的合力必定垂直等压面，此时等压面是倾斜的平面。图 2.3(c)表示两种重度不同、互不相混的液体在同一容器中处于静止状态。一般重度大的液体在下，重度小的液体在上 $(\gamma_2>\gamma_1)$。这两种液体之间的分界面既是水平面又是等压面。

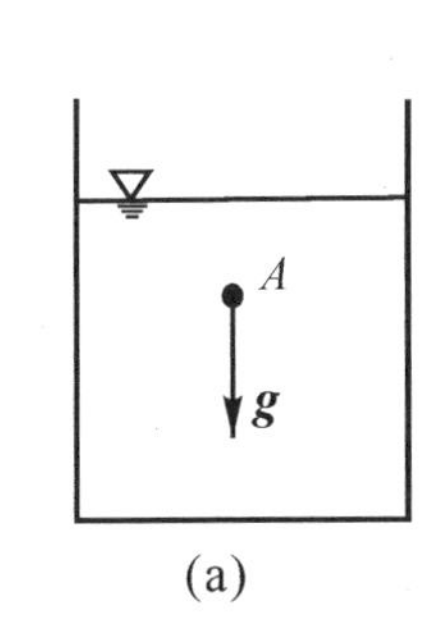

(a)

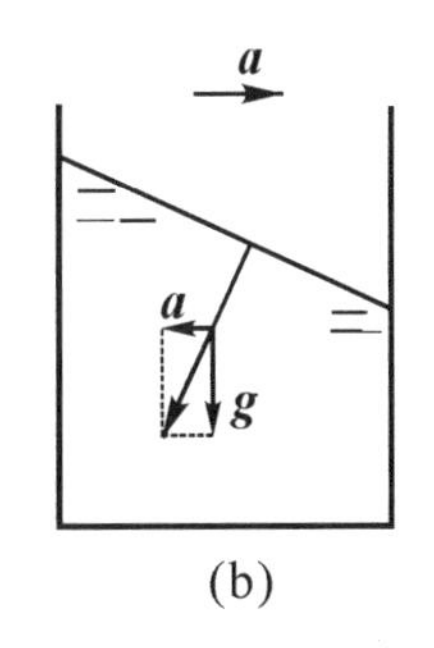

(b)

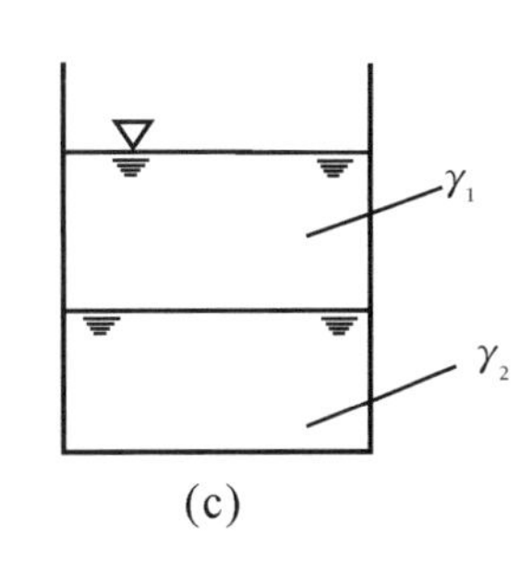

(c)

图 2.3 质量力与等压面

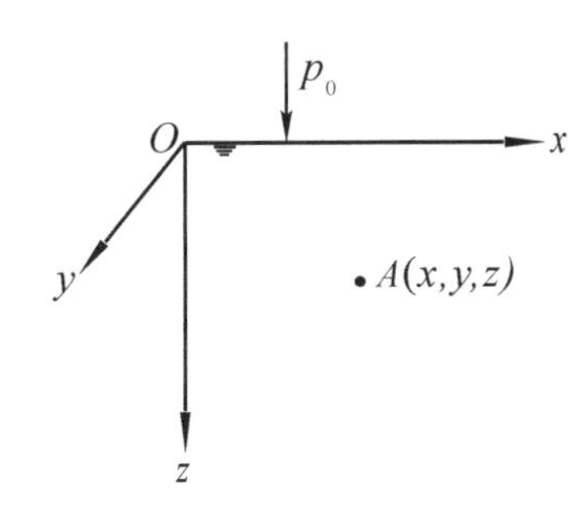

图 2.4 静压强分布规律

2.2 流体静压强的分布规律

2.2.1 液体静力学基本方程

当液体处于绝对静止状态时，液体的质量力只有重力。现来研究静止液体压强的分布规律。

参阅图 2.4，在自由液面上取原点 O，并建立坐标，xOy 平面是水平面，z 轴垂直向下。在这种情况下，质量力在 x，y

及 z 轴上的投影

$$f_x = 0,\ f_y = 0,\ f_z = g$$

因为

$$\mathrm{d}p = \rho(f_x \mathrm{d}x + f_y \mathrm{d}y + f_z \mathrm{d}z)$$

即

$$\mathrm{d}p = \rho g \mathrm{d}z = \gamma \mathrm{d}z$$

式中 γ 是液体的重度。将上式对 z 积分后，可得

$$p = \gamma z + C$$

上式中 C 为积分常数，由边界条件决定。在液体的自由表面上，$z = 0$，$p = p_0$，故积分常数 $C = p_0$，由此可得

$$p = p_0 + \gamma z \tag{2.3}$$

式中：

p ——静止液体内某点的压强，Pa；

p_0 ——液体表面压强，对于液面与大气相通的开口容器，p_0 即为大气压强，以符号 p_a 表示；

γ ——液体的重度，$\mathrm{N/m^3}$；

z ——该点在液面下的深度，m。

式(2.3)是液体静力学的基本方程。它表示在静止液体中，压强随淹深呈线性变化的规律。在水中，当淹深每增加 10 m 时，压强就要增加 98 100 Pa。

从式(2.3)可看出，当液面压强 p_0 有所增减 Δp_0 时，那么内部压强 p 也相应地有所增减 Δp，而且 $\Delta p = \Delta p_0$。可见，静止液体任一边界面上压强的变化，都将等值地传到内部各点(只要静止状态不被破坏)，这就是水静压强等值传递的著名的帕斯卡定律。这一原理自 17 世纪中叶被发现以来，就广泛地应用在水压机、液压传动、水力闸门等水力机械中。

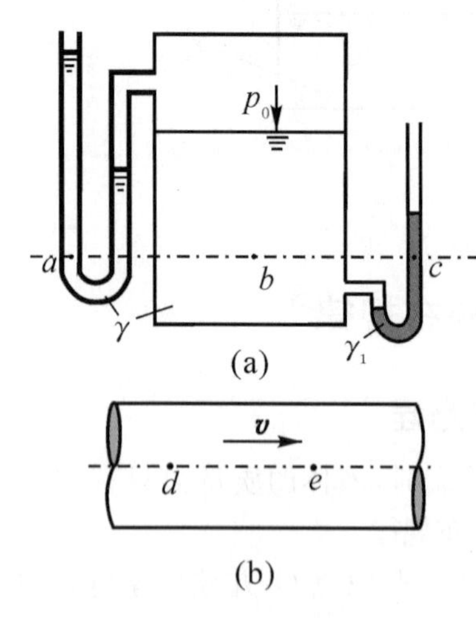

图 2.5　等压面条件

应当指出：上述静止流体的压强分布规律是在连通的同种液体处于静止的条件下推导出来的。如果不能同时满足这三个条件：绝对静止、同种、连续液体，就不能应用上述规律。例如，参阅图 2.5(a)，a，b 两点，虽属静止、同种，但不连通，中间被气体隔开了，所以，即使在同一水平面上的 a，b 两点的压强也是不相等的。图中 b，c 两点，虽属静止、连续，但不同种，所以在同一水平面上的 b，c 两点的压强也不相等。在图 2.5(b)中，d，e 两点，虽属同种、连续，但不静止，管中是流动的液体，所以在同一水平面上的 d，e 两点压强也不相等。

最后还应指出，当多种流体在同一容器或连通器的条件下求压强或压强差时，必须将两种液体的分界面作为压强关系的联系面。

2.2.2 气体压强的分布

1. 按不可压缩流体计算

由流体平衡微分方程式(2.2)，质量力只有重力，$f_x = f_y = 0$，$f_z = g$，得

$$dp = \rho g dz \tag{2.4}$$

按照密度为常量，积分上式，得

$$p = \rho g z + C$$

因气体的密度 ρ 很小，对于一般的仪器、设备，由于高度 z 有限，重力对气体压强的影响很小，可以忽略不计，故可以认为各点的压强相等，即

$$p = C \tag{2.5}$$

例如储气罐内各点的压强都相等。

2. 大气层压强的分布

如果以大气层为对象，研究压强的分布必须考虑空气的压缩性。

根据对大气层的实测，从海平面到高程 11 km 范围内，温度随着高度的上升而降低，约每升高 1 km，温度下降 6.5 K，这一层大气称为对流层，从 11 km 至 25 km 温度几乎不变，恒为 216.5 K(−56.5℃)，这一层大气称为同温层。

(1) 对流层标准大气压分布：

$$p = 101.3 \times \left(1 - \frac{z}{44\,300}\right)^{5.256} \quad (\text{kPa}) \tag{2.6}$$

式中 z 的单位为 m，$0 \leqslant z \leqslant 11\,000$ m。

(2) 同温层：

$$p = 22.6\exp\left(\frac{11\,000 - z}{6\,334}\right) \quad (\text{kPa}) \tag{2.7}$$

式中 z 的单位为 m，$11\,000\ \text{m} \leqslant z \leqslant 25\,000$ m。

2.3 压强计示方式与量度单位

压强公式(2.3)式表达了液体内部任意一点的压强和自由表面上压强的定量关系，这一关系式表明：可用自由液面上的压强作为计算压强的一个基准。而自由液面上的压强通常是大气压强。

2.3.1 绝对压强和相对压强

以完全真空为基准起算的压强称为绝对压强，以符号 p_{ab} 表示。当问题涉及流体本身的性质，例如，采用气体状态方程进行计算时，必须采用绝对压强。当讨论可压缩气体动力学问题时，气体的压强也必须采用绝对压强。绝对压强只有正值。

以当地同高程的大气压 p_a 为基准起算的压强称为相对压强，以 p_g 表示，(或用 p)。如果采用相对压强为基准，则大气相对压强为零，即 $p_a = 0$。

一般大气压随着当地高程和气温变化而有所变化。

相对压强、绝对压强和大气压强之间的关系如下：

$$p = p_{ab} - p_a \tag{2.8}$$

从(2.8)式可以看出，当某一点的绝对压强 p_{ab} 大于大气压强 p_a 时，则相对压强为正值，往往称之为正压，或称表压(意为普通压力表指示的读数)。当某一点的绝对压强 p_{ab} 小于大气压强 p_a 时，则相对压强为负值，往往称之为负压，此时，通常用真空压强 p_v 表示，即真空压强 $p_v = |p_{ab} - p_a|$（当 $p_{ab} < p_a$ 时），真空压强永远是正值。工程上常用百分比表示真空的程度，称为真空度。利用百分比值从 0～100%表示从大气压强到完全真空。百分比值越高说明真空程度越大。

为了说明以上压强的关系，现以 A 点（$p_{ab} > p_a$）和 B 点（$p_{ab} < p_a$）为例，将它们的关系表示在图 2.6 上。

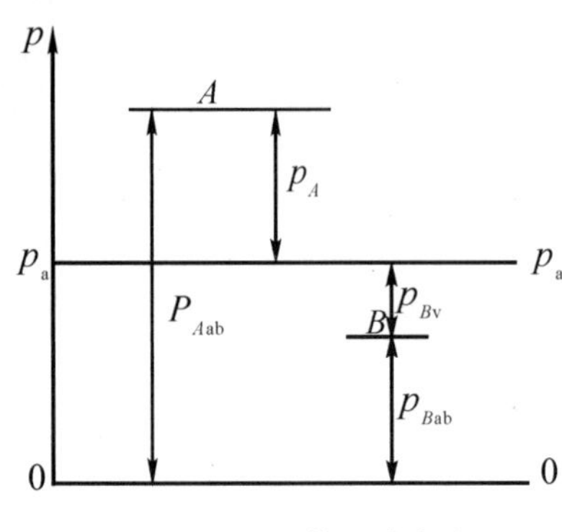

图 2.6　压强的两种名称

工程结构和工业设备都处在当地大气压的作用下，在很多情况下大气压强作用是相互抵消的，采用相对压强往往可免去重复计算大气压强的作用，从而能使计算简化，所以在工程技术中广泛采用相对压强。以后讨论时所指的压强，如未特别说明，均指相对压强。

若自由液面是水平面，上面是大气压强，则在图中用符号∇表示。z 表示离开自由液面的深度 h，静止流体中某一点的相对压强

$$p = \gamma h \tag{2.9}$$

式(2.9)中的 h 也称为流体质点的淹没深度。

2.3.2　压强的三种量度单位

现可用三种量度单位来表示压强。

(1) 从压强的基本定义出发，用单位面积上的力来表示，即力/面积。在国际单位制(SI)中，单位是 N/m^2，或者是帕(帕斯卡)，用 Pa 表示，$1\ Pa = 1\ N/m^2$。由于帕的值太小，在工程上常用千帕(kPa)和兆帕(MPa)，$1\ kPa = 10^3\ Pa$，$1\ MPa = 10^6\ Pa$。工程单位为 kgf/m^2 或 kgf/cm^2。

(2) 以大气压来表示。国际上规定：标准大气压(standard atmosphere)用符号 atm 表示(温度为 0℃时，海平面上的压强，即 760 mmHg)，为 101.325 kPa。工程单位中规定：大气压用符号 at 表示(相当于海拔 200 m 处正常大气压)，为 $1\ kgf/cm^2$，即 $1\ at = 1\ kgf/cm^2$，称为工程大气压。如果，某处相对压强为 202.65 kPa，则称该处的相对压强为 2 个标准大气压，或 2 个 atm。

(3) 以液柱高度来表示。通常用水柱高度或者汞柱高度，其单位为 mH_2O，mmH_2O 或 mmHg。利用这种单位可将式(2.9)中 $p = \gamma h$ 改写成 $h = \dfrac{p}{\gamma}$，只要知道了液体的重度 γ，h 和 p，它们的关系就可以通过上式表现出来。例如，一个标准大气压相应的水柱高度

$$h = \frac{101\,325\ N/m^2}{9\,807\ N/m^3} = 10.33\ mH_2O$$

相应的汞柱高度

$$h' = \frac{101\,325\ \text{N/m}^2}{133\,375\ \text{N/m}^3} = 0.76\ \text{m} = 760\ \text{mmHg}$$

一个工程大气压相应的水柱高度

$$h = \frac{10\,000\ \text{kgf/m}^2}{1\,000\ \text{kgf/m}^3} = 10\ \text{mH}_2\text{O}$$

相应的汞柱高度

$$h' = \frac{10\,000\ \text{kgf/m}^2}{13\,600\ \text{kgf/m}^3} = 0.736\ \text{m} = 736\ \text{mmHg}$$

压强的上述三种度量单位是经常用到的,要求能够灵活应用。在通风工程中,气体的压强会很小,这时用 mmH_2O 就更适合。大气压和液柱高度虽不属国际单位制,但在工程上经常使用,如表示水头高和日常生活中血压计的汞柱高等。

为了掌握上述单位的换算,兹将国际单位制和工程单位制中各种压强的换算关系列入表 2.1,以供换算使用。

表 2.1　压强的国际单位与工程单位换算关系

压强名称	Pa ($\text{N}\cdot\text{m}^{-2}$)	bar ($10^5\ \text{N}\cdot\text{m}^{-2}$)	mmH_2O ($\text{kgf}\cdot\text{m}^{-2}$)	工程大气压 at ($10^4\ \text{kgf}\cdot\text{m}^{-2}$)	标准大气压 atm ($1.033\,2\times10^4\ \text{kgf}\cdot\text{m}^{-2}$)	mmHg
换算关系	9.807	9.807×10^{-5}	1	10^{-4}	9.678×10^{-5}	0.073 56
	9.807×10^{4}	9.801×10^{-1}	10^{4}	1	9.678×10^{-1}	735.6
	101 325	1.013 25	10 332.3	1.033 23	1	760
	133.332	$1.333\,3\times10^{-3}$	13.595	$1.359\,5\times10^{-3}$	1.316×10^{-3}	1

2.3.3　测压管水头

1. 测压管高度、测压管水头

当 z 轴垂直向上时,也可将液体静力学基本方程

$$p = \gamma z + C$$

写成:

$$z + \frac{p}{\gamma} = C$$

式中各项的物理意义可由图 2.7 来说明。

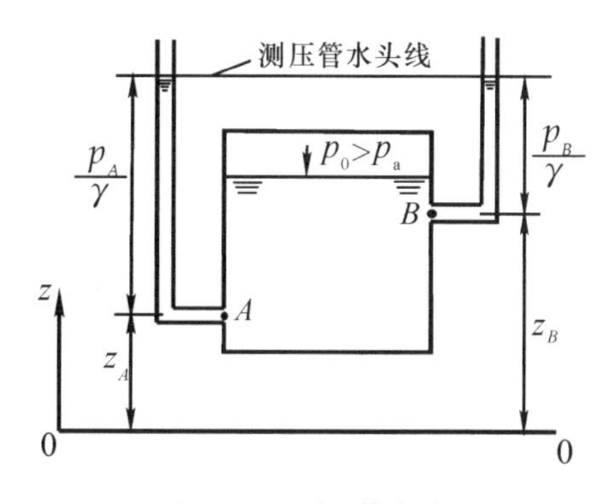

图 2.7　测压管水头

z 为某流体质点(如图中 A, B 点)在基准面以上的高度,它称为位置高度或位置水头,是可以直接测量的量。物理意义是单位重量液体具有的重力势能(简称位能)。

$\frac{p}{\gamma}$为压强高度，在某流体质点处放置一根竖直向上的开口玻璃管，称为测压管，液体沿测压管上升的高度 h_p 则按(2.3)式 $p=\gamma h_p$ 或者 $h_p=\frac{p}{\gamma}$ 来计算。

h_p 称为测压管高度或压强水头。它的物理意义是：单位重量液体具有的压强势能（简称压能）。

在流体力学中，将单位重量液体具有的重力势能和压强势能之和称为单位重量流体质点具有的总势能，也称为测压管水头。液体静力学基本方程式(2.3) $z+\frac{p}{\gamma}=C$，则表示在静止液体中各点的测压管水头相等，测压管水头线是平行于基线的一条水平线，式(2.3)的物理意义是：静止液体中各单位重量的流体质点具有的总势能相等。

2. 真空高度

当某流体质点的绝对压强小于当地大气压时，其相对压强是负压，这时往往用真空压强来表示，即

$$p_v=p_a-p_{ab}$$

由于压强的单位也可以用液柱的高度来表示，那么将 h_v 称为真空高度，即

$$h_v=\frac{p_v}{\gamma}=\frac{p_a-p_{ab}}{\gamma} \tag{2.10}$$

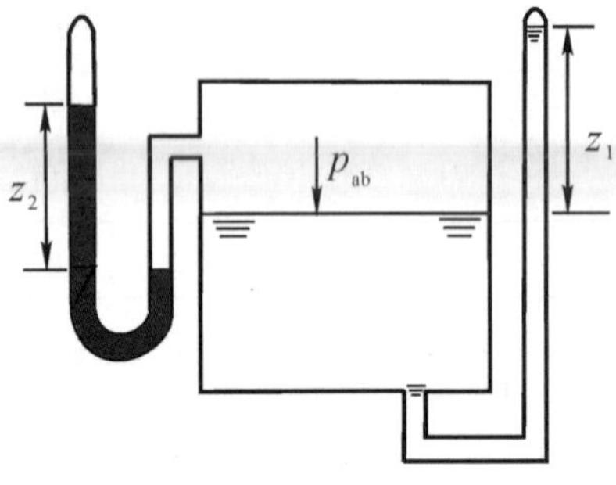

图 2.8 测压管

例 2.1 如图 2.8 所示，在封闭管端完全真空的情况下，水银柱差 $z_2=50\,\text{mm}$，求盛水容器液面绝对压强 p_{ab} 和水面高度 z_1。

解 如图 2.8 所示的左端水银计管中，水平面是等压面，从而得

$$p_{ab}=z_2\gamma_{Hg}=0.05\times 133\,375=6\,668.75\ \text{Pa}$$

在右端测压水管和盛水容器液面的同一水平面是等压面，从而得

$$p_{ab}=z_1\gamma_{H_2O}$$

$$z_1=\frac{p_{ab}}{\gamma_{H_2O}}=\frac{6\,668.75}{9\,807}=0.68\ \text{m}$$

例 2.2 立置在水池中的密封罩如图 2.9 所示，试求罩内 A，B，C 三点的压强。

解 开口一侧水面压强是大气压，因水平面是等压面，B 点的压强 $p_B=0$，则 A 点的压强

$$p_A=p_B+\gamma_{H_2O}h_{AB}=9\,807\times 1.5=14\,710.5\ \text{Pa}$$

C 点的压强

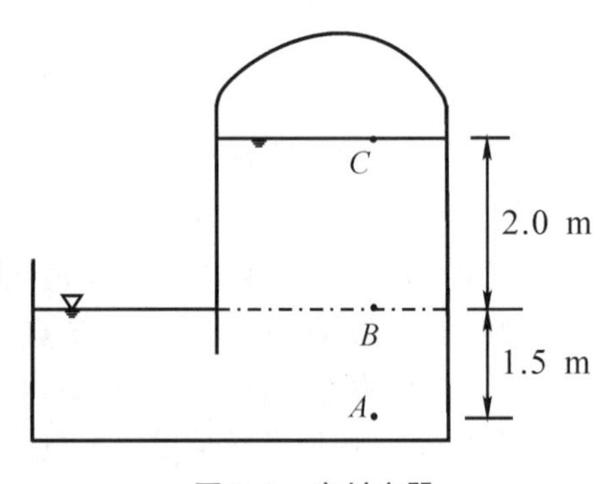

图 2.9 密封容器

$$p_C + \gamma_{H_2O} h_{BC} = p_B$$

即

$$p_C = 0 - 9\,807 \times 2.0 = -19\,614 \text{ Pa}$$

C 点的真空压强

$$p_{vC} = 19\,614 \text{ Pa}$$

2.4　流体的相对静止

在工程实践中，经常会遇到流体相对于地球运动，而流体与各容器之间，以及流体内部质点之间，没有相对运动的情况。在地球上的观察者看来，流体就像刚体一样运动，称这种情况为流体的相对静止。

对于流体的相对静止，前面流体静压强的分布规律(2.3)式已不适用了，在处理这类问题时，可遵循下面的三个原则：

第一，由于流体内部是相对静止的，不必考虑黏性，可以将其作为理想流体来处理；

第二，流体质点实际上在运动，根据达朗贝尔(d'Alembert)原理，在质量力中计入惯性力，使得流体运动的问题形式上转化为静平衡问题，可直接应用流体静力学的基本方程(2.2)式求解；

第三，一般将坐标建立在容器上，即所谓的动坐标。

下面通过两个例子，来说明这类问题的解决方法。

例 2.3　如图 2.10 所示，为了测定运动物体的加速度，在运动物体上装一直径为 d 的 U 形管，测得管中液面差 $h = 0.05\,\text{m}$，两管的水平距离 $l = 0.3\,\text{m}$，求运动物体的加速度 a。

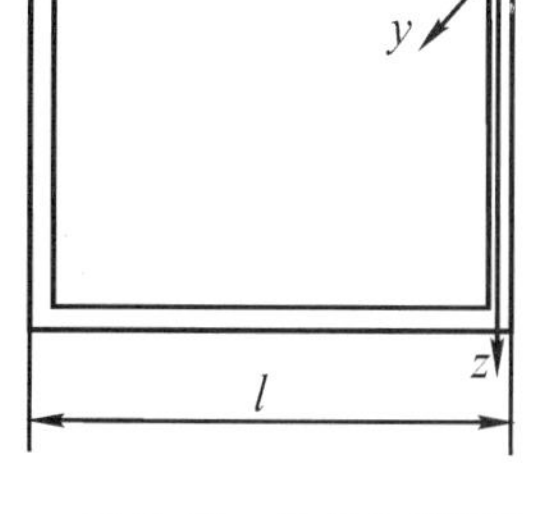

图 2.10　物体加速度的测定

解　选动坐标系 $Oxyz$，O 点置于 U 形管右侧的自由液面上，Oz 轴向下，由式(2.2)

$$\mathrm{d}p = \rho(f_x \mathrm{d}x + f_y \mathrm{d}y + f_z \mathrm{d}z)$$

质量力 $f_x = -a$，$f_y = 0$，$f_z = g$，将它们代入上式并积分

$$\int \mathrm{d}p = \int (-\rho a \mathrm{d}x + \rho g \mathrm{d}z)$$

得

$$p = \rho(-ax + gz) + C$$

由边界条件 $x = 0$，$z = 0$，$p = 0$(大气压为相对压强)得 $C = 0$。另外 $x = -l$，$z = -h$，$p = 0$，得

$$a = \frac{h}{l}g = \frac{0.05 \times 9.807}{0.3} = 1.635 \text{ m/s}^2$$

例 2.4　盛有液体的圆柱形容器，绕垂直轴以角速度 ω 旋转，试讨论自由液面方程。

解　由于液体的黏滞作用，经过一段时间后，整个液体随容器以同样角速度 ω 旋转。液

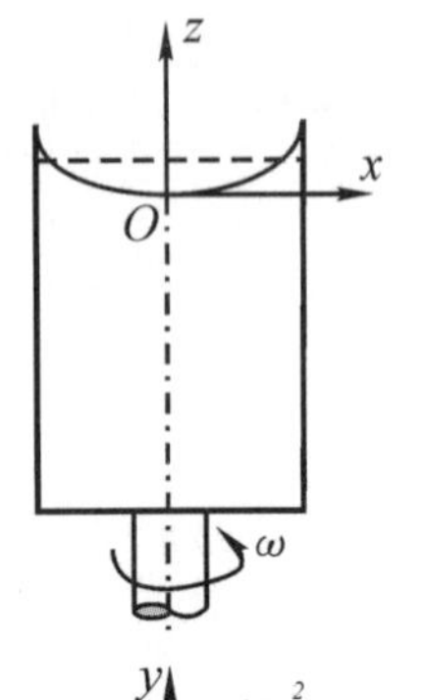

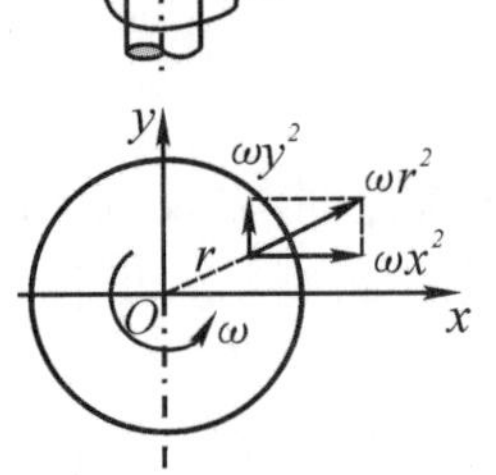

图 2.11　等角速度旋转运动

体与容器、液体内部各层之间无相对运动，液面中心出现凹陷。见图 2.11。

选定坐标系 $Oxyz$，O 点置于自由液面中心，Oz 轴与旋转轴重合且向上。

(1) 质量力的确定：

质量力中有重力 $-g$，且计入惯性力，惯性力的方向与加速度的方向相反，为离心力方向，即

$$f_x = \omega^2 x,\ f_y = \omega^2 y,\ f_z = -g$$

(2) 自由液面方程：

将以上质量力代入式(2.2)，得

$$dp = \rho(f_x dx + f_y dy + f_z dz) = \rho(\omega^2 x dx + \omega^2 y dy - g dz)$$

再将其积分，得

$$p = \frac{\rho\omega^2}{2}(x^2 + y^2) - \rho g z + C = \frac{\rho\omega^2 r^2}{2} - \rho g z + C$$

由边界条件 $x = y = z = 0$，$p = 0$ 得 $C = 0$，故

$$p = \frac{\rho\omega^2 r^2}{2} - \rho g z$$

由于在自由液面上，压强处处为大气压，即 $p = 0$，故自由液面的方程为

$$\frac{\rho\omega^2 r^2}{2} - \rho g z = 0$$

或

$$z = \frac{\omega^2 r^2}{2g}$$

显然这是一个旋转抛物面方程，即旋转后的液面形成抛物面。

2.5　液体对平壁的总压力

在工程实际中，经常需要计算液体对固体壁面的总压力。例如，水利工程中的闸门，水对大坝、船体的作用力，液压机械中液体对活塞的总压力等。确定这些作用力的大小、方向和作用点等问题对结构强度设计、结构的运转、安全性能检验等均具有十分重要的意义。结构物表面可以是平壁，也可以是曲壁。本节讨论液体对平壁的总压力，研究的方法可分为解析法和图解法两种。

2.5.1　解析法

1. 相对总压力的大小和方向

如图 2.12 所示，设有一平面 AB 的侧视图，与水平面成夹角 α，放置于静水液体中，假设在自由液面处压强为大气压。先建立平面直角坐标系：延长 BA 交自由液面于一点。设该

点为平面直角坐标系的原点 O，x 轴与纸面垂直。OB 方向为 y 轴。如将平面绕 Oy 旋转 $90°$，则平面形状就在 xOy 面上清楚地表现出来。

现计算该面积 A 上表面所受液体的总压力。在一般情况下，平壁的两面均受到大气压强的作用，因此计算总压力时可不必考虑大气压强的作用。压强用相对压强，总压力就是相对总压力。在受压面上，任取一微分面积 dA，其纵坐标为 y，其中心点在液面下的淹深为 h，液体作用在 dA 上的压力方向垂直面元，大小为

$$dF = \rho gh\,dA = \gamma y\sin\alpha\,dA$$

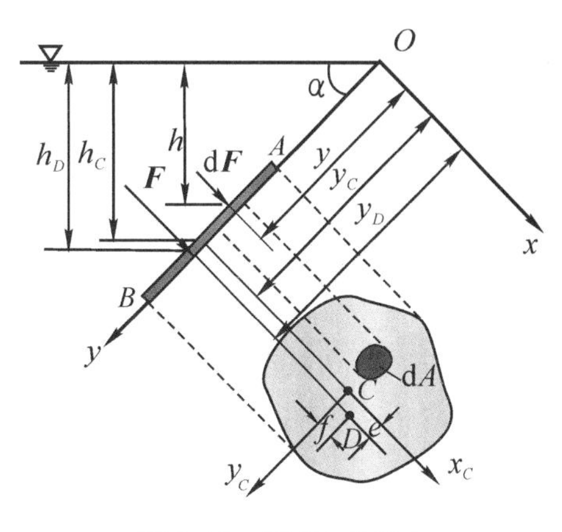

图 2.12 平面上总压力

其合力可按平行力系求和的原理来解决，即

$$F = \int dF = \gamma\sin\alpha\int_A y\,dA$$

积分 $\int_A y\,dA$ 在几何学上称为 AB 平面对 Ox 轴的静矩（面积矩），且

$$\int_A y\,dA = y_C A$$

其中 y_C 为面积 A 形心 C 的纵坐标，则

$$F = \gamma\sin\alpha y_C A = \gamma h_C A = p_C A \tag{2.11}$$

式中：

F——AB 平面上静水总压力（单面）；

h_C——AB 平面形心 C 的淹没深度；

p_C——AB 平面形心 C 点的压强；

γ——液体的重度；

A——平板 AB 的面积。

从式(2.11)可知，作用在任意位置、任意形状平面上的总压力值等于该平面面积与其形心点所受静压强的乘积。而此总压力的方向，是沿着该平面的内法线方向。

2. 相对总压力的作用点

设作用在 AB 平面上的相对总压力作用点为 D（称为压强中心），由于压强在深度方向线性增长，静止液体对平壁的压强中心不可能与形心重合，而应在形心以下。其到 Ox 轴的距离为 y_D，根据合力矩定理

$$F\cdot y_D = \int dF\cdot y = \gamma\sin\alpha\int_A y^2\,dA$$

积分 $\int_A y^2\,dA$ 是 AB 平面对 Ox 轴的惯性矩，以 $\int_A y^2\,dA = I_x$ 表示。将其代入上式，得

$$F\cdot y_D = \gamma\sin\alpha I_x$$

再将 $F = \gamma\sin\alpha y_C A$ 代入上式并简化，得

$$y_D = \frac{I_x}{y_C A}$$

由惯性矩的平行移轴定理 $I_x = I_C + y_C^2 A$，可将其代入上式，得

$$y_D = y_C + \frac{I_C}{y_C A} = y_C + e \tag{2.12}$$

式中：

y_D——相对总压力作用点到 Ox 轴的距离；

y_C——AB 平面形心到 Ox 轴的距离；

I_C——AB 平面对平行 Ox 轴并通过形心 C 的形心轴 x_C 的惯性矩；

A——平板 AB 的面积；

e——压强中心对形心的纵向偏心距。

式(2.12)中，$\frac{I_C}{y_C A} > 0$，故 $y_D > y_C$，即证明了相对总压力作用点 D 通常在 AB 平面形心 C 的下方。但随着 AB 平面淹没深度的增加，即 y_C 增大，$\frac{I_C}{y_C A}$ 减小，相对总压力的作用点则会靠近 AB 平面的形心 C。同理可推导出相对总压力的作用点 D 到 Oy 轴的距离

$$x_D = x_C + \frac{I_{xyC}}{y_C A} = x_C + f \tag{2.13}$$

式中：

x_C——AB 平面形心到 Oy 轴的距离；

I_{xyC}——AB 平面对平行 x，y 轴的形心轴 x_C，y_C 的惯性积，$I_{xyC} = \int_A xy\mathrm{d}A$；

f——压强中心对形心的横向偏心距。

在工程问题中，实际的 AB 平面形状往往有纵向对称轴（与 Oy 轴平行），相对总压力的作用点 D 必在对称轴上（$f = 0$），所以在实际计算时，只须算出 y_D，作用点的位置便可完全确定。

常见图形的几何特征量见附录 B。

2.5.2 图解法

对位于静止液体中一边平行于自由液面的矩形平壁的水静压力问题，可以采用图解法求总压力及压强中心。它不仅能直接反映水静压力的实际分布，而且有利于对受压结构物进行结构计算。

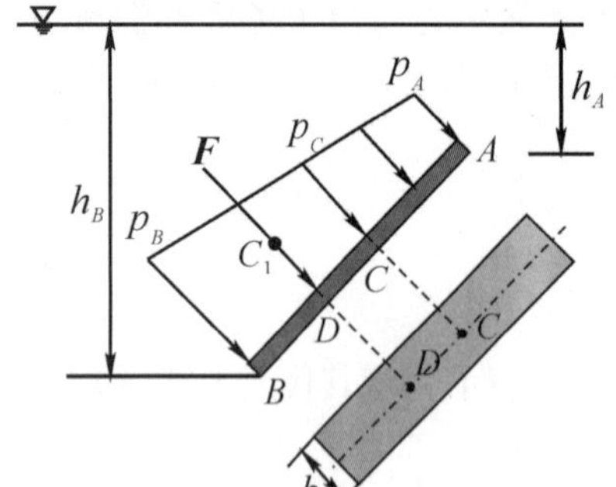

图 2.13 平面图形上压强分布

1. 压强分布图

压强分布图是在受压面承压的一侧，以一定比例尺的矢量线段，表示压强大小和方向的图形，它是液体静压强分布规律的几何图。设矩形平壁 AB 位于静止液体中，如图 2.13 所示。首先应用公式(2.3)计算 A 点和 B 点的相对压强

$$p_A = \gamma h_A$$

$$p_B = \gamma h_B$$

并按一定比例用线段绘出，中间以直线相连，这样就得到 AB 平壁的相对压强分布图。

平面面积形心 C 的相对压强 p_C 矢量线段就一定如图所示分布在这条直线上，如果 A 点恰好在自由液面上，此时 A 点的压强 $p_A = 0$，AB 平面的压强分布图是一个直角三角形，一般情况下压强分布图是一个直角梯形。

2. 图解法

设上述矩形平面 AB，底边平行于自由液面，平面的宽度为 b，上、下底边的淹没深度为 h_A，h_B(图 2.13)，则相对总压力的大小等于压强分布图的面积 A，乘以矩形平面的宽度 b，即

$$F = bA \tag{2.14}$$

相对总压力的方向作用线垂直 AB 直线，并通过压强分布图的形心 C_1，该作用线与受压面 AB 的交点 D，就是总压力的作用点。

例 2.5 一铅直矩形闸门，如图 2.14(a)所示，顶边水平，所在水深 $h_1 = 1\,\text{m}$，闸门高 $h = 2\,\text{m}$。宽 $b = 1.5\,\text{m}$，试用解析法和图解法求相对总压力 F 的大小、方向和作用点。

解 先用解析法，设自由液面处为大气压 p_a，相对压强为零。延长 BA 交自由液面于 O 点。OB 方向即为 y 轴，Ox 垂直纸面，或者如图所示。

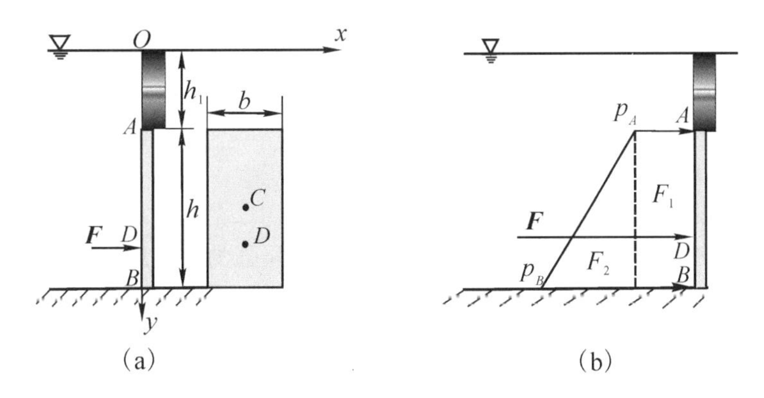

图 2.14 闸门上的压力和压强分布图

由(2.9)式，先求矩形形状中心 C 处的压强

$$p_C = \gamma h_C = 9\,807 \times \left(\frac{h}{2} + h_1\right) = 9\,807 \times \left(\frac{2}{2} + 1\right) = 19\,614\ \text{Pa}$$

由(2.11)式，矩形闸门受到的相对总压力

$$F = p_C A = 19\,614 \times (2 \times 1.5) = 58.84\ \text{kN}$$

它的方向如图所示，垂直闸门。

压强中心 D 的求法，按公式(2.12)

$$y_D = y_C + \frac{I_C}{y_C A} = 2 + \frac{\frac{1}{12} \times 1.5 \times 2^3}{2 \times 1.5 \times 2} = 2.17\ \text{m}$$

由于该闸门是矩形，因此也可用图解法。

应用图解法，先绘制闸门的静水压强分布图。如图 2.14(b)所示，其中

$$p_A = \gamma h_A = 9\,807 \times 1 = 9\,807\ \text{Pa}$$

$$p_B = \gamma h_B = 9\,807 \times 3 = 29\,421\ \text{Pa}$$

则单位宽度闸门受到的相对总压力 F' 为

$$F' = F_1 + F_2 = p_A \overline{AB} + \frac{1}{2}(p_B - p_A)\overline{AB} = 9\,807 \times 2 + \frac{1}{2}(29\,421 - 9\,807) \times 2$$

$$= 19\,614 + 19\,614 = 39.23\ \text{kN}$$

那么宽度为 $b = 1.5$ m 的闸门受到的相对总压力为

$$F = 1.5 \times F' = 1.5 \times 39.23 = 58.84\ \text{kN}$$

再求压强中心 D，以 B 为矩心，应用合力矩定理

$$F_1 \cdot \frac{\overline{AB}}{2} + F_2 \cdot \frac{\overline{AB}}{3} = F' \cdot \overline{BD}$$

所以

$$\overline{BD} = \frac{19\,614 \times 1 + 19\,614 \times \dfrac{2}{3}}{39\,230} = 0.83\ \text{m}$$

或者压强中心 D 距水面高度为 $3 - 0.83 = 2.17$ m。

两种方法所得的计算结果完全相同。

3. 应用解析法或图解法的注意事项

(1) 应用解析法，由于利用上述公式只能求出液面压强为大气压 p_a 时，作用于该平面的相对总压力及其压强中心。因此，如果容器是封闭的，或者液面的压力 p_0 和 p_a 不相等，则应虚设一个所谓的自由液面，使得这个虚设的自由液面的相对压强为零。当 $p_0 > p_a$ 时，虚设的液面在实际液面上方，反之，在液面下方。也就是说，坐标系原点的位置是平面 AB 和虚设液面的相交点。

(2) 图解法只适用于矩形平壁，所以受压平壁是其他形状，如圆形、梯形时，那么应用解析法为好。

(3) 从公式(2.11) $F = \gamma h_C A$ 中可以看出，作用于受压平壁上的水静压力，只与受压面积 A、液体重度，以及形心的淹没深度 h_C 有关，而跟平壁 AB 与水平面的夹角 α 无关。

2.6 液体对曲壁的总压力

在工程中，还经常要计算如圆形储水池壁面、弧形闸门及球形容器等，这些壁面多为柱面或球面。因此本节着重讨论液体作用在柱面上的总压力，其计算方法可推广到其他的曲面。由于流体压强总是垂直于物面的，因此作用在曲壁上的流体静压强构成了空间力系，求空间力系合力的方法是向各坐标方向投影，沿各坐标方向分别按平行力系合成总压力坐标分量，然后再将这 3 个分量合成。一般任意三维曲壁构成的空间力系不共点，合成为一个总压力和一个力偶；但工程中大多数曲壁为二维曲壁，如圆柱面、抛物线柱面等，那么作用在这

些二维曲壁上的静压强可合成为一个总压力。

2.6.1 柱面上的总压力

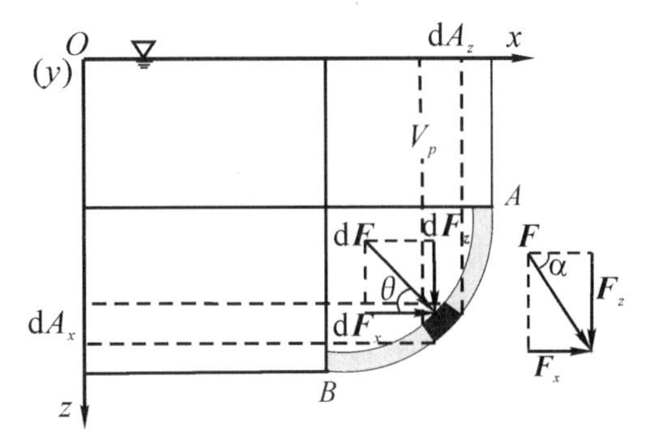

图 2.15 曲面上的总压力

设柱形曲面 AB,其母线垂直于图面,其一侧承受静止液体压力,如图 2.15 所示。在自由液面上选取原点 O,并令 xOy 平面与自由液面相重合,Oz 轴垂直向下。由于柱面上各点所受的水静压强是不相等的,所以先在柱面上沿母线方向取一条形微分面积 $\mathrm{d}A$,该微分面积上受到的相对总压力为 $\mathrm{d}F$,其大小为

$$\mathrm{d}F = \gamma h \mathrm{d}A$$

其中 h 为该微分面积离开自由液面的距离,即淹深。

由于各微分面积上的液体静压力 $\mathrm{d}F$ 的方向不同,故不能直接积分求作用在柱面上的总压力。为此必须将 $\mathrm{d}F$ 分解为两个力,即水平分力和垂直分力。其中

$$\mathrm{d}F_x = \mathrm{d}F\cos\theta = \gamma h \mathrm{d}A\cos\theta = \gamma h \mathrm{d}A_x$$
$$\mathrm{d}F_z = \mathrm{d}F\sin\theta = \gamma h \mathrm{d}A\sin\theta = \gamma h \mathrm{d}A_z$$

式中:

$\mathrm{d}A_x$ ——$\mathrm{d}A$ 在铅垂平面(即 yOz 平面)上的投影;

$\mathrm{d}A_z$ ——$\mathrm{d}A$ 在水平平面(即 xOy 平面)上的投影。

故相对总压力的水平分力

$$F_x = \int \mathrm{d}F_x = \gamma\int_{A_x} h\,\mathrm{d}A_x$$

其中积分 $\int_{A_x} h\,\mathrm{d}A_x$ 是柱面在铅垂平面上的投影面 A_x 对 Oy 轴的静矩,将 $\int_{A_x} h\,\mathrm{d}A_x = h_C A_x$ 代入上式,得

$$F_x = \gamma h_C A_x = p_C A_x \tag{2.15}$$

式中:

F_x ——柱面上总压力的水平分力;

A_x ——柱面在铅垂平面上的投影面积;

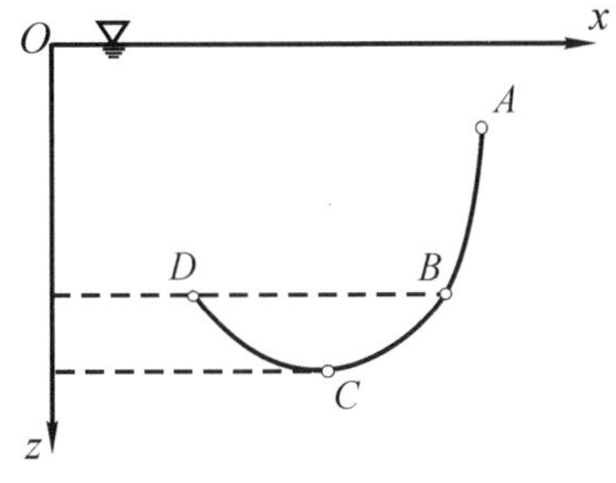

图 2.16 曲壁上的水平分力

h_C ——投影面 A_x 形心点的淹没深度;

p_C ——投影面 A_x 形心点的压强。

式(2.15)表明,液体作用在柱面上总压力的水平分力,其大小等于作用在该柱面在铅垂平面的投影面上的总压力。水平分力的作用线通过投影面积的压强中心,方向指向柱面。

若曲壁在水平方向的投影有重叠部分,如图 2.16 中 $ABCD$ 曲线中的 BCD 段,BC 和 DC 的水平分力大小相

等，方向相反，合力为零，总压力的水平分力则由 AB 段决定。

相对总压力的垂直分力

$$F_z = \int \mathrm{d}F_z = \gamma \int_{A_z} h\,\mathrm{d}A_z = \gamma V_\mathrm{p} \tag{2.16}$$

式中 $V_\mathrm{p} = \int_{A_z} h\,\mathrm{d}A_z$ 是柱面到自由液面(或是到自由液面的延伸面)之间铅垂柱体(称为压力体)的体积。式(2.16)表明，液体作用在柱面上总压力的铅垂分力，等于压力体内液体的重量。垂直分力的作用线通过压力体的重心。

由此，液体作用在柱面上的相对总压力

$$F = \sqrt{F_x^2 + F_z^2} \tag{2.17}$$

设相对总压力方向与水平面的夹角为 α，则

$$\tan\alpha = \frac{F_z}{F_x}$$

即

$$\alpha = \arctan\frac{F_z}{F_x} \tag{2.18}$$

相对总压力的作用点是这样来决定的：静止流体对二维曲壁总压力的水平分力 F_x 的作用线和垂直分力 F_z 的作用线交于一点，相对总压力的作用线通过该点，并与水平方向的夹角为 α。

2.6.2 压力体的概念

积分式 $V_\mathrm{p} = \int_{A_z} h\,\mathrm{d}A_z$ 表示的几何体积称为压力体。它的界定范围是：假设沿着柱面边缘上每一点作自由液面(或延伸面)的铅垂线，这些铅垂线围成的壁面和以自由液面为上底、柱面本身为下底的柱体就是压力体。

通常压力体有以下三种情况。

1. 实压力体

压力体和液体在柱面 AB 的同侧，压力体内充满液体，这称为实压力体。此时 $\boldsymbol{F}_z$ 方向向下。如图 2.17(a)所示。

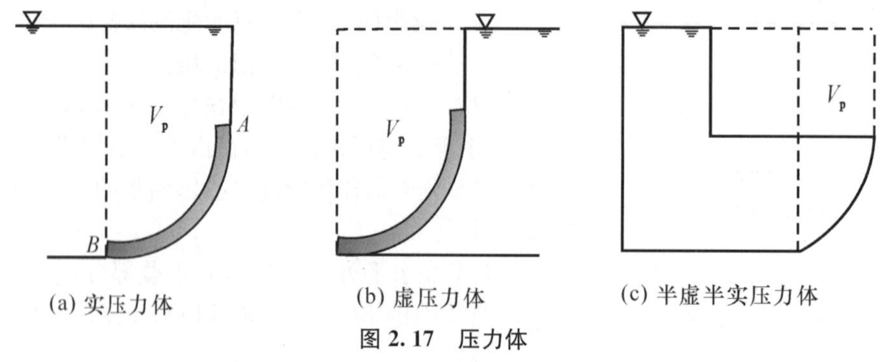

(a) 实压力体　(b) 虚压力体　(c) 半虚半实压力体

图 2.17　压力体

2. 虚压力体

压力体和液体在柱面 AB 的两侧，一般其上底面为自由液面的延伸面，压力体内无液体，这称为虚压力体。此时 $\boldsymbol{F}_z$ 方向向上。如图 2.17(b)所示。

3. 半虚半实的压力体

压力体和液体虽在柱面 AB 的同侧，但其为自由液面的延伸面，压力体部分充有液体，这称为半虚半实压力体。如图 2.17(c)所示。

另外，有关 $\boldsymbol{F}_x$ 和 $\boldsymbol{F}_z$ 的方向要根据曲面在静止液体中的位置而定。例如，在图 2.17(a)中相对总压力 $\boldsymbol{F}$ 的分力 $\boldsymbol{F}_x$，其方向是向右，而图 2.17(b)中的 $\boldsymbol{F}_x$ 的方向是向左。分力 $\boldsymbol{F}_z$ 的方向在图 2.17(a)和(c)中是垂直向下，而在(b)中是垂直向上。这一点是不难判别的。

以上柱面上的液体相对总压力的计算方法可推广到其他空间曲面。

例 2.6 有一密闭盛水容器，水深 $h_1 = 60\ \text{cm}$，$h_2 = 100\ \text{cm}$，水银测压计读值 $\Delta h = 25\ \text{cm}$，试求半径 $R = 0.5\ \text{m}$ 的半球形盖 AB 所受总压力的水平分力和铅垂分力。（见图 2.18）

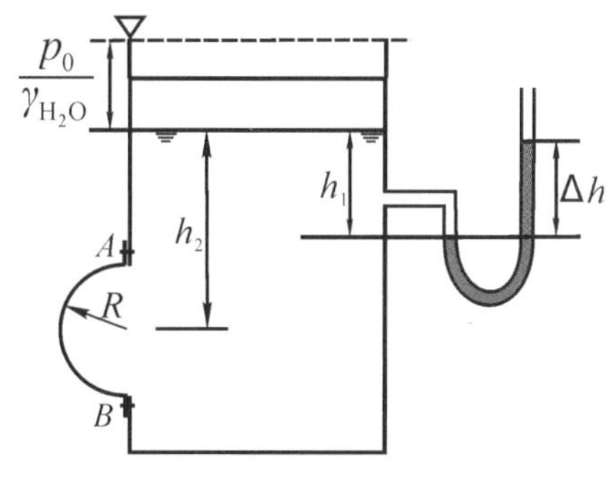

图 2.18 半球形盖的压力

解 由于

$$p_0 = \gamma_{\text{Hg}}\Delta h - \gamma_{\text{H}_2\text{O}}h_1$$

自由液面上压强不是大气压，要虚设一个自由面，其上移的高度为

$$\frac{p_0}{\gamma_{\text{H}_2\text{O}}} = \frac{\gamma_{\text{Hg}}}{\gamma_{\text{H}_2\text{O}}}\Delta h - h_1 = 13.6 \times 0.25 - 0.6 = 2.8\ \text{m}$$

球盖 AB 所受总压力的水平分力及铅垂分力分别为

$$F_x = \gamma_{\text{H}_2\text{O}} \cdot (h_2 + 2.8) \cdot \pi R^2$$
$$= 9\,807 \times (1 + 2.8) \times 3.14 \times 0.5^2 = 29.25\ \text{kN} \quad (\text{方向向左})$$
$$F_z = \gamma_{\text{H}_2\text{O}} \cdot V = \gamma_{\text{H}_2\text{O}} \cdot \frac{1}{2} \cdot \frac{4}{3} \cdot \pi R^3$$
$$= 9\,807 \times 0.5 \times \frac{4}{3} \times 3.14 \times 0.5^3 = 2.566\ \text{kN} \quad (\text{方向向下})$$

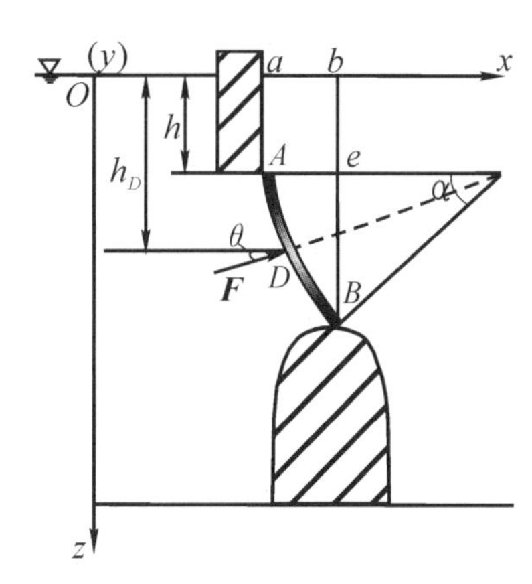

图 2.19 圆弧形闸门上的总压力

例 2.7 一半径 $R = 10\ \text{m}$ 的圆弧形闸门，如图 2.19 所示，上端的淹没深度 $h = 4\ \text{m}$，设闸门的宽度 $b = 8\ \text{m}$，若圆弧的圆心角 $\alpha = 30°$，求：

(1) 闸门上受到水的相对总压力 F 的大小和方向；

(2) 相对总压力的作用点 D 的淹没深度。

解 选取 $Oxyz$ 坐标：在自由液面上取原点 O，取自由液面为 xOy 平面，z 轴铅垂向下。

闸门 AB 所受的水总压力 F 在 x 方向的分力大小 F_x，按公式(2.15)得

$$F_x = p_C A_x = \rho g h_C A_x = \rho g \left(h + \frac{R\sin\alpha}{2}\right)(bR\sin\alpha)$$

$$= 1\,000 \times 9.807 \times \left(4 + \frac{10\sin 30^\circ}{2}\right)(8 \times 10\sin 30^\circ)$$

$$= 2\,549.8\ \text{kN} \quad (\text{方向向右})$$

水总压力 F 在 z 方向分力 F_z 的大小，按公式(2.16)得

$$F_z = \gamma V_p$$

其中压力体 V_p 是如图 2.19 所示 $abeBAa$ 所围成的柱体体积。

$$V_p = b\left[h(R - R\cos\alpha) + \pi R^2 \frac{\alpha}{360^\circ} - \frac{1}{2}R^2 \sin\alpha\cos\alpha\right]$$

$$= 8 \times \left[4 \times (10 - 10\cos 30^\circ) + 3.14 \times 10^2 \times \frac{30^\circ}{360^\circ} - \frac{1}{2} \times 10^2 \sin 30^\circ \cos 30^\circ\right]$$

$$= 79.12\ \text{m}^3$$

$$F_z = \gamma V_p = 9\,807 \times 79.12 = 775.93\ \text{kN} \quad (\text{方向向上})$$

故相对总压力

$$F = \sqrt{F_x^2 + F_z^2} = \sqrt{2\,549.8^2 + 775.93^2} = 2\,665.25\ \text{kN}$$

$$\theta = \arctan\frac{F_z}{F_x} = \arctan\frac{775.93}{2\,549.8} = 16.93^\circ$$

由于是圆弧形闸门，构成了平面汇交力系，故总压力的作用线通过圆心，过圆心作与 x 轴成 $\theta = 16.93^\circ$ 的力作用线交闸门于 D。D 点即是总压力 $\boldsymbol{F}$ 的作用点。因此 D 的淹没深度

$$h_D = h + R\sin\theta = 4 + 10 \times \sin 16.93^\circ = 6.91\ \text{m}$$

例 2.8 如图 2.20 所示，有一圆滚门，长度 $l = 10\,\text{m}$，直径 $D = 4\,\text{m}$，上游水深 $H_1 = 4\,\text{m}$，下游水深 $H_2 = 2\,\text{m}$，求作用于圆滚门上的水平和铅垂方向的分压力。

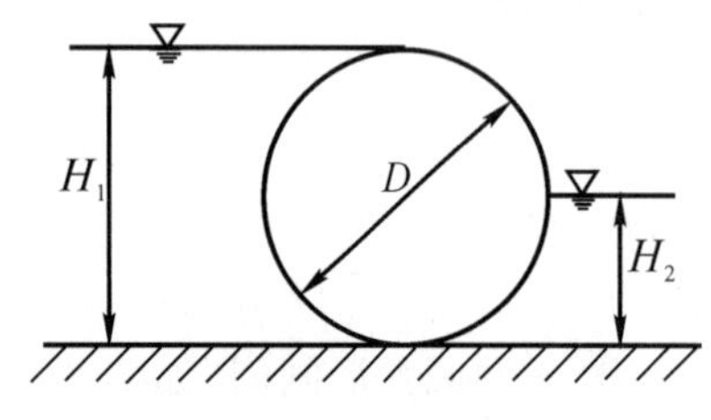

图 2.20 圆滚门上的总压力

解 (1) 圆滚门的左侧：

水平方向分力的大小

$$F_x = \gamma \frac{H_1}{2} D l$$

$$= 9\,807 \times \frac{4}{2} \times 4 \times 10$$

$$= 784.56\ \text{kN} \quad (\text{方向向右})$$

铅垂方向分力的大小

$$F_z = \gamma \frac{\pi}{8} D^2 l = 9\,807 \times \frac{\pi}{8} \times 4^2 \times 10 = 616.19\ \text{kN} \quad (\text{方向向上})$$

(2) 圆滚门的右侧：

水平方向分力的大小

$$F_x = \gamma \frac{H_2}{2} H_2 l = 9\,807 \times \frac{2}{2} \times 2 \times 10 = 196.14\ \text{kN} \quad (\text{方向向左})$$

铅垂方向分力的大小

$$F_z = \gamma \frac{\pi}{16} D^2 l = 9\,807 \times \frac{\pi}{16} \times 4^2 \times 10 = 308.1 \text{ kN} \quad (方向向上)$$

故圆滚门上水总压力水平分力的大小

$$F_x = 784.56 - 196.14 = 588.42 \text{ kN} \quad (方向向右)$$

铅垂分力的大小

$$F_z = 616.19 + 308.1 = 924.29 \text{ kN} \quad (方向向上)$$

2.7　浮力与稳定性

在公元前3世纪，古希腊的发明家阿基米德(Archimedes)发现了浮力定律，本节主要讨论浮力的概念及潜体和浮体平衡的稳定性问题。这在造船工程中是相当重要的。

2.7.1　阿基米德浮力定律

物体浸入水中可以有以下两种状态，一种是物体全部浸没在水中，这称之为潜体，如一艘全部浸没于水中的潜水艇。另一种是部分浸没在水中，这称之为浮体，如一艘船。不管是潜体还是浮体，它们在水中都受到浮力。为了便于了解浮力产生的原因，以及计算它的大小，先讨论淹没在液体中的封闭曲面(潜体)上的压力。

图2.21表示潜体在液体中的平衡情况，坐标系如图所示。设在液体自由液面下 z 处，沿 x 轴方向取一水平的微分柱体，该柱体与潜体表面相交的微分面积分别是 dA_1 和 dA_2，显然，dA_1 和 dA_2 在 yOz 平面上的投影面积 dA_x 必然相等。根据上一节曲面在静止流体中受力情况，那么，作用在微分柱体两端微面积上沿 x 方向力的大小分别是 $dF'_x = \gamma z dA_x$，$dF''_x = \gamma z dA_x$。由于此两个力大小相等，方向相反，因此作用在这两个微分面积上沿 x 轴方向的力等于零。由此，液体作用在整个封闭曲面上沿 x 方向的总压力 F_x 必然等于零。同理，液体作用在整个封闭曲面上沿 y 轴方向的总压力 F_y 也等于零。

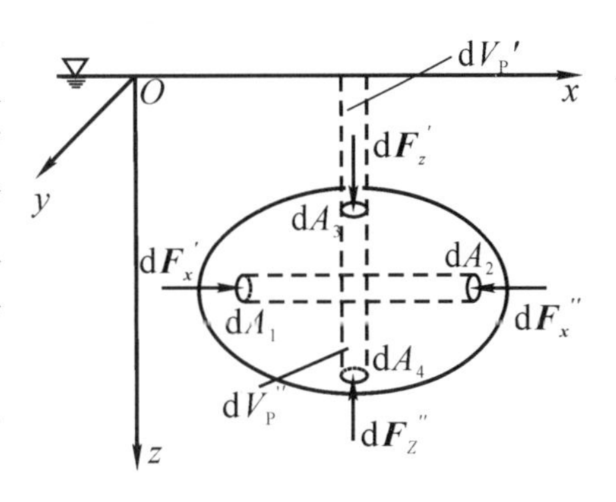

图2.21　浮力

在同一潜体上，取垂直方向的微分柱体，该柱体与潜体表面相交的微分面积分别是 dA_3 和 dA_4。作用在 dA_3 上液体的相对总压力在垂直方向上的力大小为 $dF'_z = \gamma dV'_p$，其中 dV'_p 是由 dA_3 和自由液面以及两铅垂线围成的压力体。作用在 dA_4 上液体的相对总压力在垂直方向上的力大小为 $dF''_z = \gamma dV''_p$，其中 dV''_p 是由 dA_4 和自由液面以及两铅垂线围成的压力体。这两个力的方向相反，由此作用在 dA_3 和 dA_4 的总压力 $dF_z = \gamma dV$，其中 dV 是由 dA_3 和 dA_4 以及两铅垂线围成的体积，也就是垂直方向微分柱体的体积，方向铅垂向上。

那么，作用在整个潜体上垂直方向总压力

$$F_z = \int_V dF_z = \gamma \int_V dV = \gamma V$$

其中 V 是潜体的体积，方向显然是垂直向上。γV 为潜体排开液体的重量。由于 $\boldsymbol{F}_z$ 的方向是铅垂向上的，所以称之为浮力。并用 $\boldsymbol{F}_b$ 表示，它的作用线通过该潜体的体积形心 C，C 点称为浮心。以上的结果同样适用于浮体，著名的阿基米德原理就阐明了浮力定律：浸没于液体中的物体，必然受到浮力的作用，浮力的大小等于该物体所排开液体的重量，同时浮力的作用线必然通过该物体的体积形心，通过浮心的垂直轴称为浮轴。

设潜体本身的重量是 W，浮力是 F_b，以下三种情况是显而易见的：

(1) 当 $W > F_b$ 时，物体将下沉至水底，称为沉体。

(2) 当 $W < F_b$ 时，物体将上浮露出水面，成为浮体，直到重力和浮力相等为止。

(3) 当 $W = F_b$ 时，物体将处于随遇平衡，成为潜体。

2.7.2 潜体和浮体的稳定性

潜体和浮体不同于沉体，它们均悬浮在流体中，如潜艇、水雷是潜体，水面上舰船、浮船坞、浮标灯等属于浮体。当潜体和浮体处于平衡状态时一定要满足下述情况：重力与浮力的大小相等，重力作用线与浮轴重合。

对于潜体和浮体的平衡是否稳定的问题在工程上有重要意义。

1. 潜体的平衡

潜体完全浸没于液体中。由于潜体体积和形状保持不变，浮心的位置保持不变，因此潜体平衡的稳定性仅取决于物体的重心与浮心的相对位置。设重心为 G，浮心为 C，根据两者的相对位置可将潜体平衡分为 3 种状态：

(1) 稳定平衡。平衡时重心位于浮心的下方，如图 2.22(a)所示。当物体倾斜时，重力 W 与浮力 F_b 构成一复原力偶，使物体回到平衡位置，如图 2.22(b)所示。

(2) 不稳定平衡。平衡时重心位于浮心的上方。当物体倾斜时，重力 W 浮力 F_b 构成一倾覆力偶，使物体倾覆，如图 2.23 所示。

(3) 随遇平衡。平衡时重心与浮心重合。当物体倾斜时，既不发生复原，也不发生倾覆。只能是均质潜体在静止流体中有可能达到的随遇平衡。

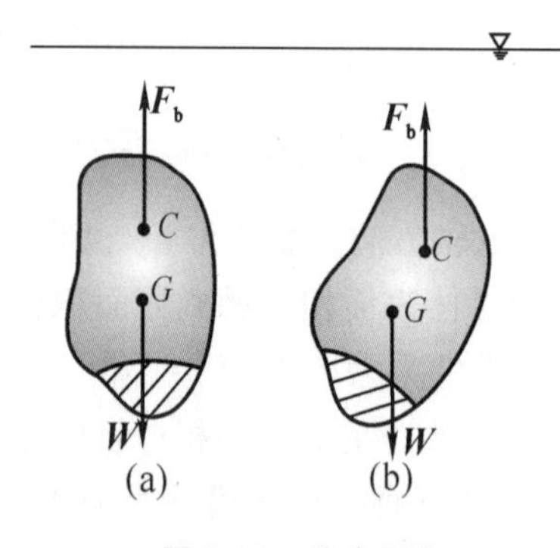

图 2.22 稳定平衡

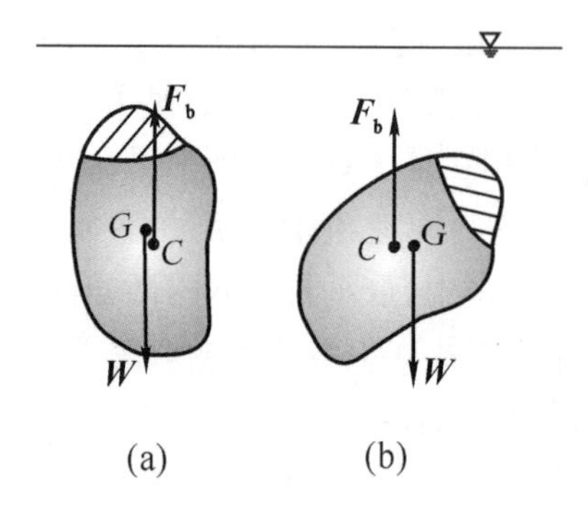

图 2.23 不稳定平衡

2. 浮体的稳定性

当物体只有部分浸没在液体中称之为浮体，当浮体改变姿态时，由于它的排水体积随之发生变化，因此浮心位置也可能发生变化。与潜体一样，只要浮体的重心低于浮心时，浮体总是处于稳定的平衡状态。当浮体发生倾斜时，由于重力与浮力构成一复原力偶，从而使浮体回到原来的平衡位置；当浮体的重心高于浮心时，就可能处于以下 3 种不同的平衡状态。

图 2.24 为某船舶横剖面示意图。初始时，正浮状态重心 G 在浮心 C 正上方（图 2.24(a)），当船舶横倾后（图 2.24(b)），船舶从正浮水线 AA' 逐渐倾斜到新水线 BB'，由于排水体积不变，而将出水体积 AOB 移到了入水体积 $A'OB'$ 的地方，使水线以下的排水体积形状发生了变化，于是浮心 C 随着船的倾斜沿弧线移到了 C'，原来的浮轴线 GC 变成了 MC'。前后两根浮轴线的交点为 M，这称为稳心。当倾角不大时，浮心的移动轨迹 CC' 可以近似地认为是，以 M 为圆心，r 为半径的一段圆弧，CM（或 r）称为初稳心半径。

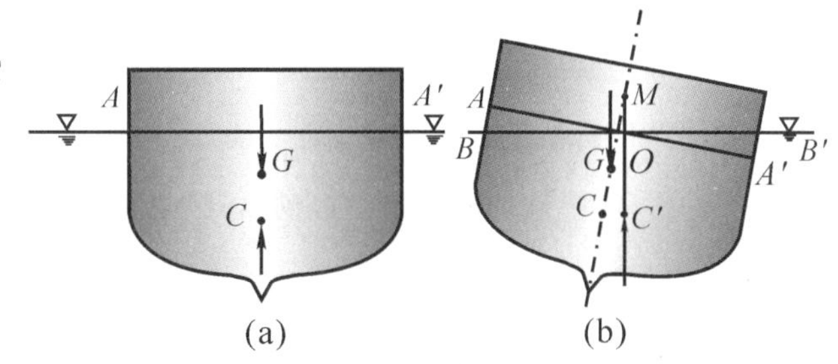

图 2.24　浮体的平衡

初稳心半径可用下式计算：

$$CM = \frac{I_{\xi}}{V} \tag{2.19}$$

式中：

I_{ξ} ——浮体的水线面面积对通过其中心对称轴的惯性矩（取小值）；

V ——浮体的排水体积。

浮体平衡的稳定性由重心 G 和稳心 M 的相对位置 GM（称为稳心高度）来决定，而稳心高度可用下式计算：

$$GM = CM - CG \tag{2.20}$$

根据重心 G 与稳心 M 的相对位置，可将重心高于浮心的平衡状态分为以下三种情况：

(1) 平衡时稳心 M 位于重心 G 的正上方 ($GM > 0$)。当船舶倾斜时，重力与浮力构成一复原力偶，使船舶回到平衡位置，称为稳定平衡。

(2) 平衡时稳心 M 位于重心 G 的正下方 ($GM < 0$)。当船舶倾斜时，重力与浮力构成的力偶使船舶倾覆。

(3) 平衡时稳心 M 和重心 G 重合 ($GM = 0$)，此时船舶为随遇平衡。

例 2.9　航标灯可用如图 2.25 所示的模型表示：灯座是一个浮在水面的均质圆柱体，高度 $H = 0.5$ m，底半径 $R = 0.6$ m，自重 $G = 1\,500$ N，航灯重 $W = 500$ N，用竖杆架在灯座上，高度设为 z，若要求浮体稳定，z 的最大值应为多少？

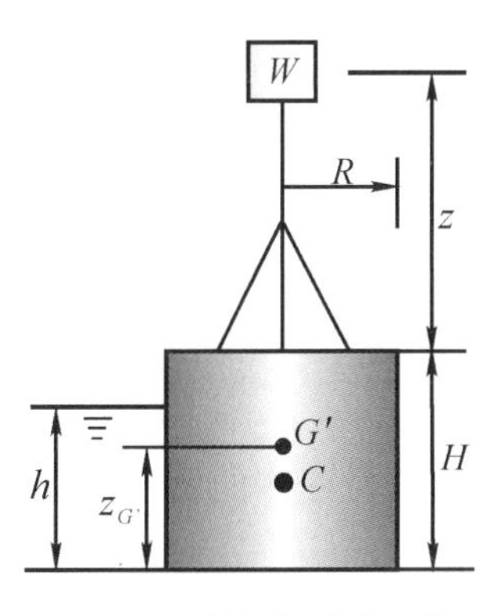

图 2.25　航标灯稳定平衡

解　浮体淹深 $h = \dfrac{G+W}{\gamma\pi R^2} = \dfrac{1\,500+500}{9\,807\times 3.14\times 0.6^2} = 0.180\,4$ m

稳心半径 $r = CM = \dfrac{I_{\xi}}{V} = \dfrac{\frac{\pi}{4}R^4}{\pi R^2 h} = \dfrac{R^2}{4h} = \dfrac{0.6^2}{4\times 0.180\,4} = 0.499$ m

设航标灯重心位置在 G'，它离开底边的高度为 $z_{G'}$，则

$$z_{G'} = \frac{W(z+H)+G\dfrac{H}{2}}{W+G} = \frac{z}{4} + 0.312\,5$$

浮心 C 与重心 G' 之间距离

$$CG' = \frac{z}{4} + 0.3125 - \frac{h}{2} = \frac{z}{4} + 0.3125 - \frac{0.1804}{2}$$
$$= \frac{z}{4} + 0.2223$$

若要保持航标灯的稳定平衡，则

$$G'M = CM - CG' \geqslant 0$$

即
$$0.499 - \left(\frac{z}{4} + 0.2223\right) \geqslant 0$$

故得
$$z \leqslant 1.107 \text{ m}$$

习　题

选择题(单选题)

2.1 相对压强的起算基准是:(a)绝对真空;(b)1 个标准大气压;(c)当地大气压;(d)液面压强。

2.2 金属压力表的读数值是:(a)绝对压强;(b)相对压强;(c)绝对压强加当地大气压;(d)相对压强加当地大气压。

2.3 某点的真空压强为 65 000 Pa,当地大气压为 0.1 MPa,该点的绝对压强为:(a)65 000 Pa;(b)55 000 Pa;(c)35 000 Pa;(d)165 000 Pa。

2.4 绝对压强 p_{ab} 与相对压强 p、真空压强 p_v、当地大气压 p_a 之间的关系是:(a)$p_{ab} = p + p_v$;(b)$p = p_{ab} + p_a$;(c)$p_v = p_a - p_{ab}$;(d)$p = p_v + p_a$。

2.5 在封闭容器上装有 U 形水银测压计，其中 1, 2, 3 点位于同一水平面上，其压强关系为:(a)$p_1 > p_2 > p_3$;(b)$p_1 = p_2 = p_3$;(c)$p_1 < p_2 < p_3$;(d)$p_2 < p_1 < p_3$。(见习题 2.5 图)

2.6 用 U 形水银压差计测量水管内 A, B 两点的压强差，水银面高度 $h_p = 10$ cm, $p_A - p_B$ 为:(a)13.33 kPa;(b)12.35 kPa;(c)9.8 kPa;(d)6.4 kPa。(见习题 2.6 图)

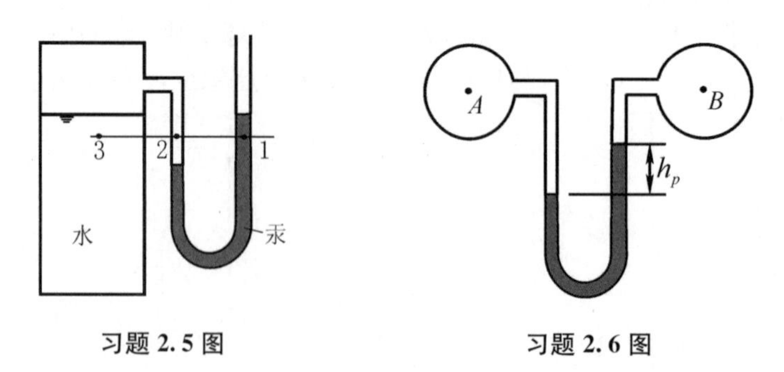

习题 2.5 图　　　习题 2.6 图

2.7 在液体中潜体所受浮力的大小:(a)与潜体的密度成正比;(b)与液体的密度成正比;(c)与潜体的淹没深度成正比;(d)与液体表面的压强成反比。

2.8 静止流场中的压强分布规律:(a)仅适用于不可压缩流体;(b)仅适用于理想流体;(c)仅适用于黏性流体;(d)既适用于理想流体，也适用于黏性流体。

2.9 静水中斜置平面壁的形心淹深 h_C 与压力中心淹深 h_D 的关系为 h_C ________ h_D：(a)大于；(b)等于；(c)小于；(d)无规律。

2.10 流体处于平衡状态的必要条件是：(a)流体无黏性；(b)流体黏度大；(c)质量力有势；(d)流体正压。

2.11 液体在重力场中作加速直线运动时，其自由面与________处处正交：(a)重力；(b)惯性力；(c)重力和惯性力的合力；(d)压力。

计算题

2.12 试决定习题 2.12 图示的装置中 A，B 两点间的压强差。已知 $h_1 = 500\ \text{mm}$，$h_2 = 200\ \text{mm}$，$h_3 = 150\ \text{mm}$，$h_4 = 250\ \text{mm}$，$h_5 = 400\ \text{mm}$，酒精 $\gamma_1 = 7\ 848\ \text{N/m}^3$，水银 $\gamma_2 = 133\ 400\ \text{N/m}^3$，水 $\gamma_3 = 9\ 810\ \text{N/m}^3$。

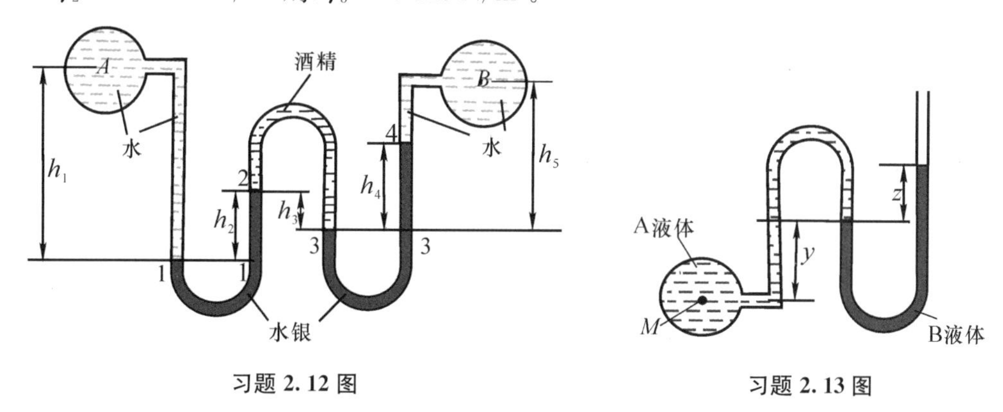

习题 2.12 图　　习题 2.13 图

2.13 试对下列两种情况求 A 液体中 M 点处的压强(见习题 2.13 图)：(1) A 液体是水，B 液体是水银，$y = 60\ \text{cm}$，$z = 30\ \text{cm}$；(2) A 液体是比重为 0.8 的油，B 液体是比重为 1.25 的氯化钙溶液，$y = 80\ \text{cm}$，$z = 20\ \text{cm}$。

2.14 如习题 2.14 图所示，在斜管微压计中，加压后无水酒精(比重为 0.793)的液面较未加压时的液面变化为 $y = 12\ \text{cm}$。试求所加的压强 p 为多大？设容器及斜管的断面面积分别为 A 和 a，$\dfrac{a}{A} = \dfrac{1}{100}$，$\sin\alpha = \dfrac{1}{8}$。

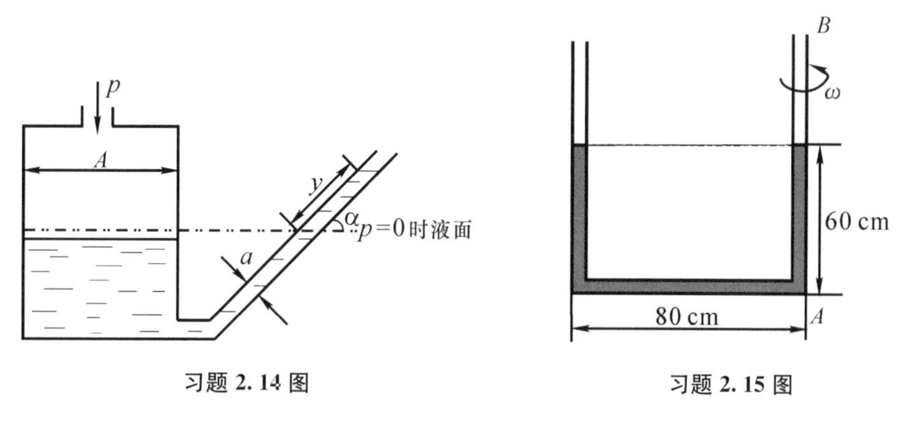

习题 2.14 图　　习题 2.15 图

2.15 设 U 形管绕通过 AB 的垂直轴等速旋转，试求当 AB 管的水银恰好下降到 A 点时的转速。(见习题 2.15 图)

2.16 在半径为 a 的空心球形容器内充满密度为 ρ 的液体。当这个容器以匀角速 ω 绕垂直轴旋转时，试求球壁上最大压强点的位置。

2.17 如习题 2.17 图所示，底面积为 $b \times b = 0.2\,\text{m} \times 0.2\,\text{m}$ 的方口容器，自重 $G = 40\,\text{N}$，静止时装水高度 $h = 0.15\,\text{m}$。设容器在荷重 $W = 200\,\text{N}$ 的作用下沿平面滑动，容器底与平面之间的摩擦因数 $f = 0.3$，试求保证水不能溢出的容器最小高度 H。

2.18 如习题 2.18 图所示，一个有盖的圆柱形容器，底半径 $R = 2\,\text{m}$，容器内充满水，在顶盖上距中心为 r_0 处开一个小孔通大气。容器绕其主轴作等角速度旋转。试问：当 r_0 为多少时，顶盖所受的水的总压力为零？

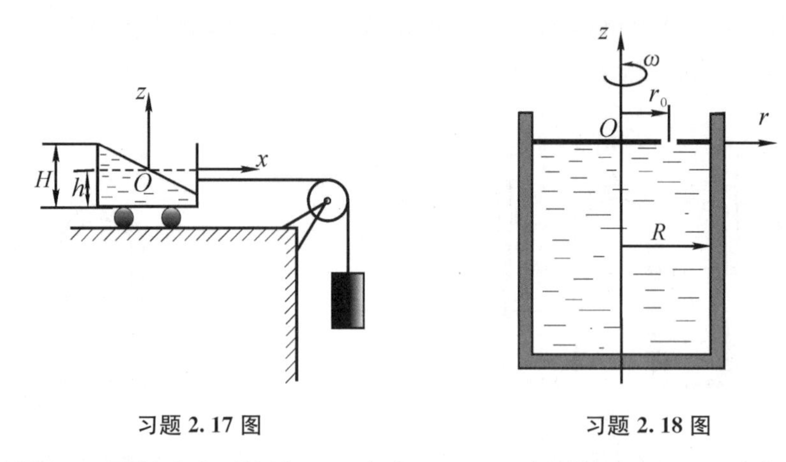

习题 2.17 图　　习题 2.18 图

2.19 如习题 2.19 图所示，矩形闸门 AB 宽为 1.0 m，左侧油深 $h_1 = 1\,\text{m}$，水深 $h_2 = 2\,\text{m}$，油的比重为 0.795，闸门倾角 $\alpha = 60°$，试求闸门上的液体总压力及作用点的位置。

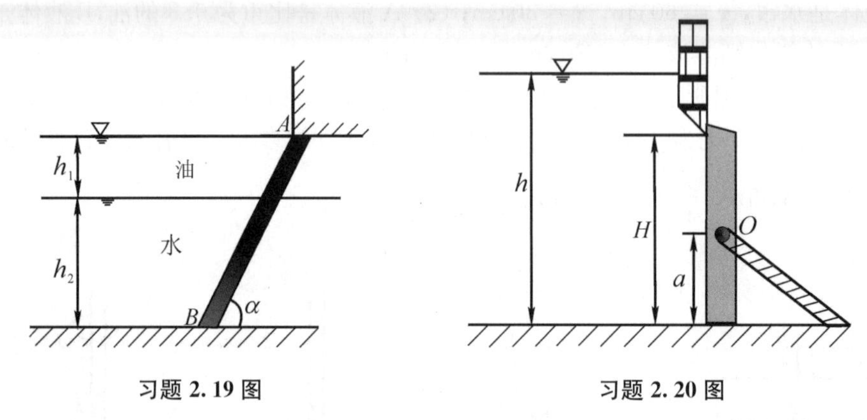

习题 2.19 图　　习题 2.20 图

2.20 如习题 2.20 图所示，一平板闸门，高 $H = 1\,\text{m}$，支撑点 O 距地面的高度 $a = 0.4\,\text{m}$，问当左侧水深 h 增至多大时，闸门才会绕 O 点自动打开？

2.21 如习题 2.21 图所示，箱内充满液体，活动侧壁 OA 可以绕 O 点自由转动。若要使活动侧壁恰好能贴紧箱体，U 形管的 h 应为多少？

2.22 如习题 2.22 图所示，有一矩形平板闸门，水压力经过闸门的面板传到 3 条水平梁上。为了使各横梁的负荷相等，试问应分别将它们置于距自由表面多深的地方？已知闸门高为 4 m，宽 6 m，水深 $H = 3\,\text{m}$。

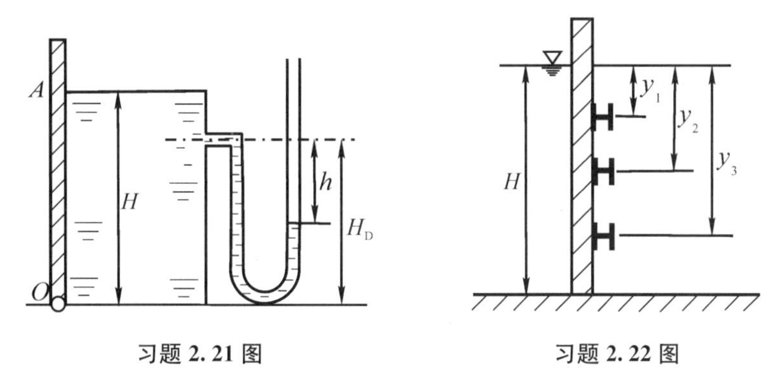

习题 2.21 图　　习题 2.22 图

2.23 如习题 2.23 图所示，有一直径 $D = 0.4$ m 的盛水容器悬于直径为 $D_1 = 0.2$ m 的柱塞上。容器自重 $G = 490$ N，$a = 0.3$ m。如不计容器与柱塞间的摩擦，试求：(1) 为保持容器不致下落，容器内真空压强应为多大？(2) 柱塞浸没深度 h 对计算结果有无影响？

2.24 如习题 2.24 图所示，有一储水容器，容器壁上装有 3 个直径为 $d = 0.5$ m 的半球形盖。设 $h = 2.0$ m，$H = 2.5$ m，试求作用在每个球盖上的静水压力。

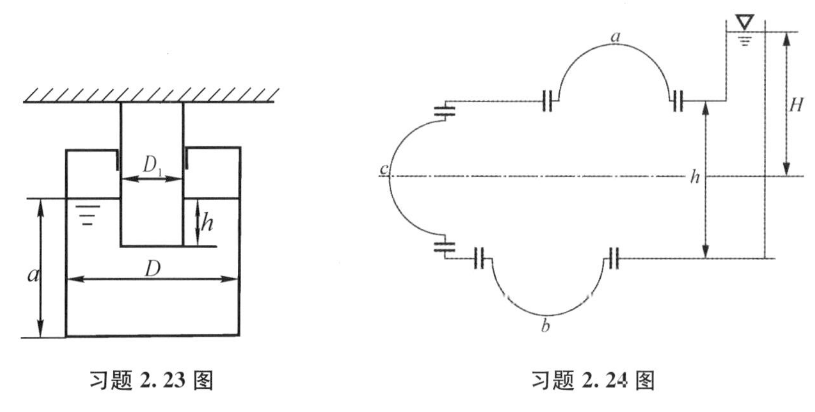

习题 2.23 图　　习题 2.24 图

2.25 在习题 2.25 图所示的铸框中，有铸造半径 $R = 50$ cm，长 $L = 120$ cm 及厚 $b = 2$ cm 的半圆柱形铸件。设铸模浇口中的铁水($\gamma_{Fe} = 70\ 630$ N/m^3) 面高 $H = 90$ cm，浇口尺寸为 $d_1 = 10$ cm，$d_2 = 3$ cm，$h = 8$ cm，铸框连同砂土的重量 $G_0 = 4.0$ t，试问：为克服铁水液压力的作用，铸框上还需要加多大的重量 G？

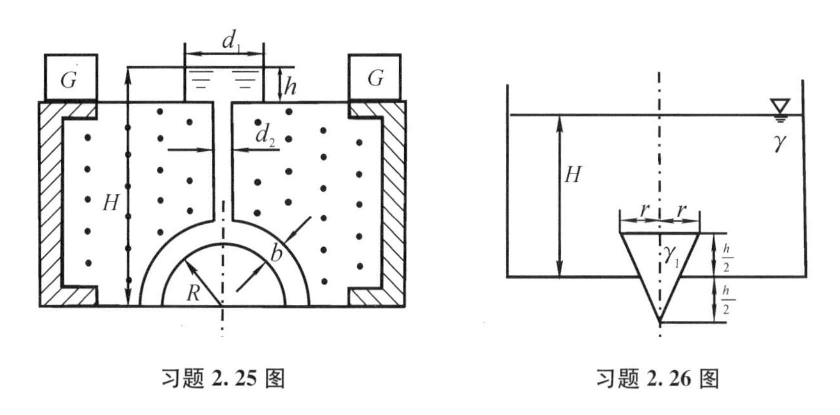

习题 2.25 图　　习题 2.26 图

2.26 如习题 2.26 图所示，有一容器底部圆孔用一锥形塞子塞住，$H=4r$，$h=3r$，若将重度为 γ_1 的锥形塞提起，需要多大力？（容器内液体的重度为 γ）。

2.27 如习题 2.27 图所示，一个漏斗倒扣在桌面上，已知 $h=120\ \text{mm}$，$d=140\ \text{mm}$，自重 $G=20\ \text{N}$。试求：充水高度 H 为多少时，水压力将把漏斗举起而使水从漏斗口与桌面的间隙泄出？

2.28 一长为 20 m、宽 10 m、深 5 m 的平底船，当它浮在淡水上时的吃水为 3 m，又其重心在对称轴上距船底 0.2 m 的高度处。试求该船的初稳心高及横倾 8°时的复原力矩。

2.29 密度为 ρ_1 的圆锥体，其轴线铅垂方向，顶点向下，试研究它浮在液面上时的稳定性（设圆锥体中心角为 2θ）。（见习题 2.29 图）

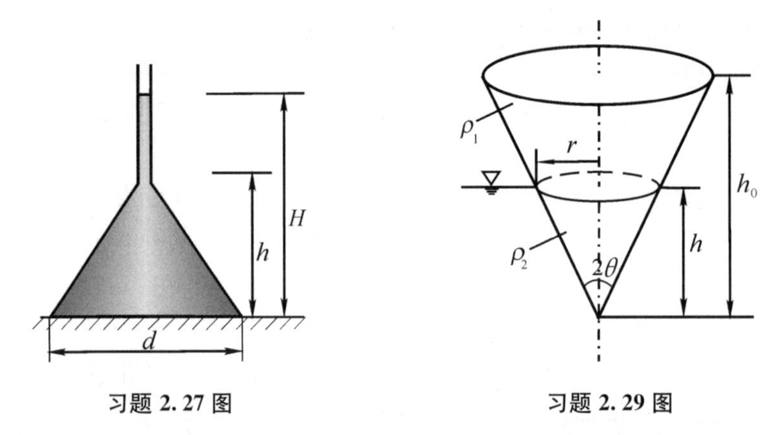

习题 2.27 图　　　　习题 2.29 图

2.30 某空载船由内河出海时，吃水减少了 20 cm，接着在港口装了一些货物，吃水增加了 15 cm。设最初船的空载排水量为 1 000 t，问该船在港口装了多少货物？设吃水线附近船的侧面为直壁，海水的密度为 $\rho=1\,026\ \text{kg/m}^3$。

2.31 如习题 2.31 图所示，有一个均质圆柱体，高 H，底半径 R，圆柱体的材料密度为 $600\ \text{kg/m}^3$。

(1) 将圆柱体直立地浮于水面，当 R/H 大于多少时，浮体才是稳定的？

(2) 将圆柱体横浮于水面，当 R/H 小于多少时，浮体是稳定的？

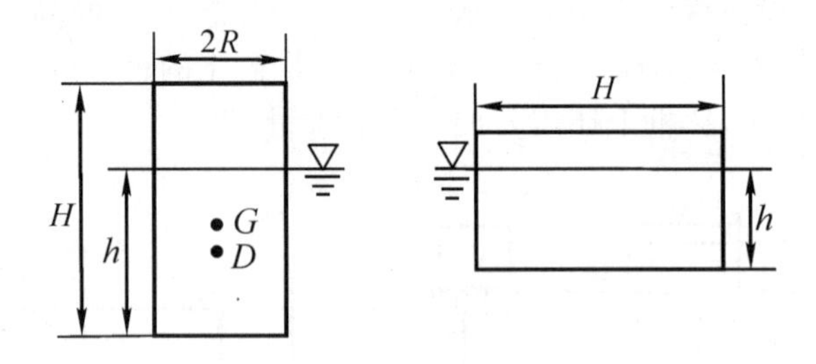

习题 2.31 图

第3章 流体运动学

流体运动学是用几何的观点来研究流体的运动，而不涉及流体的动力学性质。由于流体的易变形性，相对于刚体而言，流体的运动形态更为复杂，描述流体运动的方法也不同。

在理论力学中，研究质点往往利用牛顿第二定律 $\boldsymbol{F}=m\boldsymbol{a}$ 将力和加速度联系起来，在流体力学中，研究流体质点往往是用伯努利(Bernoulli)方程将压强和速度联系起来。从这方面来讲研究流体质点的速度更为重要。

3.1 描述流体运动的两种方法

3.1.1 流体质点和空间点

流体质点是指在流场中取出一团极小体积的流体微团，由于其几何尺寸极小，可以略去不计，作为一个点，但它却具有一定的物理量，如速度、加速度、压强和密度等。虽然它的几何尺寸极小，但仍比分子的平均自由行程大得多，内中有许许多多的流体分子，有时也将流体质点称为流体微团。

空间点是个几何点，它仅仅表示一个空间位置，可用建立的空间坐标，如直角坐标、圆柱坐标等来表示。

在流场中，由于流体是一个连续介质，因此，在任何时候每一个空间点都有一个相应的流体质点占据它的位置。

3.1.2 描述流体运动的两种方法

1. 拉格朗日(Lagrange)法

(1) 拉格朗日法又称随体法。它着眼于流体质点，跟随一个选定的流体质点，观察它在空间运动过程中各个物理量的变化规律，当逐次由一个质点转移到另一个质点时……便可了解整个或部分流体的运动全貌。

为了区别这些物理量是属于这些质点，或是属于那些质点，一定要将各个流体质点编上号。这个号怎样编呢？就是用初始时刻的初始位置来区别各个流体质点。在直角坐标中用(x_0, y_0, z_0)，在圆柱坐标中用(r_0, θ_0, z_0)……总之用一组数(a, b, c)来作为该流体质点的标记。

流体质点在运动过程中，每一个空间位置不仅是时间的连续函数，而且不同的流体质点占据了不同的位置。其表达式为

$$\begin{cases} x = x(a, b, c, t) \\ y = y(a, b, c, t) \\ z = z(a, b, c, t) \end{cases} \tag{3.1}$$

式中，变量 a, b, c, t 称为拉格朗日变数，(a, b, c)称为拉格朗日坐标，不同的(a, b, c)值代

表不同的流体质点，它们是独立变量。

当研究某一指定的流体质点时，式中 a, b, c 是常数，式(3.1)就是该质点的运动轨迹。当从一个流体质点转移到另一个流体质点时，式(3.1)中 a, b, c 就是变量。

(2) 用拉氏法表示的流体质点的速度和加速度。速度的定义是指一个选定的流体质点在单位时间内运动位移的变化，即在求导过程中将 a, b, c 视为常数，便得到该质点的速度

$$v = u\boldsymbol{i} + v\boldsymbol{j} + w\boldsymbol{k}$$

式中：

$$\begin{cases} u = \dfrac{\partial x}{\partial t} = u(a, b, c, t) \\ v = \dfrac{\partial y}{\partial t} = v(a, b, c, t) \\ w = \dfrac{\partial z}{\partial t} = w(a, b, c, t) \end{cases} \tag{3.2}$$

同理，加速度的定义是指一个选定的流体质点在单位时间内运动速度的变化，即在求导过程中同样 a, b, c 视为常数，便得到该质点的加速度

$$\boldsymbol{a} = a_x\boldsymbol{i} + a_y\boldsymbol{j} + a_z\boldsymbol{k}$$

式中：

$$\begin{cases} a_x = \dfrac{\partial u}{\partial t} = \dfrac{\partial^2 x}{\partial t^2} = a_x(a, b, c, t) \\ a_y = \dfrac{\partial v}{\partial t} = \dfrac{\partial^2 y}{\partial t^2} = a_y(a, b, c, t) \\ a_z = \dfrac{\partial w}{\partial t} = \dfrac{\partial^2 z}{\partial t^2} = a_z(a, b, c, t) \end{cases} \tag{3.3}$$

此外，流体质点的密度场 ρ、压强场 p 也可用拉氏坐标表示：

$$\rho = \rho(a, b, c, t)$$
$$p = p(a, b, c, t)$$

拉格朗日法把流体的运动，看作是无数个质点运动的总和，将个别质点作为观察对象加以描述，然后将各个质点的运动汇总起来得到整个流动。它的物理概念清晰。但是，由于流体质点的运动轨迹极其复杂，用拉格朗日坐标描述流体质点群运动的数学方程将十分复杂，以致无法求解。除了研究波浪运动，或者台风运动以外，一般都应用欧拉法来描述。

2. 欧拉(Euler)法

(1) 欧拉法又称当地法。它在选定的一个空间点，观察先后经过这个空间点的各个流体质点物理量的变化情况，当逐次由一个空间点转移到另一个空间点……便能了解整个流场或部分流场的运动情况。因此欧拉法是表示流体物理量在不同时刻的空间分布。

设选定的一个空间点(x, y, z)不变，时间 t 变化，这表示在选取的固定空间点观察，而(x, y, z)变化，t 不变，说明是在同一时刻由某一空间点转移到另一空间点观察，这种观察

流体质点的速度场

$$v = v(x,\ y,\ z,\ t)$$

速度分布的分量式可表示为：

$$\begin{cases} u = u(x,\ y,\ z,\ t) \\ v = v(x,\ y,\ z,\ t) \\ w = w(x,\ y,\ z,\ t) \end{cases} \tag{3.4}$$

式中，$x,\ y,\ z,\ t$ 称为欧拉变数，$(x,\ y,\ z)$称为欧拉坐标，它们是独立变量。

此外，流体质点的密度场 ρ、压强场 p 也可用欧拉变数表示：

$$\rho = \rho(x,\ y,\ z,\ t)$$
$$p = p(x,\ y,\ z,\ t)$$

欧拉法广泛地用于描述流体运动，当要研究空间某区域内流体的运动，并要研究流体与物体之间的作用力时，往往采用欧拉法。流体作为一种连续介质，在空间构成一个场，场的观点就是欧拉观点。有关的物理量在空间的分布，称为该物理量场，如速度场、压力场、密度场等，所有这些物理量场统称为流场。速度场是流体力学中最基本的场。流场中的许多属性都可以从速度场直接或间接导出，例如，从速度分布可分析出流体质点的运动，变形及旋转特性，通过本构方程，从速度场可计算流体的应力场等。因此常将速度场等同于流场。由于引入场的观点，可用数学中场论知识作为理论分析工具。

(2) 用欧拉法表示的流体质点的加速度。流体质点的加速度可以用欧拉变数来表示，求质点的加速度却必须用拉氏法，要跟踪观察该流体质点沿程速度的变化，这样速度表达式中的坐标 $x,\ y,\ z$ 是质点运动轨迹上的空间点坐标，它不是独立变数，而是时间 t 的函数，即

$$\begin{cases} x = x(t) \\ y = y(t) \\ z = z(t) \end{cases} \tag{3.5}$$

流体质点的加速度则按复合函数求全导数的方法来求取：

$$\begin{aligned} \boldsymbol{a} &= \frac{\mathrm{d}v}{\mathrm{d}t} = \frac{\partial v}{\partial t} + \frac{\partial v}{\partial x}\frac{\mathrm{d}x}{\mathrm{d}t} + \frac{\partial v}{\partial y}\frac{\mathrm{d}y}{\mathrm{d}t} + \frac{\partial v}{\partial z}\frac{\mathrm{d}z}{\mathrm{d}t} \\ &= \frac{\partial v}{\partial t} + u\frac{\partial v}{\partial x} + v\frac{\partial v}{\partial y} + w\frac{\partial v}{\partial z} \end{aligned} \tag{3.6}$$

上式是用欧拉变数表示的加速度场，其分量式为：

$$\begin{cases} a_x = \dfrac{\partial u}{\partial t} + u\dfrac{\partial u}{\partial x} + v\dfrac{\partial u}{\partial y} + w\dfrac{\partial u}{\partial z} \\ a_y = \dfrac{\partial v}{\partial t} + u\dfrac{\partial v}{\partial x} + v\dfrac{\partial v}{\partial y} + w\dfrac{\partial v}{\partial z} \\ a_z = \dfrac{\partial w}{\partial t} + u\dfrac{\partial w}{\partial x} + v\dfrac{\partial w}{\partial y} + w\dfrac{\partial w}{\partial z} \end{cases} \tag{3.7}$$

引进哈密顿(Hamilton)算子符号：

$$\nabla = \frac{\partial}{\partial x}\boldsymbol{i} + \frac{\partial}{\partial y}\boldsymbol{j} + \frac{\partial}{\partial z}\boldsymbol{k}$$

(3.6)式可表示为：

$$\boldsymbol{a} = \frac{\mathrm{d}v}{\mathrm{d}t} = \frac{\partial v}{\partial t} + (v \cdot \nabla)\, v \tag{3.8}$$

用欧拉法表示的加速度各项的物理意义是，从式(3.8)可见，流体质点的加速度由两部分组成。称$\frac{\partial v}{\partial \boldsymbol{t}}$为当地加速度或局部加速度，它表示在空间固定点流体质点速度随时间的变化率，它是由流场的不恒定性引起的。称$(v \cdot \nabla)v$为变位加速度或迁移加速度，它表示流体质点速度随坐标的变化率，它是由流场的不均匀性引起的。

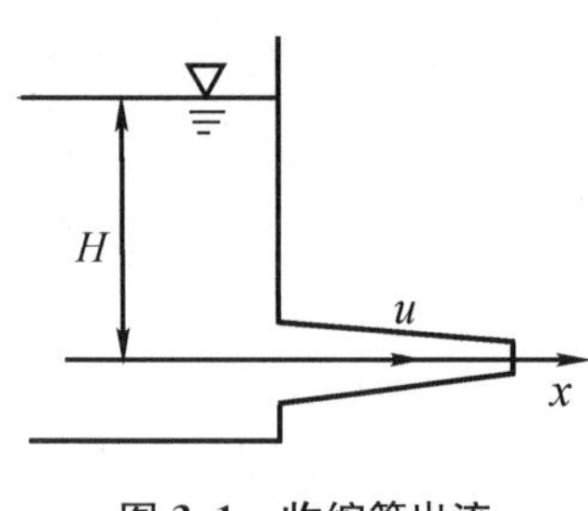

图 3.1　收缩管出流

图 3.1 是水箱内的水经收缩管流出，若水箱无来水补充，水位 H 逐渐降低，管轴线上某空间点流体质点的速度随时间减小，因此当地加速度 $\frac{\partial u}{\partial t} < 0$。由于管道收缩，在同一时间，质点的速度随变位而增大，因此变位加速度 $u\frac{\partial u}{\partial x} > 0$。所以该质点的加速度是这两项之和，即

$$a_x = \frac{\partial u}{\partial t} + u\frac{\partial u}{\partial x}$$

如果该水箱有来水补充，水位 H 保持不变，某空间点流体质点的速度不随时间变化，当地加速度 $\frac{\partial u}{\partial t} = 0$，但仍然有变位加速度，该质点的加速度

$$a_x = u\frac{\partial u}{\partial x}$$

图 3.2 是水箱内水经等截面直管流出，若水位 H 不变，则管内流动的水质点，既无当地加速度，也无变位加速度，即 $a_x = 0$。

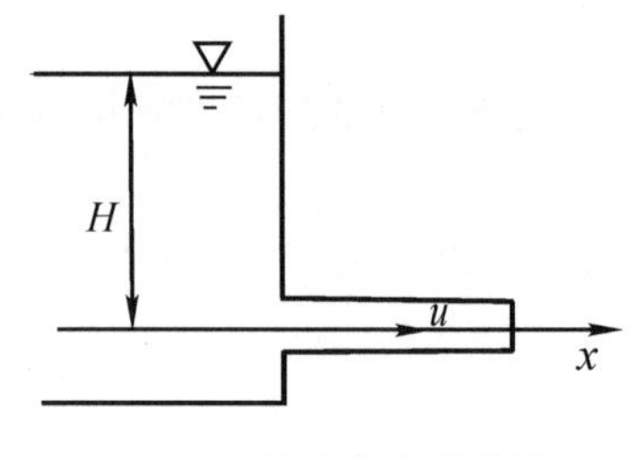

图 3.2　等直径直管出流

上述用欧拉法表示求流体质点加速度(速度的质点导数)的方法，可推广到求任意物理量的质点导数，且为了强调质点导数的欧拉表示法，引入算子符号$\frac{\mathrm{D}}{\mathrm{D}t}$：

$$\frac{\mathrm{D}}{\mathrm{D}t} = \frac{\partial}{\partial t} + u\frac{\partial}{\partial x} + v\frac{\partial}{\partial y} + w\frac{\partial}{\partial z}$$

物理量 $B(x,\ y,\ z,\ t)$的质点导数(随体导数)定义为：

$$\frac{\mathrm{D}B}{\mathrm{D}t} = \frac{\partial B}{\partial t} + u\frac{\partial B}{\partial x} + v\frac{\partial B}{\partial y} + w\frac{\partial B}{\partial z} \tag{3.9}$$

上述等式右边第一项表示当地(局部)变化率，其他三项表示迁移(变位)变化率。

3.1.3 两种表示方法的互相转换

描述流体质点运动的两种方法，即拉格朗日法和欧拉法，它们之间的表达形式是可以互相转换的。

（1）设已给的是拉格朗日表达式：

$$\begin{cases} x = x(a, b, c, t) \\ y = y(a, b, c, t) \\ z = z(a, b, c, t) \end{cases}$$

首先将上式两边微分后得到

$$\begin{cases} u = \dfrac{\partial x}{\partial t} = u(a, b, c, t) \\ v = \dfrac{\partial y}{\partial t} = v(a, b, c, t) \\ w = \dfrac{\partial z}{\partial t} = w(a, b, c, t) \end{cases}$$

然后以欧拉坐标(x, y, z)代替式中的拉氏坐标(a, b, c)，也就是求拉氏法的反函数。这样便得到欧拉表达式。

例 3.1 已知流体质点运动拉格朗日表达式为：

$$\begin{cases} x = a\mathrm{e}^{t} + b\mathrm{e}^{-t} \\ y = a\mathrm{e}^{t} - b\mathrm{e}^{-t} \end{cases}$$

试用欧拉法来表示流体质点的运动。

解 流体运动为二维（平面）流动，首先对上式两边进行微分

$$\begin{cases} u = \dfrac{\partial x}{\partial t} = a\mathrm{e}^{t} - b\mathrm{e}^{-t} \\ v = \dfrac{\partial y}{\partial t} = a\mathrm{e}^{t} + b\mathrm{e}^{-t} \end{cases}$$

由于

$$\frac{x + y}{2} = a\mathrm{e}^{t}$$

$$\frac{x - y}{2} = b\mathrm{e}^{-t}$$

将上式代入，得

$$\begin{cases} u = \dfrac{x + y}{2} - \dfrac{x - y}{2} = y \\ v = \dfrac{x + y}{2} + \dfrac{x - y}{2} = x \end{cases}$$

即

$$\begin{cases}u = y \\ v = x\end{cases}$$

此为欧拉法表达的流体质点运动。

(2) 设已给的是欧拉表达式:

$$\begin{cases}u = u(x, y, z, t) \\ v = v(x, y, z, t) \\ w = w(x, y, z, t)\end{cases}$$

首先对两边进行积分,得

$$\begin{cases}x = x(C_1, C_2, C_3, t) \\ y = y(C_1, C_2, C_3, t) \\ z = z(C_1, C_2, C_3, t)\end{cases}$$

式中,C_1, C_2, C_3 为积分常数。

从下式

$$\begin{cases}a = x(C_1, C_2, C_3, 0) \\ b = y(C_1, C_2, C_3, 0) \\ c = z(C_1, C_2, C_3, 0)\end{cases}$$

得到 a, b, c 和 C_1, C_2, C_3 的关系,然后以拉氏坐标 a, b, c 替代式中的积分常数,便得到拉格朗日表达式。

例 3.2 已知流体质点运动用欧拉表达式为:

$$\begin{cases}u = 2x \\ v = -2y\end{cases}$$

试将上式转换成拉格朗日表达式。

解 由于

$$u = \frac{\partial x}{\partial t} = 2x$$

上式可表示为:

$$\frac{\mathrm{d}x}{\mathrm{d}t} = 2x, \frac{\mathrm{d}x}{x} = 2\mathrm{d}t$$

两边积分

$$\ln x = 2t + C_1'$$

故

$$\begin{cases}x = C_1 \mathrm{e}^{2t} \\ y = C_2 \mathrm{e}^{-2t}\end{cases}$$

当 $t = 0$ 时(即初始时刻)

$$x = C_1 = a$$

$$y = C_2 = b$$

将其代入上式,得到

$$\begin{cases} x = ae^{2t} \\ y = be^{-2t} \end{cases}$$

即为拉格朗日表达式。

3.2 流体运动的分类、迹线和流线

3.2.1 流体运动的分类

1. 流体运动按物理量变化来分类

流体运动可以分为恒定流动(定常流动)和非恒定流动(非定常流动)。

所谓恒定流动是指在任何固定的空间点来观察流体质点的运动,流体质点的流动参数(速度、加速度、压强和密度等)皆不随时间变化。反之即为非恒定流动。很显然,判别这两类运动是要用欧拉法为其服务的。

对于恒定流动,流场方程为

$$\begin{cases} v = v(x, y, z) \\ p = p(x, y, z) \\ \rho = \rho(x, y, z) \end{cases} \tag{3.10}$$

与非恒定流动相比,在恒定流动中流动参数少了时间变量 t,流动分析往往相对简单,因此对某一流动问题的研究总是从恒定流动开始,然后再加入非恒定因素。如上一节列举的水箱出流的例子中,若水位 H 保持不变则是恒定流,水位 H 变化的则是非恒定流。在工程实际中,恒定流是相当多的,有时虽为非恒定流,但如果运动的物理量随时间的变化相当缓慢,仍可近似地按恒定流来处理。这主要取决于对近似精度的要求,变化幅度值在所需的精度范围之内,则可按恒定流处理;超过精度范围时,则按非恒定流处理。有时对绝对静坐标系来说是非恒定流动,但只要应用动坐标系则可转化成为恒定流动。例如,一条船在直的静水河道中作等速直线运动,人在岸上观察,则河流的流水运动是非恒定流动,但在船上的人观察到的却是恒定流动。

2. 流体运动按坐标来分类

流体运动可分为一维、二维(平面)和三维(空间)流动。

所有的实际流动都是在三维空间内的流动,流场中的运动参数(以速度为主)都可以表示为三个空间坐标(及时间)的函数,$v = v(x, y, z, t)$,称这种流动是三维流动,或称为空间流动。它是流动中最一般的情况。在某些特定情况下,如果速度场可简化表示为两个空间坐标的函数,称这种流动为二维流动(平面流动);若可简化为一个空间坐标的函数,称这种流动为一维流动。

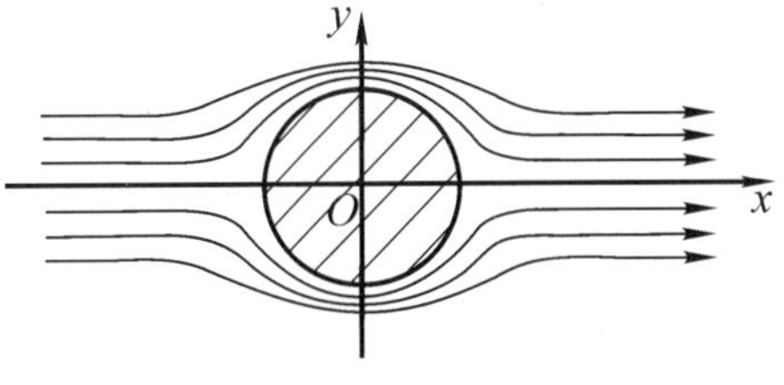

图 3.3 表示为理想流体绕一个无限长圆柱体的流动。由于与该圆柱轴线相垂直的诸平面内流动均相同,故流场在轴向 z 方向的速度分量保持为零,空间各点的速度都位于 xy 平面内,整个流场只须用 x 和 y 方向的两个坐标表示,即 $v = v(x, y, t)$,这属于二维流动。由于用某一个平

图 3.3 二维圆柱绕流

面上的流动即可代表整个流场，因此该流动又称为平面流动。实际的圆柱体是有限长的。当圆柱体的轴向（z 方向的长度）远远大于圆柱体的直径时，仍可将流场近似为 xy 平面上的二维流动，只是在圆柱体的端部区域要考虑三维流动造成的影响。

若流体在一根直径很细的管中流动，那么运动参数只是一个空间坐标和时间变量的函数，这样的流动是一维流动。在实际工程中，当流动管道或渠道流束的纵向尺寸远大于横向尺寸，且不考虑过流截面上速度分布时，为简化计算，工程上常将流速取断面的平均流速 V，那么，流动也可视为一维流动 $\mathbf{V} = \mathbf{V}(s,\ t)$。

3. 按流体质点的变位加速度来分类

流体质点的变位加速度为零，即

$$(v \cdot \nabla)\, v = 0$$

将这种流动称为均匀流动，否则就是非均匀流动，在上一节列举的水箱出流的例子中，等直径直管内的流动（图 3.2）是均匀流动，变直径管道内的流动（图 3.1）是非均匀流动；若水位 H 不变的等直径直管内的流动是恒定均匀流动。

例 3.3 已知速度场 $v = (4y-6x)t\boldsymbol{i} + (6y-9x)t\boldsymbol{j}$。试问：(1) $t = 1\,\mathrm{s}$ 时在(2, 1)点的加速度是多少？(2) 流动是恒定流还是非恒定流？(3) 流动是均匀流还是非均匀流？

解 (1) 由式(3.7)

$$\begin{aligned} a_x &= \frac{\partial u}{\partial t} + u\frac{\partial u}{\partial x} + v\frac{\partial u}{\partial y} \\ &= (4y-6x) + (4y-6x)t(-6t) + (6y-9x)t(4t) \\ &= (4y-6x)(1-6t^2+6t^2) \end{aligned}$$

以 $t = 1\,\mathrm{s}$, $x = 2$, $y = 1$ 代入上式，得

$$a_x = -8\ \mathrm{m/s^2}$$

同理

$$a_y = -12\ \mathrm{m/s^2}$$

$$a = \sqrt{a_x^2 + a_y^2} = 14.42\ \mathrm{m/s^2}$$

(2) 因速度场随时间变化，此流动为非恒定流。

(3) 由式

$$\begin{aligned} (v \cdot \nabla)\, v &= \left(u\frac{\partial u}{\partial x} + v\frac{\partial u}{\partial y}\right)\boldsymbol{i} + \left(u\frac{\partial v}{\partial x} + v\frac{\partial v}{\partial y}\right)\boldsymbol{j} \\ &= 0 \end{aligned}$$

故此流动是均匀流。

3.2.2 迹线和流线

1. 迹线

某一个流体质点在连续的时间 t 到 $t+\mathrm{d}t$ 这段时间内，在空间描绘出来的一条曲线，称为迹线。也称该流体质点的轨迹线。

根据迹线的定义，轨迹线上任何一点的切线方向表示流体质点经过这一位置时的速度

方向。一般来说，迹线表示某一个流体质点的运动，因此是用拉格朗日法来描述的，即根据(3.1)式：

$$\begin{cases} x = x(a,\ b,\ c,\ t) \\ y = y(a,\ b,\ c,\ t) \\ z = z(a,\ b,\ c,\ t) \end{cases}$$

对指定的流体质点，即上式中 $a,\ b,\ c$ 为常数，t 为自变量，求出不同的 $(x,\ y,\ z)$ 值，即能作出该流体质点的迹线。

2. 迹线的微分方程

如图 3.4 所示，某流体质点 t 时刻位于 M_1 点 $(x,\ y,\ z)$，在 $t+\mathrm{d}t$ 时刻位于 M_2 点 $(x+\mathrm{d}x,\ y+\mathrm{d}y,\ z+\mathrm{d}z)$。那么，该流体质点的速度分量分别为：

$$\begin{cases} u = \dfrac{\mathrm{d}x}{\mathrm{d}t} \\ v = \dfrac{\mathrm{d}y}{\mathrm{d}t} \\ w = \dfrac{\mathrm{d}z}{\mathrm{d}t} \end{cases}$$

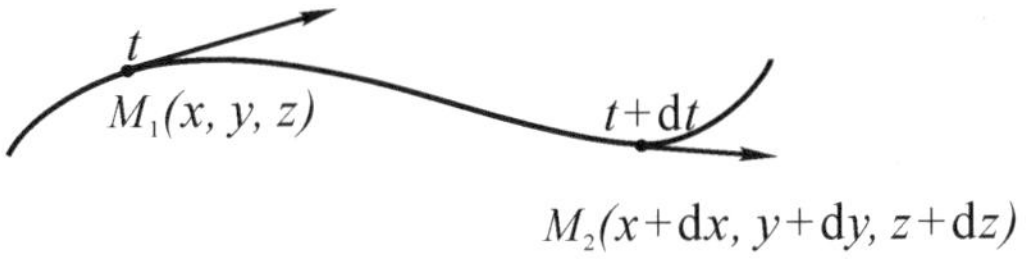

图 3.4 迹线

这样便得到迹线的微分方程

$$\frac{\mathrm{d}x}{u} = \frac{\mathrm{d}y}{v} = \frac{\mathrm{d}z}{w} = \mathrm{d}t \tag{3.11}$$

式中 $x,\ y,\ z$ 是 t 的函数，表示一个流体质点在不同时刻 t 占据的空间位置。

3. 流线

为了将流场的数学描述转换成直观的流动图像，往往引入流线的概念，它是指示某一时刻流场中各点速度矢量方向的假想曲线。所谓流线就是这样的一条曲线，在某个瞬时，这条曲线上所有空间点上的流体质点速度方向和该曲线相切。这条曲线就称为该瞬时的流线(图 3.5)。

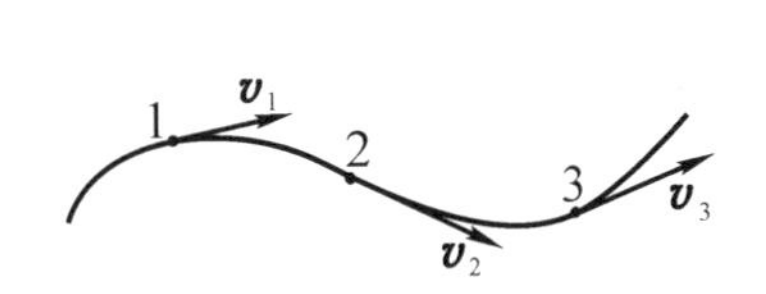

图 3.5 某时刻流线图

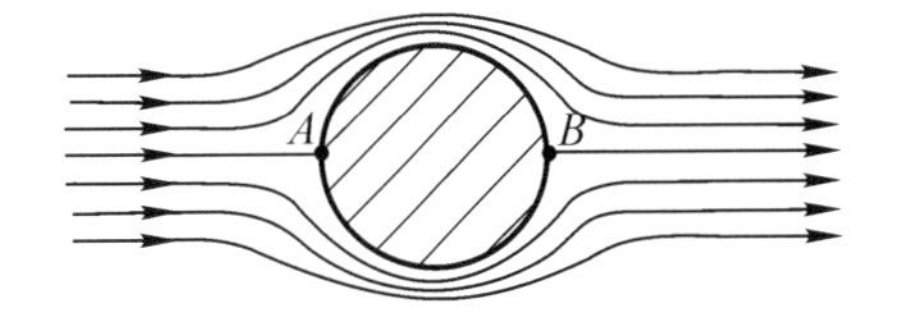

图 3.6 绕二维圆柱体的流线图

一般情况下，两条流线是不能相交的，除非在这个相交点，流体质点的速度为零。如图 3.6 所示，两条流线在 $A,\ B$ 点相交，通常将 A 和 B 分别称为前驻点和后驻点。

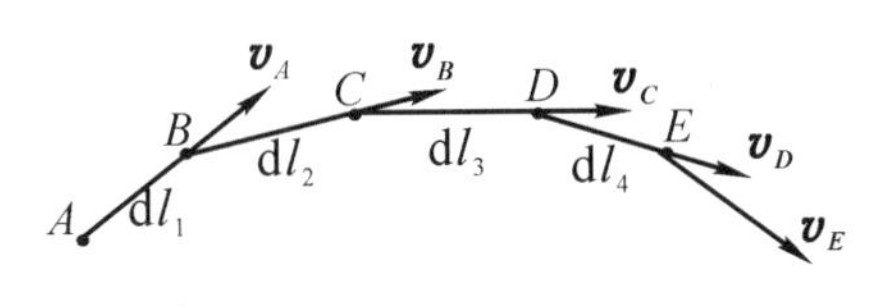

图 3.7 过一点的流线

在流场中，某时刻过任意一点都可以作出一条相应的流线。如图 3.7 所示，在同一时刻完成以下工作，流场中取一点 A，此时刻该点上的流体质点的速度是 v_A，在 v_A 矢量上取一微分长度 $\mathrm{d}l_1$，得空间另一点 B，此时位于 B 点的流体质点速度是 v_B，在 v_B 矢量上取

一微分长度 $\mathrm{d}l_2$，就得空间另一点 C，此时位于 C 点的流体质点速度是 v_C，以此类推，就可以得到流场中某一时刻的折线 $ABCDE$。倘若将 $\mathrm{d}l_1$，$\mathrm{d}l_2$，$\mathrm{d}l_3$ 趋近于零，即 A，B，C，D，E 诸点无限接近，则 $ABCDE$ 就是一条光顺的曲线，此曲线就是该时刻过 A 点的流线。

流线表示位于该空间曲线上所有各流体质点在某时刻的速度矢量方向，因此它是用欧拉法来描述的。当恒定流动时，因各空间点上的流体质点速度方向不随时间变化，所以流线的形状和位置不随时间而变化；一般来讲非恒定流的流线是随时间而变化的。由于均匀流动质点的变位加速度为零，速度矢量不随位移变化，因此在这种流场中，流线是相互平行的直线。

流线和迹线是两个完全不同的概念，但是在恒定流动中，流线和迹线在形式上是重合的。如果是某一个流体质点的迹线，那肯定是条流线；反之，如果是一条流线，那么肯定是一个流体质点的迹线。

4. 流线的微分方程

根据流线的定义，可得到流线的微分方程。在 t 时刻，在流线 AB 上某点处取微分线段矢量 $\mathrm{d}\boldsymbol{r}$，v 为该点的速度矢量(图 3.8)，两者方向一致。

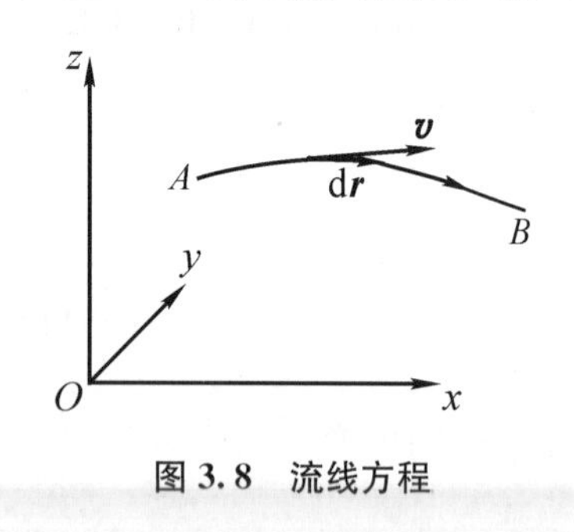

图 3.8 流线方程

在直角坐标系中

$$\mathrm{d}\boldsymbol{r} = \mathrm{d}x\boldsymbol{i} + \mathrm{d}y\boldsymbol{j} + \mathrm{d}z\boldsymbol{k}$$
$$v = u\boldsymbol{i} + v\boldsymbol{j} + w\boldsymbol{k}$$
$$\mathrm{d}\boldsymbol{r} \times v = 0$$

在场论中，直角坐标系下 $\mathrm{d}\boldsymbol{r}$ 和 v 相切，可表示为：

$$\mathrm{d}\boldsymbol{r} \times v = \begin{vmatrix} \boldsymbol{i} & \boldsymbol{j} & \boldsymbol{k} \\ \mathrm{d}x & \mathrm{d}y & \mathrm{d}z \\ u & v & w \end{vmatrix} = 0$$

行列式展开后可得

$$\begin{cases} w\mathrm{d}y - v\mathrm{d}z = 0 \\ u\mathrm{d}z - w\mathrm{d}x = 0 \\ v\mathrm{d}x - u\mathrm{d}y = 0 \end{cases}$$

故必须满足

$$\frac{\mathrm{d}x}{u} = \frac{\mathrm{d}y}{v} = \frac{\mathrm{d}z}{w} \tag{3.12}$$

式中，u，v，w 是空间坐标 x，y，z 和 t 的函数。由于流线是对某一瞬时而言，所以微分方程中 t 是参变量，在积分过程中是作为常数来处理的。

由于流线是瞬时线，对于非恒定流场，每一瞬时的流线形状均不同，因此流线很难用实验方法直接演示，流线只能用数学方法建立，通过求解流线微分方程组才能得到流线方程。对于恒定流动，流线和迹线重合，形状不变，因此可用显示迹线的方法显示流线。

例 3.4 已知流体的速度分布为：

$$\begin{cases} u = -\omega y = -\alpha_0 t y \\ v = \omega x = \alpha_0 t x \end{cases} \quad (\omega,\ \alpha_0 > 0)$$

试求流线方程，并画流线图。

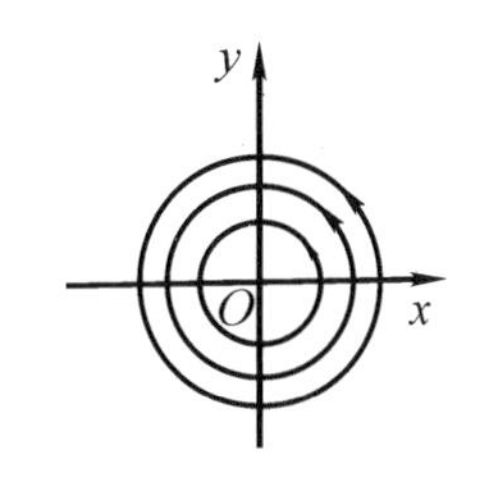

图 3.9 同心圆族的流线图

解 由流线的微分方程式(3.12)

得
$$\frac{dx}{-\alpha_0 ty}=\frac{dy}{\alpha_0 tx}$$

式中 t 是参变量，积分得

$$x^2+y^2=C$$

显然，流线图是一组以原点为圆心的同心圆族(图 3.9)。

由于在流线方程中不含有参变量 t，所以流线的形状不随时间变化，但运动不是恒定流动。

例 3.5 已知流场的速度分布为：

$$\begin{cases}u=1-y\\ v=t\end{cases}$$

试求：(1) $t=1$，过(0, 0)点的流线方程；

(2) $t=0$，位于(0, 0)点流体质点的轨迹。

解 (1) 由流线的微分方程式(3.12)

$$\frac{dx}{1-y}=\frac{dy}{t}$$

以 t 作为参变量，积分得

$$tx=y-\frac{y^2}{2}+C$$

此为不同时刻 t 时的流线方程。

当 $t=1$ 时，$x=y=0$，得到 $C=0$，即流线方程为

$$x=y-\frac{y^2}{2}$$

(2) 由迹线的微分方程式(3.11)

$$\frac{dx}{1-y}=\frac{dy}{t}=dt$$

即

$$\begin{cases}dx=(1-y)dt & ①\\ dy=tdt & ②\end{cases}$$

式中 t 是自变量，将②式积分，得

$$y=\frac{t^2}{2}+C_1$$

由 $t=0$，$y=0$，确定积分常数 $C_1=0$，

即 $y=\frac{t^2}{2}$，将其代入①式，得

$$dx = \left(1 - \frac{t^2}{2}\right)dt$$

再积分，得
$$x = t - \frac{t^3}{6} + C_2$$

由 $t = 0$，$x = 0$，确定积分常数 $C_2 = 0$，得

$$x = t - \frac{t^3}{6}$$

消去时间变量 t，得迹线方程：

$$x^2 = 2y\left(1 - \frac{y}{3}\right)^2$$

例 3.6 已知流场的速度分布为：

$$\begin{cases} u = Kx \\ v = -Ky \end{cases} \quad (K > 0 \text{ 常数，且是在上半平面的流动})$$

试求：(1) 流线方程，并绘制流线图；

(2) 迹线方程，并绘制迹线图。

解 (1) 由流线的微分方程式(3.12)

$$\frac{dx}{Kx} = \frac{dy}{-Ky}$$

将其积分，得
$$\ln x = -\ln y + C'$$

$$xy = C$$

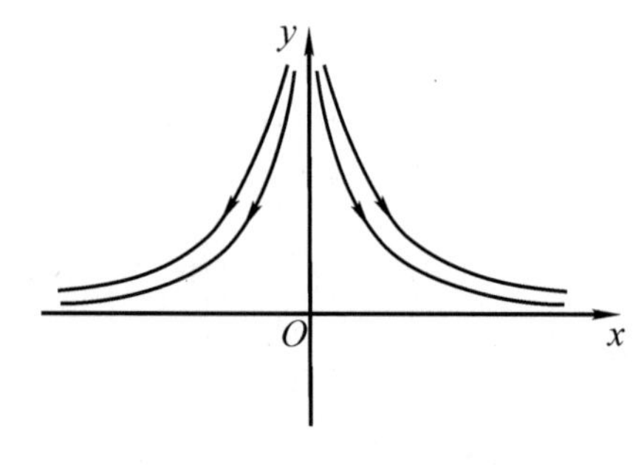

图 3.10 流线和迹线

流线族是一组以 x 轴和 y 轴为渐近线的等边双曲线，如图 3.10 所示。

(2) 由迹线的微分方程式(3.11)

$$\frac{dx}{Kx} = \frac{dy}{-Ky} = dt$$

将其积分，得
$$\ln x = Kt + C_1'$$

即

$$\begin{cases} x = C_1 e^{Kt} \\ y = C_2 e^{-Kt} \end{cases}$$

消去 t，即得 $xy = C$，此为一组迹线方程。

由于流动是恒定流动，所以迹线和流线在形式上是重合的。

3.2.3 流管和流量

1. 流管和流束

在流场中作一任意非流线的封闭曲线 C，过 C 上每一点作出该瞬时的流线。由于这些流线是不会互相穿越的，它们所构成的管状壁面就称为流管，而里面的流体就称为流束。流

束可看作流管内无数根流线的合成。如果取的封闭曲线 C 相当小，则构成的流管称为微流管。

流线所有的特性流管皆有，如瞬时性，在每一瞬时流体可看作沿流管流动。由于流线不能相交，因此流管内的流体是不能穿越流管的。在恒定流动时，流管形状保持不变，流管就像真实的一根固定管道。

2. 过流断面、元流和总流

在流束上作出与流线相垂直的横断面称为过流断面。如果流线是相互平行的均匀流，则过流断面是平面，否则就不是平面(图 3.11)。

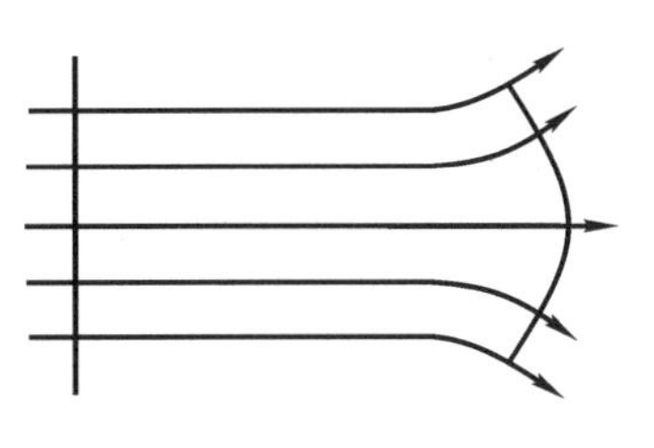

图 3.11　过流断面

元流是指过流断面无限小的流束，它可以看成一条流线。总流是指过流断面为有限大的流束，它可以看成由无限多的元流构成，总流截面上的流动参数往往是不均匀分布的，如速度、加速度、压强等往往是不同的。

3. 流量

流量是速度场的重要属性之一。流量的定义是指单位时间内通过某一个空间曲面(往往是过流断面)流体的量。

这个量用体积表示就称体积流量，用 Q_V 表示，单位是 m^3/s。

这个量用质量表示就称质量流量，用 Q_m 表示，单位是 kg/s。

它们之间的关系是：

$$Q_m = \rho Q_V \tag{3.13}$$

其中 ρ 为流体的密度。

为简便起见，今后体积流量 Q_V，简称流量，用 Q 表示。

流量的计算方法：

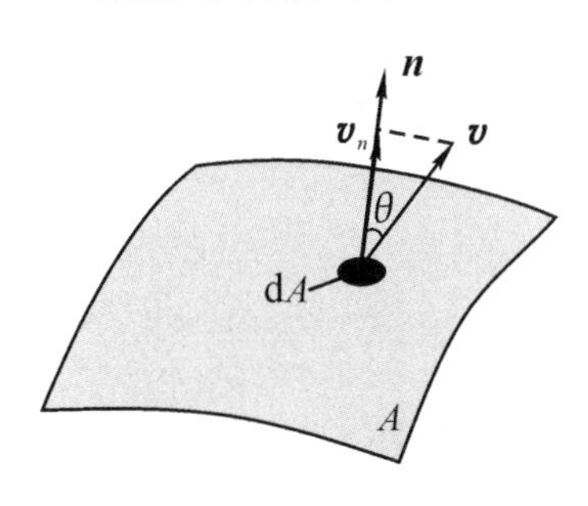

图 3.12　流量的计算方法

设 A 为流场中的一个任意控制曲面，那么通过 A 曲面的体积流量 Q 的计算，如图 3.12 所示。由于在 A 面上流体质点的速度 v 是不同的，在 A 面上取一块微分面积 $\mathrm{d}A$，它上面流体质点的速度为 v，该速度矢量在 $\mathrm{d}A$ 的法线方向 $\boldsymbol{n}$ 的分量为 v_n，则通过 $\mathrm{d}A$ 面的体积流量

$$\mathrm{d}Q = (v \cdot \boldsymbol{n})\mathrm{d}A$$

$(v \cdot \boldsymbol{n})$ 是场论中的表示法，称为矢量 v 和 $\boldsymbol{n}$ 的内积，表示 v 在 $\boldsymbol{n}$ 方向的投影值：

$$v \cdot \boldsymbol{n} = v \cdot \cos\theta = v_n$$

式中 θ 是 v 和 $\boldsymbol{n}$ 两矢量的夹角。

则通过 A 曲面上的体积流量

$$Q = \int_A \mathrm{d}Q = \int_A (v \cdot \boldsymbol{n})\mathrm{d}A = \int_A v_n \mathrm{d}A \tag{3.14}$$

在流体力学中规定，当流体是流出封闭曲面(与 $\boldsymbol{n}$ 同向)时，则 $Q > 0$，当流体是流入封闭曲面(与 $\boldsymbol{n}$ 反向)时,则 $Q<0$。

4. 断面平均流速

在总流的过流断面上,一般来讲,各点的流速大小总是不相同的。为了便于计算,往往定义该断面的平均流速 V,即

$$V=\frac{Q}{A} \tag{3.15}$$

式中:

Q——该断面的体积流量;

A——该断面的面积。

平均速度的概念在管道流动计算中经常会使用。

例 3.7 已知半径为 R 的圆管中,过流断面上的流速分布为 $v=v_{max}\left(1-\frac{r^2}{R^2}\right)$,式中 v_{max} 是管轴中心处最大流速,r 为距管轴中心的距离(图 3.13)。

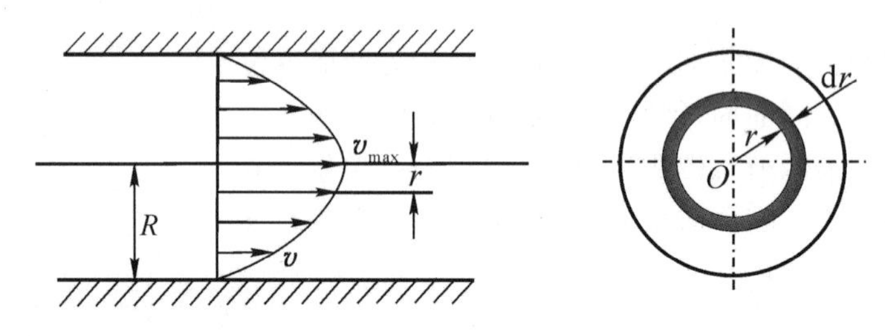

图 3.13 流量的计算

(1) 试求通过圆管的流量;

(2) 试求过流断面的平均流速 V;

(3) 试求过流断面上速度恰好等于平均速度的点距管轴中心的距离。

解 (1) 在过流断面,半径为 r 处,取一环形微分面积,$\mathrm{d}A=2\pi r\mathrm{d}r$,面上各点 v 相等。则通过该微分面积的体积流量

$$\mathrm{d}Q=v\mathrm{d}A=v_{max}\left(1-\frac{r^2}{R^2}\right)\cdot 2\pi r\mathrm{d}r$$

通过圆管的体积流量

$$Q=\int_A \mathrm{d}Q=v_{max}\int_0^R\left(1-\frac{r^2}{R^2}\right)\cdot 2\pi r\mathrm{d}r=\frac{1}{2}\pi R^2 v_{max}$$

(2) 过流断面上的平均流速

$$V=\frac{Q}{A}=\frac{\frac{1}{2}\pi R^2 v_{max}}{\pi R^2}=\frac{1}{2}v_{max}$$

(3) 依题意,令

$$v_{max}\left(1-\frac{r^2}{R^2}\right)=\frac{1}{2}v_{max}$$

$$1-\frac{r^2}{R^2}=\frac{1}{2}$$

则 $r=\frac{\sqrt{2}}{2}R$ 处速度恰好等于平均速度。

3.3 连续性方程

在研究流体运动时，已有一个最基本的假设，就是流体是一个连续介质，流体在运动时是无空隙的。连续性方程是流体力学的基本方程，是质量守恒定律在流体力学中的表达式。

3.3.1 恒定运动下微流管的连续性方程

在流体中取一微流管，如图 3.14 所示。由于是恒定流动，流管就像真的管子一样，流体在里面流动。取 δA_1 和 δA_2 为两个过流断面，流体从 δA_1 流入，并从 δA_2 流出。显然，流入和流出的质流量必须相等，否则在这区域内流体的密度将发生变化，即

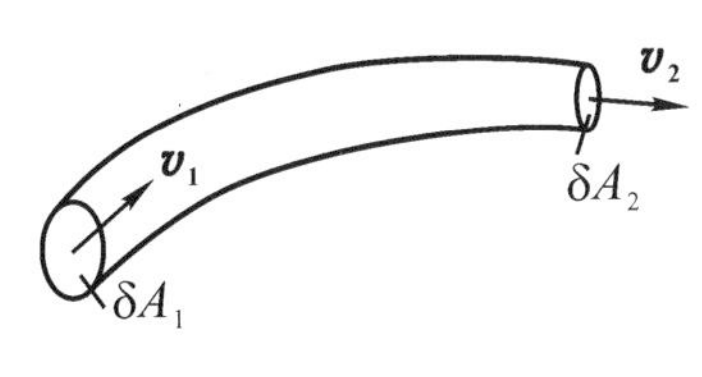

图 3.14 微流管

$$\rho_1 v_1 \delta A_1=\rho_2 v_2 \delta A_2$$

或

$$\rho v \delta A=常量 \tag{3.16}$$

式中：

ρ ——流管某一过流断面处流体的密度；

v ——该过流断面处流体的速度；

δA ——该过流断面的面积。

当研究不可压缩流体 $\rho=$ 常量时，(3.16)式形式为：

$$v\delta A=常量$$

或

$$v\propto\frac{1}{\delta A}$$

当为管流时，

$$V\propto\frac{1}{A}$$

式中 V 为过流断面平均流速，A 为过流断面面积。

这就是一维不可压缩流体连续性方程。它表明：不可压缩流体通过流管的任一截面的流量守恒，或任一截面上的平均速度与截面积大小成反比。若过流断面积大，则该处的流速就小，反之亦然。

在研究平面流动中，过流断面 $\delta A=\delta b\cdot 1$（单位宽度），即

$$v\propto\frac{1}{\delta b}$$

式中 δb 表示流线分布密集的程度，δb 越大，表示流线分布越稀疏，则该处流速越小，δb 越小，

表示流线分布越密集，则该处流速越大(图 3.15)。因而流场中流线分布疏密也反映了流场中流速分布的大致情况。

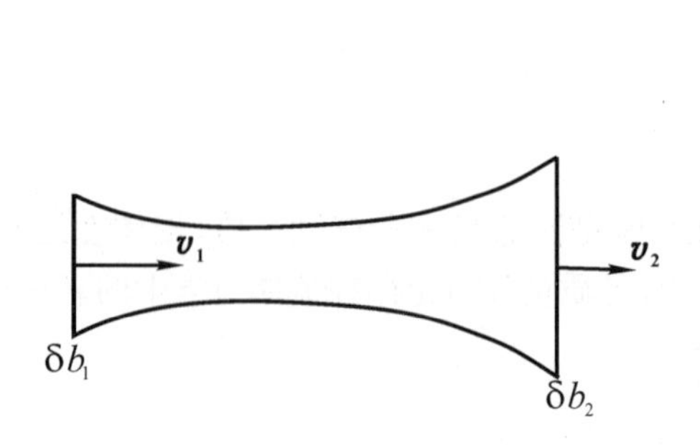

图 3.15　流线的稀疏和密集

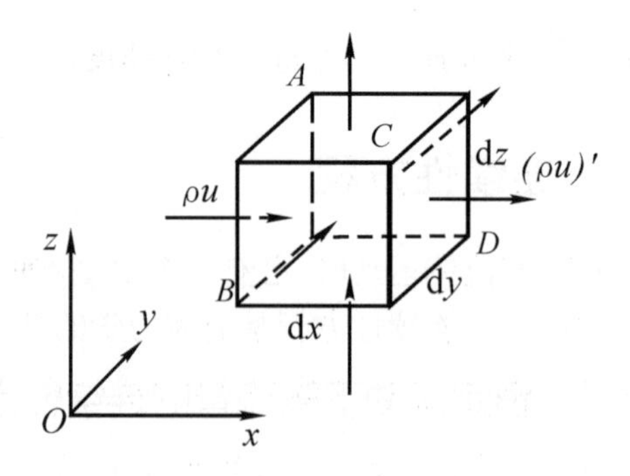

图 3.16　直角坐标系下的连续性方程

3.3.2　连续性微分方程

1. 直角坐标系下的连续性微分方程

在流场中取微小的直角六面体空间作为控制体，其中，三个边长分别平行于 x, y, z 轴，大小为 $\mathrm{d}x$, $\mathrm{d}y$, $\mathrm{d}z$(图 3.16)。在 $\mathrm{d}t$ 时间内，流体从 AB 面流入的质量为 $\rho u\mathrm{d}y\mathrm{d}z\mathrm{d}t$；从 CD 面流出的质量为 $(\rho u)'\mathrm{d}y\mathrm{d}z\mathrm{d}t$。其中

$$(\rho u)' = \rho u + \frac{\partial(\rho u)}{\partial x}\mathrm{d}x + \cdots$$

用泰勒级数展开并略去高阶微量保留前两项。故在 $\mathrm{d}t$ 时间内，在 x 方向，通过 AB 和 CD 两个面，使微六面体中流体质量变化为：

$$\begin{aligned}&\left[\rho u + \frac{\partial(\rho u)}{\partial x}\mathrm{d}x\right]\mathrm{d}y\mathrm{d}z\mathrm{d}t - \rho u\mathrm{d}y\mathrm{d}z\mathrm{d}t \\ =&\frac{\partial(\rho u)}{\partial x}\mathrm{d}x\mathrm{d}y\mathrm{d}z\mathrm{d}t\end{aligned}$$

同理，y, z 方向的流体质量变化分别为：

$$\frac{\partial(\rho v)}{\partial y}\mathrm{d}x\mathrm{d}y\mathrm{d}z\mathrm{d}t$$

$$和\quad \frac{\partial(\rho w)}{\partial z}\mathrm{d}x\mathrm{d}y\mathrm{d}z\mathrm{d}t$$

所以，$\mathrm{d}t$ 时间内通过该控制体流体质量的变化为上述三项之和：

$$\left[\frac{\partial(\rho u)}{\partial x} + \frac{\partial(\rho v)}{\partial y} + \frac{\partial(\rho w)}{\partial z}\right]\mathrm{d}x\mathrm{d}y\mathrm{d}z\mathrm{d}t$$

设此微六面体内，t 时刻流体的密度为 ρ，在 $t+\mathrm{d}t$ 时刻流体的密度等于 $\rho + \frac{\partial \rho}{\partial t}\mathrm{d}t$，因此在 $\mathrm{d}t$ 时间内，由于密度的变化，使微六面体内流体的质量变化了 $\frac{\partial \rho}{\partial t}\mathrm{d}t\mathrm{d}x\mathrm{d}y\mathrm{d}z$。

在流体连续地充满该空间时，根据质量守恒定律，该两项之和必须等于零，化简即得

$$\frac{\partial \rho}{\partial t}+\frac{\partial(\rho u)}{\partial x}+\frac{\partial(\rho v)}{\partial y}+\frac{\partial(\rho w)}{\partial z}=0 \tag{3.17}$$

在场论中，$\nabla \cdot v=\frac{\partial u}{\partial x}+\frac{\partial v}{\partial y}+\frac{\partial w}{\partial z}$，称为速度矢量的散度，记作 $\operatorname{div} v$。因此上式可表示为：

$$\frac{\partial \rho}{\partial t}+\nabla \cdot(\rho v)=0 \tag{3.18}$$

对于均质不可压缩流体，流体密度 $\rho=$ 常量，式(3.17)化简为：

$$\frac{\partial u}{\partial x}+\frac{\partial v}{\partial y}+\frac{\partial w}{\partial z}=0 \tag{3.19}$$

或表示为

$$\nabla \cdot v=0$$

记作 $\operatorname{div} v=0$。

上式是不可压缩流体的直角坐标系下的连续性微分方程。在恒定流动中，可压缩流体的连续性方程式为：

$$\nabla \cdot(\rho v)=0 \tag{3.20}$$

2. 圆柱坐标系下的连续性微分方程

在圆柱坐标系$(r,\ \theta,\ z)$中，取一微分控制体，如图(3.17)所示。仿上法，在 $\mathrm{d}t$ 时间内通过控制面 AB，AD 及 AC 流入控制体的流体质量分别为：

$$\rho v_r r\,\mathrm{d}\theta \mathrm{d}z \mathrm{d}t$$
$$\rho v_\theta \mathrm{d}r \mathrm{d}z \mathrm{d}t$$
$$\rho v_z r\,\mathrm{d}\theta \mathrm{d}r \mathrm{d}t$$

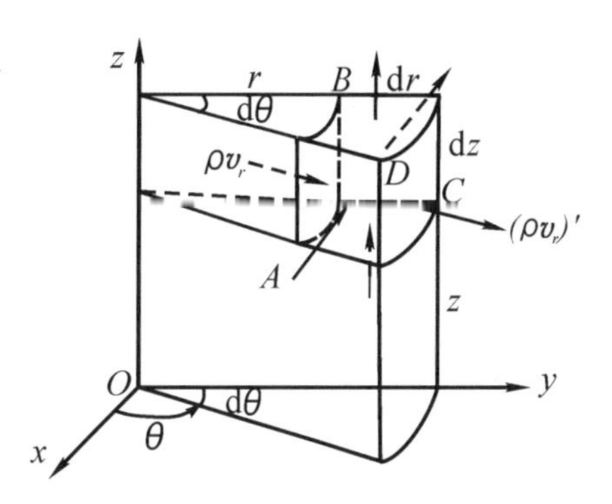

图 3.17 圆柱坐标系下的连续性方程

而通过控制面 CD，BC 及 BD 流出的流体质量分别为：

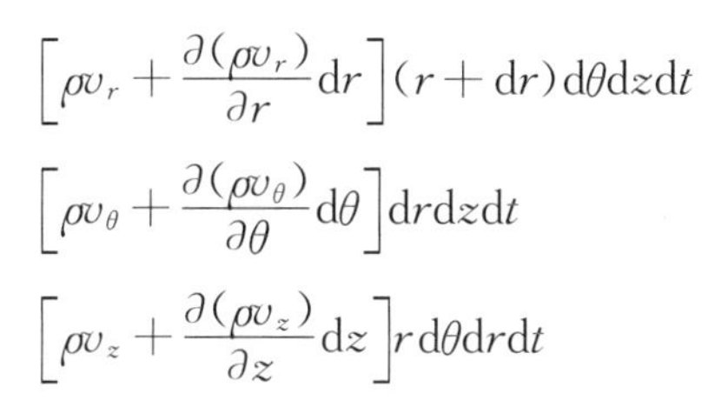

$$\left[\rho v_r+\frac{\partial(\rho v_r)}{\partial r}\mathrm{d}r\right](r+\mathrm{d}r)\mathrm{d}\theta \mathrm{d}z \mathrm{d}t$$
$$\left[\rho v_\theta+\frac{\partial(\rho v_\theta)}{\partial \theta}\mathrm{d}\theta\right]\mathrm{d}r \mathrm{d}z \mathrm{d}t$$
$$\left[\rho v_z+\frac{\partial(\rho v_z)}{\partial z}\mathrm{d}z\right]r\,\mathrm{d}\theta \mathrm{d}r \mathrm{d}t$$

在 $\mathrm{d}t$ 时间内，由于通过该控制体的流体流量变化及密度的变化，故根据质量守恒定律，并化简可得

$$\frac{\partial \rho}{\partial t}+\frac{\rho v_r}{r}+\frac{\partial(\rho v_r)}{\partial r}+\frac{1}{r}\frac{\partial(\rho v_\theta)}{\partial \theta}+\frac{\partial(\rho v_z)}{\partial z}=0 \tag{3.21}$$

(3.21)式是可压缩流体运动在圆柱坐标系下的连续性方程。

对于不可压缩流体来说，$\rho=$ 常数，(3.21)式可简化得：

$$\frac{v_r}{r}+\frac{\partial v_r}{\partial r}+\frac{1}{r}\frac{\partial v_\theta}{\partial \theta}+\frac{\partial v_z}{\partial z}=0 \tag{3.22}$$

例 3.8 已知不可压缩流体的速度场 $u=ax^2+by^2+cz^2$，$v=-dxy-eyz-fzx$ 其中 a，b，c，d，e，f 为常数，试求速度分量 w。

解 对于不可压缩流体，由连续性微分方程(式 3.19)

$$\frac{\partial u}{\partial x}+\frac{\partial v}{\partial y}+\frac{\partial w}{\partial z}=0$$

得

$$2ax-dx-ez+\frac{\partial w}{\partial z}=0$$

积分上式，得

$$w=dxz-2axz+\frac{e}{2}z^2+f(x,\ y,\ t)$$

3.4 流场中一点邻域内相对运动分析

刚体的运动再复杂，无非是移动和转动的叠加。但是，流体的运动中，除了上述这两种运动外，还要变形。下面通过对流场中一点邻域内相对运动的分析，来说明流体运动的特点。

3.4.1 亥姆霍兹速度分解定理

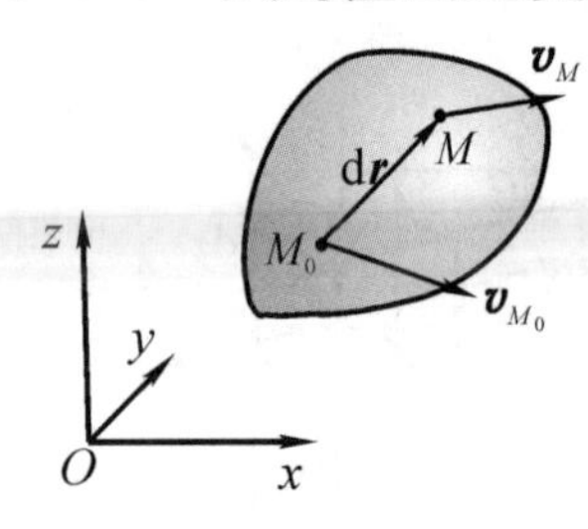

图 3.18 流体微团

为简单起见，以平面流动为例。设在某时刻 t，在运动的流场中取流体元(图 3.18)，取点 $M_0(x,\ y)$作运动的基点，其速度为 $v=v(x,\ y)$。在其邻域内任取另一点 $M(x+\mathrm{d}x,\ y+\mathrm{d}y)$，而 M 点的速度若以 M_0 点的速度来表示，应用泰勒级数展开，并取前两项表达为：

$$v(M)=v(M_0)+\frac{\partial v}{\partial x}\mathrm{d}x+\frac{\partial v}{\partial y}\mathrm{d}y$$

分量式为

$$u(M)=u(M_0)+\frac{\partial u}{\partial x}\mathrm{d}x+\frac{\partial u}{\partial y}\mathrm{d}y \tag{a}$$

$$v(M)=v(M_0)+\frac{\partial v}{\partial x}\mathrm{d}x+\frac{\partial v}{\partial y}\mathrm{d}y \tag{b}$$

在(a)式的右边添加 $\pm\frac{1}{2}\frac{\partial v}{\partial x}\mathrm{d}y$，并将$\frac{\partial u}{\partial y}\mathrm{d}y$ 拆成两半；在(b)式右边添加 $\pm\frac{1}{2}\frac{\partial u}{\partial y}\mathrm{d}x$，并将 $\frac{\partial v}{\partial x}\mathrm{d}x$ 拆成两半，经整理可得：

$$u(M)=u(M_0)+\frac{1}{2}\left(\frac{\partial u}{\partial y}-\frac{\partial v}{\partial x}\right)\mathrm{d}y+\frac{\partial u}{\partial x}\mathrm{d}x+\frac{1}{2}\left(\frac{\partial u}{\partial y}+\frac{\partial v}{\partial x}\right)\mathrm{d}y$$

$$v(M)=v(M_0)+\frac{1}{2}\left(\frac{\partial v}{\partial x}-\frac{\partial u}{\partial y}\right)\mathrm{d}x+\frac{\partial v}{\partial y}\mathrm{d}y+\frac{1}{2}\left(\frac{\partial v}{\partial x}+\frac{\partial u}{\partial y}\right)\mathrm{d}x$$

采用下列符号：

$$\varepsilon_{xx} = \frac{\partial u}{\partial x}, \ \varepsilon_{yy} = \frac{\partial v}{\partial y}$$

称为 x，y 方向线应变率。

$$\dot{\gamma}_{xy} = \frac{1}{2}\left(\frac{\partial v}{\partial x} + \frac{\partial u}{\partial y}\right)$$

称为 xOy 平面的角变形率。

$$\omega_z = \frac{1}{2}\left(\frac{\partial v}{\partial x} - \frac{\partial u}{\partial y}\right)$$

称为 M 点绕 M_0 点旋转角速度 $\boldsymbol{\omega}$ 在 z 轴上投影。

亥姆霍兹速度分解定律表明：流体质点 M_0 点邻域内另一点 M 点的速度 $=$ M_0 点速度 $+$（由于流体旋转 $+$ 线应变率 $+$ 角变形率）而引起的相对速度。

3.4.2 流体的变形和旋转

1. $\boldsymbol{\varepsilon_{xx} = \frac{\partial u}{\partial x}}$, $\boldsymbol{\varepsilon_{yy} = \frac{\partial v}{\partial y}}$, $\boldsymbol{\varepsilon_{zz} = \frac{\partial w}{\partial z}}$ 的意义

设流体微元为一长方体，边长分别为 δx，δy，δz。其中一侧面如图 3.19 所示，为 $ABCD$。设 A 点的速度为 u，v，则 B，C，D 各点的速度依次如图 3.19(a)所示。

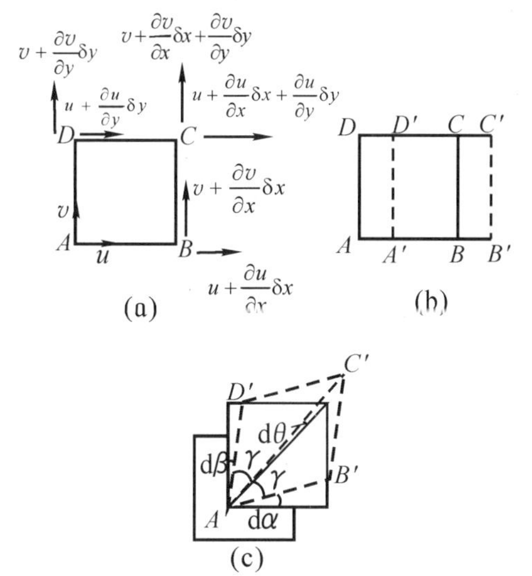

图 3.19 流体微团的几种运动

当经过微小时间 δt 后，该面积元在 x 方向，从 AB 移到 $A'B'$，将产生伸长（图 3.19(b)），其相对伸长速率

$$\varepsilon_{xx} = \frac{\left(u + \frac{\partial u}{\partial x}\delta x\right)\delta t - u\delta t}{\delta x \delta t} = \frac{\partial u}{\partial x} \tag{3.23(a)}$$

它表示流体面元（在三维流动中是体元）在 x 方向的局部相对伸长速率，称为线应变速率，简称线应变率。

同理，可导出在 y 和 z 方向的线应变率

$$\varepsilon_{yy} = \frac{\partial v}{\partial y} \tag{3.23(b)}$$

$$\varepsilon_{zz} = \frac{\partial w}{\partial z} \tag{3.23(c)}$$

由于该长方体三条边长 δx，δy，δz 分别有伸长，经过 δt 时间后，它的体积将膨胀，其体积的相对膨胀率为

$$\frac{\left(\delta x+\frac{\partial u}{\partial x}\delta x\delta t\right)\left(\delta y+\frac{\partial v}{\partial y}\delta y\delta t\right)\left(\delta z+\frac{\partial w}{\partial z}\delta z\delta t\right)-\delta x\delta y\delta z}{\delta x\delta y\delta z\delta t}$$

略去高阶微量，上式为：

$$\frac{\partial u}{\partial x}+\frac{\partial v}{\partial y}+\frac{\partial w}{\partial z}=\nabla\cdot v$$

因此速度散度是流体微团体积 $\delta x\delta y\delta z$ 的相对体积膨胀速率，或者是 x，y，z 三个方向的微线元相对伸长速率之和。对于不可压缩流体，即 $\rho=C$，那么流体体积将不膨胀也不收缩，即 $\nabla\cdot v=0$，这就是不可压缩流体的直角坐标系下的连续方程形式。

2. $\dot{\gamma}_{xy}=\dot{\gamma}_{yx}=\frac{1}{2}\left(\frac{\partial v}{\partial x}+\frac{\partial u}{\partial y}\right)$，$\dot{\gamma}_{xz}=\dot{\gamma}_{zx}=\frac{1}{2}\left(\frac{\partial w}{\partial x}+\frac{\partial u}{\partial z}\right)$，$\dot{\gamma}_{yz}=\dot{\gamma}_{zy}=\frac{1}{2}\left(\frac{\partial w}{\partial y}+\frac{\partial v}{\partial z}\right)$ 的意义

如图 3.19(c)所示，经过 δt 时间后，在 xy 平面内的 $ABCD$ 面积元将运动至 $A'B'C'D'$，产生了角变形，$\angle BAD$ 从直角减少的量为 $d\alpha+d\beta$，定义其平均角变形速率是：

$$\dot{\gamma}_{xy}=\frac{1}{2}\frac{d\alpha+d\beta}{\delta t}=\frac{1}{2}\left[\frac{\frac{\partial v}{\partial x}\delta x\delta t}{\delta x\delta t}+\frac{\frac{\partial u}{\partial y}\delta y\delta t}{\delta y\delta t}\right]$$

$$=\frac{1}{2}\left(\frac{\partial v}{\partial x}+\frac{\partial u}{\partial y}\right) \tag{3.24(a)}$$

同理，在 xz 和 yz 平面内的平均角变形速率分别是：

$$\dot{\gamma}_{xz}=\frac{1}{2}\left(\frac{\partial w}{\partial x}+\frac{\partial u}{\partial z}\right) \tag{3.24(b)}$$

$$\dot{\gamma}_{yz}=\frac{1}{2}\left(\frac{\partial w}{\partial y}+\frac{\partial v}{\partial z}\right) \tag{3.24(c)}$$

以上角变形速率又称为剪切变形速率，简称角变形率或切变率。

3. $\omega_x=\frac{1}{2}\left(\frac{\partial w}{\partial y}-\frac{\partial v}{\partial z}\right)$，$\omega_y=\frac{1}{2}\left(\frac{\partial u}{\partial z}-\frac{\partial w}{\partial x}\right)$，$\omega_z=\frac{1}{2}\left(\frac{\partial v}{\partial x}-\frac{\partial u}{\partial y}\right)$ 的意义

当 $ABCD$ 运动至 $A'B'C'D'$ 时，其对角线 AC 经 δt 时间转动了角度 $d\theta=\gamma+d\alpha-45°$，如图 3.19(c)所示。

由于 $2\gamma+d\alpha+d\beta=90°$，因此

$$d\theta=\frac{1}{2}(d\alpha-d\beta)$$

那末在 xy 平面内面积元绕 z 轴旋转的角速度

$$\omega_z=\frac{d\theta}{dt}=\frac{1}{2}\left(\frac{\partial v}{\partial x}-\frac{\partial u}{\partial y}\right) \tag{3.25(a)}$$

同理，该流体微元绕 x 轴和 y 轴旋转的角速度分别为：

$$\omega_x=\frac{1}{2}\left(\frac{\partial w}{\partial y}-\frac{\partial v}{\partial z}\right) \tag{3.25(b)}$$

$$\omega_y = \frac{1}{2}\left(\frac{\partial u}{\partial z} - \frac{\partial w}{\partial x}\right) \tag{3.25(c)}$$

它们三者一起构成了角速度矢量

$$\boldsymbol{\omega} = \omega_x \boldsymbol{i} + \omega_y \boldsymbol{j} + \omega_z \boldsymbol{k} = \frac{1}{2} \nabla \times v$$

其中 $\nabla \times v$ 是场论中符号，称为速度矢量的旋度，或记作 $\mathrm{rot}v$，它的计算式可写成行列式：

$$\nabla \times v = \begin{vmatrix} \boldsymbol{i} & \boldsymbol{j} & \boldsymbol{k} \\ \dfrac{\partial}{\partial x} & \dfrac{\partial}{\partial y} & \dfrac{\partial}{\partial z} \\ u & v & w \end{vmatrix} \tag{3.26}$$

当流体微团在运动时有旋转角速度 $\boldsymbol{\omega} = (\omega_x, \omega_y, \omega_z)$，此时称流体作旋涡运动(或有旋运动)。

4. 流体微团运动的组成

通过以上叙述，流体微团运动由下列三部分组成：

(1) 以其中心速度 $v(u, v, w)$ 的平移，所谓空间流动速度场就是指质点的平移速度。流体质点的运动轨迹可以是直线，也可以是任意曲线。

(2) 绕通过此中心的某轴以旋转角速度 $\boldsymbol{\omega}(\omega_x, \omega_y, \omega_z)$ 的有旋运动。

(3) 流体微团在运动过程中还要变形，既有直线变形，而且还有角变形运动。

在图(3.20)中，图(a)，(b)，(c)分别表示流体微团运动由上述三部分组成的示意图。

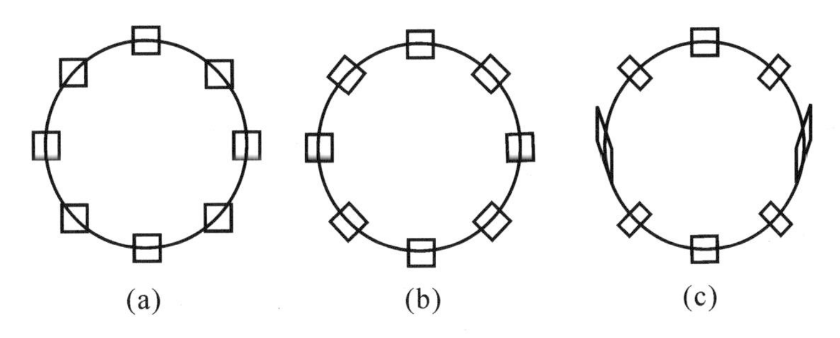

图 3.20 流体微团的运动

3.5 势流及速度势函数

3.5.1 势流

流体微团的运动，一般是移动、旋转和变形这三种运动的叠加。当流体作无旋运动时称为势流。此时 $\boldsymbol{\omega} = 0$，即满足

$$\begin{cases} \omega_x = \dfrac{1}{2}\left(\dfrac{\partial w}{\partial y} - \dfrac{\partial v}{\partial z}\right) = 0 \\ \omega_y = \dfrac{1}{2}\left(\dfrac{\partial u}{\partial z} - \dfrac{\partial w}{\partial x}\right) = 0 \\ \omega_z = \dfrac{1}{2}\left(\dfrac{\partial v}{\partial x} - \dfrac{\partial u}{\partial y}\right) = 0 \end{cases} \tag{3.27}$$

按场论的定义，速度场的旋度

$$\mathrm{rot}\ v = \boldsymbol{\Omega} = \left(\frac{\partial w}{\partial y} - \frac{\partial v}{\partial z}\right)\boldsymbol{i} + \left(\frac{\partial u}{\partial z} - \frac{\partial w}{\partial x}\right)\boldsymbol{j} + \left(\frac{\partial v}{\partial x} - \frac{\partial u}{\partial y}\right)\boldsymbol{k}$$

这里的 $\boldsymbol{\Omega}$ 称为流动的涡量场。

流动是势流的条件，可表达成：

$$\boldsymbol{\omega} = \frac{1}{2}\mathrm{rot}\ v = 0$$

或满足以下三阶行列式等于零：

$$\mathrm{rot}\ v = \begin{vmatrix} \boldsymbol{i} & \boldsymbol{j} & \boldsymbol{k} \\ \dfrac{\partial}{\partial x} & \dfrac{\partial}{\partial y} & \dfrac{\partial}{\partial z} \\ u & v & w \end{vmatrix} = 0 \tag{3.28}$$

例 3.9 已知平面流动的速度场为 $u = \dfrac{-y}{x^2+y^2}$，$v = \dfrac{x}{x^2+y^2}$。试求：(1)流线方程；(2)流动是否为势流。

解 (1) 由式(3.12)流线的微分方程为

$$\frac{\mathrm{d}x}{\dfrac{-y}{x^2+y^2}} = \frac{\mathrm{d}y}{\dfrac{x}{x^2+y^2}}$$

$$x\mathrm{d}x + y\mathrm{d}y = 0$$

$$x^2 + y^2 = C$$

显然流动为一组以原点为圆心的同心圆族。由于流动是恒定流动，所以流线和迹线在形式上是重合的，流体质点的轨迹是圆。

(2) 平面流动中，

$$\begin{aligned}\boldsymbol{\omega} &= \frac{1}{2}\mathrm{rot}\ v = \frac{1}{2}\left(\frac{\partial v}{\partial x} - \frac{\partial u}{\partial y}\right)\boldsymbol{k} \\ &= \frac{1}{2}\left[\frac{y^2-x^2}{(x^2+y^2)^2} - \frac{y^2-x^2}{(x^2+y^2)^2}\right]\boldsymbol{k} = 0\end{aligned}$$

故该平面流动为势流。

3.5.2 速度势函数

由场论知识可知，当速度场满足 $\mathrm{rot}v = 0$ 时，在流场中必定存在并可找到一个标量函数 $\varphi(x, y, z, t)$，使得该函数对 x，y，z 的偏导数分别为：

$$\begin{cases} u = \dfrac{\partial \varphi}{\partial x} \\ v = \dfrac{\partial \varphi}{\partial y} \\ w = \dfrac{\partial \varphi}{\partial z} \end{cases} \tag{3.29}$$

上式可表示为 $\nabla\varphi = v$，称此为函数 φ 的梯度，记作 $\text{grad}\varphi = v$，场论中函数的梯度的计算式为：

$$\text{grad}\varphi = \frac{\partial\varphi}{\partial x}\boldsymbol{i} + \frac{\partial\varphi}{\partial y}\boldsymbol{j} + \frac{\partial\varphi}{\partial z}\boldsymbol{k} \tag{3.30}$$

通常称函数 $\varphi(x, y, z, t)$ 为速度势函数，简称速度势，而 $\varphi=$ 常量则称为流场的等势线。

无旋流动是有速度势的流动，简称势流；反之，势流必是无旋流动。在流体力学中，若流动是势流时，那么寻找速度势 φ 就十分重要，因为 φ 的梯度 $\text{grad}\varphi = v$，用一个标量函数即可表示无旋流场中任一点的三个速度分量。

将式(3.29)代入不可压缩流体的连续性微分方程式(3.19)，得

$$\begin{aligned}&\frac{\partial}{\partial x}\left(\frac{\partial\varphi}{\partial x}\right) + \frac{\partial}{\partial y}\left(\frac{\partial\varphi}{\partial y}\right) + \frac{\partial}{\partial z}\left(\frac{\partial\varphi}{\partial z}\right)\\ &= \frac{\partial^2\varphi}{\partial x^2} + \frac{\partial^2\varphi}{\partial y^2} + \frac{\partial^2\varphi}{\partial z^2} = 0\end{aligned} \tag{3.31}$$

即

$$\nabla^2\varphi = 0$$

式中符号为：

$$\nabla^2 = \frac{\partial^2}{\partial x^2} + \frac{\partial^2}{\partial y^2} + \frac{\partial^2}{\partial z^2}$$

式(3.31)就是著名的拉普拉斯(Laplace)方程，满足拉普拉斯方程的函数是调和函数，所以速度势函数是调和函数。

对于不可压缩无旋运动的问题，可归结为：在给定边界条件和初始条件下，求解拉普拉斯方程。它是二阶线性偏微分方程，可用很多方法求得解析解。在求得速度势函数 φ 后，就可由式(3.30)求得速度 $v(u, v, w)$。

例 3.10 已知不可压缩流体平面速度场 $u = x^2 - y^2$，$v = -2xy$。

试求：(1)判别流动是否为势流；(2)若是势流，求速度势函数 φ；(3)并验证 φ 是调和函数。

解 (1) 本题为 xOy 平面上的平面流动，只须判别 ω_z 是否为零。

$$\omega_z = \frac{1}{2}\left(\frac{\partial v}{\partial x} - \frac{\partial u}{\partial y}\right) = \frac{1}{2}\left[\frac{\partial}{\partial x}(-2xy) - \frac{\partial}{\partial y}(x^2 - y^2)\right] = 0$$

是势流，具有速度势 φ。

(2)
$$\mathrm{d}\varphi = \frac{\partial\varphi}{\partial x}\mathrm{d}x + \frac{\partial\varphi}{\partial y}\mathrm{d}y = u\mathrm{d}x + v\mathrm{d}y$$

$$\frac{\partial\varphi}{\partial x} = u = x^2 - y^2$$

$$\varphi = \frac{x^3}{3} - xy^2 + f(y)$$

$$\frac{\partial\varphi}{\partial y}=-2xy+\frac{\mathrm{d}f}{\mathrm{d}y}=-2xy$$

$$\frac{\mathrm{d}f}{\mathrm{d}y}=0\quad f(y)=C$$

由于 $v=\operatorname{grad}\varphi$,取 $f(y)=C=0$, 不影响 φ 的普遍意义,故

$$\varphi=\frac{1}{3}x^3-xy^2$$

(3)

$$\begin{aligned}\frac{\partial^2\varphi}{\partial x^2}+\frac{\partial^2\varphi}{\partial y^2}&=\frac{\partial}{\partial x}\left(\frac{\partial\varphi}{\partial x}\right)+\frac{\partial}{\partial y}\left(\frac{\partial\varphi}{\partial y}\right)\\&=\frac{\partial}{\partial x}(x^2-y^2)+\frac{\partial}{\partial y}(-2xy)\\&=2x-2x=0\end{aligned}$$

所以,φ 是调和函数。

3.6 平面流动和流函数

平面流动是指流体的运动在平行平面上完全相同,这样的空间流动可简化为平面流动(二维流动),决定流动参数仅与两个坐标及时间有关,在计算流量时,只须考虑单位厚度即可。虽然在自然界中平面流动并不存在,但由于它远比解决空间流动容易,而且在许多实际问题中也可得到满意的结果,在流体力学中广泛地应用这个方法来解决实际问题。

3.6.1 平面流动

如图 3.21 所示,当研究流体绕过一无限长的直圆柱体的绕流时,若作一些垂直于圆柱体轴线的平面,所有这些平面上的流动情况是完全一致的,这样绕圆柱体流动的空间问题就可以用平面流动来代替。

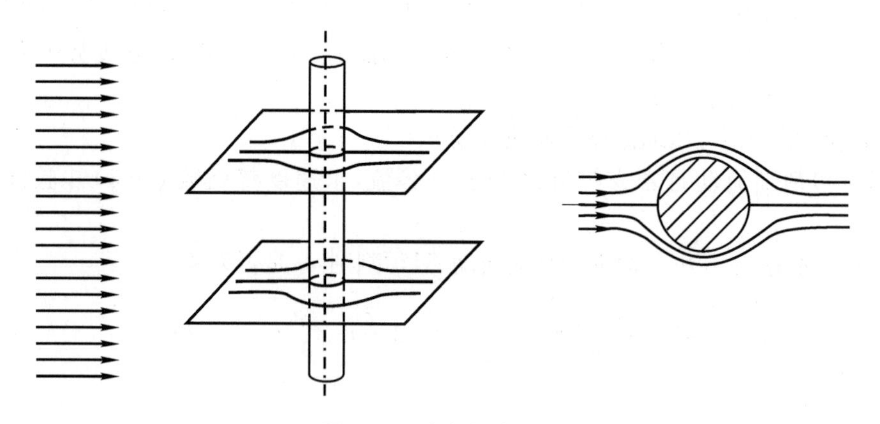

图 3.21 绕圆柱体流动

在平面直角坐标中,速度场可表达为:

$$\begin{cases}u=u(x,\ y,\ t)\\v=v(x,\ y,\ t)\end{cases}$$

速度势可表达为:

$$\varphi = \varphi(x, y, t)$$

3.6.2 流函数

对于平面流动,有连续性微分方程 $\frac{\partial u}{\partial x} + \frac{\partial v}{\partial y} = 0$,移项,得$\frac{\partial u}{\partial x} = -\frac{\partial v}{\partial y}$。设平面矢量函数为:

$$\boldsymbol{U} = -v\boldsymbol{i} + u\boldsymbol{j}$$

则

$$\mathrm{rot}\boldsymbol{U} = \left(\frac{\partial u}{\partial x} + \frac{\partial v}{\partial y}\right)\boldsymbol{k} = 0$$

上述表明,在平面流动中,只要满足 $\mathrm{div}v = 0$,则 $\mathrm{rot}\boldsymbol{U} = 0$,必定存在一个势函数 $\psi(x, y, t)$,使得 $\mathrm{grad}\psi = \boldsymbol{U}$,称 $\psi(x, y, t)$是 $\boldsymbol{U}$ 的势函数,它是 v 的流函数。于是得

$$\begin{cases} \frac{\partial \psi}{\partial x} = -v \\ \frac{\partial \psi}{\partial y} = u \end{cases} \tag{3.32}$$

由于在平面流动中,只要满足连续性微分方程,不论是无旋流动或有旋流动,都存在流函数,而只有无旋流动才有速度势,可见流函数 ψ 比速度势 φ 更具有普遍性。

流函数具有以下主要性质:

(1) 流函数的等值线是流线方程。

证明:流函数值相等,$\psi = C$, $\mathrm{d}\psi = 0$, 由式(3.32)得流函数等值线方程

$$u\mathrm{d}y - v\mathrm{d}x = 0$$

则

$$\frac{\mathrm{d}x}{u} = \frac{\mathrm{d}y}{v}$$

上式即平面流动的流线微分方程,给流函数以不同值,便得到流线族。

(2) 两条流线的流函数的差值,等于通过该两流线间的流量(单位宽度)。

证明:在流线 $\psi = \psi_A$ 和 $\psi = \psi_B$ 间,任作曲线 AB(图 3.22)

在 A, B 两点任意连线 AB 上取微分线段 $\mathrm{d}l$,按不可压缩流体连续性原理,流过 $\mathrm{d}l$(单位厚度)的流量 $\mathrm{d}Q$ 等于流过两投影线段 $\mathrm{d}x$, $\mathrm{d}y$ 的流量之和,并利用(3.32)式:

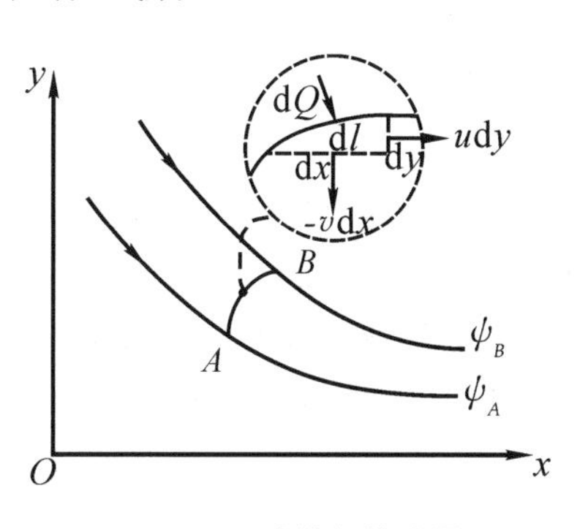

图 3.22 流线间的流量

$$\mathrm{d}Q = u\mathrm{d}y - v\mathrm{d}x = \frac{\partial \psi}{\partial y}\mathrm{d}y + \frac{\partial \psi}{\partial x}\mathrm{d}x = \mathrm{d}\psi$$

沿 AB 线积分,得

$$Q=\int_A^B \mathrm{d}Q=\int_{\psi_A}^{\psi_B}\mathrm{d}\psi=\psi_B-\psi_A$$

这一性质也可表述为:在平面流动中,通过任一曲线的流量(单位宽度)等于该曲线两端流函数的差值。

(3) 在平面势流中,流线和等势线正交。

证明:对于平面势流,同时存在流函数 ψ 和速度势 φ,而且

$$\begin{cases} u=\dfrac{\partial\varphi}{\partial x}=\dfrac{\partial\psi}{\partial y} \\ v=\dfrac{\partial\varphi}{\partial y}=-\dfrac{\partial\psi}{\partial x} \end{cases} \tag{3.33}$$

即

$$\frac{\partial\varphi}{\partial x}\frac{\partial\psi}{\partial x}+\frac{\partial\varphi}{\partial y}\frac{\partial\psi}{\partial y}=0$$

对于等势线 $\varphi=C_1$,在点(x, y)处切线斜率

$$y'_{\varphi}=-\frac{\dfrac{\partial\varphi}{\partial x}}{\dfrac{\partial\varphi}{\partial y}}$$

对于流线 $\psi=C_2$,在点(x, y)处切线斜率

$$y'_{\psi}=-\frac{\dfrac{\partial\psi}{\partial x}}{\dfrac{\partial\psi}{\partial y}}$$

而

$$y'_{\varphi}\cdot y'_{\psi}=\frac{\dfrac{\partial\varphi}{\partial x}\dfrac{\partial\psi}{\partial x}}{\dfrac{\partial\varphi}{\partial y}\dfrac{\partial\psi}{\partial y}}=-1$$

由此证明:由于流线和等势线互为正交,所以平面流动中等势线也就是过流断面线。等势线和流线构成流网。

(4) 对于平面势流,流函数 $\psi(x, y, t)$是调和函数。

证明:因为流动是平面势流,故

$$\omega_z=\frac{\partial v}{\partial x}-\frac{\partial u}{\partial y}=0$$

将 $u=\dfrac{\partial\psi}{\partial y}$,$v=-\dfrac{\partial\psi}{\partial x}$ 代入上式,得

$$\frac{\partial^2\psi}{\partial x^2}+\frac{\partial^2\psi}{\partial y^2}=0$$

即
$$\nabla^2\psi=0$$

在平面势流中，流函数满足拉普拉斯方程，它是调和函数。

3.6.3 平面极坐标系下的形式

在平面极坐标系$(r,\ \theta)$中的几个公式如下：

$$\begin{cases} v_r=\dfrac{\partial\varphi}{\partial r}=\dfrac{\partial\psi}{r\partial\theta} \\ v_\theta=\dfrac{\partial\varphi}{r\partial\theta}=-\dfrac{\partial\psi}{\partial r} \end{cases} \tag{3.34}$$

不可压缩流体连续性方程

$$\operatorname{div} v=\frac{v_r}{r}+\frac{\partial v_r}{\partial r}+\frac{\partial v_\theta}{r\partial\theta}=0 \tag{3.35}$$

平面势流中速度场的旋度

$$\operatorname{rot} v=\left(\frac{v_\theta}{r}+\frac{\partial v_\theta}{\partial r}-\frac{\partial v_r}{r\partial\theta}\right)\boldsymbol{e}_z=0 \tag{3.36}$$

拉普拉斯方程

$$\frac{\partial\varphi}{r\partial r}+\frac{\partial^2\varphi}{\partial r^2}+\frac{1}{r^2}\frac{\partial^2\varphi}{\partial\theta^2}=0 \tag{3.37}$$

例 3.11 已知平面不可压缩流体速度场$u=ay$，$v=ax\ (a>0)$，且$y>0$。试求：(1) 流函数，并绘制流线；(2) 速度势，并绘制等势线。

解 (1) 流函数：

$$\operatorname{div} v=\frac{\partial u}{\partial x}+\frac{\partial v}{\partial y}=0+0=0$$

故存在流函数

$$\mathrm{d}\psi=\frac{\partial\psi}{\partial x}\mathrm{d}x+\frac{\partial\psi}{\partial y}\mathrm{d}y=-v\mathrm{d}x+u\mathrm{d}y=-ax\,\mathrm{d}x+ay\,\mathrm{d}y$$

$$\psi=\int\mathrm{d}\psi=\int\mathrm{d}\left(-\frac{a}{2}x^2+\frac{a}{2}y^2\right)=-\frac{a}{2}(x^2-y^2)$$

流线方程
$$\psi=-\frac{a}{2}(x^2-y^2)=C'$$

即
$$x^2-y^2=C$$

(2) 速度势：

对于平面流动$\omega_z=\dfrac{1}{2}\left(\dfrac{\partial v}{\partial x}-\dfrac{\partial u}{\partial y}\right)=\dfrac{1}{2}(a-a)=0$，存在速度势

$$
\begin{aligned}
\varphi &= \int \mathrm{d}\varphi = \int u\mathrm{d}x + v\mathrm{d}y = \int ay\mathrm{d}x + ax\mathrm{d}y \\
&= \int \mathrm{d}(axy) = axy
\end{aligned}
$$

等势线方程 $$\varphi = axy = C'$$

即 $$xy = C$$

所求的流线、等势线如图(3.23)所示。

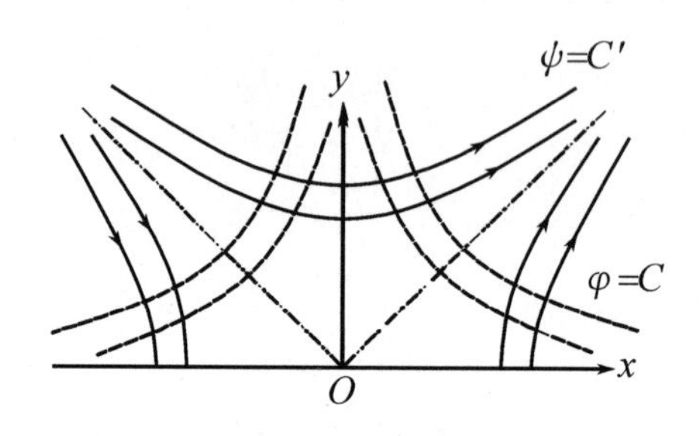

图 3.23　平面势流算例

例 3.12　不可压缩恒定流动的平面势流，其 x 方向的速度分量为 $u = 3ax^2 - 3ay^2$，且在(0, 0)点处 $u = v = 0$，试求通过(0, 0)和(1, 1)两点连线的流体流量 Q。

解　满足　$\mathrm{div}v = 0$，$\dfrac{\partial u}{\partial x} + \dfrac{\partial v}{\partial y} = 0$

$$6ax + \frac{\partial v}{\partial y} = 0$$

即 $$\frac{\partial v}{\partial y} = -6ax,\ v = -6axy + f(x)$$

满足　$\mathrm{rot}v = 0$，$\dfrac{\partial v}{\partial x} - \dfrac{\partial u}{\partial y} = 0$

$$-6ay + \frac{\mathrm{d}f}{\mathrm{d}x} + 6ay = 0$$

$$f(x) = C$$

在(0, 0)点，$v = 0$　即 $C = 0$　$v = -6axy$

$$
\begin{aligned}
\psi &= \int \mathrm{d}\psi = \int \frac{\partial \psi}{\partial x}\mathrm{d}x + \frac{\partial \psi}{\partial y}\mathrm{d}y = \int -v\mathrm{d}x + u\mathrm{d}y \\
&= \int 6axy\mathrm{d}x + (3ax^2 - 3ay^2)\mathrm{d}y = \int \mathrm{d}(3ax^2y - ay^3)
\end{aligned}
$$

即 $$\psi = 3ax^2y - ay^3$$

故通过(0, 0)和(1, 1)两点连线流量

$$Q = \psi \Big|_{\psi(0,\,0)}^{\psi(1,\,1)} = 2a$$

3.7 几种简单的平面势流

在平面势流中，速度势和流函数同时存在，它们均是调和函数，求解平面势流问题就归结为：在给定边界条件下求解拉普拉斯方程。而拉普拉斯方程的特点是将其解叠加后仍满足方程，因此下面介绍一些最简单的平面势流作为拉普拉斯方程的基本解。倘若将若干简单平面势流叠加后能满足给定的边界条件，则叠加后的解就是所求问题的解。

3.7.1 均匀直线流动

全流场等速分布的直线流动，又称均流。均流中各点速度大小相同，方向一致，它是最简单的平面势流。

设均流的速度为 U_0，沿流速方向取 x 轴正向(图 3.24)。

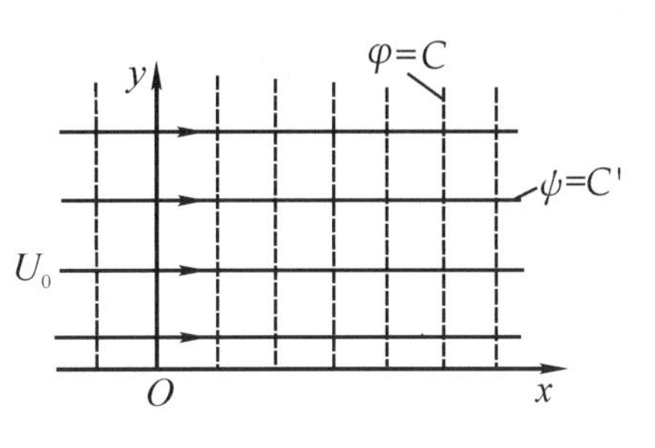

图 3.24 均流

速度场

$$u = U_0,\ v = 0$$

速度势

$$\varphi = \int \mathrm{d}\varphi = \int u\mathrm{d}x + v\mathrm{d}y = \int U_0 \mathrm{d}x = U_0 x \tag{3.38}$$

流函数

$$\psi = \int \mathrm{d}\psi = \int -v\mathrm{d}x + u\mathrm{d}y = \int U_0 \mathrm{d}y = U_0 y \tag{3.39}$$

以上结果可推广到一般情况。

设均流速度与 x 轴成 α 角，如图 3.25 所示。

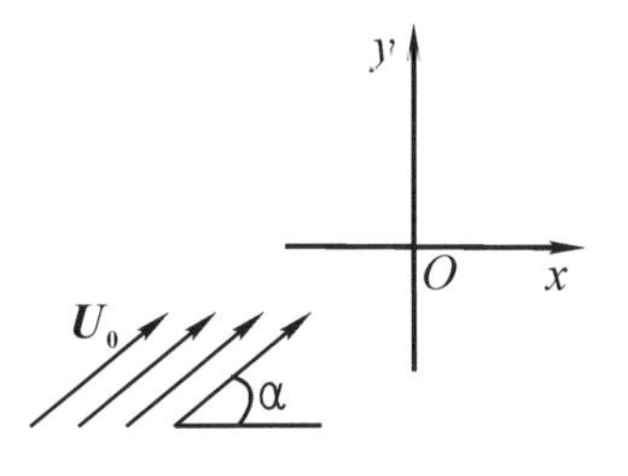

图 3.25 一般形式的均流

速度势

$$\varphi = U_0(x\cos\alpha + y\sin\alpha) \tag{3.40}$$

流函数

$$\psi = U_0(y\cos\alpha - x\sin\alpha) \tag{3.41}$$

在极坐标系中，图 3.24 均流的速度势和流函数分别表示为：

$$\varphi = U_0 r\cos\theta \tag{3.42}$$

$$\psi = U_0 r\sin\theta \tag{3.43}$$

在实际流动中，以下两种情况可适用于均流：

(1) 平行平壁间的均匀流动；

(2) 薄平板的纵向绕流问题。

3.7.2 源和汇

1. 源

流体从平面上的一点流出，均匀地向四周径向直线流动，这种流动称为源(图 3.26)。又称平面上这一点为源点，由源点流出的体积流量 Q 称为源强度，一般用 m 表示 $(m>0)$。现用极坐标系$(r,\ \theta)$来表示源的速度势和流函数。

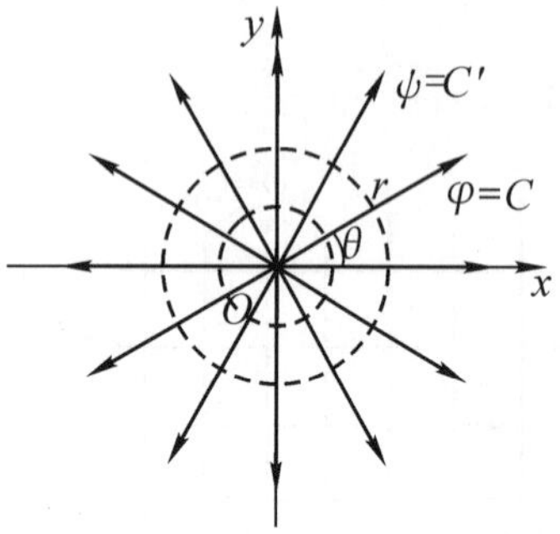

图 3.26 源

设源的源点位于极坐标的原点。

流速场

$$v_r=\frac{m}{2\pi r},\ v_\theta=0$$

速度势

$$\begin{aligned}\varphi&=\int \mathrm{d}\varphi=\int\frac{\partial\varphi}{\partial r}\mathrm{d}r+\frac{\partial\varphi}{\partial\theta}\mathrm{d}\theta\\&=\int v_r\,\mathrm{d}r+v_\theta r\,\mathrm{d}\theta\\&=\int\frac{m}{2\pi r}\mathrm{d}r=\frac{m}{2\pi}\ln r\end{aligned}\tag{3.44}$$

流函数

$$\begin{aligned}\psi&=\int \mathrm{d}\psi=\int\frac{\partial\psi}{\partial r}\mathrm{d}r+\frac{\partial\psi}{\partial\theta}\mathrm{d}\theta\\&=\int -v_\theta\mathrm{d}r+v_r r\,\mathrm{d}\theta=\int\frac{m}{2\pi r}r\,\mathrm{d}\theta=\frac{m}{2\pi}\theta\end{aligned}\tag{3.45}$$

等势线方程

$$\varphi=C,\ r=C$$

等势线是以 O 点为圆心的同心圆族。

流线方程

$$\psi=C,\ \theta=C$$

流线是由 O 点引出的射线。

若以直角坐标表示，则

$$\varphi(x,\ y)=\frac{m}{2\pi}\ln\sqrt{x^2+y^2}\tag{3.46}$$

$$\psi(x,\ y)=\frac{m}{2\pi}\arctan\frac{y}{x}\tag{3.47}$$

2. 汇

流体在平面上从四周沿径向均匀地流入一点，这样的流动称为汇(图 3.27)。称平面上这一点为汇点，流入汇点的体积流量 Q 称为汇流强度，一般用 $-m$ 表示 $(m>0)$。

汇的速度势和流函数的表达式与源相同，符号相反，即

$$\varphi = -\frac{m}{2\pi}\ln r \tag{3.48}$$

$$\psi = -\frac{m}{2\pi}\theta \tag{3.49}$$

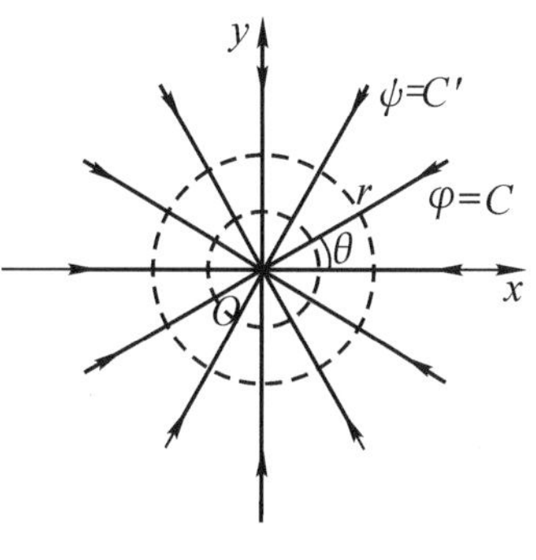

图 3.27　汇

若以直角坐标表示,则

$$\varphi(x,\ y) = -\frac{m}{2\pi}\ln\sqrt{x^2+y^2} \tag{3.50}$$

$$\psi(x,\ y) = -\frac{m}{2\pi}\arctan\frac{y}{x} \tag{3.51}$$

当源点或汇点不在原点时,式(3.48)中的 r 应取为相对于源点或汇点的距离,式(3.49)中的 θ 应取为相对于该源点或汇点的幅角。

源和汇是一种理想化的流动,在原点处(源点或汇点),$r\to 0$, $v_r\to\infty$是不可能的,称这样的点为奇点。但原点附近除外,绝大部分流动区域同流体从小孔流出,或从四周向小孔汇聚的流动类似。在实际流动中,类似于扩大或收缩的渠道也可适用于源或汇。在实际的油田中,对于均匀等厚的地层,在稳定情况下,油流向生产井可看作是汇。

例 3.13　如图 3.28 所示,有一扩大的水渠,两壁面交角为 1 弧度,在两壁面相交处有一小缝,通过该缝流出的体积流量 $Q=\frac{1}{2}t-1\quad(\mathrm{m^3/s})$。

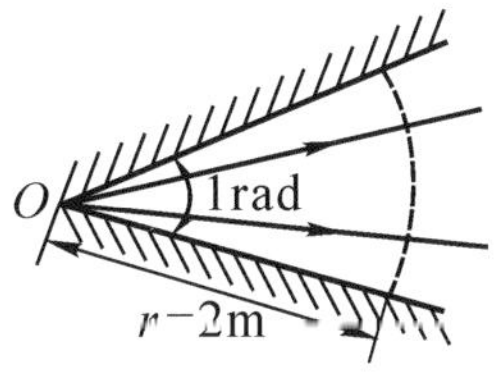

试求:(1) 该渠道的速度分布;

(2) $t=0$ 时,$r=2\ \mathrm{m}$ 处流体的速度和加速度。

解　(1) 当壁面交角为 1 弧度时,该渠道流量

$$Q=\frac{1}{2}t-1$$

图 3.28　水渠的流动

则当交角为 2π 弧度时的流量

$$m=2\pi\left(\frac{1}{2}t-1\right)$$

源的速度势

$$\varphi=\frac{m}{2\pi}\ln r=\left(\frac{1}{2}t-1\right)\ln r$$

流场的速度场

$$v_r=\frac{\partial\varphi}{\partial r}=\left(\frac{1}{2}t-1\right)\cdot\frac{1}{r}$$

$$v_\theta=\frac{\partial\varphi}{r\partial\theta}=0$$

(2) 当 $t=0$,在 $r=2\ \mathrm{m}$ 处

$$v_r=-\frac{1}{2}\ \mathrm{m/s}$$

式中负号表示流向 O 点。

$$a_r = \frac{\mathrm{d}v_r}{\mathrm{d}t} = \frac{\partial v_r}{\partial t} + \frac{\partial v_r}{\partial r}v_r$$
$$= \frac{1}{2r} - \frac{1}{r^3}\left(\frac{t}{2} - 1\right)^2 = \frac{1}{8}\ \mathrm{m/s^2}$$

3.7.3 环流

流体绕某一固定点作圆周运动，并且它的速度大小与圆周半径成反比，这样的流动称为环流(图 3.29)。该固定点称为环流中心。

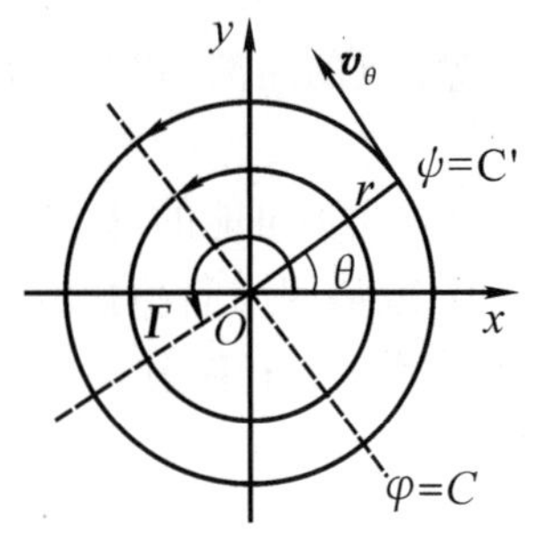

图 3.29 环流

将坐标系原点置于环流中心，则速度场为：

$$v_r = 0,\ v_\theta = \frac{\Gamma}{2\pi r}$$

式中 Γ 是个常数，称为环流强度。当质点逆时针作圆周运动时，$\Gamma > 0$；当质点顺时针作圆周运动时，$\Gamma < 0$。

速度势

$$\varphi = \int \mathrm{d}\varphi = \int v_r \mathrm{d}r + v_\theta r \mathrm{d}\theta$$
$$= \int \frac{\Gamma}{2\pi r} r \mathrm{d}\theta = \frac{\Gamma}{2\pi}\theta \tag{3.52}$$

流函数

$$\psi = \int \mathrm{d}\psi = \int v_r r \mathrm{d}\theta - v_\theta \mathrm{d}r$$
$$= \int \frac{-\Gamma}{2\pi r}\mathrm{d}r = \frac{-\Gamma}{2\pi}\ln r \tag{3.53}$$

等势线方程

$$\varphi = C，即\ \theta = C$$

等势线是由 O 点引出的射线族。

流线方程

$$\psi = C,\ r = C$$

流线是以 O 点为圆心的同心圆族。

若以直角坐标表示：

$$\varphi(x,\ y) = \frac{\Gamma}{2\pi}\arctan\frac{y}{x} \tag{3.54}$$

$$\psi(x,\ y) = -\frac{\Gamma}{2\pi}\ln\sqrt{x^2 + y^2} \tag{3.55}$$

在原点处 $r = 0$，$v_\theta = \infty$，该处称为奇点。在实际情况中，如大气中出现气旋，除去涡核区以外的区域，则涡核所引起的诱导速度场可用环流表征。

3.7.4 偶极子

设在坐标原点有一强度为$-m$的汇，在$(-\delta,\ 0)$处有强度为m的源，如图(3.30)所示，流场中任一点$P(r,\ \theta)$的流函数为汇和源的流函数之叠加，按式(3.49)为

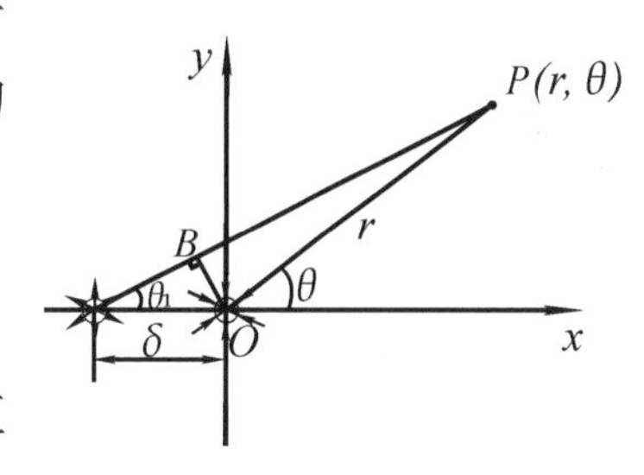

图 3.30 偶极子的形式

$$\psi = \psi_1 + \psi_2 = -\frac{m}{2\pi}\theta + \frac{m}{2\pi}\theta_1 = -\frac{m}{2\pi}(\theta - \theta_1)$$

其中θ_1是源和P点的连线与x轴之间的夹角。当源和汇彼此接近时，由图中的几何关系$OB = \delta\sin\theta_1$，可得

$$\theta - \theta_1 = \frac{\delta\sin\theta_1}{r}$$

当源和汇无限靠近时，$\delta \to 0$，$\theta_1 \to \theta$，形成偶极子，因此

$$\psi = -\frac{m}{2\pi}\lim_{\delta\to 0}\frac{\delta\sin\theta_1}{r} = -\frac{m}{2\pi}\frac{\delta\sin\theta}{r}$$

设$m\delta = M =$常数，这称为偶极子强度，它的方向从汇指向源为正(实际上源到汇方向是x轴方向)。可得偶极子的流函数

$$\psi = -\frac{M}{2\pi}\frac{\sin\theta}{r} \tag{3.56}$$

同理，利用源和汇的势函数叠加，并取极限，可得偶极子的势函数

$$\varphi = \frac{M}{2\pi}\frac{\cos\theta}{r} \tag{3.57}$$

偶极子流场中任一点的速度分量分别为：

$$v_r = \frac{\partial\varphi}{\partial r} = -\frac{M}{2\pi}\frac{\cos\theta}{r^2} \tag{3.58}$$

$$v_\theta = \frac{1}{r}\frac{\partial\varphi}{\partial\theta} = -\frac{M}{2\pi}\frac{\sin\theta}{r^2} \tag{3.59}$$

等势线方程

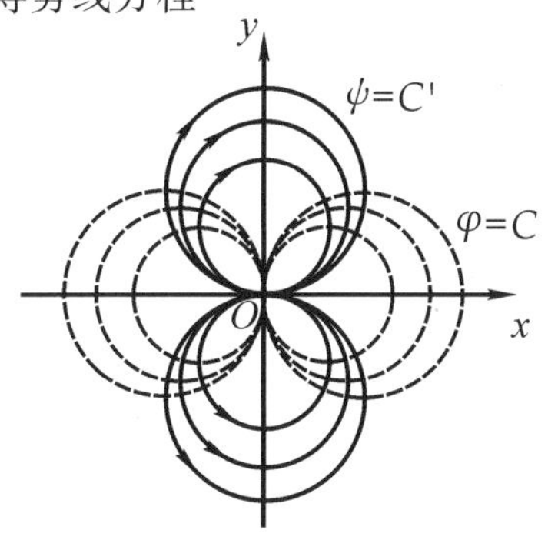

图 3.31 偶极子

$$\varphi = C,\ r = C\cos\theta$$

等势线是圆心在x轴上的圆族。

流线方程

$$\psi = C',\ r = C'\sin\theta$$

流线是圆心在y轴上的圆族(图 3.31)。

若以直角坐标表示，则

$$\varphi(x,\ y) = \frac{M}{2\pi}\frac{x}{x^2 + y^2} \tag{3.60}$$

$$\psi(x, y) = -\frac{M}{2\pi}\frac{y}{x^2+y^2} \tag{3.61}$$

这里介绍的几种简单的平面势流，它们的应用将在第5章中再作详细介绍。

例 3.14 已知位于原点的强度为 m 的源和沿 x 方向速度为 U_0 的均流叠加成一平面流场。

试求：(1) 该平面流动的速度势和流函数；

(2) 流场中的速度分布；

(3) 流线方程；

(4) 画出零流线及部分流线图。

解 (1) 速度势的极坐标形式为：

$$\varphi = \varphi_1 + \varphi_2 = U_0 r\cos\theta + \frac{m}{2\pi}\ln r \tag{a}$$

流函数的极坐标形式为：

$$\psi = \psi_1 + \psi_2 = U_0 r\sin\theta + \frac{m}{2\pi}\theta \tag{b}$$

(2) 流场中速度分布为：

$$v_r = \frac{\partial\varphi}{\partial r} = U_0\cos\theta + \frac{m}{2\pi r} \tag{c}$$

$$v_\theta = \frac{1}{r}\frac{\partial\varphi}{\partial\theta} = -U_0\sin\theta \tag{d}$$

(3) 流线方程：

令 $\psi =$ 常数，流线方程为：

$$U_0 r\sin\theta + \frac{m}{2\pi}\theta = C \tag{e}$$

式中 C 取不同值代表不同的流线。

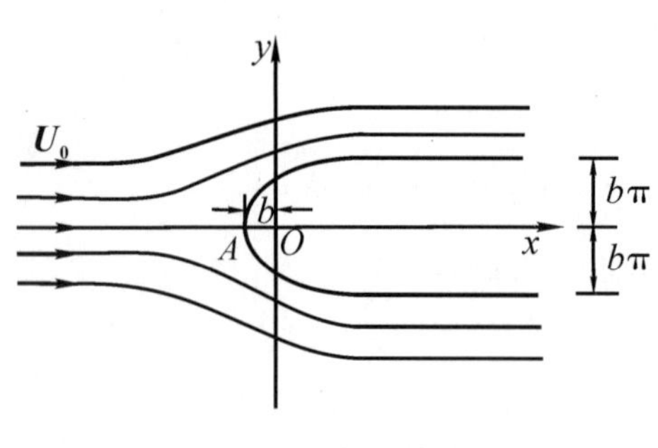

图 3.32 兰金半体

(4) 如图 3.32 所示，零流线的左半支是负 x 轴的一部分 ($\theta = \pi$)，驻点 $A(-b, 0)$ 由(c)式决定：

$$v_{r,\,\theta=\pi} = \left(U_0\cos\theta + \frac{m}{2\pi r}\right)_{\theta=\pi} = -U_0 + \frac{m}{2\pi b} = 0$$

故
$$b = \frac{m}{2\pi U_0}$$

通过驻点的右半部分零流线由 A 点的流函数值决定：

即
$$U_0 r\sin\theta + \frac{m}{2\pi}\theta = \psi_A = \psi(b, \pi) = \frac{m}{2}$$

零流线方程为

$$r = \frac{m(\pi - \theta)}{2\pi U_0 \sin\theta} = \frac{b(\pi - \theta)}{\sin\theta}$$

故称右半部分所围区域为兰金(Rankine)半体,它们的渐近线如下:

当无穷远处 $\theta \to 0$ 和 $\theta \to 2\pi$ 时,两条流线趋于平行,渐近线方程为

$$y_0 = (r\sin\theta)_{\theta=0,\,2\pi} = [b(\pi - \theta)]_{\theta=0,\,2\pi} = \pm b\pi$$

习　题

选择题(单选题)

3.1 用欧拉法表示流体质点的加速度 $\boldsymbol{a}$ 等于:(a) $\frac{\mathrm{d}^2\boldsymbol{r}}{\mathrm{d}t^2}$;(b) $\frac{\partial v}{\partial t}$;(c) $(v\cdot\nabla)v$;(d) $\frac{\partial v}{\partial t} + (v\cdot\nabla)v$。

3.2 恒定流是:(a)流动随时间按一定规律变化;(b)各空间点上的运动要素不随时间变化;(c)各过流断面的速度分布相同;(d)迁移加速度为零。

3.3 一维流动限于:(a)流线是直线;(b)速度分布按直线变化;(c)运动参数是一个空间坐标和时间变量的函数;(d)运动参数不随时间变化的流动。

3.4 均匀流是:(a)当地加速度为零;(b)迁移加速度为零;(c)向心加速度为零;(d)合加速度为零。

3.5 无旋运动限于:(a)流线是直线的流动;(b)迹线是直线的流动;(c)微团无旋转的流动;(d)恒定流动。

3.6 变直径管,直径 $d_1 = 320$ mm, $d_2 = 160$ mm,流速 $V_1 = 1.5$ m/s。V_2 为:(a)3 m/s;(b)4 m/s;(c)6 m/s;(d)9 m/s。

3.7 平面流动具有流函数的条件是:(a)理想流体;(b)无旋流动;(c)具有速度势;(d)满足连续性。

3.8 恒定流动中,流体质点的加速度:(a)等于零;(b)等于常量;(c)随时间变化而变化;(d)与时间无关。

3.9 在________流动中,流线和迹线重合:(a)无旋;(b)有旋;(c)恒定;(d)非恒定。

3.10 流体微团的运动与刚体运动相比,多了一项________运动:(a)平移;(b)旋转;(c)变形;(d)加速。

3.11 一维流动的连续性方程 $VA = C$ 成立的必要条件是:(a)理想流体;(b)黏性流体;(c)可压缩流体;(d)不可压缩流体。

3.12 流线与流线,在通常情况下:(a)能相交,也能相切;(b)仅能相交,但不能相切;(c)仅能相切,但不能相交;(d)既不能相交,也不能相切。

3.13 欧拉法________描述流体质点的运动:(a)直接;(b)间接;(c)不能;(d)只在恒定时能。

3.14 非恒定流动中,流线与迹线:(a)一定重合;(b)一定不重合;(c)特殊情况下可能重合;(d)一定正交。

3.15 一维流动中,“截面积大处速度小,截面积小处速度大”成立的必要条件是:(a)理想流体;(b)黏性流体;(c)可压缩流体;(d)不可压缩流体。

3.16 速度势函数存在于________流动中：(a)不可压缩流体；(b)平面连续；(c)所有无旋；(d)任意平面。

3.17 流体作无旋运动的特征是：(a)所有流线都是直线；(b)所有迹线都是直线；(c)任意流体元的角变形为零；(d)任意一点的涡量都为零。

3.18 速度势函数和流函数同时存在的前提条件是：(a)二维不可压缩连续运动；(b)二维不可压缩连续且无旋运动；(c)三维不可压缩连续运动；(d)三维不可压缩连续运动。

计算题

3.19 设流体质点的轨迹方程为：

$$\begin{cases} x = C_1 e^t - t - 1 \\ y = C_2 e^t + t - 1 \\ z = C_3 \end{cases}$$

其中，C_1, C_2, C_3 为常数。试求：(1) $t = 0$ 时，位于 $x = a$, $y = b$, $z = c$ 处的流体质点的轨迹方程；(2)任意流体质点的速度；(3)用 Euler 法表示上面流动的速度场；(4)用Euler 法直接求加速度场和用 Lagrange 法求得质点的加速度后，再换算成Euler法的加速度场，两者结果是否相同？

3.20 已知流场中的速度分布为

$$\begin{cases} u = yz + t \\ v = xz - t \\ w = xy \end{cases}$$

(1)试问此流动是否恒定？(2)求流体质点在通过场中(1, 1, 1)点时的加速度。

3.21 一流动的速度场为

$$v = (x+1)t^2\boldsymbol{i} + (y+2)t^2\boldsymbol{j}$$

试确定在 $t = 1$ 时，通过(2, 1)点的迹线方程和流线方程。

3.22 已知流动的速度分布为

$$\begin{cases} u = ay(y^2 - x^2) \\ v = ax(y^2 - x^2) \end{cases}$$

其中 a 为常数。(1)试求流线方程，并绘制流线图；(2)判断流动是否有旋，若无旋，则求速度势 φ 并绘制等势线。

3.23 一二维流动的速度分布为

$$\begin{cases} u = Ax + By \\ v = Cx + Dy \end{cases}$$

其中 A, B, C, D 为常数。(1)A, B, C, D 间呈何种关系时流动才无旋？(2)求此时流动的速度势。

3.24 设有黏性流体经过一平板的表面。已知平板近旁的速度分布为

$$v = v_0 \sin\frac{\pi y}{2a} \quad (v_0,\ a \text{ 为常数}, y \text{ 为至平板的距离})$$

试求平板上的变形速率及应力。

3.25 设不可压缩流体运动的3个速度分量为

$$\begin{cases} u = ax \\ v = ay \\ w = -2az \end{cases}$$

其中 a 为常量。试证明这一流动的流线为 $y^2 z =$ 常量，$\dfrac{x}{y} =$ 常量两曲面的交线。

3.26 已知平面流动的速度场为 $v = (4y - 6x)t\boldsymbol{i} + (6y - 9x)t\boldsymbol{j}$。求 $t = 1$ 时的流线方程，并画出 $1 \leqslant x \leqslant 4$ 区间穿过 x 轴的4条流线图形。

3.27 已知不可压缩流体平面流动，在 y 方向的速度分量为 $v = y^2 - 2x + 2y$。试求速度在 x 方向的分量 u。

3.28 求两平行板间，流体的单宽流量。已知速度分布为 $u = u_{\max}\left[1 - \left(\dfrac{y}{b}\right)^2\right]$。式中 $y = 0$ 为中心线，$y = \pm b$ 为平板所在的位置，$u_{\max}$ 为常数。

3.29 下列两个流动，哪个有旋？哪个无旋？哪个有角变形？哪个无角变形？

(1) $u = -ay$，$v = ax$，$w = 0$；

(2) $u = -\dfrac{cy}{x^2 + y^2}$，$v = \dfrac{cx}{x^2 + y^2}$，$w = 0$，

式中 a，c 是常量。

3.30 已知平面流动的速度分布为 $u = x^2 + 2x - 4y$，$v = -2xy - 2y$。试确定流动：(1)是否满足连续性方程？(2)是否有旋？(3)如存在速度势和流函数，求出 φ 和 ψ。

3.31 已知速度势为：(1) $\varphi = \dfrac{m}{2\pi}\ln r$；(2) $\varphi = \dfrac{\Gamma}{2\pi}\arctan\dfrac{y}{x}$，求其流函数。

3.32 设有一平面流场，流体不可压缩，x 方向的速度分量为 $u = e^{-x}\cosh y + 1$，

(1) 已知边界条件为 $y = 0$，$v = 0$，求 $v(x, y)$；

(2) 求这个平面流动的流函数。

3.33 已知平面势流的速度势 $\varphi = y(y^2 - 3x^2)$，求流函数及通过(0, 0)及(1, 2)两点连线的体积流量。

第 4 章　理想流体动力学

本章研究理想流体的运动和引起运动的原因——力之间的关系。其中,主要内容是阐明流体的能量方程——伯努利方程和理想流体的动量定理,以便研究流体和物体之间的作用力问题。

4.1　欧拉运动微分方程式

4.1.1　欧拉运动微分方程式的导出

对于理想流体运动微分方程式(也称欧拉运动微分方程式),可由下面的推导过程导出。在第 2 章流体静力学中曾推导出流体静力学的平衡微分方程式:

$$\begin{cases}\rho f_x = \dfrac{\partial p}{\partial x} \\ \rho f_y = \dfrac{\partial p}{\partial y} \\ \rho f_z = \dfrac{\partial p}{\partial z}\end{cases}$$

这里的 f_x, f_y, f_z 是流体质量力在 x, y, z 轴上的投影,且质量力中包含以下两项:重力和惯性力。如果假定 f_x, f_y, f_z 仅仅是重力在三个坐标轴上的投影,那么惯性力在 x, y, z 轴上的投影分别为:$-\dfrac{\mathrm{d}u}{\mathrm{d}t}$,$-\dfrac{\mathrm{d}v}{\mathrm{d}t}$和$-\dfrac{\mathrm{d}w}{\mathrm{d}t}$。于是,上式便可写成:

$$\begin{cases}\rho\left(f_x - \dfrac{\mathrm{d}u}{\mathrm{d}t}\right) = \dfrac{\partial p}{\partial x} \\ \rho\left(f_y - \dfrac{\mathrm{d}v}{\mathrm{d}t}\right) = \dfrac{\partial p}{\partial y} \\ \rho\left(f_z - \dfrac{\mathrm{d}w}{\mathrm{d}t}\right) = \dfrac{\partial p}{\partial z}\end{cases}$$

由于理想流体其表面力仅仅为压强 p,而且其运动时在流体质点上加了惯性力以后,可用平衡方程式予以解决。因此理想流体动力学的基本方程,即欧拉运动方程式,经上式整理后,便得到

$$\begin{cases}\dfrac{\mathrm{d}u}{\mathrm{d}t} = f_x - \dfrac{1}{\rho}\dfrac{\partial p}{\partial x} \\ \dfrac{\mathrm{d}v}{\mathrm{d}t} = f_y - \dfrac{1}{\rho}\dfrac{\partial p}{\partial y} \\ \dfrac{\mathrm{d}w}{\mathrm{d}t} = f_z - \dfrac{1}{\rho}\dfrac{\partial p}{\partial z}\end{cases} \tag{4.1}$$

将加速度展开成欧拉表达式：

$$\begin{cases}\frac{\partial u}{\partial t}+\frac{\partial u}{\partial x}u+\frac{\partial u}{\partial y}v+\frac{\partial u}{\partial z}w=f_x-\frac{1}{\rho}\frac{\partial p}{\partial x}\\ \frac{\partial v}{\partial t}+\frac{\partial v}{\partial x}u+\frac{\partial v}{\partial y}v+\frac{\partial v}{\partial z}w=f_y-\frac{1}{\rho}\frac{\partial p}{\partial y}\\ \frac{\partial w}{\partial t}+\frac{\partial w}{\partial x}u+\frac{\partial w}{\partial y}v+\frac{\partial w}{\partial z}w=f_z-\frac{1}{\rho}\frac{\partial p}{\partial z}\end{cases} \tag{4.2}$$

用矢量表示：

$$\frac{\partial v}{\partial t}+(v\cdot\nabla)v=\boldsymbol{f}-\frac{1}{\rho}\nabla p \tag{4.3}$$

上式称为理想流体的欧拉运动微分方程式。

对于恒定流动

$$\frac{\partial u}{\partial t}=\frac{\partial v}{\partial t}=\frac{\partial w}{\partial t}=0$$

对于不可压缩流体：

$$\rho=C$$

对于可压缩流体：

$$\rho=f(p,T)$$

以上可通过流体的状态方程确定。

4.1.2 欧拉方程式的物理意义和讨论

式(4.3)的每一项都表示单位质量的力，等号的左边表示惯性力，它是由非恒定流动引起的局部惯性力和非均匀性引起的变位惯性力；等号的右边表示重力和压强的合力。

对于欧拉方程的物理意义讨论如下：

(1) 对于静止流体，$\frac{\mathrm{d}v}{\mathrm{d}t}=0$，方程式为 $\boldsymbol{f}-\frac{1}{\rho}\nabla p=0$，即为静力学基本方程。

(2) 对于恒定流动，$\frac{\partial v}{\partial t}=0$。

(3) 在方程中有 8 个物理量：u，v，w，f_x，f_y，f_z，ρ 和 p。一般情况下，表示重力的 f_x，f_y，f_z 是已知的，这个方程组和连续性方程及流体的状态方程，在一定条件下对其积分，便可得到压强 p 的分布规律。

4.2 伯努利方程

4.2.1 沿流线的伯努利方程

伯努利方程是由瑞士科学家伯努利(Bernoulli)在 1738 年首先导出的。伯努利方程以动能和势能相互转换的方式，确立了流体运动中速度和压强的关系。

对于沿流线 s 的欧拉运动微分方程式，式(4.2)可简化成：

$$\frac{\partial v}{\partial t}+\frac{\partial v}{\partial s}v=f_s-\frac{1}{\rho}\frac{\partial p}{\partial s}$$

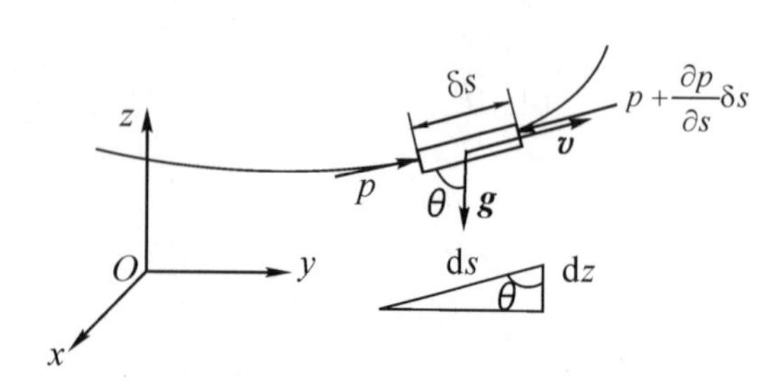

图 4.1　沿流线的伯努利方程

引入限定条件：

（1）作用在流体上的质量力仅为重力，且z轴向上，如图 4.1 所示，质量力在 s 上的投影 f_s，即为重力 g 在 s 方向的投影为

$$f_s=-g\cos\theta$$

由几何关系：

$$\cos\theta=\frac{\partial z}{\partial s}$$

得

$$f_s=-g\frac{\partial z}{\partial s}$$

（2）流体为不可压缩流体：

$$\rho=C$$

则上式有

$$\frac{\partial v}{\partial t}+\frac{\partial}{\partial s}\left(gz+\frac{p}{\rho}+\frac{v^2}{2}\right)=0$$

（3）对于恒定流动（流动参数与 t 无关）：则有

$$\frac{\partial}{\partial s}\left(gz+\frac{p}{\rho}+\frac{v^2}{2}\right)=0$$

将上式沿流线积分，得

$$gz+\frac{p}{\rho}+\frac{v^2}{2}=C_l\quad (C_l\text{ 称为流线常数})$$

或

$$z+\frac{p}{\gamma}+\frac{v^2}{2g}=C_l \tag{4.4}$$

式(4.4)就是沿流线的伯努利方程，这是水力学中最常用的方程之一。伯努利方程形式简单，物理意义直观明确，是在流体力学史上最具影响的方程之一，但也是往往最容易被人们误用的方程之一，误用的原因是忽视了方程式的限制条件。从上述推导过程可知，伯努利方程的限制条件包括：(1)理想流体；(2)恒定流动；(3)不可压缩流体；(4)质量力仅为重力；(5)沿流线。

在同一条流线上取 1，2 两点，则式(4.4)可表达成：

$$z_1+\frac{p_1}{\gamma}+\frac{v_1^2}{2g}=z_2+\frac{p_2}{\gamma}+\frac{v_2^2}{2g} \tag{4.5}$$

倘若在上述条件下，再加上流动是无旋运动(势流)的条件，则伯努利积分中不必沿着流线，直接可得到

$$z+\frac{p}{\gamma}+\frac{v^2}{2g}=C \tag{4.6}$$

式(4.6)称为拉格朗日方程，等号右边的常量 C 在整个流场中均相等。

倘若流动是非恒定流动，但有势，则可得到拉格朗日积分式

$$gz+\frac{p}{\rho}+\frac{v^2}{2}=-\frac{\partial\varphi}{\partial t}+f(t) \tag{4.7}$$

式中 φ 是流场的速度势。

当 t 是常数时，$f(t)$ 对于整个流场而言是个常数。

4.2.2 伯努利方程中各项的几何意义和物理意义

1. 几何意义

式(4.4)中每一项都表示某一个高度：

z 是位置高度，表示流体质点的几何位置，又称位置水头；

$\frac{p}{\gamma}$是测压管高度，表示流体质点的压强高度，又称压强水头；

$\frac{v^2}{2g}$是流速高度，又称流速水头；

$z+\frac{p}{\gamma}=H_p$，H_p 是测压管水头；

$z+\frac{p}{\gamma}+\frac{v^2}{2g}=H$，$H$ 称为总水头。

伯努利方程表示：理想流体恒定流动中，沿同一条流线，各点的总水头相等，式中各项都具有长度的量纲。在水力学中，将流道各截面上相应水头高度连成水头线（图 4.2)，例如，将位置水头和压强水头之和的连线称为测压管水头线(或称水力坡度线，HGL)在渠道流中它就是水面线；总水头的连线称为总水头线(或称为能量坡度线，EGL)，若不考虑黏性损失，在理论上它是一条水平线，但在实际流动中由于存在黏性损失，造成能量损失，总水头线沿流程是不断降低的。总水头线与测压管水头线之差代表速度水头，它反映流速的变化。由此可见，水头线图可形象地反映流动中流速、压强和总能量的变化。

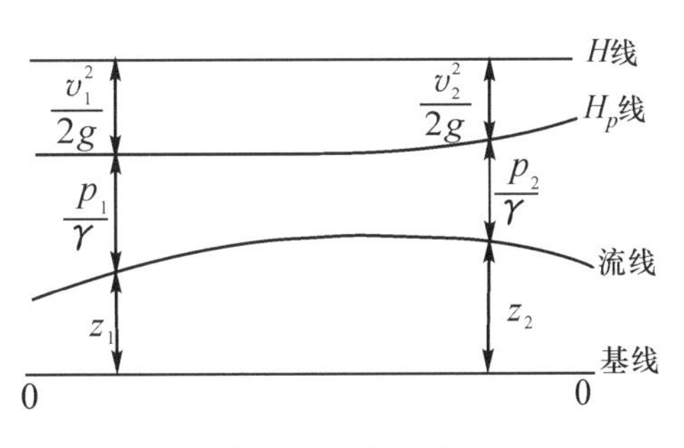

图 4.2 水头线

2. 物理意义

式(4.4)中每一项都表示单位重量流体具有的某种能量。

z 是单位重量流体具有的位置势能；

$\frac{p}{\gamma}$是单位重量流体具有的压强势能；

$\frac{v^2}{2g}$是单位重量流体具有的动能；

$z+\frac{p}{\gamma}$ 是单位重量流体具有的总势能；

$z+\frac{p}{\gamma}+\frac{v^2}{2g}$ 是单位重量流体具有的总机械能。

伯努利方程表示：理想流体恒定流动中，沿同一条流线，各点单位重量流体的机械能守恒，或者流体质点在运动过程中三种机械能沿流线的相互转换关系，因此，伯努利方程是物理学能量守恒和转换定律在流体运动中的表现形式之一，具有重要理论意义。

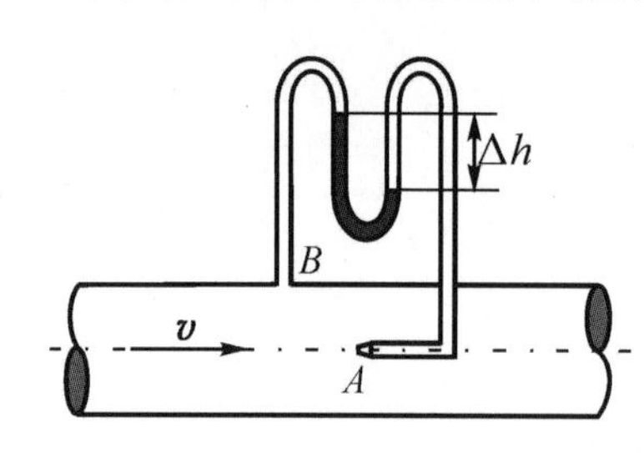

图 4.3　点流速的测量

例 4.1　用水银比压计测量管中水流，过流断面中点流速如图 4.3 所示。测得 A 点的比压计读数 $\Delta h=60\ \text{mmHg}$（不计损失）。

(1) 求该管中的流速 v；

(2) 若管中流体是密度为 $0.8\ \text{g/cm}^3$ 的油，Δh 仍不变，该点流速又为多少？

解　(1) 管中流动若不计损失，则管中流动为均流。现要测量过流断面上 A 点的流速，用水银比压计来测量，其原理是：由于来流在 A 点受比压计的阻滞，该处的速度为零（或者 A 点为两条流线相交的前驻点）；该处动能全部转化成势能，而水银比压计的另一端 B 点在管壁，该处的流速是管中均流每一点的速度，也可看成 A 点前方某一点的速度。

应用理想流体伯努利方程：

$$\frac{p_B}{\gamma}+\frac{v^2}{2g}=\frac{p_A}{\gamma}$$

$$\frac{v^2}{2g}=\frac{p_A-p_B}{\gamma}$$

式中 γ 是管中流体的重度。

$$p_A-p_B=\Delta h(\gamma_{\text{Hg}}-\gamma)$$

$$v=\sqrt{2g\frac{p_A-p_B}{\gamma}}=\sqrt{2g\Delta h\left(\frac{\gamma_{\text{Hg}}}{\gamma}-1\right)}$$

$$=\sqrt{2\times9.81\times0.06\times(13.6-1)}=3.85\ \text{m/s}$$

(2) 若将水流改为油，则

$$v=\sqrt{2g\Delta h\left(\frac{\gamma_{\text{Hg}}}{\gamma_{\text{油}}}-1\right)}$$

$$=\sqrt{2\times9.81\times0.06\times\left(\frac{133\,375}{800\times9.81}-1\right)}=4.34\ \text{m/s}$$

由于管流是等截面不计损失的均流，流动是无旋流动，故可应用拉格朗日方程，即流场中任意两点满足(4.6)式。

4.2.3 黏性流体的伯努利方程

实际流体在流动过程中，往往要产生黏性阻力，为了克服阻力作功，往往要损失一部分流体的机械能，因而黏性流体在流动中，单位重量流体的能量不再守恒，总水头线不再是水平线，而是沿程下降线。

设 h_L 表示黏性流体单位重量流体从 1 点到 2 点的机械能损失，称为沿流线的水头损失。根据能量守恒原理，则黏性流体的伯努利方程为

$$z_1+\frac{p_1}{\gamma}+\frac{v_1^2}{2g}=z_2+\frac{p_2}{\gamma}+\frac{v_2^2}{2g}+h_L \tag{4.8}$$

水头损失 h_L 也是具有长度的量纲。

4.3 伯努利方程的实际应用

4.3.1 渐变流和急变流

在实际流动中，过流断面一般都是有限大，或者认为，总流是由无限多的流线组成的。流体在流动中又分为均匀流和非均匀流，对于非均匀流，按流速随流向变化的缓急又可分为渐变流和急变流两种，如图 4.4 所示。

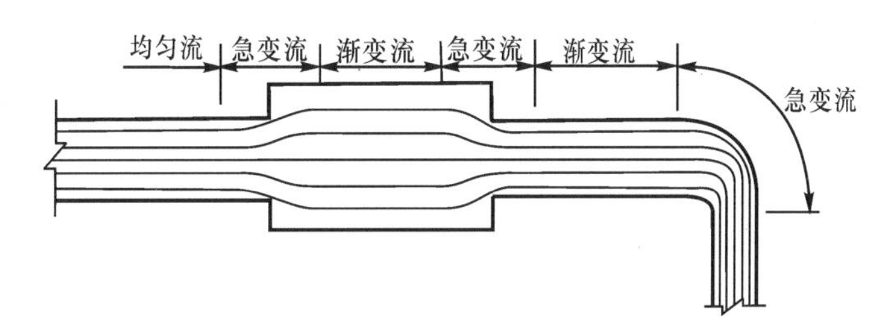

图 4.4 均匀流和非均匀流

渐变流和急变流之间没有准确的界定标准，工程上将流线相互平行或接近平行的直线的流束定义为渐变流(否则称为急变流)，或者将流体质点的变位加速度较小的流动称为渐变流。显然，渐变流是均匀流向急变流的过渡，在实用上均匀流的某些性质可适用于渐变流。主要是：

(1) 渐变流的过流断面接近于平面，面上各点的速度方向接近平行；

(2) 恒定渐变流过流断面上的动压强按静压强的分布规律，即

$$z+\frac{p}{\gamma}=C$$

上式与静止流体中静压强分布规律形式相同(z 轴铅垂向上)，它表明：在恒定渐变流的过流断面上，沿流线法线方向的压强变化规律与静止液体中一样。

4.3.2 沿总流伯努利方程的应用

在实际问题中，往往要将沿流线的伯努利方程推广到由无数流线组成的流束，也就是总

流中，除了应用沿流线的伯努利方程的限定条件外，总流的伯努利方程和流线的伯努利方程形式是类似的，但方程式中的各项均有“平均”意义，这从以下几方面来理解：

(1) 在总流中取 1-1 至 2-2 过流断面时，这些过流断面尽可能取在渐变流断面上，但它们截面之间允许有急变流存在。

(2) 一般来讲，总流过流断面上计算点取该断面的形状中心，由于在恒定渐变流过流断面上各点的势能满足 $z+\dfrac{p}{\gamma}=C$ 关系式，因此可理解成各点的势能是相等的，它也是过流断面上单位重量流体的平均势能。

(3) 对于$\dfrac{v^2}{2g}$项中的 v，一般应取过流断面上的平均流速 V 作为计算值。即总流的伯努利方程中，利用单位重量流体的动能项$\dfrac{\alpha V^2}{2g}$来进行计算。当过流断面流速分布比较均匀时，不须加动能修正因子 α，否则此项还须加动能修正因子 α，其中 α 的定义是：

$$\alpha=\frac{\int_A v^3\mathrm{d}A}{V^3A}$$

一般取 $\alpha=1.0$。

(4) 对于黏性流体总流的伯努利方程，其中水头损失项 h_{L} 是表示由 1-1 至 2-2 断面的平均机械能损失，称为总流的水头损失。

总流的伯努利方程形式为

$$z_1+\frac{p_1}{\gamma}+\frac{\alpha_1V_1^2}{2g}=z_2+\frac{p_2}{\gamma}+\frac{\alpha_2V_2^2}{2g}+h_{\mathrm{L}} \tag{4.9}$$

在圆管流动中，当流动为层流时，$\alpha=2$，当流动为湍流时，$\alpha=1.0$。由于在工程中绝大多数的实际管流均为湍流，因此通常取 $\alpha_1=\alpha_2=1$，这样式(4.9)与沿流线的式(4.8)的形式完全一样。

例 4.2 水由喷嘴出流，如图 4.5 所示，设 $d_1=125\,\mathrm{mm}$，$d_2=100\,\mathrm{mm}$，$d_3=75\,\mathrm{mm}$，水银测压计读数 $\Delta h=175\,\mathrm{mm}$，不计损失。求(1) H 值；(2)压力表读数值。(该处管径同 d_2。)

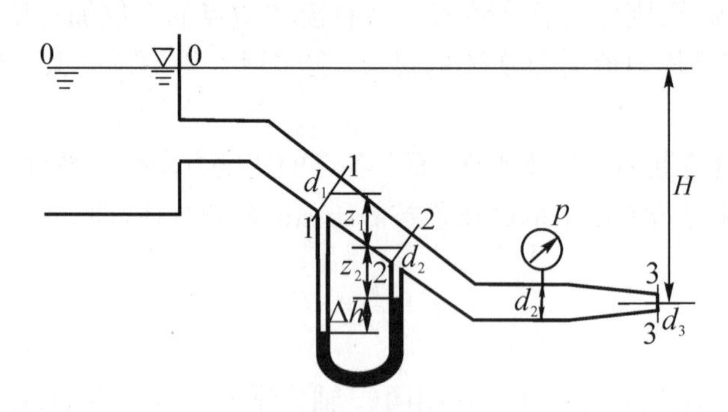

图 4.5 喷嘴出流

解 (1) 根据静压强分布规律，过流断面 1-1 和 2-2 处压强分布为 p_1 和 p_2：

$$p_1+\gamma_{\mathrm{H_2O}}(z_1+z_2)+\gamma_{\mathrm{H_2O}}\Delta h=p_2+\gamma_{\mathrm{H_2O}}z_2+\gamma_{\mathrm{Hg}}\Delta h$$

$$p_1 - p_2 = (\gamma_{Hg} - \gamma_{H_2O})\Delta h - \gamma_{H_2O} z_1 \tag{a}$$

列出由 1 - 1 到 2 - 2 断面的总流伯努利方程(取动能修正因数 $\alpha_1 = \alpha_2 = 1$):

$$z_1 + \frac{p_1}{\gamma_{H_2O}} + \frac{V_1^2}{2g} = \frac{p_2}{\gamma_{H_2O}} + \frac{V_2^2}{2g}$$

$$z_1 + \frac{p_1 - p_2}{\gamma_{H_2O}} = \frac{V_2^2 - V_1^2}{2g}$$

将(a)式代入上式,得

$$\left(\frac{\gamma_{Hg}}{\gamma_{H_2O}} - 1\right)\Delta h = \frac{V_2^2 - V_1^2}{2g}$$

或

$$(13.6 - 1) \times 0.175 = \frac{V_2^2 - V_1^2}{2g} = 2.2 \tag{b}$$

连续性方程:

$$\frac{\pi}{4} d_1^2 V_1 = \frac{\pi}{4} d_2^2 V_2$$

或

$$\frac{\pi}{4} \times 0.125^2 V_1 = \frac{\pi}{4} \times 0.1^2 V_2$$

$$V_2 = 1.56 V_1 \tag{c}$$

将(c),(b)两式联立,得

$$V_1 = 5.47 \text{ m/s}$$

$$V_2 = 8.53 \text{ m/s}$$

由连续性方程

$$\frac{\pi}{4} d_1^2 V_1 = \frac{\pi}{4} d_3^2 V_3$$

得

$$V_3 = 15.19 \text{ m/s}$$

列出由 0 - 0 到 3 - 3 断面的伯努利方程:

$$z_0 + \frac{p_0}{\gamma_{H_2O}} + \frac{V_0^2}{2g} = z_3 + \frac{p_3}{\gamma_{H_2O}} + \frac{V_3^2}{2g}$$

$$H + 0 + 0 = 0 + 0 + \frac{V_3^2}{2g}$$

$$H = \frac{V_3^2}{2g} = \frac{15.19^2}{2 \times 9.81} = 11.76 \text{ m}$$

(2) 压力表处管径同 d_2,其处 $V_2 = 8.53$ m/s。

列出由 0 - 0 至压力表断面处的伯努利方程:

$$H = \frac{8.53^2}{2g} + \frac{p}{\gamma_{H_2O}} = 11.76 \text{ m}$$

压力表读数为 $p = 78.96$ kPa。

4.3.3 空泡和空蚀现象

在不同的场合下，流动中由于流速的增大，故而产生的负压强效应有时是正面的，但绝大部分则是负面的。例如，数百吨重的飞机主要是由于机翼叶背上的流动负压强而产生的升力，使它被“吸”在空中，这是正面的；但是，倘若轿车顶部的负压强太大，造成汽车轮胎和地面之间的附着力减少，导致操纵失灵，引起道路交通事故率增加，这是负面的。空泡和空蚀现象长期困扰船舶和水利工程师，这是水流的负压强效应。

在水力机械和造船工程等实际问题中，在管路断面狭窄或螺旋桨叶背部分的材料极易损坏，原以为是一种氧气的腐蚀作用，但以后才逐渐发现：这是空泡和空蚀现象，它加速了物理-化学-金相的相互作用，这是局部区域材料极易损坏的主要原因。

在一个大气压环境中，水在100℃时沸腾，水分子从液态转化为气态，整个水体内部不断涌现大量气泡，并逸出水面。在常温下(20℃)，若使压强降低到水的饱和蒸气压强2.4 kPa(绝对压强)以下时，则水也会沸腾。通常将这种现象称为空化，以示和真正的沸腾相区别。此时水中的气泡称为空泡。

空泡总是在流动中压强最低的地方最先发生。例如，在管道的收缩段和弯曲段、水坝的泄水面、翼型的最大厚度部位，以及螺旋桨的叶梢部位等。

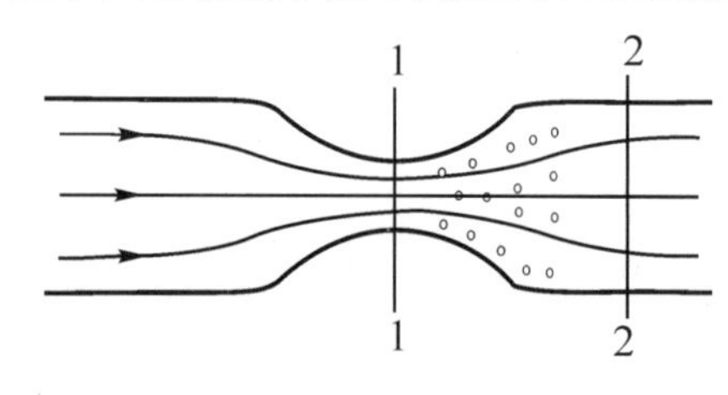

图 4.6　空泡现象

有一钢化玻璃管，在局部处管径有突变，在 1－1 截面处突然缩小，至 2－2 截面处突然扩大。如图 4.6 所示，水流在过流断面 1－1 处由于流速急剧的增大，使得该处流体质点的压强显著地降低。倘若此时压强下降至该水温下的气化压强，这时水迅速气化，使一部分液体转化为蒸气，即在 1－1 断面以后区域出现了许多蒸气气泡的区域，这就是空泡现象的产生。随着液-气二相流至 2－2 截面，由于管径的突然扩大，流速急剧的减小，使得 2－2 断面处流体质点压强迅速增大，而随之水流中前已生成的气泡进入压强较高的区域而突然溃灭，用高速摄影方法证实，空泡溃灭的时间仅是毫秒量级，空泡在溃灭时形成一股微射流。当空泡离壁面较近时，这种微射流像锤击一般连续打击壁面，造成直接损伤。另外，空泡溃灭形成的冲击波同时冲击壁面，无数空泡溃灭造成的连续冲击将引起壁面材料的疲劳破坏。这两种作用对壁面造成的破坏称为空蚀。有人估算，这种冲击压强可达到 800 MPa(相当于 8 000 个大气压)，冲击频率达到近千赫兹。伴随着该区域产生的高温，从而加速水中氧气的化学作用，导致材料表面逐渐脱落而破坏。在水力机械中，叶片是受空蚀破坏严重的部件。我国水轮机通常使用1～2 年就要停机检修，水泵使用 1 000 小时后也会出现严重空蚀，由于空蚀破坏，故快速船用螺旋桨的使用寿命不到 2 年。为减少空蚀破坏，延长水力机械的使用寿命，可以采取如下措施：设计抗蚀性能好的叶型；改善水力机械的运行条件，如增高水头、降低转速及减少流量等；用抗空蚀性能强的金属材料制造叶片，提高桨叶的盘面比，并提高加工精度等。

水工建筑中，水坝是受空蚀破坏严重的建筑物，当水流超过 15 m/s 时，将发生泄水面的空蚀破坏，破坏强度大约与水流速度的 5～7 次方成比例。当坝高从 50 m 增加至100 m时，空蚀强度可增加 6～8 倍。目前我国的大型水电站的水坝坝高均超过 100 m，最大泄流速度可达 40 m/s 以上，为防止和减少空蚀破坏，工程界面临着严重的挑战。水坝面的空蚀破坏主要表现在下游段形成大片空蚀坑，面积达数十或上千平方米，深度可达 1 ～10 m。这些现象严重影响水坝的正常运行。

综上所述，空泡和空蚀现象普遍存在在流体工程中，它对工程设备和建筑的质量和使用寿命造成了严重威胁。随着这些工程的大型化和高速化，这种影响渐趋突出。因此它已成为流体力学和工程技术具有挑战性的重大课题。

与此同时，当空泡现象发生时伴有强烈的振动和巨大的噪声，主要是由于气泡突然溃灭凝结成液态，使局部区域成为真空，周围流体极其迅速地向真空区域冲击，于是就发生撞击和振动。

水在不同温度下的气化压强，见表 4.1。

表 4.1 水的气化压强

水温/℃	5	10	20	30	40	50	60	70	80	90	100
气化压强/kPa	0.7	1.2	2.4	4.3	7.5	12.5	20.2	31.7	48.2	71.4	103.3

例 4.3 鱼雷在 10 m 深的水下以 50 节的速度运动，(节是海船常用速度单位，1 节＝0.515 m/s)倘若在雷身表面与水流相对速度为该速度的 1.2 倍。(如图 4.7 所示。)

试求：(1)雷身表面最小压强为多少？(2)设水温为 20℃，雷身出现空泡时的鱼雷速度。

解 (1) 作运动的相对变换，鱼雷静止，水流以 50 节速度流经鱼雷。

在雷身表面 B 点处水流速度 $v_B = 50 \times 1.2 = 60$ 节，

$v = 50$ 节 $= 50 \times 0.515 = 25.75$ m/s

$v_B = 60$ 节 $= 60 \times 0.515 = 30.9$ m/s

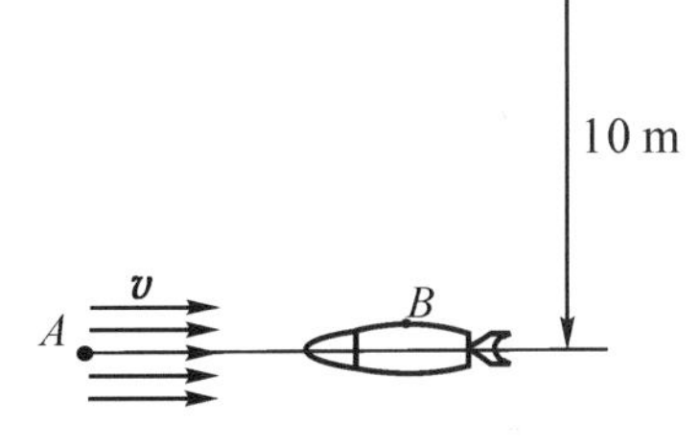

图 4.7 鱼雷的运动

从 A 至 B 点处列出伯努利方程：

$$\frac{p_A}{\gamma} + \frac{v_A^2}{2g} = \frac{p_B}{\gamma} + \frac{v_B^2}{2g} \tag{a}$$

$$\frac{p_B}{\gamma} = \frac{p_A}{\gamma} + \frac{(v_A^2 - v_B^2)}{2g} = 10 + \frac{25.75^2 - 30.9^2}{2 \times 9.81} = -4.87 \text{ m}$$

$$p_B = -4.87 \times 9\,807 = -47.76 \text{ kPa}$$

雷身表面最小压强在 B 处，真空压强为 47.76 kPa，该处的绝对压强

$$p_{B(\mathrm{ab})} = 98\,070 - 47\,760 = 50\,310 \text{ kPa}$$

(2) 当雷身出现空泡时，则 B 点为最先出现空泡处，据题意，水温在 20℃时，水的气化压强为 2 400 Pa(ab)，即 B 点压强

$$p_B = 2\,400 - 98\,070 = -95\,670 \text{ Pa}$$

此时发生空泡。

按(a)式
$$\frac{v_B^2 - v_A^2}{2g} = \frac{p_A - p_B}{\gamma} = 10 + \frac{95\,670}{9\,807} = 19.76 \text{ m}$$

$$\frac{(1.2v_A)^2 - v_A^2}{2g} = 19.76$$

$$v_A = \sqrt{\frac{19.76 \times 2 \times 9.81}{0.44}} = 29.68 \text{ m/s}$$

$$= 57.6 \text{ 节}$$

当鱼雷的速度为 57.6 节时，在鱼雷 B 处出现空泡。

4.3.4 测速仪

在实际工程中经常要测量流场中某点的流体速度，测量管流中流体的流量，常用的有以下两种测速仪。

1. 皮托测速管(Pitot tube)

皮托测速管，又称为皮托管，为纪念法国人皮托而命名。皮托管由粗细两根同轴的圆管组成(图 4.8)，细管(直径约 1.5 mm)前端开孔(O 点)，粗管(直径约 6 mm)在距前端适当长距离处的侧壁上开数个小孔(B 点)，在孔后足够长距离处两管弯折 90°成柄状。测速时管轴线应沿来流方向放置。皮托管粗细两管中的压强是借助于 U 形测压计来测定，若 U 形管水银的液位差为 Δh，那么就可求出水流的流速 v。

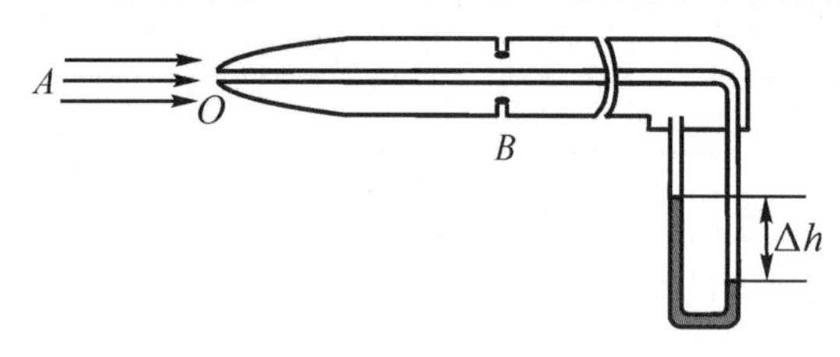

图 4.8　皮托管原理

皮托管正前方 A 点→O 点→B 点呈一条流线(常称之为零流线)，那末该流线的伯努利方程

$$z_A + \frac{p_A}{\gamma} + \frac{v_A^2}{2g} = z_O + \frac{p_O}{\gamma} + \frac{v_O^2}{2g} = z_B + \frac{p_B}{\gamma} + \frac{v_B^2}{2g} \tag{a}$$

由于 $v_O = 0$，称为驻点，p_O 称为驻点压强，$z_A = z_O$，v_A即为水流的速度 v。故由(a)得

$$\frac{p_O}{\gamma} = \frac{p_A}{\gamma} + \frac{v^2}{2g} \tag{b}$$

由于皮托管很细，它放置于流场中不会影响水流速度，即 $v_A = v_B$，且可以认为 $z_A = z_B$。故由(a)得

$$\frac{p_A}{\gamma} = \frac{p_B}{\gamma}$$

因此

$$\frac{p_O}{\gamma} = \frac{p_B}{\gamma} + \frac{v^2}{2g} \tag{c}$$

由 U 形管水银液面差的读数，得

$$\frac{p_O - p_B}{\gamma} = \left(\frac{\gamma_{Hg}}{\gamma} - 1\right)\Delta h \tag{d}$$

由(c)，(d)两式可得

$$v = \sqrt{\frac{\gamma_{Hg}}{\gamma} - 1}\ \sqrt{2g\Delta h}$$

由于实际流体具有黏性，因此测到的流速须乘上一个修正因数 k（称为皮托管因数），一般作标定测量后确定。

流场中某点流速 $$v'=\sqrt{k\left(\frac{\gamma_{\mathrm{Hg}}}{\gamma}-1\right)}\sqrt{2g\Delta h} \tag{4.10}$$

皮托管就是通过内部测量 O, B 两点压强之差，利用上式换算成来流速度的一种测量某点流速的仪器。

2. 文丘里管(Venturi tube)

文丘里管是常用的测量管道流量的仪器，也称文丘里流量计，如图 4.9 所示。它是一段先收缩后扩张的变截面直管道，将它连接在主管中，当水流通过流量计时，由于喉管断面缩小，流速增大，故压强降低。在收缩段进口前断面 1-1 和喉管断面 2-2 处装水银测压计，测量两断面的压强差，由伯努利方程式便可算出管道的流量。

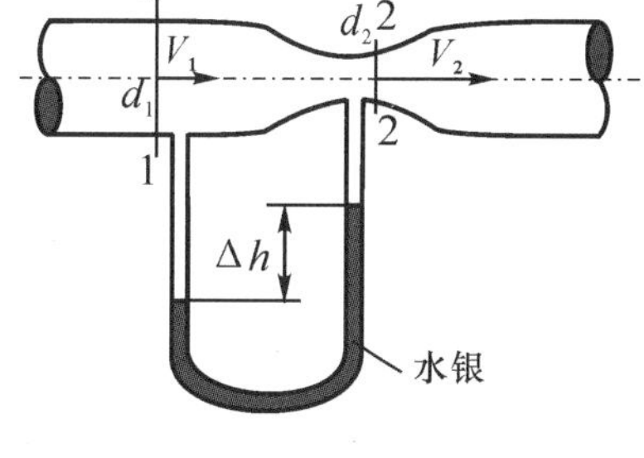

图 4.9 文丘里流量计原理

取 1-1，2-2 两渐变流断面，列伯努利方程

$$\frac{p_1}{\gamma}+\frac{V_1^2}{2g}=\frac{p_2}{\gamma}+\frac{V_2^2}{2g}$$

$$\frac{p_1-p_2}{\gamma}=\frac{V_2^2-V_1^2}{2g}=\Delta h\left(\frac{\gamma_{\mathrm{Hg}}}{\gamma}-1\right) \tag{a}$$

列连续性方程

$$V_1\frac{\pi}{4}d_1^2=V_2\frac{\pi}{4}d_2^2$$

$$\frac{V_2^2}{V_1^2}=\left(\frac{d_1}{d_2}\right)^4 \tag{b}$$

联立(a)，(b)两式，解得：

$$V_1=\sqrt{\frac{2g\Delta h\left(\frac{\gamma_{\mathrm{Hg}}}{\gamma}-1\right)}{\left(\frac{d_1}{d_2}\right)^4-1}}$$

流量

$$Q=V_1\frac{\pi}{4}d_1^2=\frac{\pi}{4}d_1^2\sqrt{\frac{2g\Delta h\left(\frac{\gamma_{\mathrm{Hg}}}{\gamma}-1\right)}{\left(\frac{d_1}{d_2}\right)^4-1}}$$

上式中

$$k=\sqrt{\frac{\frac{\gamma_{\mathrm{Hg}}}{\gamma}-1}{\left(\frac{d_1}{d_2}\right)^4-1}}$$

称为流速因数，式中 γ 是主管中流体的重度。

文丘里管的流量公式为

$$Q = k\,\frac{\pi}{4}d_1^2\sqrt{2g\Delta h}$$

由于实际流体两断面间有能量消耗，因此实际测量的流量值要比理论值小，于是利用修正因数 μ(μ=0.95～0.98)，μ 也称流量修正因数。故

$$Q' = \mu k\,\frac{\pi}{4}d_1^2\sqrt{2g\Delta h} \tag{4.11}$$

讨论：文丘里管的原理是沿总流的伯努利方程，由于在计算过程中，文丘里管的收缩和扩张段内的流动不符合缓变流条件，因此伯努利方程的计算截面 1－1 和 2－2 不能选择在这两段内。但这两截面之间存在的急变流并不影响伯努利方程的应用。

在实际使用中，文丘里管与管子的倾斜与否无关。

例 4.4 用文丘里流量计来测定管道的流量。设进口直径 $d_1 = 100$ mm，喉管直径 $d_2 = 50$ mm，水银压差计实测到水银面高度差 $\Delta h = 4.76$ cm，流量计的流量修正因数 $\mu = 0.95$。试求管道输水流量。

解 流速因数 $k = \sqrt{\dfrac{\dfrac{\gamma_{Hg}}{\gamma}-1}{\left(\dfrac{d_1}{d_2}\right)^4-1}} = \sqrt{\dfrac{13.6-1}{\left(\dfrac{100}{50}\right)^4-1}} = 0.916\,5$

流量公式

$$\begin{aligned} Q' &= \mu k\,\frac{\pi}{4}d_1^2\sqrt{2g\Delta h} \\ &= 0.95\times 0.916\,5\times\frac{\pi}{4}\times 0.1^2\times\sqrt{2\times 9.81\times 0.047\,6} \\ &= 6.6\times 10^{-3}\ \mathrm{m^3/s} \end{aligned}$$

4.3.5 伯努利方程应用的补充说明

伯努利方程是古典流体动力学应用最广的方程之一，特别在水力学中应用相当广泛。在使用时，不但要重视方程式应用的条件，切忌不顾应用条件，随意套用公式，而且还要对实际问题作具体分析，灵活运用。下面结合三种情况加以讨论。

1. 气流的伯努利方程

伯努利方程限定的条件是不可压缩流体，但一般来讲，气体容易压缩，只有对流速不是很大，压强变化不是很大的气流，如工业通风管道、烟道等，气流在运动过程中密度的变化才会很小，这时可将其看作不可压缩流体来应用伯努利方程。在应用过程中，伯努利方程中 $\dfrac{p}{\gamma}$ 项，一般压强 p 既可以用绝对压强，也可以用相对压强。但是，对于非空气流，如煤气、废气等若要用相对压强，则要注意以下内容。

由于非空气流的密度同外部空气的密度具有相同的数量级，在用相对压强进行计算时，需要考虑外部大气压在不同高度的差值。

设恒定非空气流（图 4.10），气流重度为 γ，外部空气重度为 γ_a，取过流断面 1－1 和

2－2。

列 1－1 至 2－2 的总流伯努利方程

$$z_1+\frac{p_{1\,ab}}{\gamma}+\frac{V_1^2}{2g}=z_2+\frac{p_{2\,ab}}{\gamma}+\frac{V_2^2}{2g}+h_L$$

当计算气流时常将上式表示为压强形式，即

$$\gamma z_1+p_{1\,ab}+\frac{\rho V_1^2}{2}=\gamma z_2+p_{2\,ab}+\frac{\rho V_2^2}{2}+\Delta p \tag{4.12}$$

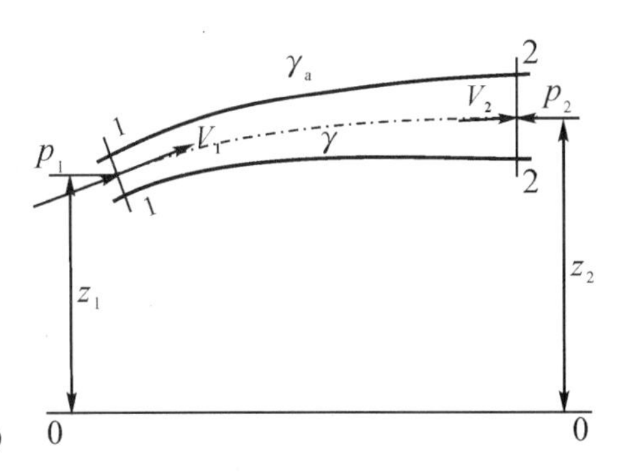

图 4.10　恒定非空气流

式中 Δp 为压强降损失，$\Delta p=\gamma h_L$。

将式(4.12)中压强用相对压强 p_1 和 p_2 表示：

$$p_1=p_{1ab}-p_a$$
$$p_2=p_{2ab}-[p_a-\gamma_a(z_2-z_1)]$$

式中 p_a 为 z_1 处的大气压，$p_a-\gamma_a(z_2-z_1)$ 为 z_2 处大气压，将其代入式(4.12)，整理得

$$p_1+\frac{\rho V_1^2}{2}+(\gamma_a-\gamma)(z_2-z_1)=p_2+\frac{\rho V_2^2}{2}+\Delta p \tag{4.13}$$

上式是非空气流用相对压强计算的伯努利方程形式。其中 p_1，p_2 称为静压，$\frac{\rho V_1^2}{2}$，$\frac{\rho V_2^2}{2}$ 称为动压，$\gamma_a-\gamma$ 为单位体积气流所受到的有效浮力，z_2-z_1 为气流沿浮力方向升高的距离，$(\gamma_a-\gamma)(z_2-z_1)$ 为 1－1 断面相对于 2－2 断面单位体积气体的势能，称为位压。

例 4.5　自然排烟系统(图 4.11)，烟囱直径 $d=1\,\text{m}$，通过烟气流量 $Q_m=5\,\text{kg/s}$，烟气密度 $\rho=0.7\,\text{kg/m}^3$，周围空气密度 $\rho_a=1.2\,\text{kg/m}^3$，烟囱的压强降损失 $\Delta p=0.035\frac{H}{d}\frac{\rho V^2}{2}$。为使烟囱底部入口处断面的负压不小于 10 mm H_2O，试求烟囱的高度 H 至少为多少？

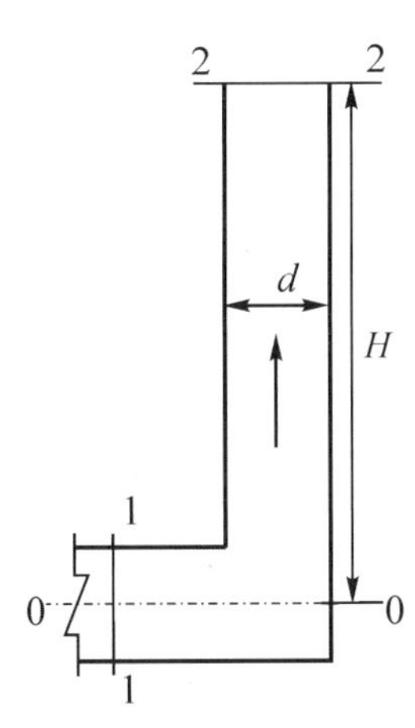

图 4.11　自然排烟系统

解　取烟囱底部为 1－1 断面，出口处为 2－2 断面，由于本题为非空气流，由式(4.13)

$$p_1+\frac{\rho V_1^2}{2}+(\gamma_a-\gamma)(z_2-z_1)=p_2+\frac{\rho V_2^2}{2}+\Delta p_{1\to 2}$$

按题意：

1－1 断面　$p_1=-\gamma_{H_2O}h=-9\,807\times 0.01=-98.07\,\text{Pa}$

$V_1=0$，$z_1=0$

2－2 断面　$p_2=0$

$$V_2=\frac{Q_m}{\rho A}=\frac{5}{0.7\times\frac{\pi}{4}\times 1^2}=9.09\,\text{m/s}$$

$$z_2=H$$

将其代入上式得

$$-98.07+0+(1.2-0.7)\times 9.81\times H=0+\frac{0.7\times 9.09^2}{2}+0.035\times\frac{H}{1}\times\frac{0.7\times 9.09^2}{2}$$

解得　$H = 32.6\ \text{m}$

烟囱的高度须大于此值。由本题可见,烟囱底部为负压 $p_1<0$,顶部出口处 $p_2=0$,且 $z_1<z_2$,烟气会向上流动,是位压 $(\gamma_a-\gamma)(z_2-z_1)$ 提供了能量。

要产生位压有两个条件:

(1) 烟气要有一定温度,使得 $\gamma_a>\gamma$,以保持有效浮力;

(2) 烟囱要有足够的高度,即 $H=z_2-z_1$,否则将不能维持自然排烟。

2. 管路中有泵(或风机)作用时总流的伯努利方程

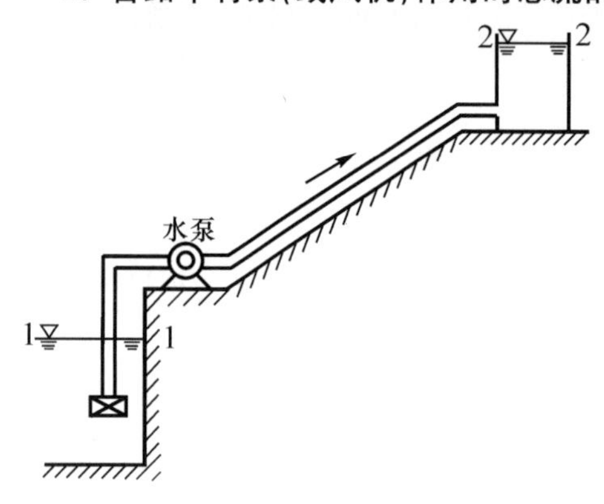

图 4.12　有泵的总流

总流伯努利方程式(4.8)是在断面 1-1 和断面 2-2 之间除水头损失之外,无其他能量输入的条件下导出的能量方程,当管路间有水泵或者在气流中有风机等流体机械时(图 4.12),此时就有能量的输入。

设单位重量液体经过泵所获得的有效能量为 H_m(称扬程);单位体积气体经过风机所获得的有效能量为 p_m(称全压)。

根据能量守恒,则扩展的伯努利方程可应用在有泵和风机作用的总流中,即

$$z_1+\frac{p_1}{\gamma}+\frac{V_1^2}{2g}+H_m=z_2+\frac{p_2}{\gamma}+\frac{V_2^2}{2g}+h_L \tag{4.14}$$

或

$$\gamma z_1+p_1+\frac{\rho V_1^2}{2}+p_m=\gamma z_2+p_2+\frac{\rho V_2^2}{2}+\Delta p \tag{4.15}$$

3. 两断面间有分流或汇流的伯努利方程

对于两断面间有分流的流动(图 4.13),将 1-1 断面的来流,分流成两股,分别通过 2-2 断面和 3-3 断面,仿流线的伯努利方程,在总流的伯努利方程中,只要计入相应断面间的水头损失,则(4.5)式就可用于工程计算:

$$z_1+\frac{p_1}{\gamma}+\frac{V_1^2}{2g}=z_2+\frac{p_2}{\gamma}+\frac{V_2^2}{2g}+h_{L1\to 2}$$

$$z_1+\frac{p_1}{\gamma}+\frac{V_1^2}{2g}=z_3+\frac{p_3}{\gamma}+\frac{V_3^2}{2g}+h_{L1\to 3}$$

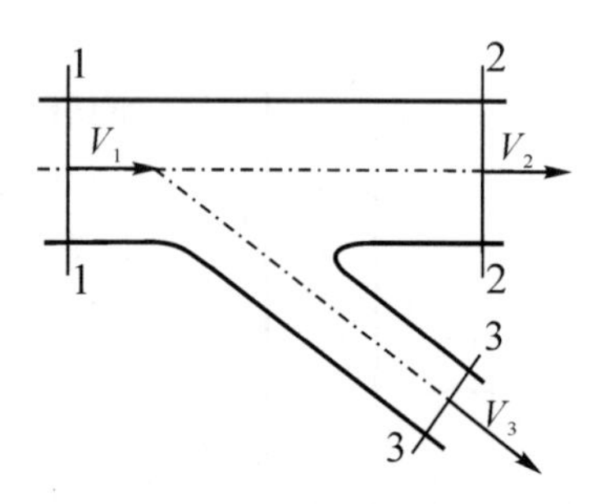

图 4.13　沿程分流

对于两过流断面间有汇流的情况,类似的结论是相同的。

4. 非恒定流伯努利方程

当不可压缩理想流体沿流线作非恒定流动时,除了动能、位置势能和压强势能外,还应包括由于非恒定流动产生的惯性力所作的功,因此只要在恒定流条件下的伯努利方程中加上非恒定项,就可得到非恒定流的伯努利方程的推广形式。

其中沿流线的非恒定流伯努利方程为

$$z_1+\frac{p_1}{\gamma}+\frac{v_1^2}{2g}=z_2+\frac{p_2}{\gamma}+\frac{v_2^2}{2g}+\frac{1}{g}\int_1^2\frac{\partial v}{\partial t}\mathrm{d}r \tag{4.16}$$

上式中 $\int_1^2\frac{\partial v}{\partial t}\mathrm{d}r$ 表示单位重量流体的非恒定惯性力沿流线 1→2 所作的功。

沿总流的非恒定流伯努利方程为

$$z_1+\frac{p_1}{\gamma}+\frac{\alpha_1 V_1^2}{2g}=z_2+\frac{p_2}{\gamma}+\frac{\alpha_2 V_2^2}{2g}+\frac{1}{g}\int_1^2\frac{\partial V}{\partial t}\mathrm{d}l \tag{4.17}$$

上式中 $\frac{1}{g}\int_1^2\frac{\partial V}{\partial t}\mathrm{d}l$ 表示单位重量流体的当地加速度引起的水头变化沿总流积分。一般来说，这项是很难计算的，只是在某些特定的情况下才可以求得。

例 4.6 如图 4.14 所示，两个直径均为 $D=40\,\mathrm{mm}$ 的杯子用一根长为 $l=200\,\mathrm{mm}$、管径 $d=10\,\mathrm{mm}$ 的弯管相连通。往杯子和弯管内注入水，初始时，杯子的水深 $h=20\,\mathrm{mm}$，试求杯中水面振荡的周期。

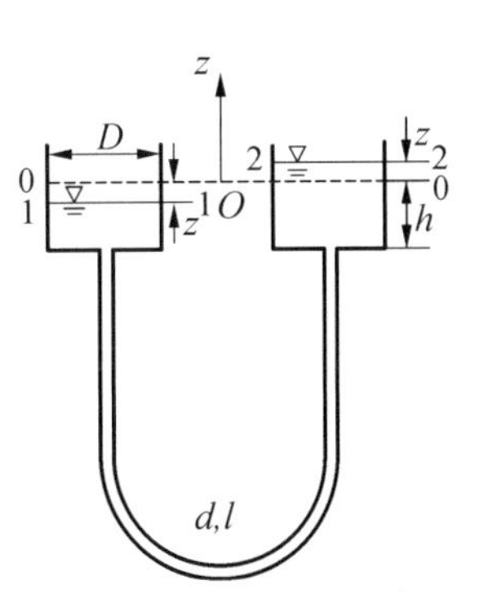

图 4.14 杯中水面振荡

解 初始时，两个杯子水面齐平，振荡时，杯中液体速度记为 V，弯管中的流速记为 v。在某时刻右杯液面上升 z，左杯液面则下降 z。取振荡的平衡位置为坐标原点 O，z 轴垂直向上，左杯液面记为 1－1，右杯液面记为 2－2，

因两杯子直径相等，故

$$V_1(t)=V_2(t)=V(t)$$

在弯管中 v 处处相等，即 $v=v(t)$

由连续性方程式 $V\frac{\pi}{4}D^2=v\frac{\pi}{4}d^2$，$v=V\left(\frac{D}{d}\right)^2=16V$

考虑到 $z_1=-z$，$z_2=z$，$z_2-z_1=2z$

$p_1=p_2=p_a$

$V=\frac{\mathrm{d}z}{\mathrm{d}t}$，$v=16\frac{\mathrm{d}z}{\mathrm{d}t}$

设动能修正因数 $\alpha_1=\alpha_2=1.0$，

因此，式(4.16)及(4.17)写成

$$2h\cdot\frac{\mathrm{d}V}{\mathrm{d}t}+l\frac{\mathrm{d}v}{\mathrm{d}t}+g(z_2-z_1)+\frac{p_2-p_1}{\gamma}+\frac{V_2^2-V_1^2}{2g}=0$$

即

$$2h\frac{\mathrm{d}^2z}{\mathrm{d}t^2}+16l\frac{\mathrm{d}^2z}{\mathrm{d}t^2}+2gz=0$$

或

$$(2h+16l)\frac{\mathrm{d}^2z}{\mathrm{d}t^2}+2gz=0$$

以上简谐振动方程振荡角频率

$$\omega=\sqrt{\frac{2g}{2h+16l}}=\sqrt{\frac{2\times9.81}{2\times0.02+16\times0.2}}=2.46\ \mathrm{rad/s}$$

振荡周期 $$T=\frac{2\pi}{\omega}=2.55\ \text{s}$$

4.4 恒定流动的动量定理和动量矩定理

在工程问题中，常常要计算流体和固体之间的相互作用力及力的作用点，要解决此类问题，动量定理和动量矩定理是十分有效、简便的方法之一。

4.4.1 动量定理和动量矩定理

1. 动量定理的推导

设不可压缩恒定流流经某物体 M，包括物体 M 在内，在流场中取一固定的封闭曲面 A，称这封闭曲面 A 为控制面。对象为控制面 A 内的流体，称控制体。在时刻 t，设控制体内流体质点系的动量为 $\boldsymbol{p}$，经过 $\mathrm{d}t$ 时间，这部分流体占据 A_1 面空间(如图 4.15 虚线所示)，这个空间是在表面 A 上每一点作一矢量 $\boldsymbol{v}\mathrm{d}t$，其端点形成曲面 A_1。

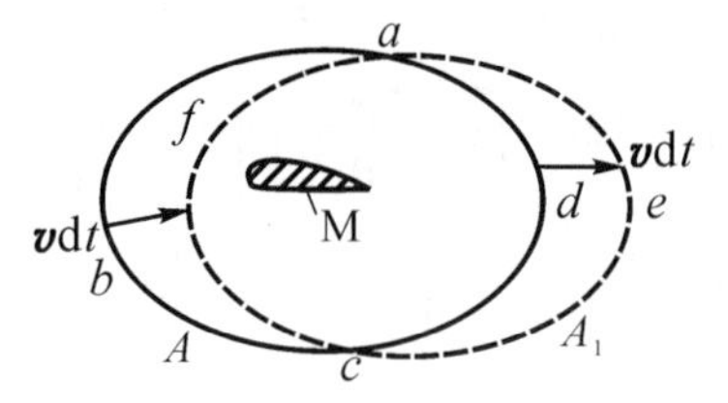

图 4.15 动量定理的推导

此时流体的动量为 $\boldsymbol{p}_1$，在 $\mathrm{d}t$ 时间内流体的动量变化 $\mathrm{d}\boldsymbol{p}=\boldsymbol{p}_1-\boldsymbol{p}$。

在恒定流动时，控制面 A 和表面 A_1 重叠部分空间的流体动量在 $\mathrm{d}t$ 时间内无变化，因此 $\mathrm{d}\boldsymbol{p}$ 等于空间 $adce$ 和空间 $abcf$ 流体质点系的动量之差，即

$$\mathrm{d}\boldsymbol{p}=\boldsymbol{p}_{adce}-\boldsymbol{p}_{abcf}$$

其中，$adce$ 空间流体质点是在 $\mathrm{d}t$ 时间内从 adc 控制面流出的；$abcf$ 空间流体质点是在相同时间内从 abc 控制面流入的。

在 adc 曲面上取微分面积 $\mathrm{d}A$，其上流体质点速度为 $\boldsymbol{v}$，在 $\mathrm{d}t$ 时间内从 adc 曲面流出的流体动量

$$\boldsymbol{p}_{adce}=\mathrm{d}t\int_{adc}\rho v_{\mathrm{n}}\,\boldsymbol{v}\,\mathrm{d}A$$

在 $\mathrm{d}t$ 时间内从 abc 曲面流入的流体动量

$$\boldsymbol{p}_{abcf}=\mathrm{d}t\int_{abc}\rho v_{\mathrm{n}}\,\boldsymbol{v}\,\mathrm{d}A$$

考虑到流量的正、负规定：从控制面流出为正；从控制面流入为负，那么

$$\mathrm{d}\boldsymbol{p}=\mathrm{d}t\int_{adc}\rho v_{\mathrm{n}}\,\boldsymbol{v}\,\mathrm{d}A+\mathrm{d}t\int_{abc}\rho v_{\mathrm{n}}\,\boldsymbol{v}\,\mathrm{d}A=\mathrm{d}t\int_{A}\rho v_{\mathrm{n}}\,\boldsymbol{v}\,\mathrm{d}A$$

式中：

v_{n} ——流体在控制面上的法向速度投影；

$\boldsymbol{v}$ ——流体在控制面上的速度矢量；

ρ ——流体的密度。

以 $\sum\boldsymbol{F}$ 表示作用在控制体内流体质点上所有的外力，根据动量定理

$$\sum \boldsymbol{F}=\frac{\mathrm{d}\boldsymbol{p}}{\mathrm{d}t}=\int_A \rho v_{\mathrm{n}}\, \boldsymbol{v}\, \mathrm{d}A \tag{4.18}$$

这里的$\sum \boldsymbol{F}$包括：

(1) 控制体内流体质点受到的质量力；

(2) M 物体对控制体内流体质点作用的表面力；

(3) 控制面 A 以外的流体(或物体)对控制面 A 上流体的表面力。

投影式

$$\begin{cases}\sum F_x=\int_A \rho v_{\mathrm{n}} u \mathrm{d}A \\ \sum F_y=\int_A \rho v_{\mathrm{n}} v \mathrm{d}A \\ \sum F_z=\int_A \rho v_{\mathrm{n}} w \mathrm{d}A\end{cases} \tag{4.19}$$

式(4.19)是恒定不可压缩流体的动量方程。

2. 动量定理解题步骤

动量定理对于求解流体与边界面之间物体的相互作用力是十分简便的。解题步骤为：

(1) 取一个包括该物体的封闭控制面 A，为使计算简单，这个控制面尽量取流线的一部分。

(2) 建立合适的直角坐标系。

(3) 在应用动量定理时，要注意连续性方程和伯努利方程的应用。

(4) 在公式中 v_{n} 的正、负是以流出控制面 A 的法向速度投影为正，流入控制面 A 的法向速度投影为负。

(5) $\sum \boldsymbol{F}$ 中的力包括作用于控制面 A 内流体上所有的外力。

3. 动量矩定理

动量定理可以求解流体和物体之间的作用力问题，而动量矩定理则可以求解力的作用点问题。

类似于动量定理的推导，可以推导动量矩定理为

$$\sum \boldsymbol{m}_O(\boldsymbol{F})=\int_A \rho v_{\mathrm{n}}(\boldsymbol{r}\times \boldsymbol{v})\mathrm{d}A \tag{4.20}$$

式中：

O 点——所取的矩心；

$\boldsymbol{r}$——O 点到流体质点的矢径。

投影式

$$\begin{cases}\sum m_x=\int_A \rho v_{\mathrm{n}}(yw-zv)\mathrm{d}A \\ \sum m_y=\int_A \rho v_{\mathrm{n}}(zu-xw)\mathrm{d}A \\ \sum m_z=\int_A \rho v_{\mathrm{n}}(xv-yu)\mathrm{d}A\end{cases} \tag{4.21}$$

4.4.2 计算实例

例 4.7 理想流体对二维平板的斜冲击问题。设水平方向的水射流，流速为 V_0 二维流束，以体积流量 Q 向平板 AB 作冲击，射流中心线与平板成 θ 角(图 4.16)，试求：(1)流体对平板的冲击力；(2)沿平板的流量 Q_1，Q_2；(3)冲击力作用点位置。

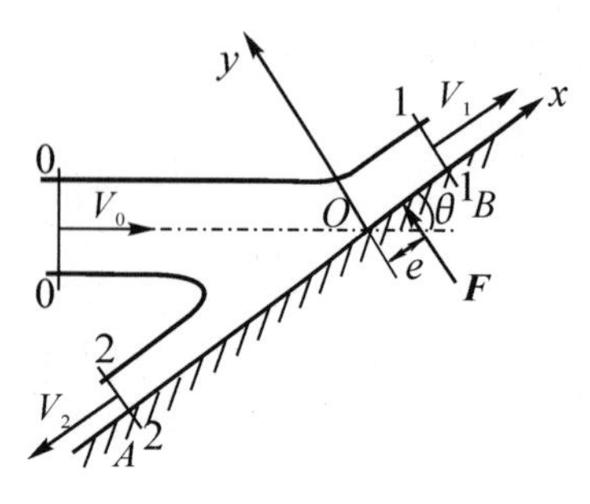

图 4.16 射流斜冲击平板

解 取过流断面 0-0，1-1，2-2 及射流流线、平板 AB 为控制面构成的控制体。

选定直角坐标系 xOy，其中原点 O 置于射流轴心线与平板的交点，沿平板 AB 方向为 x 轴，Oy 轴与平板 AB 垂直。

由于是射流冲击，四周均是大气压，控制体内各流体质点压强皆为大气压(相对压强为零)；由于是二维流动，一般重力不予考虑，故平板对控制面上流体作用力为压力，构成了平行力系，合力为 $\boldsymbol{F}$，方向垂直平板，指向控制体，作用点离 O 点距离为 e。

对 0-0 至 1-1 断面及 0-0 至 2-2 断面列出伯努利方程，得

$$V_0 = V_1 = V_2 \tag{a}$$

列流动的连续性方程，可得

$$Q = Q_1 + Q_2 \tag{b}$$

(1) 求流体对平板的冲击力。列出 y 方向的动量方程：

$$F = -\rho Q(-V_0 \sin\theta) + 0 + 0 = \rho Q V_0 \sin\theta$$

射流对平板的作用力 $\boldsymbol{F}'$ 和 $\boldsymbol{F}$ 是一对作用力与反作用力，其大小相等，方向相反，即指向平板，大小为 $\rho Q V_0 \sin\theta$。

(2) 沿平板的流量 Q_1，Q_2。列出 x 方向的动量方程：

$$\sum F_x = 0 = -\rho Q(V_0 \cos\theta) + \rho Q_1 V_1 + \rho Q_2(-V_2)$$

将上式与(a)，(b)联立，解得

$$Q_1 = \frac{1+\cos\theta}{2}Q$$

$$Q_2 = \frac{1-\cos\theta}{2}Q$$

(3) 求 $\boldsymbol{F}$ 的作用点。以 O 点为矩心，列出动量矩方程：

$$Fe = -\rho Q_1 V_1 \frac{b_1}{2} + \rho Q_2 V_2 \frac{b_2}{2}$$

式中，b_1，b_2 分别为断面 1-1，2-2 处流束的宽度。

其中 $b_1 \cdot 1V_1 = Q_1$，$b_2 \cdot 1V_2 = Q_2$

解得
$$e=-\frac{Q}{2V_0}\cot\theta$$
式中负号表示 **F** 的作用点在距 O 点的相反方向。$\frac{Q}{V_0}$ 为射流 0－0 断面的宽度。

例 4.8 水平放置的变截面 U 形管，流量为 $Q=0.01\ \text{m}^3/\text{s}$，1－1 截面面积为 $A_1=50\ \text{cm}^2$，出口处 2－2 断面面积为 $A_2=10\ \text{cm}^2$（外为大气压），进口管和出口管相互平行。求：(1)水流对 U 形管的作用力；(2)该作用力的作用点位置。

解 取过流断面 1－1 和 2－2 及 U 形管侧面所围成的面为封闭控制面。

选定平面直角坐标系如图 4.17 所示，其中 x 轴为出口管轴中心线方向。由于控制体中流体，其动量仅在 x 方向有变化，在 y 方向的动量变化为零，因此作用在控制体流体上所有外力在 y 轴上投影为零。由于对于水平放置 U 形管可不考虑重力，且控制体外流体其表面力仅为 x 方向，所以 U 形管对水流作用力也仅为 x 方向。现假设作用力为 **F**，作用点距 x 轴距离为 e。

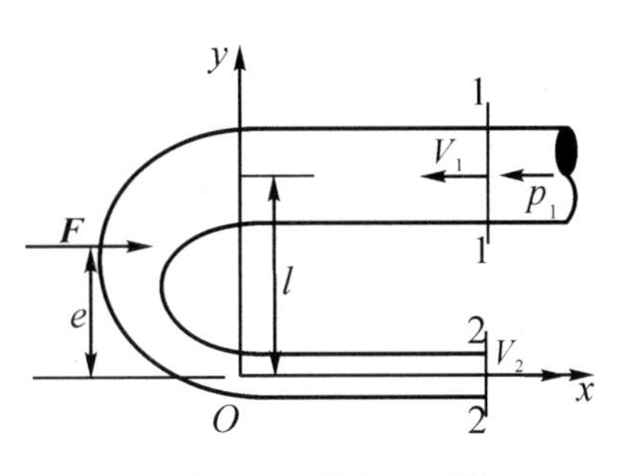

图 4.17 输水 U 形管

按连续性方程，得
$$V_1=\frac{Q}{A_1}=\frac{0.01}{0.005}=2\ \text{m/s}$$
$$V_2=\frac{Q}{A_2}=\frac{0.01}{0.001}=10\ \text{m/s}$$

列出断面 1－1 至断面 2－2 的伯努利方程：
$$\frac{p_1}{\gamma}+\frac{V_1^2}{2g}=\frac{p_2}{\gamma}+\frac{V_2^2}{2g}$$
$$p_1=p_2+\frac{\rho}{2}(V_2^2-V_1^2)=0+\frac{1\,000}{2}(10^2-2^2)=48\ \text{kPa}$$

(1) 列控制体在 x 方向的动量方程投影式：
$$\sum F_x=\int_A \rho V_n V_x \text{d}A$$
$$F-p_1A_1=-\rho Q(-V_1)+\rho QV_2$$
$$F=-1\,000\times0.01\times(-2)+1\,000\times0.01\times10+48\,000\times0.005$$
$$=360\ \text{N}$$
水流对 U 形管的作用力为 **F** 的反作用力，大小为 360 N，方向和 **F** 的方向相反。

(2) 以 O 为矩心，列动量矩方程：
$$-Fe+p_1A_1l=-\rho QV_1l$$
$$e=\frac{48\,000\times0.005l+1\,000\times0.01\times2l}{360}=0.72l$$

例 4.9 水从长 $l=0.6\ \text{m}$ 的水平放置的喷管两端喷出，其中支撑点在喷管中心，水流相

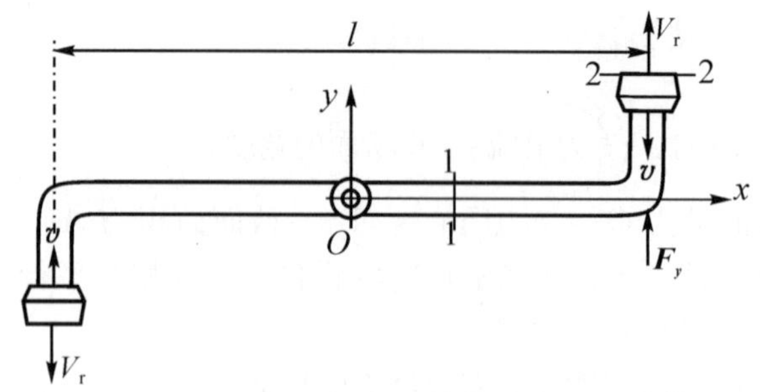

图 4.18　旋转喷管出流

对喷管的出流速度 $V_r = 6\,\text{m/s}$，喷口直径 $d = 12.5\,\text{mm}$（图 4.18）。试求：(1)喷管本身不动时的转动力矩；(2)喷口以周向速度 v 旋转时装置的功率表达式；(3)当 $V_r = 6\,\text{m/s}$ 时使功率为最大的 v 值。

解　取过流断面 1－1，2－2 以及喷管内侧所围成为控制面。

取平面坐标系为 xOy，其中 O 点为喷管中心，即转轴中心。喷管对控制体作用力在 y 方向分力为 $\boldsymbol{F}_y$，其作用线通过喷口中心线。

(1) 当喷管不动时，列 y 方向控制体的动量方程：

$$\sum F_y = \int_A \rho V_n V_y \mathrm{d}A$$

$$F_y = \rho V_r \frac{\pi}{4} d^2 V_r$$

$$= 1\,000 \times 6 \times \frac{\pi}{4} \times 0.012\,5^2 \times 6 = 4.42\,\text{N}$$

而喷管受到流体的作用力大小为 4.42 N，方向同 $\boldsymbol{F}_y$ 方向相反。

当喷管本身不动时，由 $\boldsymbol{F}_y$ 产生的转动力矩

$$M = F_y l = 4.42 \times 0.6 = 2.65\,\text{N} \cdot \text{m}$$

方向为顺时针方向。

(2) 当喷管本身在旋转时，流体对于喷口的出流绝对速度为 $\boldsymbol{V}_a = \boldsymbol{V}_r + \boldsymbol{V}_e$，即

$$\boldsymbol{V}_a = \boldsymbol{V}_r - v$$

将其代入 y 方向控制体的动量方程，得

$$F_y = \rho V_r \frac{\pi}{4} d^2 V_a = 1\,000 \times 6 \times \frac{\pi}{4} \times 0.012\,5^2 \times (6 - v)$$

$$= 4.42 - 0.74v$$

$$M = F_y l = (4.42 - 0.74v) \times 0.6 = 2.65 - 0.44v$$

功率表达式　　$P = M\omega = (2.65 - 0.44v)\dfrac{v}{l/2} = 8.83v - 1.47v^2$

(3) 使 P 取得极大值时，$\dfrac{\mathrm{d}P}{\mathrm{d}v} = 8.83 - 2 \times 1.47v = 0$，于是得

$$v = 3\,\text{m/s}$$

此时功率最大。

例 4.10　某滑行艇与水平面夹角为 θ，以速度 V_0 运动，水深原为 h_0，经滑行艇后分成两部分，一部分宽度为 δ，以速度 V_1 朝艇艏方向喷出，另一部分深度为 h，以速度 V_2 向艇艉流去，如图 4.19 所示。若已知滑行艇的速度 V_0 及艇艏的水流厚度为 δ，求：水流对滑行艇的作用力。

解 作运动变换，水流以速度 V_0 流向滑行艇，然后，水流分成两股，一股由艇艏以 V_1 速度，厚度为 δ 喷出，另一股形成速度为 V_2，厚度为 h 的尾流。

取过流断面 0-0，1-1，2-2、滑行艇以及水表面流线、河底组成的封闭控制面。并建立铅垂平面的 xOy 平面坐标系。

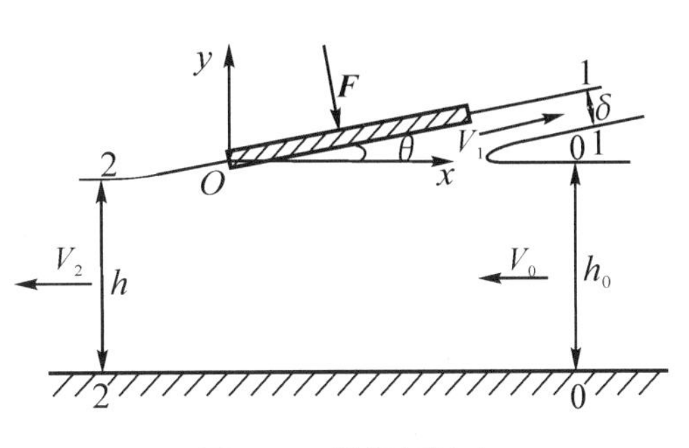

图 4.19 滑行艇运动

分别列 0→1 及 0→2 水表面的流线伯努利方程。由于外部均为大气压，故 $V_0 = V_1 = V_2$

列连续性方程：$V_0 h_0 = V_1\delta + V_2 h$

列 x 方向的动量方程的投影式：

$$\sum F_x = \int_A \rho V_n V_x \mathrm{d}A$$

$$\begin{aligned} F\sin\theta &= -\rho V_0 h_0(-V_0) + \rho V_1 \delta V_1 \cos\theta + \rho V_2 h(-V_2) \\ &= \rho V_0^2 h_0 + \rho V_1^2 \delta\cos\theta - \rho V_2^2 h \\ &= \rho V_0^2 \delta(1+\cos\theta) \end{aligned}$$

解得 $$F = \rho V_0^2 \delta \frac{1+\cos\theta}{\sin\theta}$$

水流对滑行艇的作用力大小为 $\rho V_0^2 \delta \dfrac{1+\cos\theta}{\sin\theta}$，同 $\boldsymbol{F}$ 方向相反。

习 题

选择题(单选题)

4.1 如习题 4.1 图所示的等直径水管，$A-A$ 为过流断面，$B-B$为水平面，1，2，3，4 为面上各点，各点的运动参数有以下关系：(a) $p_1 = p_2$；(b) $p_3 = p_4$；(c) $z_1 + \dfrac{p_1}{\rho g} = z_2 + \dfrac{p_2}{\rho g}$；(d) $z_3 + \dfrac{p_3}{\rho g} = z_4 + \dfrac{p_4}{\rho g}$。

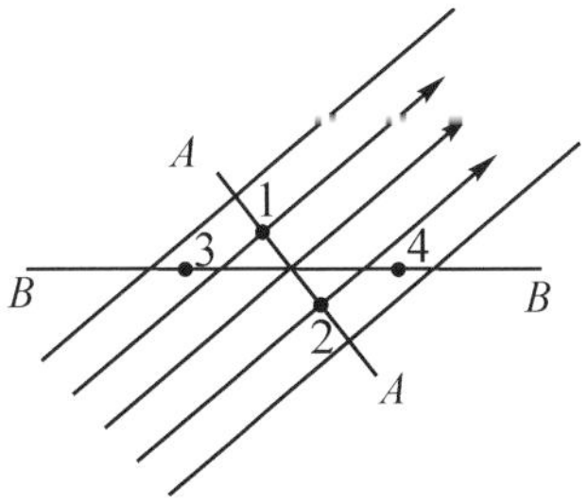

习题 4.1 图

4.2 伯努利方程中 $z + \dfrac{p}{\rho g} + \dfrac{\alpha V^2}{2g}$ 表示：

(a) 单位重量流体具有的机械能；

(b) 单位质量流体具有的机械能；

(c) 单位体积流体具有的机械能；

(d) 通过过流断面流体的总机械能。

4.3 水平放置的渐扩管，如忽略水头损失，断面形心的压强有以下关系：(a) $p_1 > p_2$；(b) $p_1 = p_2$；(c) $p_1 < p_2$；(d)不定。

4.4 黏性流体总水头线沿程的变化是：(a)沿程下降；(b)沿程上升；(c)保持水平；(d)前三种情况都有可能。

4.5 黏性流体测压管水头线沿程的变化是：(a)沿程下降；(b)沿程上升；(c)保持水平；(d)前三种情况都有可能。

计算题

4.6 如习题 4.6 图所示。设一虹吸管 $a=2\,\text{m}$, $h=6\,\text{m}$, $d=15\,\text{cm}$。试求:(1)管内的流量;(2)管内最高点 S 的压强;(3)若 h 不变,点 S 继续升高(即 a 增大,而上端管口始终浸入水内),问使吸虹管内的水不能连续流动的 a 值为多大?(设当地温度为 15 ℃)

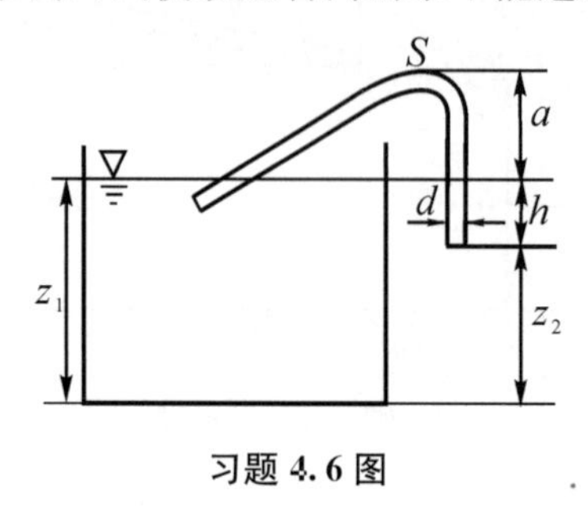

习题 4.6 图

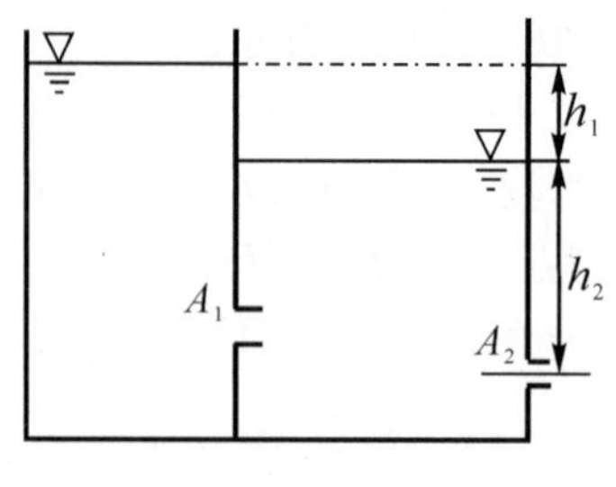

习题 4.7 图

4.7 如习题 4.7 图所示,两个紧靠的水箱逐级放水,放水孔的截面积分别为 A_1 与 A_2,试问:h_1 与 h_2 成什么关系时流动处于恒定状态?这时须在左边水箱补充多大的流量?

4.8 如习题 4.8 图所示,水从密闭容器中恒定出流,经一变截面管而流入大气中,已知 $H=7\,\text{m}$, $p=0.3\,\text{at}$, $A_1=A_3=50\,\text{cm}^2$, $A_2=100\,\text{cm}^2$, $A_4=25\,\text{cm}^2$。若不计流动损失,试求:(1)各截面上的流速、流经管路的体积流量;(2)各截面上的总水头。

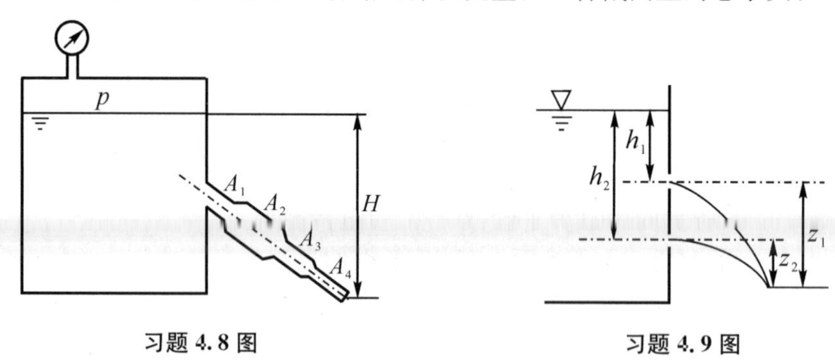

习题 4.8 图　　　　习题 4.9 图

4.9 如习题 4.9 图所示,在水箱侧壁同一铅垂线上开了上下两个小孔。若两股射流在 O 点相交,试证明 $h_1z_1=h_2z_2$。

4.10 如习题 4.10 图所示, Venturi 管 A 处的直径 $d_1=20\,\text{cm}$, B 处的直径 $d_2=2\,\text{cm}$。当阀门 D 关闭,阀门 C 开启时,测得 U 形压力计中水银柱的差 $h=8\,\text{mm}$,求此时 Venturi 管内的流量。又若将阀门 C 关闭,阀门 D 开启,利用管中的射流将真空容器内的压强减至 100 mmHg 时,管内的流量应为多大?

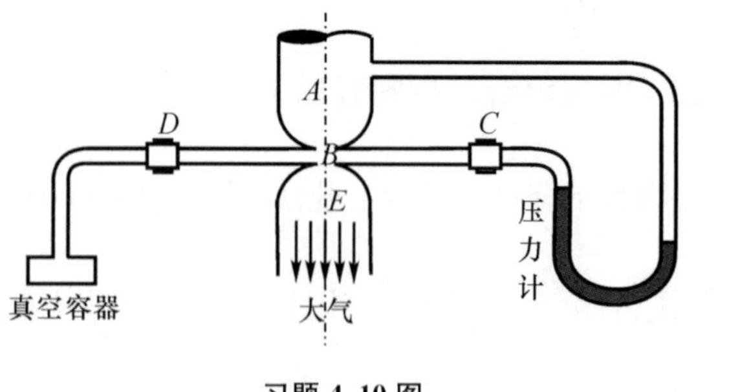

习题 4.10 图

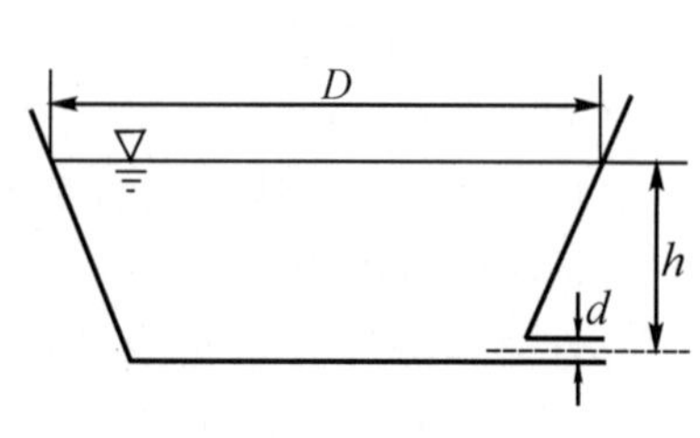

习题 4.11 图

4.11 如习题 4.11 图所示，一呈上大下小的圆锥形状的储水池，底部有一泄流管，直径 $d=0.6\ \text{m}$，流量因数 $\mu=0.8$，容器内初始水深 $h=3\ \text{m}$，水面直径 $D=60\ \text{m}$，当水位降落 1.2 m 后，水面直径为 48 m，求此过程所需的时间。

4.12 如习题 4.12 图所示，水箱通过宽 $B=0.9\ \text{m}$，高 $H=1.2\ \text{m}$ 的闸门往外泄流，闸门开口的顶端距水面 $h=0.6\ \text{m}$。试计算：(1)闸门开口的理论流量；(2)将开口作为小孔处理时所引起的百分误差。

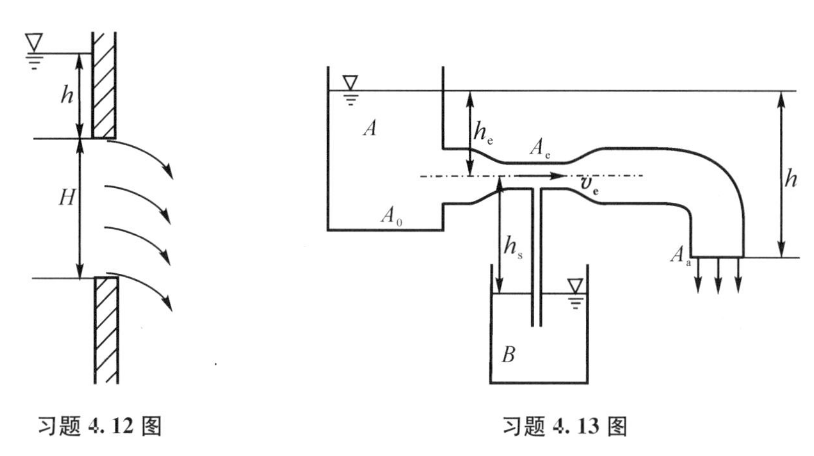

习题 4.12 图　　　　习题 4.13 图

4.13 今想利用水箱 A 中水的流动来吸出水槽 B 中的水。水箱及管道各部分的截面面积及速度如习题 4.13 图所示。试求：(1)使最小截面处压强低于大气压的条件；(2)从水槽 B 中把水吸出的条件。(在此假定：$A_e \ll A_0$，$A_a \ll A_0$，与水箱 A 中流出的流量相比，从 B 中吸出的流量为小量。)

4.14 如习题 4.14 图所示，一消防水枪，向上倾角 $\alpha=30°$，水管直径 $D=150\ \text{mm}$，压力表读数 $p=3\ \text{m}$ 水柱高，喷嘴直径 $d=75\ \text{mm}$，求喷出流速，喷至最高点的高程及在最高点的射流直径。

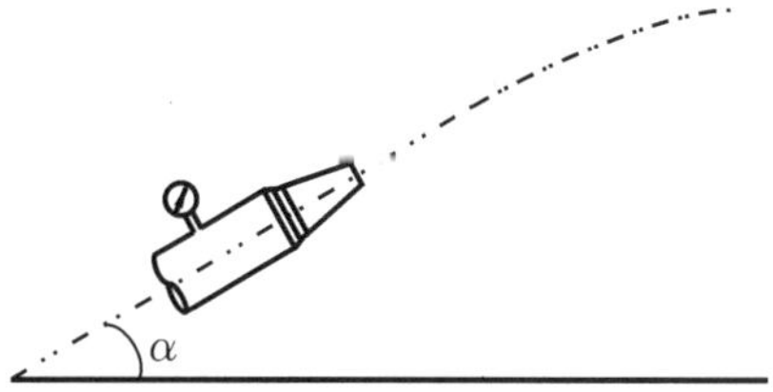

习题 4.14 图

4.15 如习题 4.15 图所示，水以 $V=10\ \text{m/s}$ 的速度从内径为 50 mm 的喷管中喷出，喷管的一端则用螺栓固定在内径为 100 mm 水管的法兰上。如不计损失，试求作用在连接螺栓上的拉力。

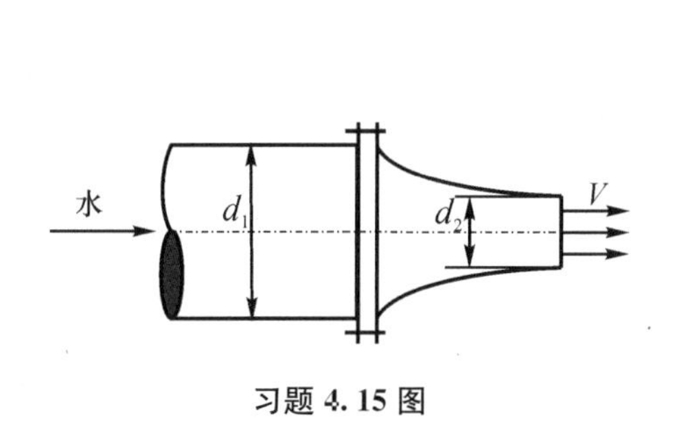

习题 4.15 图

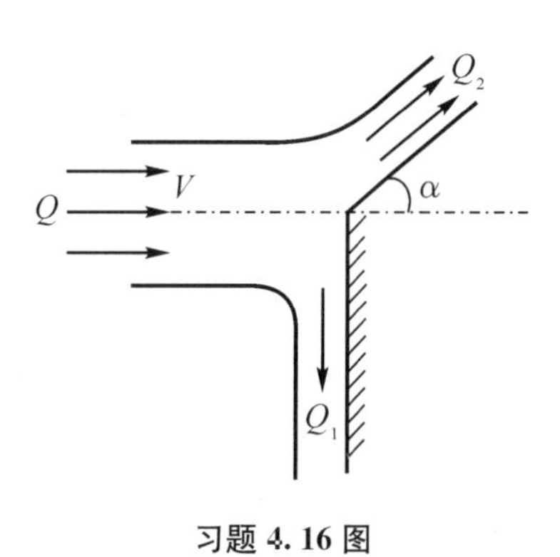

习题 4.16 图

4.16 将一平板伸到水柱内,板面垂直于水柱的轴线,水柱被截后的流动如习题 4.16 图所示。已知水柱的流量 $Q = 0.036\ m^3/s$,水柱的来流速度 $V = 30\ m/s$,若被截取的流量 $Q_1 = 0.012\ m^3/s$,试确定水柱作用在板上的合力 F 和水流的偏转角 α(略去水的重量及黏性)。

4.17 一水射流以速度 v 对弯曲对称叶片的冲击如习题 4.17 图所示,试就下面两种情况求射流对叶片的作用力:(1)喷嘴和叶片都固定;(2)喷嘴固定,叶片以速度 u 后退。

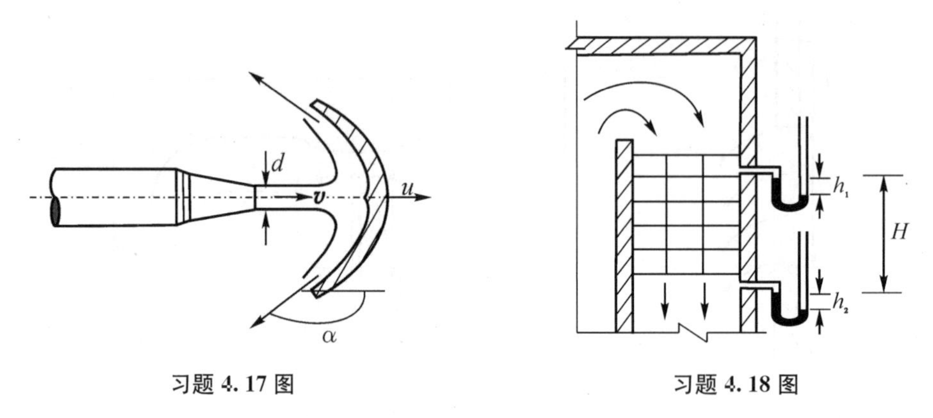

习题 4.17 图　　　　习题 4.18 图

4.18 如习题 4.18 图所示,锅炉省煤气的进口处测得烟气负压 $h_1 = 10.5\ mmH_2O$,出口负压 $h_2 = 20\ mmH_2O$。如炉外空气 $\rho = 1.2\ kg/m^3$,烟气的密度 $\rho' = 0.6\ kg/m^3$,两测压断面高度差 $H = 5\ m$,试求烟气通过省煤气的压强损失。

4.19 如习题 4.19 图所示,直径为 $d_1 = 700\ mm$ 的管道,在支承水平面上分支为 $d_2 = 500\ mm$ 的两支管,A-A 断面的压强为 70 kPa,管道流量 $Q = 0.6\ m^3/s$,两支管流量相等。(1)不计水头损失,求支墩受的水平推力;(2)若水头损失为支管流速水头的 5 倍,求支墩所受的水平推力。(不考虑螺栓连接的作用。)

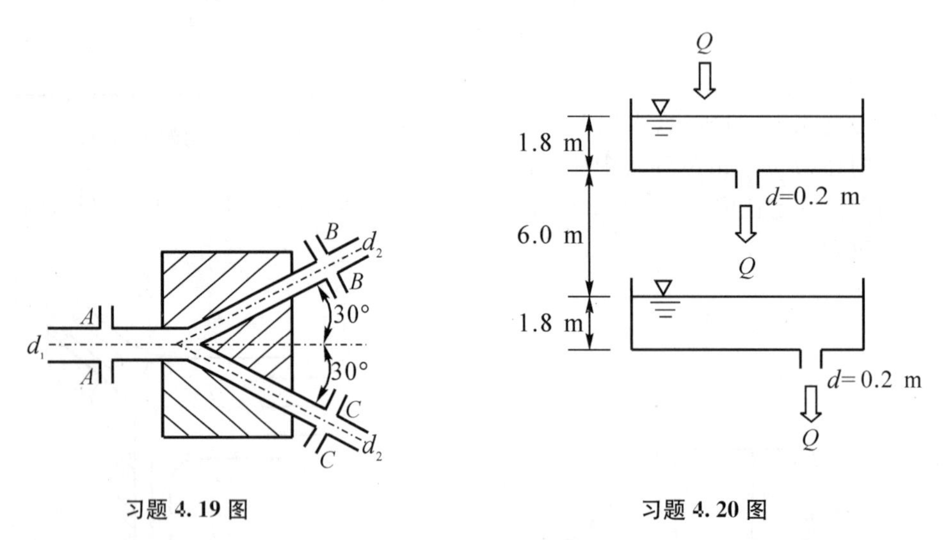

习题 4.19 图　　　　习题 4.20 图

4.20 下部水箱重 224 N,其中盛水重 897 N,如果此箱放在秤台上,受到如习题 4.20 图所示的恒定流作用。问秤的读数是多少?

第 5 章　平面势流理论

在不可压缩理想流体中，当流动无旋时，称为势流。若空间势流又可简化为平面流动时，这种流动称为二维势流，也称平面势流。在平面势流中不仅存在速度势 φ，同时也存在流函数 ψ。它们均满足拉普拉斯方程。由于拉普拉斯方程是二阶线性方程，可以应用叠加原理，利用已有的一些解的叠加，以寻求满足给定边界条件和初始条件下具有实际背景的许多问题的解答。由于速度势和流函数又满足柯西-黎曼(Cauchy-Riemann)条件，因此也可以利用复变函数这门数学工具求解平面势流。

在平面势流中，通过速度势求得流速场，利用伯努利方程求得压强场，再沿物体表面积分，便得到流体与物体之间的作用力。因此，平面势流问题较之一般流动问题的求解简单得多。平面势流理论在工程实践中应用十分广泛，是理论流体动力学的重要部分。

5.1　平面势流的复势

5.1.1　复势的定义

在平面势流中，同时存在着速度势 φ 和流函数 ψ，它们满足拉普拉斯方程，都是调和函数。流速场在直角坐标系中有关系式(3.33)：

$$u = \frac{\partial \varphi}{\partial x} = \frac{\partial \psi}{\partial y}$$

$$v = \frac{\partial \varphi}{\partial y} = -\frac{\partial \psi}{\partial x}$$

上式说明，这两个调和函数是满足柯西-黎曼(Cauchy-Riemann)条件的，它们可以组成一个解析复变函数

$$W(z) = \varphi + \mathrm{i}\psi$$

式中，$z = x + \mathrm{i}y$，$\mathrm{i} = \sqrt{-1}$。

根据复变函数的基本性质，任何一个解析复变函数都表示一种平面势流，该函数的实部表示流动的速度势 φ，虚部表示流动的流函数 ψ。在流体力学中，解析复变函数称为流动的复势。平面势流必然对应一个确定的复势 $W(z)$，而一个复势也代表一种平面势流。解决平面势流问题就可以应用复变函数这一数学工具来进行，为此可以避免解偏微分方程式所带来的困难。

5.1.2　几种简单的平面势流复势

在第 3 章中已给出了几种简单的平面势流，这些平面流动的复势如下。

1. 均匀直线流动(均流)

当流动速度为 U_0，方向同 x 轴方向一致时，由式(3.38)，(3.39)得

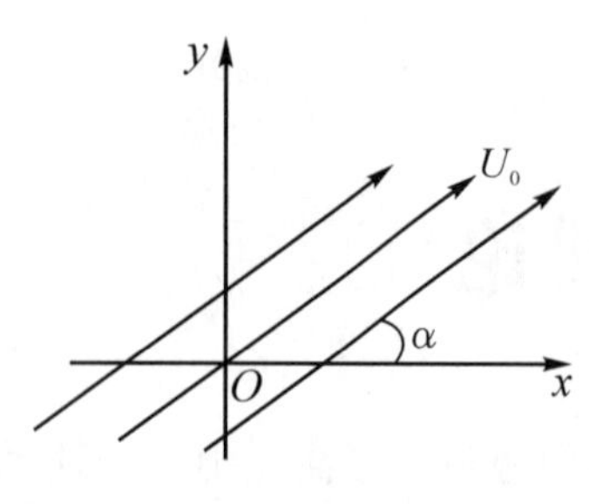

图 5.1　不同方向的均流

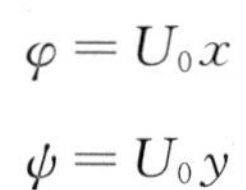

$$\varphi = U_0 x$$

$$\psi = U_0 y$$

复势

$$W(z) = U_0 x + \mathrm{i} U_0 y = U_0 (x + \mathrm{i} y) = U_0 z \qquad (5.1)$$

进而可推广，若均流的 $u = U_0 \cos\theta$，$v = U_0 \sin\theta$，如图(5.1)所示，则复势

$$W(z) = U_0 \mathrm{e}^{-\mathrm{i}\alpha} z \qquad (5.2)$$

2. 源和汇

当将源或汇置于极坐标的原点时，由式(3.44)，式(3.45)得

速度势

$$\varphi = \frac{\pm m}{2\pi} \ln r$$

流函数

$$\psi = \frac{\pm m}{2\pi} \theta \quad (m > 0)$$

复势

$$\begin{aligned} W(z) &= \frac{\pm m}{2\pi} \ln r + \mathrm{i} \frac{\pm m}{2\pi} \theta \\ &= \frac{\pm m}{2\pi} (\ln r + \mathrm{i}\theta) = \frac{\pm m}{2\pi} (\ln r + \ln \mathrm{e}^{\mathrm{i}\theta}) \\ &= \frac{\pm m}{2\pi} \ln r \mathrm{e}^{\mathrm{i}\theta} = \frac{\pm m}{2\pi} \ln z \end{aligned} \qquad (5.3)$$

若源或汇置于复平面 z_0 处，则其复势

$$W(z) = \frac{\pm m}{2\pi} \ln(z - z_0) \qquad (5.4)$$

3. 环流

在介绍环流前，先叙述关于点涡的概念。

(1) 点涡。点涡也称平面圆旋，是一团无限长的直圆筒形流体，流体质点均绕本身的中心旋转，旋转的角速度 $\boldsymbol{\omega}$，大小是 ω，方向是直圆筒轴线方向。由于该直涡束可用平面流动来表示，设涡束的半径是 a，且是一个小量，因此也称它为点涡。点涡的强度可用下式表示：

$$\Gamma = 2\pi a^2 \omega \qquad (5.5)$$

式中：

a ——涡束的半径；

ω ——内部流体质点旋转角速度的大小；

Γ ——速度环量。

(2) 环流。由于圆旋的存在，则周围流体将引起一个诱导速度场，也称为环流，它可以视为平面流动，并且可以证明该诱导速度场是平面势流。若点涡的强度是 Γ，将它置于原点，那么，由式(3.52)，(3.53)得

速度势

$$\varphi = \frac{\Gamma}{2\pi}\theta$$

流函数

$$\psi = -\frac{\Gamma}{2\pi}\ln r$$

点涡的旋转方向是逆时针，则 $\Gamma > 0$，若是顺时针，则 $\Gamma < 0$。其复势

$$\begin{aligned} W(z) &= \frac{\Gamma}{2\pi}\theta - \mathrm{i}\,\frac{\Gamma}{2\pi}\ln r \\ &= \frac{\Gamma}{2\pi}(\theta - \mathrm{i}\ln r) = \frac{\Gamma}{2\pi\mathrm{i}}(\ln r + \mathrm{i}\theta) \\ &= \frac{\Gamma}{2\pi\mathrm{i}}\ln z \end{aligned} \tag{5.6}$$

若点涡置于复平面 $z = z_0$ 处，则其复势

$$W(z) = \frac{\Gamma}{2\pi\mathrm{i}}\ln(z - z_0) \tag{5.7}$$

4. 偶极子

当等强度的源、汇(源至汇的方向为 x 方向)无限靠近，并置于原点时，由式(3.56)，(3.57)得

速度势

$$\varphi = \frac{M}{2\pi}\frac{\cos\theta}{r}$$

流函数

$$\psi = -\frac{M}{2\pi}\frac{\sin\theta}{r}$$

复势

$$\begin{aligned} W(z) &= \frac{M}{2\pi}\frac{\cos\theta}{r} - \mathrm{i}\,\frac{M}{2\pi}\frac{\sin\theta}{r} \\ &= \frac{M}{2\pi}\frac{1}{r}(\cos\theta - \mathrm{i}\sin\theta) = \frac{M}{2\pi}\frac{1}{r}\frac{(\cos\theta - \mathrm{i}\sin\theta)(\cos\theta + \mathrm{i}\sin\theta)}{\cos\theta + \mathrm{i}\sin\theta} \\ &= \frac{M}{2\pi}\frac{1}{z} \end{aligned} \tag{5.8}$$

若偶极子放置在 $z = z_0$ 处，且偶极子中源到汇的方向同 x 轴，则复势

$$W(z) = \frac{M}{2\pi}\frac{1}{z - z_0} \tag{5.9}$$

若偶极子中源到汇的方向与 x 轴成 α 角，则复势

$$W(z) = \frac{M}{2\pi}\frac{\mathrm{e}^{\mathrm{i}\alpha}}{z - z_0}$$

5.2 复速度

5.2.1 复速度和共轭复速度

若平面势流的流动复势为已知时，便可以对复势求导，从而求得流场中任意点处的流动速度。

若复势

$$W(z) = \varphi + \mathrm{i}\psi$$

将其对 z 进行微分，得

$$\frac{\mathrm{d}W}{\mathrm{d}z} = \frac{\partial\varphi}{\partial x} + \mathrm{i}\frac{\partial\psi}{\partial x} = \frac{\partial\psi}{\partial y} - \mathrm{i}\frac{\partial\varphi}{\partial y} = u - \mathrm{i}v$$

由此可以看到，复势导数的实部是 x 轴向的速度分量 u，导数的虚部是 y 轴向的速度分量 v 的负值，如图 5.2 所示。

复数导数的共轭复数

$$\overline{\frac{\mathrm{d}W}{\mathrm{d}z}} = u + \mathrm{i}v$$

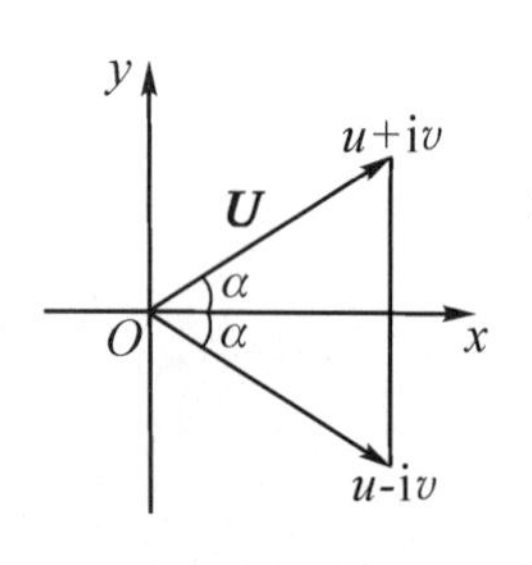

图 5.2 复速度

通常称 $\frac{\mathrm{d}W}{\mathrm{d}z}$ 为复速度，称 $\overline{\frac{\mathrm{d}W}{\mathrm{d}z}}$ 为共轭复速度。显然，复速度的模是速度的大小：

$$\left|\frac{\mathrm{d}W}{\mathrm{d}z}\right| = \sqrt{u^2 + v^2} = U$$

因此复速度有可能写为：

$$\frac{\mathrm{d}W}{\mathrm{d}z} = U\mathrm{e}^{-\mathrm{i}\alpha}$$

式中，$\alpha = \arctan\frac{v}{u}$，即 α 是速度的方向，而共轭复速度可以表示为：

$$\overline{\frac{\mathrm{d}W}{\mathrm{d}z}} = U\mathrm{e}^{\mathrm{i}\alpha}$$

研究不可压缩平面势流运动可以归结为求流动的复势 $W(z)$，一旦得到复势，就可以得到流场的速度场

$$
\begin{cases}
u = \mathrm{Re}\left\{\dfrac{\mathrm{d}W(z)}{\mathrm{d}z}\right\} \\
v = -\mathrm{Im}\left\{\dfrac{\mathrm{d}W(z)}{\mathrm{d}z}\right\}
\end{cases}
\tag{5.10}
$$

5.2.2 复速度的积分

1. 速度环量 $\boldsymbol{\Gamma}$

在流场中，取一封闭的空间曲线 l，在 l 上取微分线段 $\mathrm{d}\boldsymbol{l}$，如图 5.3 所示，该处流体速度为v，则定义$\oint_l v\cdot\mathrm{d}\boldsymbol{l}$ 为沿曲线 l 的速度环量，以 Γ_l 表示(简称环量)，根据定义：

$$
\begin{aligned}
\Gamma_l &= \oint_l v\cdot\mathrm{d}\boldsymbol{l} \\
&= \oint_l u\mathrm{d}x + v\mathrm{d}y + w\mathrm{d}z
\end{aligned}
\tag{5.11}
$$

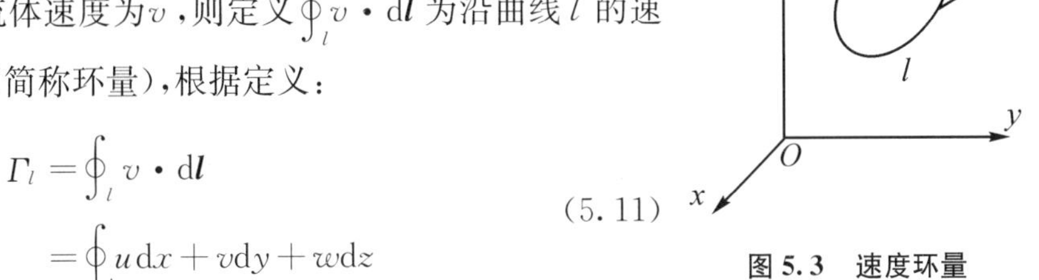

图 5.3 速度环量

若流动是势流，那么存在速度势 $\varphi(x,\ y,\ z,\ t)$，且式(5.11)可表示为：

$$
\Gamma_l = \oint_l \frac{\partial\varphi}{\partial x}\mathrm{d}x + \frac{\partial\varphi}{\partial y}\mathrm{d}y + \frac{\partial\varphi}{\partial z}\mathrm{d}z = \oint_l \mathrm{d}\varphi
\tag{5.12}
$$

2. 复速度积分

在平面流场中取一封闭曲线 l，复速度对闭合回路 l 的积分为

$$
\oint_l \frac{\mathrm{d}W(z)}{\mathrm{d}z}\mathrm{d}z = \oint_l \mathrm{d}W(z) = \oint_l (\mathrm{d}\varphi + \mathrm{i}\mathrm{d}\psi) = \oint_l \mathrm{d}\varphi + \mathrm{i}\oint_l \mathrm{d}\psi
$$

根据环量 Γ 和流量 Q 的定义，有

$$
\Gamma_l = \oint_l \mathrm{d}\varphi = \mathrm{Re}\left\{\oint_l \frac{\mathrm{d}W(z)}{\mathrm{d}z}\mathrm{d}z\right\}
\tag{5.13}
$$

$$
Q_l = \oint_l \mathrm{d}\psi = \mathrm{Im}\left\{\oint_l \frac{\mathrm{d}W(z)}{\mathrm{d}z}\mathrm{d}z\right\}
\tag{5.14}
$$

因此，复速度积分

$$
\oint_l \frac{\mathrm{d}W(z)}{\mathrm{d}z}\mathrm{d}z = \Gamma_l + \mathrm{i}Q_l
\tag{5.15}
$$

式(5.15)的物理意义是，复速度沿封闭曲线 l 的积分，其实部等于沿该曲线的速度环量 Γ_l，虚部等于由内向外通过该封闭曲线的体积流量 Q_l。

例 5.1 平面不可压缩流体势流，若流场的复势是 $W = az^2(a > 0)$，在原点处压强为 p_0，试求：(1)上半平面的速度分布；(2)绘制上半平面的流线图；(3)沿 x 轴的压强分布。

解 (1) 按式(5.10)，复速度

$$
\frac{\mathrm{d}W}{\mathrm{d}z} = 2az = 2a(x + \mathrm{i}y) = 2ax + \mathrm{i}2ay
$$

则流场的速度分布

$$\begin{cases} u = 2ax \\ v = -2ay \end{cases}$$

(2) 由复势

$$W = az^2 = a(x + \mathrm{i}y)^2 = a(x^2 - y^2) + \mathrm{i}2axy$$

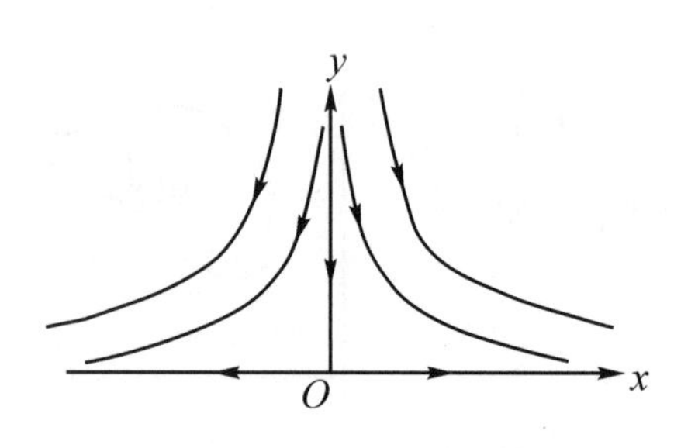

图 5.4 $W=az^2$ 的流线图

得流函数 $\psi = 2axy$

流线方程 ψ=常量，$xy = C \quad (y \geqslant 0)$

上半平面的流线图如图 5.4 所示。

(3) 由于流动是无旋的，按拉格朗日方程求压强分布，按式(4.6)

$$p + \frac{\rho}{2}V^2 = C$$

式中，$V = \sqrt{u^2 + v^2} = 2ar$，$r$ 为原点到该点的距离。

当 $r = 0$ 处，$p = p_0$，$V = 0$，$C = p_0$，此时

$$p_0 = p + \frac{\rho}{2}4a^2r^2$$

即

$$p = p_0 - 2\rho a^2 r^2$$

为平面中各点的压强分布。

例 5.2 已知某一平面势流，其流动复势为 $W(z) = 2\ln\frac{z}{z-3}$，(1)试分解这种流动为最简单的流动；(2)求沿圆周 $x^2 + y^2 = 4$ 的环量和通过这一围线的流量。

解 平面势流符合叠加原理，将两个或更多的简单平面势流叠加成复杂的平面势流，复杂流动的复势只须将原先简单流动的复势简单地代数相加即可。

(1) 解析下式：$W(z) = 2\ln\frac{z}{z-3} = 2\ln z - 2\ln(z-3)$

对于 $2\ln z$，是源强度 $m = 4\pi$ 放置于(0, 0)点的复势；

对于 $-2\ln(z-3)$，则是汇强度 $m = 4\pi$ 放置于(3, 0)点的复势。

(2) 沿圆周 $x^2 + y^2 = 4$ 的环量和通过该围线的流量，按式(5.13)，(5.14)，可得

$$\Gamma_{|z|=2} = \mathrm{Re}\left\{\oint_{|z|=2}\frac{\mathrm{d}W(z)}{\mathrm{d}z}\mathrm{d}z\right\}$$

$$Q_{|z|=2} = \mathrm{Im}\left\{\oint_{|z|=2}\frac{\mathrm{d}W(z)}{\mathrm{d}z}\mathrm{d}z\right\}$$

$$\frac{\mathrm{d}W}{\mathrm{d}z} = 2\left(\frac{1}{z} - \frac{1}{z-3}\right)$$

按留数定理

$$\oint_{|z|=2}\frac{\mathrm{d}W}{\mathrm{d}z}\mathrm{d}z = 2\left(\oint_{|z|=2}\frac{1}{z}\mathrm{d}z - \oint_{|z|=2}\frac{1}{z-3}\mathrm{d}z\right)$$
$$= 2(2\pi\mathrm{i}\cdot 1 + 0) = 4\pi\mathrm{i}$$

故

$$\Gamma_{|z|=2} = 0$$
$$Q_{|z|=2} = 4\pi$$

由于在 $x^2 + y^2 = 4$ 区域内无点涡存在，故环流的强度为零。由于在 $x^2 + y^2 = 4$ 内有强度为 4π 的源存在，故体积流量为 4π。

例 5.3 某一平面势流，其流动复势为一般的对数函数 $W(z) = (A + Bi)\ln z$（A, B 为实常数），试分解这种流动为最简单的流动和绘制流动图形。

解 有以下解析式：

$$W(z) = (A + Bi)\ln z = A\ln z + iB\ln z$$

对于 $W_1(z) = A\ln z$ 是强度为 $m = 2\pi A$ 的源（汇）放置于(0, 0)点的复势；

对于 $W_2(z) = iB\ln z$，则是强度为 $\Gamma = 2\pi B$ 的点涡放置于(0, 0)点的复势。（当 $B > 0$ 时，点涡为顺时针方向旋转，反之则为逆时针方向旋转）

流动图形的分析：

$$W(z) = (A + Bi)\ln z = (A + Bi)\ln re^{i\theta} = (A\ln r - B\theta) + i(A\theta + B\ln r)$$

故速度势函数 $$\varphi = A\ln r - B\theta$$

流函数 $$\psi = A\theta + B\ln r$$

流场中速度分布 $$v_r = \frac{\partial\varphi}{\partial r} = \frac{A}{r}$$

$$v_\theta = \frac{\partial\varphi}{r\partial\theta} = -\frac{B}{r}$$

$$v = \frac{\sqrt{A^2 + B^2}}{r}$$

流线 $$\psi = C$$

即 $$A\theta + B\ln r = C$$

$$\ln e^{A\theta} + \ln r^B = C$$

$$\ln r^B e^{A\theta} = C$$

也即 $$r = C_1 e^{-\frac{A}{B}\theta}$$

同理，等势线为 $$r = C_2 e^{\frac{B}{A}\theta}$$

它们都是对数螺线，如图 5.5 所示。

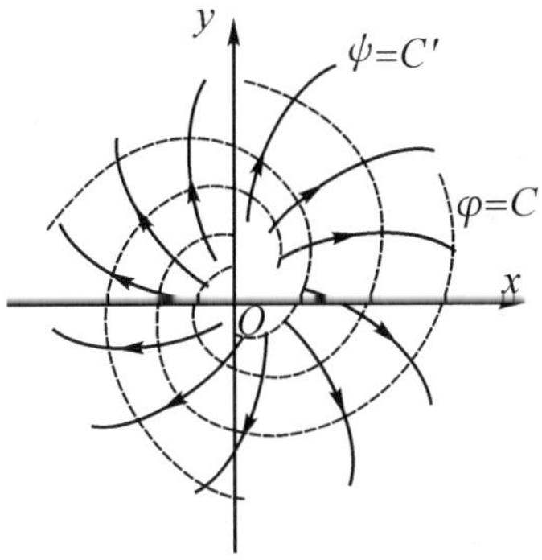

图 5.5 平面涡源流

5.3 求解平面势流复势的方法

对于平面势流，若能通过求解拉普拉斯方程求得速度势 φ 和流函数 ψ，那么流场的速度分布，以及利用伯努利方程求得压强分布等问题均可迎刃而解，另一方面，对于由 φ 和 ψ 构成的流动复势，还可进一步应用复变函数数学工具求解流体力学中的问题。而且在许多情况下直接找流动的复势要比求解 φ 和 ψ 来得容易，本章简单介绍三种在一定条件下求解平面势流复势的方法。

5.3.1 奇点分布法

上面已经介绍了几种简单的平面势流并给出了它们的复势，这几种简单流动称为流体力学奇点。所谓奇点分布法，就是通过对这些最简单的平面势流进行适当的分布和组合，使它们复势的线性组合满足具体问题的边界条件，那么这组合复势就是问题的解。最典型的例子是用势流叠加方法研究圆柱绕流。

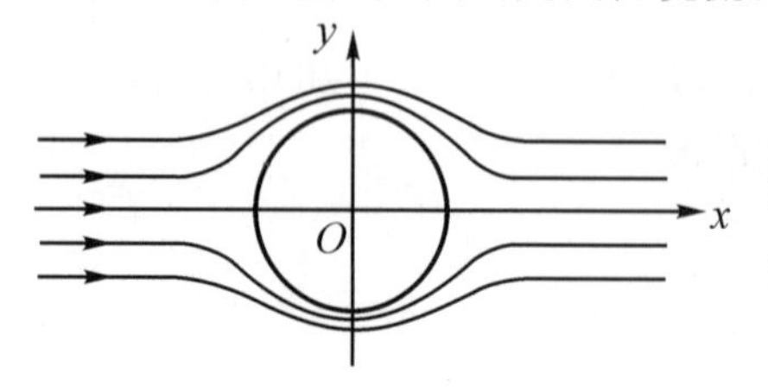

图 5.6 绕圆柱体无环量流动

1. 绕圆柱无环量的流动

将无限长圆柱体放置在均流中，就是绕圆柱体无环量的流动，其流动图形如图 5.6 所示。观察流线图谱可发现以下现象：

(1) 当均流叠加源流，会有半无限物体的流线形状，如图 5.7(a)所示。

(2) 当均流叠加等强度源汇，会有绕兰金椭圆(如图 5.7(b)所示)和开尔文椭圆(如图 5.7(c)所示)的流线形状。

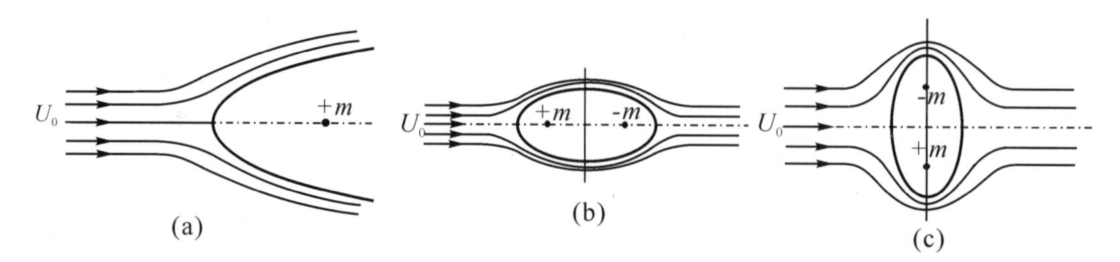

图 5.7 均流和源叠加(a)、均流和源、汇分别叠加(b)，(c)

很显然，当均流叠加偶极子组合，会有圆柱流线形成。

设均流速度为 U_0(方向沿 x 轴正方向)和放置在原点的偶极子(强度为 M，源至汇方向为 x 方向)相叠加，它们组合流场的复势为

$$W(z) = W_1(z) + W_2(z) = U_0 z + \frac{M}{2\pi}\frac{1}{z} \qquad (M > 0) \tag{5.16}$$

对于这个组合流场，只要选择适当的偶极子强度 M 和均流速度 U_0 的大小，使一条零流线与圆柱表面($r=a$)正好重合即可。在这种流动中，如果用一个半径为 a 的薄金属圆壳在流场中 $r=a$ 的流线位置处插入，则流动不会受到扰动。这时圆壳内有偶极子引起的流动可以移去，而并不影响外部的流动。如果圆壳内部以物料填充成为圆柱体，这就是均流与偶极子叠加形成的圆柱体绕流。现分析如下：

首先引入 $z = re^{i\theta}$，得

$$W(z) = U_0 re^{i\theta} + \frac{M}{2\pi r}e^{-i\theta}$$

展开上式可得

$$\varphi = U_0 r\cos\theta + \frac{M}{2\pi r}\cos\theta$$

$$\psi = U_0 r\sin\theta - \frac{M}{2\pi r}\sin\theta$$

为确定零流线，令 $\psi = 0$，$r = a$，那么可得到零流线与圆柱面 $r = a$ 重合的条件：

$$M = 2\pi a^2 U_0$$

流场的势函数和流函数分别为

$$\begin{cases} \varphi = U_0\left(1+\dfrac{a^2}{r^2}\right)r\cos\theta \\ \psi = U_0\left(1-\dfrac{a^2}{r^2}\right)r\sin\theta \end{cases} \tag{5.17}$$

流线族

$$\psi = U_0\left(1-\frac{a^2}{r^2}\right)r\sin\theta = C$$

如图 5.8 所示。

平面势流的复势

$$W(z) = U_0\left(z+\frac{a^2}{z}\right) \tag{5.18}$$

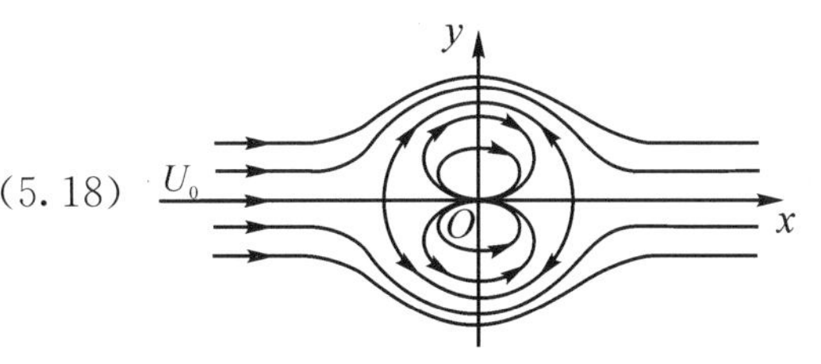

图 5.8　均流叠加偶极流场

(1) 流场的速度分布：

$$\begin{cases} v_r = \dfrac{\partial\varphi}{\partial r} = U_0\left(1-\dfrac{a^2}{r^2}\right)\cos\theta \\ v_\theta = \dfrac{\partial\varphi}{r\partial\theta} = -U_0\left(1+\dfrac{a^2}{r^2}\right)\sin\theta \end{cases} \tag{5.19}$$

设 S 点为圆柱表面上任意一点，则 $r_S = a$，速度分布为

$$v_{rS} = 0$$
$$v_{\theta S} = -2U_0\sin\theta$$

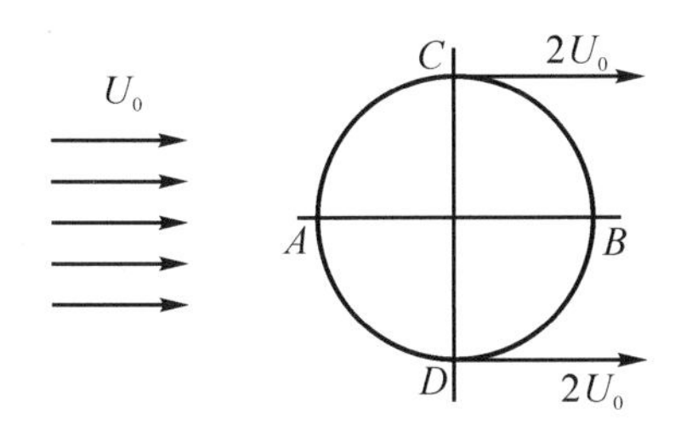

图 5.9　圆柱表面特殊点速度

如图 5.9 所示，在圆柱的前后驻点 A 和 B 上（$\theta = 180°$ 和 $0°$）速度 $v_\theta = 0$；在上下侧点 C 和 D 上（$\theta = \pm 90°$），速度分别为 $v_\theta = \mp 2U_0$，速度的大小是来流速度的两倍，是圆柱面上最大速度点。（v_θ 是以逆时针方向为正，C 点之 $v_\theta = -2U_0$，说明方向同 x 轴正方向一致。）

(2) 圆柱体表面压强分布：

设无穷远处来流压强为 p_∞，则圆柱体表面上任意点的压强 p_S 由拉格朗日方程求得：

$$p_\infty + \frac{\rho}{2}U_0^2 = p_S + \frac{\rho}{2}v_\theta^2$$

其中

$$v_\theta = -2U_0 \sin\theta$$

得

$$p_S = p_\infty + \frac{1}{2}\rho U_0^2(1 - 4\sin^2\theta) \tag{5.20}$$

显然,圆柱体表面的压强 p_S 分布对于 x,y 轴对称,前后驻点 A, B 处 ($\theta = 180°$, $\theta = 0°$) 的压强最大:

$$p_{S,\max} = p_\infty + \frac{1}{2}\rho U_0^2$$

而上,下侧点 C,D 处 ($\theta = \pm 90°$) 压强最小:

$$p_{S,\min} = p_\infty - \frac{3}{2}\rho U_0^2$$

定义压强因数:

$$C_p = \frac{p_S - p_\infty}{\frac{1}{2}\rho U_0^2} = 1 - 4\sin^2\theta \tag{5.21}$$

圆柱表面压强分布如图 5.10 所示。

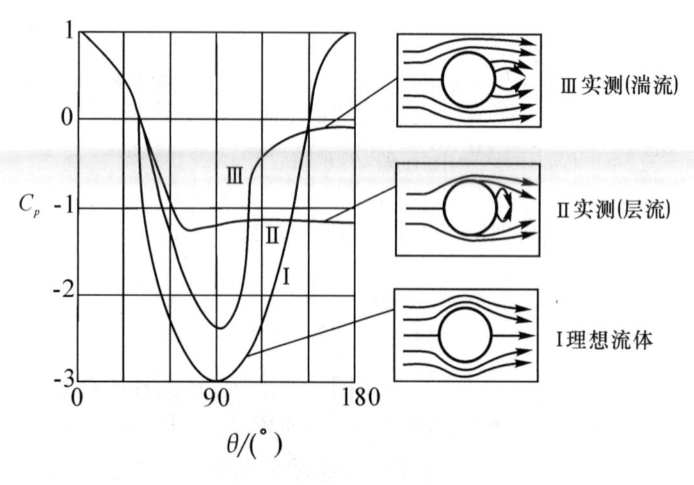

图 5.10　圆柱体表面压强分布

在前后驻点处(θ=180°, θ=0°),C_p 为最大值,即 $C_p = 1$;

在 $\theta = \pm 90°$ 处,C_p 为最小值,即 $C_p = -3$;

在 $\theta = \pm 30°$ 和 $\theta = \pm 150°$ 处, $C_p = 0$, 即该处的压强 $p = p_0$。

从压强分布图可以看出,压强在圆柱表面是对称于 x, y 轴的,因而沿圆柱表面积分而得的合力必然等于零。这一结论可以推广到任意形状的物体上去,只要势流流经物体时未形成旋涡或分离,则流体作用在物体上的压力合力等于零。故物体在理想流体中作等速直线运动时,所受到的阻力等于零,这就是著名的达朗贝尔佯缪,它首先是由达朗贝尔(d'Alembert)在 1752 年提出的。

这个结果显然与物理事实相违背。从黏性流体力学中可知，在绕流物体表面将存在一层极薄的边界层，黏性的作用将主要体现在边界层中，由于存在边界层分离现象，在圆柱体后部出现尾涡，流体还将对圆柱体作用压差力，因而物体在流体中运动必定会受到阻力。但边界层外的流动将由势流解确定，因此研究势流理论仍具有重要意义。

例 5.4　密度为 ρ_b 的半直圆柱由于自重沉于水底，速度为 U_0 的均流绕过此半直圆柱，半直圆柱与河底面间有很小的间隙，滞止压强是 p_0，如图 5.11 所示，求能使半直圆柱浮起的最小水流速度 U_0。

解　半直圆柱在 U_0 均流中，由式(5.20)，其圆柱表面的压强

$$p_{|z|=a} = p_\infty + \frac{\rho}{2}U_0^2(1-4\sin^2\theta)$$

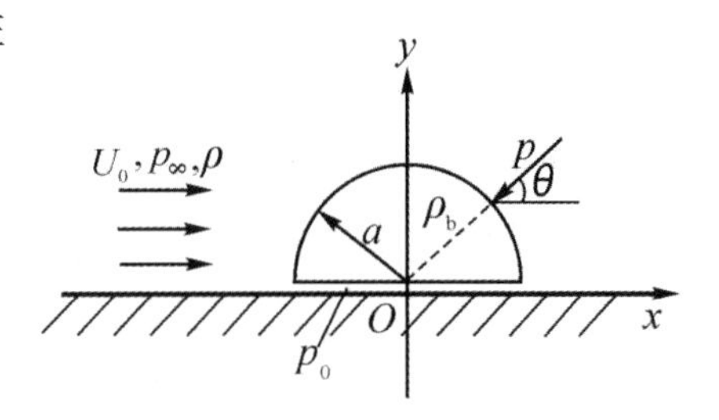

图 5.11　半直圆柱绕流

相对于无穷远处的相对压强

$$p - p_\infty = \frac{\rho}{2}U_0^2(1-4\sin^2\theta)$$

半直圆柱表面所受动压力在 y 轴分力的投影为

$$\begin{aligned} F_{y1} &= \int_0^\pi -\frac{\rho}{2}U_0^2(1-4\sin^2\theta)a\mathrm{d}\theta\sin\theta \\ &= -\rho U_0^2 a\int_0^{\frac{\pi}{2}}(1-4\sin^2\theta)\sin\theta\mathrm{d}\theta \\ &= \frac{5}{3}\rho U_0^2 a \end{aligned}$$

圆柱底平面处滞止压强 p_0，由拉格朗日方程

$$p_\infty + \frac{\rho}{2}U_0^2 = p_0$$

故圆柱底平面处受到动压力在 y 轴方向的投影为

$$F_{y2} = (p_0 - p_\infty)2a = \frac{\rho}{2}U_0^2 2a = \rho U_0^2 a$$

圆柱体受到的重力 W 和表面上由于水深所致的压力差(浮力)F_b 分别为：

$$W = \rho_b g\frac{\pi}{2}a^2 \quad (方向向下)$$

$$F_b = \rho g\frac{\pi}{2}a^2 \quad (方向向上)$$

根据题意，当半直圆柱刚能浮起时，水流的最小速度 U_0 应满足：

$$W + F_b + F_{y1} + F_{y2} = 0$$

即

$$-\rho_b g\frac{\pi}{2}a^2 + \rho g\frac{\pi}{2}a^2 + \frac{5}{3}\rho U_0^2 a + \rho U_0^2 a = 0$$

解得 $$U_0=\frac{\sqrt{3}}{4}\sqrt{g\pi a\left(\frac{\rho_b-\rho}{\rho}\right)}$$

2. 绕圆柱体有环量的流动

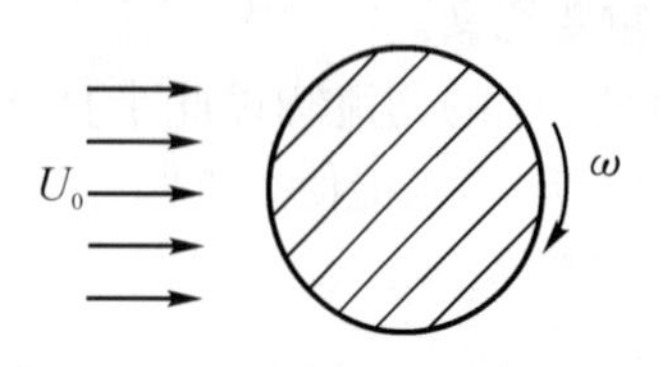

图 5.12　绕圆柱体有环量的流动

当在均流中的无限长圆柱体绕本身轴线作定轴转动时，就形成绕圆柱体有环量的流动，如图 5.12 所示。

该流动的复势只需在绕圆柱体无环量的流动复势上，在原点处再叠加一个环量为 Γ 的点涡的复势即可。其中环量 $\Gamma=2\pi a^2\omega$，方向同 ω 的转向一致，a 为圆柱的半径。圆柱的边界条件显然是满足的。

流动的复势

$$W(z)=U_0\left(z+\frac{a^2}{z}\right)-\frac{\Gamma}{2\pi \mathrm{i}}\ln z \tag{5.22}$$

复速度

$$\frac{\mathrm{d}W}{\mathrm{d}z}=U_0\left(1-\frac{a^2}{z^2}\right)-\frac{\Gamma}{2\pi \mathrm{i}}\frac{1}{z} \tag{5.23}$$

若以 S 点表示驻点，则驻点 z_S 的位置应满足下面的方程：

$$U_0\left(1-\frac{a^2}{z_S^2}\right)-\frac{\Gamma}{2\pi \mathrm{i}}\frac{1}{z_S}=0$$

解方程，得

$$z_S=\frac{-\mathrm{i}\Gamma}{4\pi U_0}\pm\sqrt{a^2-\left(\frac{\Gamma}{4\pi U_0}\right)^2}=a\left[\frac{-\mathrm{i}\Gamma}{4\pi aU_0}\pm\sqrt{1-\left(\frac{\Gamma}{4\pi aU_0}\right)^2}\right] \tag{5.24}$$

驻点 z_S 的位置视环量 Γ 和均流速度 U_0 而定，有以下三种情况：

(1) 当 $\frac{\Gamma}{4\pi aU_0}<1$，或 $\Gamma<4\pi aU_0$ 时：

令　$\frac{\Gamma}{4\pi aU_0}=\sin\beta$，代入式(5.24)，得

$$z_S=a(\pm\cos\beta-\mathrm{i}\sin\beta)$$

所以驻点在圆柱上的 A, B 两点处，如图 5.13(a)所示，反之，若已知驻点在 A, B 两点，则环量 $\Gamma=4\pi aU_0\sin\beta$。

(2) 当 $\frac{\Gamma}{4\pi aU_0}=1$，或 $\Gamma=4\pi aU_0$ 时：

此时 $\sin\beta=1$，即 $\beta=\frac{\pi}{2}$，代入式(5.24)，得

$$z_S=-a\mathrm{i}$$

即两驻点 A, B 重合在同一点，且位于圆柱的下部，如图 5.13(b)所示。

(3) 当 $\dfrac{\Gamma}{4\pi a U_0} > 1$，或 $\Gamma > 4\pi a U_0$ 时：

令 $\dfrac{\Gamma}{4\pi a U_0} = \cosh\beta$，代入式(5.24)，得

$$z_S = a\mathrm{i}(-\cosh\beta \pm \sinh\beta)$$

故

$$z_{S1} = -a\mathrm{i}e^{\beta}$$
$$z_{S2} = -a\mathrm{i}e^{-\beta}$$
$$z_{S1}z_{S2} = \mathrm{i}^2 a^2$$

若 $z_{S1} = z_{S2} = \mathrm{i}a$，则属于第二种情况，因此这两个分流点一个小于 $\mathrm{i}a$，另一个大于 $\mathrm{i}a$，小于 $\mathrm{i}a$ 的在圆柱体内，这不符合实际情况，不予考虑，而另一个驻点在圆柱之外，如图5.13(c)所示。

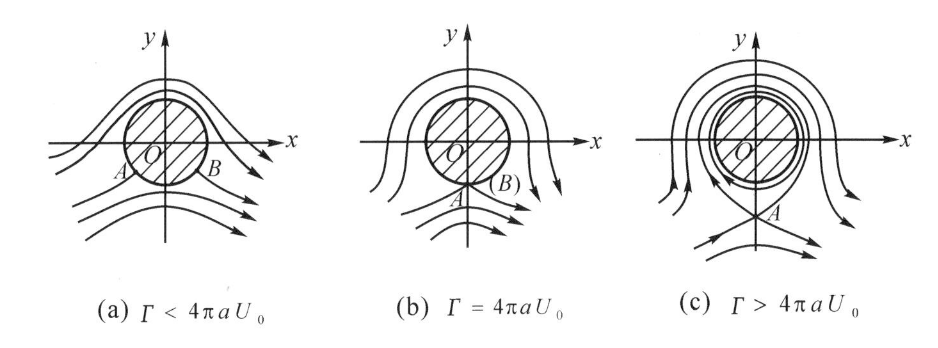

图 5.13 不同环量的绕圆柱体绕流

从以上分析可看出，由于环流的作用，圆柱上下部分流动的对称性被破坏，并使驻点向下部移动，环量强度 Γ 越大，驻点的位置越低。

下面讨论圆柱表面的速度：

将 $z = ae^{\mathrm{i}\theta}$ 代入式(5.23)，得圆柱表面的速度大小分布为

$$v_{rS} = 0$$
$$v_{\theta S} = -2U_0\left(\sin\theta + \frac{\Gamma}{4\pi a U_0}\right) \tag{5.25}$$

作用在圆柱表面上的压强分布

$$p = p_\infty + \frac{1}{2}\rho U_0^2\left[1 - 4\left(\sin\theta + \frac{\Gamma}{4\pi a U_0}\right)^2\right] \tag{5.26}$$

圆柱表面上的压强因数

$$C_p = 1 - 4\left(\sin\theta + \frac{\Gamma}{4\pi a U_0}\right)^2 \tag{5.27}$$

作用在圆柱上的压强合力 $\boldsymbol{F}$ 大小：如图(5.14)所示，在圆柱体表面上取一微分面积 $\mathrm{d}A$，理想流体作用在该微面积上的表面力只有 $p\mathrm{d}A$，将此力投影到 y 轴，并沿圆柱表面积分，可得

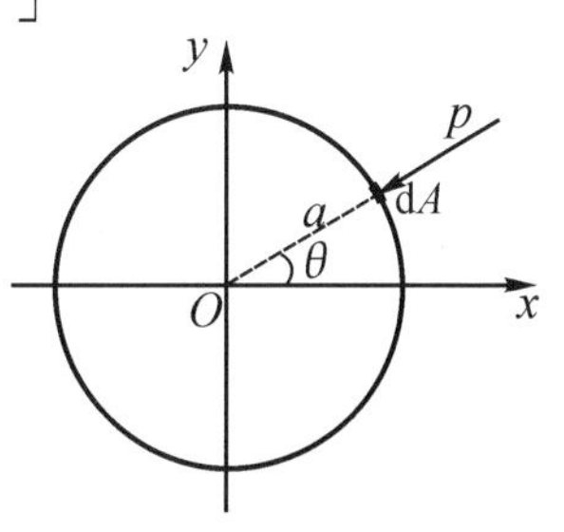

图 5.14 圆柱体上升力

$$F_y = \int_A -\left\{p_\infty + \frac{1}{2}\rho U_0^2\left[1-4\left(\sin\theta + \frac{\Gamma}{4\pi a U_0}\right)^2\right]\right\}\sin\theta \mathrm{d}A$$
$$= \rho U_0 \Gamma \tag{5.28}$$

而
$$F_x = 0$$

于是称这个与来流方向垂直的力 F_y 为升力，用 F_L 表示，这与环量的存在有关。根据圆柱周围流动的情况，上述结论是正确的。如图 5.13(a)所示，由于环流作用，在圆柱上半部环流速度方向和均流的速度方向相同，而在圆柱下部恰相反，这样导致圆柱上部速度增大，下部则减小。由伯努利方程可知，圆柱上半部压力必然小于下半部的压力，因而产生向上的升力。但沿圆柱周围流场对称于 y 轴，故在 x 方向的力 F_x 大小为零，且升力 F_y 的作用线必通过圆柱的中心点 O。

一般来讲，升力的方向是来流速度方向逆环量的方向转过 $\frac{\pi}{2}$，即为升力 $\boldsymbol{F}_L$ 的方向，单位长柱体上的升力大小始终为 $F_L = \rho U_0 \Gamma$，这就是著名的儒可夫斯基定理。

1852 年，马格纳斯(Magnus G)在实验中发现了侧向的升力，它使圆柱产生横向运动，这个现象后来被称为马格纳斯效应，工程上也有人称之为 $\sum$ 效应。

在日常生活中，有些有趣的现象是可以用马格纳斯效应来解释的。足球运动员踢出旋转的球，其飞行轨迹是一条曲线，绕过对方的球员及守门员而飞入网内，这种球俗称“香蕉球”。另外，网球、乒乓球中的“弧圈球”也能用它来解释。

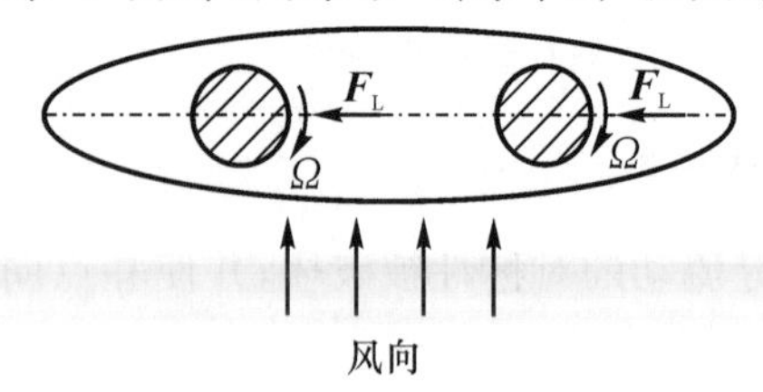

图 5.15 转筒推进原理

在上世纪初，曾在船上装置旋筒式推进器，以使船舶借助于一定的风向而前进，如图 5.15 所示。

有一条排水量为 600 吨的船，两转塔由 30 马力的电动机带动，当侧风风速为 $U_0 = 6 \sim 14\,\mathrm{m/s}$ 时，船的航速可达 6～8 节。但靠这种旋筒式作为推进器的船毕竟效率低，且航行随风向及风速影响很大，而逐渐被淘汰。

通过对圆柱绕流的两种情况的叙述，介绍了利用奇点分布法来解决流动的复势。这种方法的关键在于根据物体的边界形状，找一组适当的平面势流，使它们叠加后，在组合流场中存在着这种形状的流线。从上述讨论来看，这是带有某种“凑合”尝试的方法，因而这种方法也称为奇点凑合法。

例 5.5 某山脉剖面如图 5.16 所示，若它的地形可近似用半无限物体来模拟，在风速 $U_0 = 13\ \mathrm{m/s}$ 时，求：(1)流动的复势、流函数和势函数；(2)山脉剖面轮廓线方程；(3)纵向流速等值线方程。

解 建立平面直角坐标系如图 5.16 所示，原点在距离山脉底部 A 点 z_A 处。

流动的复势由以无穷远处来流速度 U_0 的均流叠加强度为 m 放置于原点的源组成。即

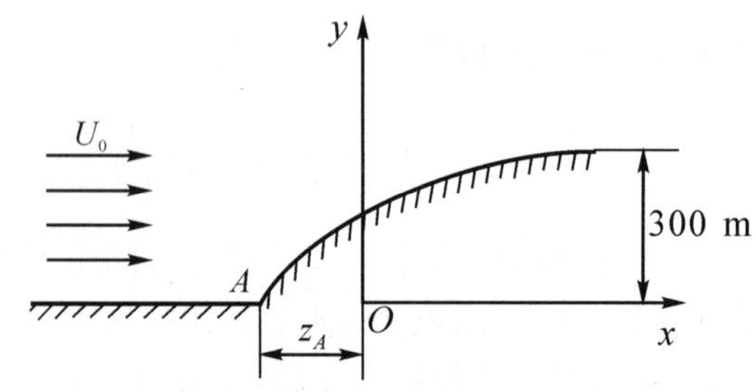

图 5.16 绕半无限物体实例

$$W(z)=U_0z+\frac{m}{2\pi}\ln z$$

$$\frac{\mathrm{d}W}{\mathrm{d}z}=U_0+\frac{m}{2\pi z}$$

由于 A 点为驻点，故将 $(z_A, 0)$ 代入上式

$$U_0+\frac{m}{2\pi z_A}=0$$

即
$$z_A=-\frac{m}{2\pi U_0}$$

而
$$W(z)=\varphi+\mathrm{i}\psi$$

其中
$$\varphi=U_0r\cos\theta+\frac{m}{2\pi}\ln r$$

$$\psi=U_0r\sin\theta+\frac{m}{2\pi}\theta$$

通过 A 点的流线方程为 $\theta=\pi$，$r=\frac{m}{2\pi U_0}$，将其代入上式，得

$$\psi=U_0r\sin\theta+\frac{m}{2\pi}\theta=\frac{m}{2}$$

由于当 $\theta=0$，$r\rightarrow\infty$ 时，$y=300$，

$$U_0y=\frac{m}{2}$$

故
$$m=2U_0y=2\times13\times300=7\,800\ \mathrm{m^3/s}$$

(1) 流动的复势　$W(z)=13z+1\,242\ln z$

速度势
$$\varphi=13r\cos\theta+1\,242\ln r$$

流函数
$$\psi=13r\sin\theta+1\,242\theta$$

(2) 山脉剖面轮廓线方程为：

$$\psi=13r\sin\theta+1\,242\,\theta=3\,900$$

或
$$13y+1\,242\arctan\frac{y}{x}=3\,900$$

(3) 纵向流速等值线方程：

由于　$\frac{\mathrm{d}W}{\mathrm{d}z}=U_0+\frac{m}{2\pi z}=U_0+\frac{m}{2\pi}\frac{1}{r}\mathrm{e}^{-\mathrm{i}\theta}=U_0+\frac{m}{2\pi r}(\cos\theta-\mathrm{i}\sin\theta)$

故纵向流速
$$u_y=\frac{m}{2\pi r}\sin\theta=C$$

即
$$r=C\sin\theta$$

等值线是圆心在 y 轴上的一系列圆。

5.3.2 镜像法

在研究物体绕流时，除了被绕流物体之外，在流场中还有其他固体壁面(平面或曲面)存在，这时固体壁面对流动的影响将改变流动的边界条件，从而改变了绕物体流动的复势，例如，飞机降落时地面对机翼绕流的影响以及机翼放入风洞中做试验，都是这种类型的问题。

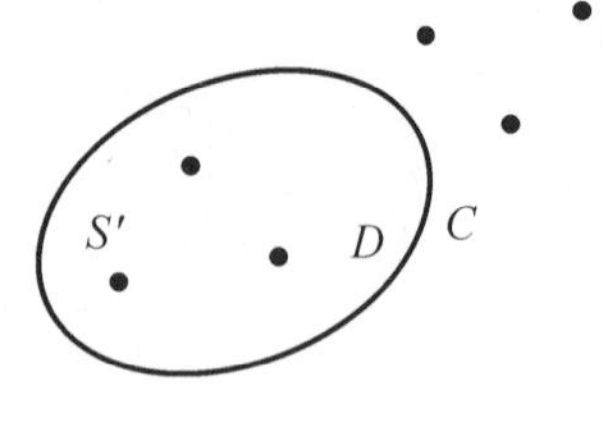

图 5.17　奇点及其影响

解决这类问题的镜像法可有效地求解流场的复势。

1. 镜像的定义

如图 5.17 所示，设以 C 为周界的区域 D 外存在着一组流体力学奇点 S，若在 D 域内放置另一组奇点 S'后，在组合流场中，周界 C 是一条流线，那么把奇点 S'称为奇点 S 关于周界 C 的镜像。显然，由奇点 S 和 S'构成的组合流场的复势就是所求 D 域外流场的复势。

2. 圆定理（米尔-汤姆逊圆定理）

若在 $|z|=a$ 的圆周之外无界流场中存在流体力学奇点，其复势已知为 $f(z)$，则在流场中放入 $|z|=a$ 的圆周固壁之后，流场的复势

$$W(z)=f(z)+\overline{f}\left(\frac{a^2}{z}\right) \tag{5.29}$$

式中的记号 $\overline{f}(z)$，是指除 z 之外将 $f(z)$ 中虚数单位 i 改为−i。

对于圆定理需要证明以下两点：

(1) 在流场中插入以原点为圆心，以 a 为半径的圆柱面，并未改变圆周以外奇点的性质和分布，新的复势 $W(z)$ 应满足这一要求。

(2) $|z|=a$ 的圆柱面应是边界。

对应于圆外的 z 点，$\dfrac{a^2}{z}$ 必位于圆内，$\dfrac{a^2}{z}$ 和 z 点是对以 a 为半径的圆的镜像点（或称反演点）。如定理中所规定的那样，复势 $f(z)$ 所对应的奇点都在圆外，函数 $\overline{f}\left(\dfrac{a^2}{z}\right)$ 所对应的奇点均在圆周之内。由于函数 $f(z)$ 在 $z=0$ 处没有奇点，因此函数 $\overline{f}\left(\dfrac{a^2}{z}\right)$ 在无穷远点也没有奇点。所以对于圆外流域复势 $W(z)$ 和 $f(z)$ 有完全一样的奇点。

在圆柱面上，因 $|z|=a$，所以

$$|z^2|=\overline{z}z=a^2$$

$$\overline{z}=\frac{a^2}{z}$$

圆柱面上复势

$$\begin{aligned}W(z)&=f(z)+\overline{f}\left(\frac{a^2}{z}\right)\\&=f(z)+\overline{f}(\overline{z})=f(z)+\overline{f(z)}\end{aligned}$$

上式表示复势仅有实部，而虚部为零，即 $\psi=0$，这说明 $|z|=a$ 是流线，故证得，式(5.29)是满足边界条件的复势表达式。

例 5.6　速度为 U_0，来流方向与 x 轴成 α 角的均流对半径为 a 的圆柱无环量绕流，求流动的复势（图 5.18）。

解　方法一：

由式(5.18)，对于来流方向与 x 轴平行的无环量绕流复势为

$$W(z')=U_0\left(z'+\frac{a^2}{z'}\right)$$

现将坐标作旋转变换，$z = z' \mathrm{e}^{\mathrm{i}\alpha}$

则
$$W(z) = U_0\left(\mathrm{e}^{-\mathrm{i}\alpha} z + \frac{\mathrm{e}^{\mathrm{i}\alpha} a^2}{z}\right)$$

方法二：

与 x 轴成 α 角，大小为 U_0 的均流，由式(5.2)，其复势

$$f(z) = U_0 \mathrm{e}^{-\mathrm{i}\alpha} z$$

根据圆定理，对于 $|z| = a$ 的镜像其复势

$$\bar{f}\left(\frac{a^2}{z}\right) = U_0 \mathrm{e}^{\mathrm{i}\alpha} \frac{a^2}{z}$$

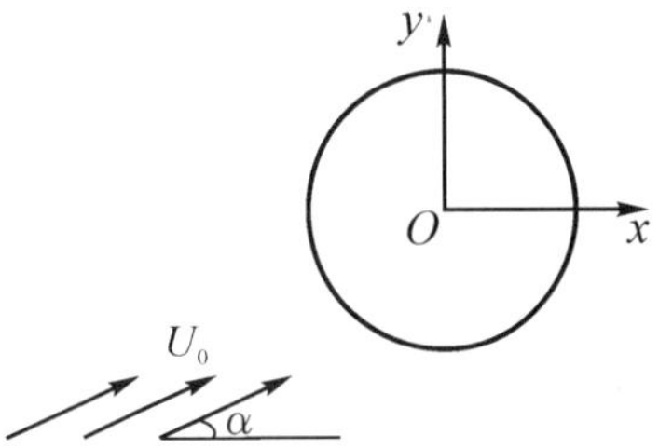

图 5.18　无环量圆柱绕流

对于 $|z| = a$ 之外的流场复势，由式(5.29)可得

$$W(z) = f(z) + \bar{f}\left(\frac{a^2}{z}\right) = U_0 \mathrm{e}^{-\mathrm{i}\alpha} z + U_0 \mathrm{e}^{\mathrm{i}\alpha} \frac{a^2}{z}$$
$$= U_0\left(\mathrm{e}^{-\mathrm{i}\alpha} z + \frac{\mathrm{e}^{\mathrm{i}\alpha} a^2}{z}\right)$$

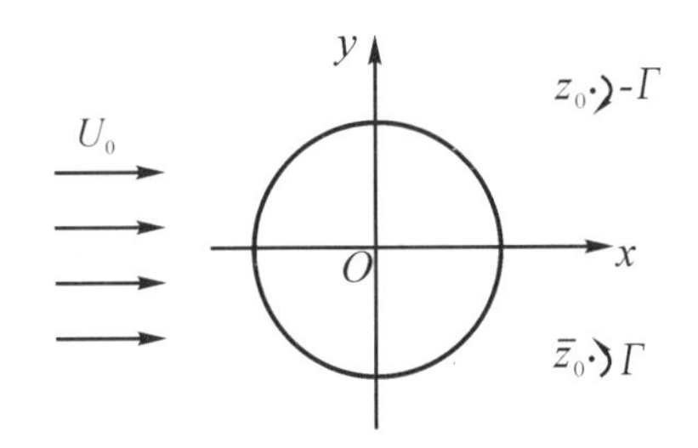

图 5.19　两点涡叠加绕圆柱无环量流动

例 5.7　在速度为 U_0 的均匀来流流场中，放置一个半径为 a 的圆柱，并在 z_0 和 $\bar{z}_0$ 点各放置一个强度相同，方向相反的点涡，如图 5.19 所示，试求流场复势。

解　由式(5.18)，对于来流 U_0 的无环量绕流其复势

$$W_1(z) = U_0\left(z + \frac{a^2}{z}\right)$$

由式(5.7)，对于两点涡，其复势

$$f(z) = \frac{-\Gamma}{2\pi\mathrm{i}}\ln(z - z_0) + \frac{\Gamma}{2\pi\mathrm{i}}\ln(z - \bar{z}_0)$$

根据圆定理，对于 $|z| = a$ 的镜像，其复势

$$\bar{f}\left(\frac{a^2}{z}\right) = \frac{\Gamma}{2\pi\mathrm{i}}\ln\left(\frac{a^2}{z} - \bar{z}_0\right) - \frac{\Gamma}{2\pi\mathrm{i}}\ln\left(\frac{a^2}{z} - z_0\right)$$
$$= \frac{\Gamma}{2\pi\mathrm{i}}\ln\frac{a^2 - z\bar{z}_0}{a^2 - zz_0}$$

两点涡在 $|z| = a$ 之外的流场，其复势

$$W_2(z) = f(z) + \bar{f}\left(\frac{a^2}{z}\right) = \frac{\Gamma}{2\pi\mathrm{i}}\ln\frac{(z - \bar{z}_0)(a^2 - z\bar{z}_0)}{(z - z_0)(a^2 - zz_0)}$$

所以，组合流场复势

$$W(z) = W_1(z) + W_2(z) = U_0\left(z + \frac{a^2}{z}\right) + \frac{\Gamma}{2\pi\mathrm{i}}\ln\frac{(z - \bar{z}_0)(a^2 - z\bar{z}_0)}{(z - z_0)(a^2 - zz_0)}$$

例 5.8 在 z 平面中有一半径为 a，圆心位于原点的圆柱面，在圆外 $z=z_0$ 处(图 5.20)有一强度为 m 的源。试证明圆周外部流场的复势为 $W(z)=\dfrac{m}{2\pi}\ln(z-z_0)+\dfrac{m}{2\pi}\ln\left(\dfrac{a^2}{z}-\bar{z}_0\right)$。

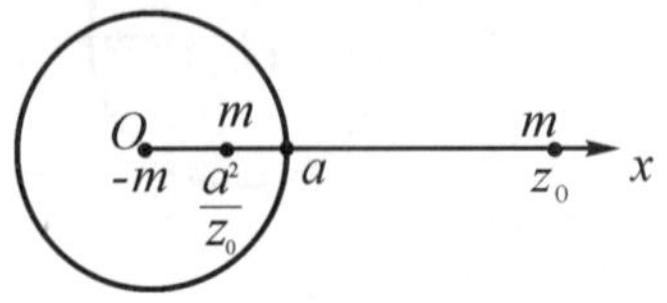

图 5.20 圆定理

证明：设在 $z=z_0$ 点有一强度为 m 的源，此时复势为 $f(z)=\dfrac{m}{2\pi}\ln(z-z_0)$。

若在流体中插入半径为 a 的圆柱面，根据式(5.29)，圆柱面外部流场的复势

$$
\begin{aligned}
W(z) &= f(z)+\bar{f}\left(\frac{a^2}{z}\right) \\
&= \frac{m}{2\pi}\ln(z-z_0)+\frac{m}{2\pi}\ln\left(\frac{a^2}{z}-\bar{z}_0\right)
\end{aligned}
$$

现讨论如下：如果取坐标如图 5.20 所示，使 z_0 在 x 轴上，z_0 离原点为 b，则 $z_0=b$，$\bar{z}_0=b$，故

$$
\begin{aligned}
W(z) &= \frac{m}{2\pi}\ln(z-b)+\frac{m}{2\pi}\ln\left(\frac{a^2}{z}-b\right) \\
&= \frac{m}{2\pi}\ln(z-b)+\frac{m}{2\pi}\ln\left(\frac{a^2-bz}{z}\right) \\
&= \frac{m}{2\pi}\ln(z-b)+\frac{m}{2\pi}\ln\left[\frac{(-b)\left(z-\dfrac{a^2}{b}\right)}{z}\right] \\
&= \frac{m}{2\pi}\ln(z-b)+\frac{m}{2\pi}\ln\left(z-\frac{a^2}{b}\right)-\frac{m}{2\pi}\ln z+\frac{m}{2\pi}\ln(-b)
\end{aligned}
$$

上式最后一项为常量，可以省略。

上述复势由以下三个平面势流叠加而成：

(1) 位于 $x=b$，即 z_0 点强度为 m 的源；

(2) 位于 $x=\dfrac{a^2}{b}$，即 z_0 点对于以 a 为半径圆的反演点处强度为 m 的源；

(3) 位于原点、强度为 m 的汇。

通过以上讨论表明：为了保证圆柱面为一流线，即使得圆柱面上 $\psi=0$。除了需在圆周内与 z_0 反演点处放置同等强度的源之外，同时还需在圆心处放置同样强度的汇，以保持圆周内部流体质量的平衡。

3. 平面定理

如果固壁边界是平面，一般有两种情况，第一种，y 轴是固壁，另一种，x 轴是固壁。

(1) 若在 $y>0$ 的上半平面中存在流体力学奇点，其复势已知为 $f(z)$，当流场放入固壁 $y=0$ 之后，上半平面流动的复势

$$W(z)=f(z)+\bar{f}(z) \tag{5.30}$$

(2) 若在 $x>0$ 的右半平面中存在流体力学奇点，其复势已知为 $f(z)$，当流场放入固壁 $x=0$ 之后，右半平面流动的复势

$$W(z) = f(z) + \overline{f}(-z) \tag{5.31}$$

镜像法的实质是寻找奇点对于边界的映像点，在相应的映像点上放置大小不变，但方向要变化的奇点，由这些奇点共同叠加的组合流场复势就能满足实际流动的边界条件。

例 5.9 在第一象限的 z_0 处放置一个强度为 m 的源(图 5.21)，求流动的复势和复速度。

解 方法一：

本题的流动区域是以 $x=0$ 和 $y=0$ 两个平面固壁为边界，需要分开考虑。

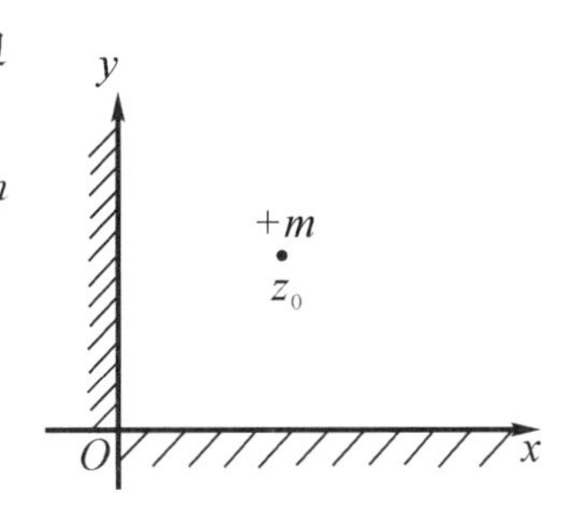

图 5.21 直角域内源流

首先考虑 $y=0$（即 x 轴）的流场，对于 z_0 处强度为 m 的源：

$$f(z) = \frac{m}{2\pi}\ln(z - z_0)$$

在将该场放入固壁 $y=0$ 后，流动的复势由式(5.30)决定：

$$W_1(z) = \frac{m}{2\pi}\ln(z - z_0) + \frac{m}{2\pi}\ln(z - \overline{z}_0)$$

然后，再放入固壁 $x=0$，流动的复势由式(5.31)决定：

$$\begin{aligned}
W &= W_1(z) + \overline{W_1}(-z) \\
&= \frac{m}{2\pi}\ln(z - z_0) + \frac{m}{2\pi}\ln(z - \overline{z}_0) + \frac{m}{2\pi}\ln(-z - z_0) + \frac{m}{2\pi}\ln(-z - \overline{z}_0) \\
&= \frac{m}{2\pi}\ln(z - z_0) + \frac{m}{2\pi}\ln(z - \overline{z}_0) + \frac{m}{2\pi}\ln(z + z_0) + \frac{m}{2\pi}\ln(z + \overline{z}_0) + 常量 \\
&= \frac{m}{2\pi}\ln[(z - z_0)(z - \overline{z}_0)(z + z_0)(z + \overline{z}_0)] + 常量 \\
&= \frac{m}{2\pi}\ln[(z^2 - z_0^2)(z^2 - \overline{z}_0^2)]
\end{aligned}$$

复势中的常量项对流场不起作用，可不予考虑。

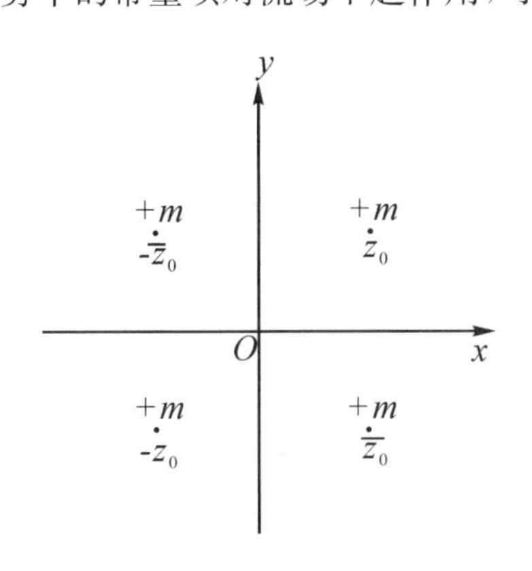

图 5.22 直角域内源及其镜像

复速度

$$\begin{aligned}
\frac{\mathrm{d}W}{\mathrm{d}z} &= \frac{m}{2\pi}\,\frac{4z^3 - 2z_0^2 z - 2z\overline{z}_0^2}{(z^2 - z_0^2)(z^2 - \overline{z}_0^2)} \\
&= \frac{m}{\pi}\,\frac{z(2z^2 - z_0^2 - \overline{z}_0^2)}{(z^2 - z_0^2)(z^2 - \overline{z}_0^2)}
\end{aligned}$$

方法二：

如图 5.22 所示，在 z_0 对于 $x=0$，$y=0$ 的镜像点放置强度为 m 的源。即在镜像 $z=\overline{z}_0$，$z=-\overline{z}_0$，$z=-z_0$ 处放置强度均为 m 的源。则组合流场的复势

$$W(z)=\frac{m}{2\pi}[\ln(z-z_0)+\ln(z-\bar{z}_0)+\ln(z+z_0)+\ln(z+\bar{z}_0)]$$

$$=\frac{m}{2\pi}\ln[(z^2-z_0^2)(z^2-\bar{z}_0^2)]$$

5.3.3 共形映射法

在复变函数中，解析函数的几何意义就是将一个平面通过解析函数关系映射到另一个平面，而这样的变换在所有解析函数导数不为零的那些点处，都是保角变换(共形映射)。一些复杂的流动边界通过共形映射可以变换为另一平面上比较典型的一些流动边界，例如：翼型绕流通过共形映射可以变换为另一平面上的圆柱绕流，而圆柱绕流问题已在前面作了深入讨论，包括流动的复势、流速场、压强场，以及作用在圆柱上流体的作用力等。因此就可以利用已有的圆柱绕流来解决复杂的翼型绕流问题。如绕机翼的流动、多角形区域内的流动等。如果用奇点分布法或镜像法，很难求得复杂区域流动的复势，这里借助于复变函数中有关共形映射的方法，就可以很好地解决大部分同类的问题。

1. 基本方法

在一个物理平面(z 平面)上，设无穷远处速度为 U_0 的均流绕经以 C 为周界的某物体(图 5.23)。若存在一个解析函数 $z=f(\zeta)$(它的反函数为 $\zeta=F(z)$)，将周界 C 变换为映射平面(ζ 平面)上形状简单的周界 C^*(如圆周等)，并满足 z 平面上 C 周界外区域，单值保角映射到 ζ 平面上周界 C^* 外区域；且规定 $z=\infty$ 对应于 $\zeta=\infty$，则在映射平面 ζ 上形成了在无穷远处速度为 U_0^* 的均流绕经 C^* 周界的物体流动。若在映射平面上流动的复势 $W^*(\zeta)$ 能找到的话，则

$$W^*(\zeta)=W^*[F(z)]=W(z)$$

而且它们都是解析函数，其中，$W(z)$ 就是在实际平面中要寻求的流动复势。这种方法就是共形映射法。为书写简单起见，按通常习惯，将 $W^*(\zeta)$ 写成 $W(\zeta)$。

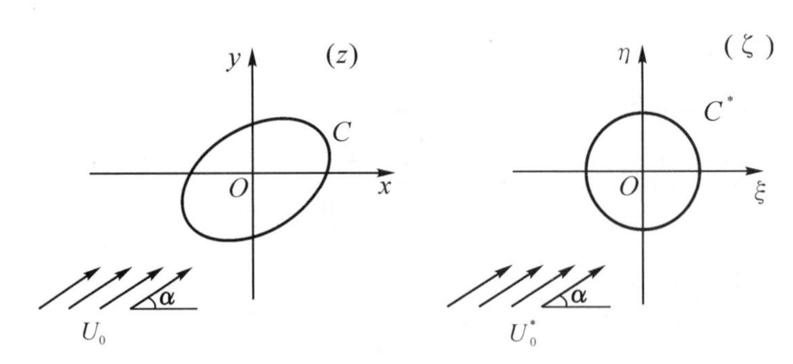

图 5.23 共形映射法

2. 共形映射法的对应关系

由于在 z 平面和 ζ 平面上流动中存在着以下一一对应的关系：

(1) ζ 平面上的流线、等势线在物理平面上仍对应为流线和等势线，其中，ζ 平面上周界 C^* 流线对应于 z 平面上周界 C 流线。

(2) z 平面上无穷远处均匀来流大小为 U_0，方向成 α，对应于 ζ 平面上无穷远处均匀来

流的大小为 U_0^*，方向仍为 α，其中，$U_0^* = mU_0$。

由于复速度

$$\frac{\mathrm{d}W(\zeta)}{\mathrm{d}\zeta} = \frac{\mathrm{d}W(z)}{\mathrm{d}z}\frac{\mathrm{d}z}{\mathrm{d}\zeta}$$

其中，对于解析变换函数，$z = f(\zeta)$。

此时

$$\frac{\mathrm{d}z}{\mathrm{d}\zeta}\bigg|_{\infty} = f'(\zeta)\bigg|_{\infty} = m > 0 \tag{5.32}$$

若

$$\frac{\mathrm{d}W(\zeta)}{\mathrm{d}\zeta}\bigg|_{\infty} = mU_0\mathrm{e}^{-\mathrm{i}\alpha}$$

则

$$\frac{\mathrm{d}W(z)}{\mathrm{d}z}\bigg|_{\infty} = \left(\frac{\mathrm{d}W(\zeta)}{\mathrm{d}\zeta}\bigg/\frac{\mathrm{d}z}{\mathrm{d}\zeta}\right)\bigg|_{\infty} = U_0\mathrm{e}^{-\mathrm{i}\alpha}$$

这说明了在物理平面和映射平面上，尽管经过变换，但无穷远处均流速度仍然存在一定的关系，方向是相同的。

(3) 在物理平面和映射平面上，绕某一封闭曲线的速度环量和流量之间存在着一定的关系。

设 ζ 平面上绕曲线 l^* 的速度环量和流量，由式(5.15)

$$\Gamma^* + \mathrm{i}Q^* = \oint_{l^*}\frac{\mathrm{d}W(\zeta)}{\mathrm{d}\zeta}\mathrm{d}\zeta$$

在 z 平面上绕曲线 l(l 和 l^* 相互对应)的速度环量和流量

$$\Gamma + \mathrm{i}Q = \oint_{l}\frac{\mathrm{d}W(z)}{\mathrm{d}z}\mathrm{d}z$$

由于

$$\oint_{l^*}\frac{\mathrm{d}W(\zeta)}{\mathrm{d}\zeta}\mathrm{d}\zeta = \oint_{l^*}\frac{\mathrm{d}W}{\mathrm{d}z}\frac{\mathrm{d}z}{\mathrm{d}\zeta}\mathrm{d}\zeta = \oint_{l}\frac{\mathrm{d}W}{\mathrm{d}z}\mathrm{d}z$$

因此

$$\Gamma^* + \mathrm{i}Q^* = \Gamma + \mathrm{i}Q \tag{5.33}$$

这说明在物理平面和映射平面上源和点涡这两个奇点性质相同，且绕两平面上对应封闭曲线的环量及穿过它们的流量不变。

(4) 在 z 平面上，$W(z)$ 在 $z = z_i$ 点上有奇点，则在 ζ 平面上，相应的对应点 $\zeta = \zeta_i$ 上，相应的 $W(\zeta)$ 也具有同样性质的奇点。

例如，在 z 平面上 $z = z_0$ 点上有源和点涡，则在 $\zeta = \zeta_0$ 处的 $W(\zeta)$ 具有同样性质和同样强度的奇点。需要指出的是，如果在 z 平面上 $z = z_0$ 点有偶极子，则在 $\zeta = \zeta_0$ 处，仍然有偶

极子。但它的强度为 $M\left|\left(\frac{d\zeta}{dz}\right)_{\zeta=\zeta_0}\right|$，其方向为 $\alpha+\arg\left(\frac{d\zeta}{dz}\right)_{\zeta=\zeta_0}$。这是由于在 $\zeta=F(z)$ 的变换中，在 $\zeta=\zeta_0$ 处线性尺度的放大和转动所引起的。虽然组成偶极子的源汇强度保持不变，但它们之间的距离 δ 变化了，δ 变成了 $\delta\left|\left(\frac{d\zeta}{dz}\right)_{\zeta=\zeta_0}\right|$，因此偶极子的强度由 M 变为 $M\left|\left(\frac{d\zeta}{dz}\right)_{\zeta=\zeta_0}\right|$，且方向也发生了变化。

(5) 在 z 平面上的流线与等势线，对应于 ζ 平面上仍为流线与等势线。

3. 共形映射法环量的确定

如图 5.23 所示，设无穷远处速度大小为 U_0、以 α 角方向(称之为冲角)均流流经物体 C，通过变换函数 $z=f(\zeta)$，将物体 C 外部单值映照到 ζ 平面上半径为 a 的圆周 C^* 的外部，其中，由式(5.32)：$\left.\frac{dz}{d\zeta}\right|_{\infty}=f'(\zeta)\Big|_{\zeta=\infty}=m$，则在 ζ 平面无穷远处速度大小为 mU_0，以冲角 α 流经半径为 a 的圆柱。

由式(5.22)，经 z 坐标旋转变换，得映射平面 ζ 上绕圆柱有环量的复势为

$$W(\zeta)=mU_0e^{-i\alpha}\left(\zeta+\frac{e^{i2\alpha}a^2}{\zeta}\right)+\frac{\Gamma^*}{2\pi i}\ln\zeta \tag{5.34}$$

将反函数 $\zeta=F(z)$ 代入上式，便可得到在物理平面上实际流动的复势 $W(z)$。

从以上分析可知，除了寻找合适的解析变换函数 $z=f(\zeta)$ 外，确立上式中环量 Γ 的大小是相当重要的，由式(5.28)便可决定绕流物体所受升力的大小。

环量的存在和大小是根据库塔-儒可夫斯基(Kutta-Joukowsky)假定(简称 K-J 假定)来确定的。

在具有尖锐后缘翼型(或平板)的绕流中，当流动的冲角不足以大到发生严重流动分离时，翼型上下两股流动总是在尖锐后缘处汇合，而且在该处的流速为有限值，因此必定存在有环量，它的大小应能恰好使背面的后驻点移到后缘，使得在尖锐后缘处流动的速度是有限值。这一假设就是著名的 K-J 假定，它是确定机翼绕流环量的依据。

在物理平面 z 上的周界 C，通过变换函数 $z=f(\zeta)$ 映射为 ζ 平面上的圆周 C^*，如图 5.24 所示，设机翼尖锐后缘点 B 对应于映射平面 ζ 的 B^* 点。B 点的外角是 $2\pi-\delta$，而 B^* 点的外角是 π，那么保角映射的保角性在 B 点被破坏，因此下式必定成立：

$$\left.\frac{dz}{d\zeta}\right|_{B^*}=0$$

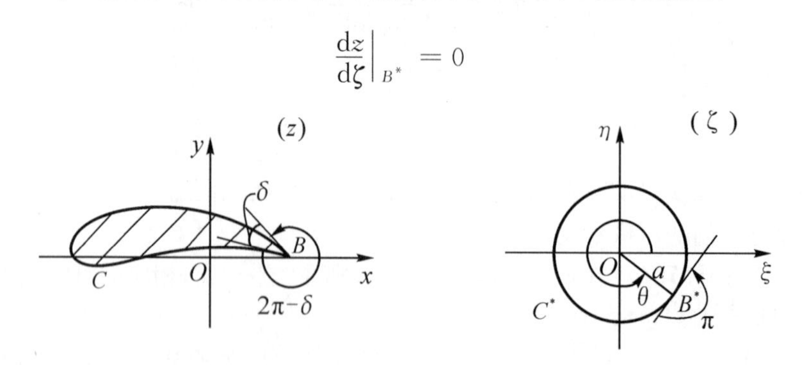

图 5.24 具有尖锐后缘点机翼映照为圆

根据 K－J 假定，在尖锐后缘处的 B 点流动速度不会无穷大，而是有限值，即

$$\left.\frac{\mathrm{d}W(z)}{\mathrm{d}z}\right|_B \text{为有限值}$$

故

$$\left.\frac{\mathrm{d}W}{\mathrm{d}\zeta}\right|_{B^*}=\left.\frac{\mathrm{d}W}{\mathrm{d}z}\right|_B\left.\frac{\mathrm{d}z}{\mathrm{d}\zeta}\right|_{B^*}=0$$

ζ 平面上 B^* 必定是后驻点，它是由一定大小的环量所决定的。

将式(5.34)代入上式，得

$$\left[mU_0\mathrm{e}^{-\mathrm{i}\alpha}\left(1-\frac{a^2\mathrm{e}^{\mathrm{i}2\alpha}}{\zeta^2}\right)+\frac{\Gamma^*}{2\pi\mathrm{i}}\frac{1}{\zeta}\right]_{B^*}=0$$

令 $\zeta_{B^*}=a\mathrm{e}^{\mathrm{i}\theta}$，($\theta$ 是 B^* 点的极角)将其代入上式：

$$mU_0\mathrm{e}^{-\mathrm{i}\alpha}(1-\mathrm{e}^{\mathrm{i}(2\alpha-2\theta)})+\frac{\Gamma^*}{2\pi\mathrm{i}}\frac{1}{a}\mathrm{e}^{-\mathrm{i}\theta}=0$$

解得

$$\Gamma=4\pi amU_0\sin(\theta-\alpha) \tag{5.35}$$

当 Γ 满足上式时，在翼型后缘处速度为有限值，这个式子是 K－J 假定条件的数学表达式。对于尖锐后缘翼型的绕流问题可用上式来求环量 Γ，但对于不具有尖锐后缘的情况，那么 Γ 可用实验测得，或者事先给定。

4. 翼型的几何参数

机翼或叶片的横剖面称为翼型。翼型的几何形状和几何参数决定着它的流动动力特性。翼型的几何参数包括：

(1) 弦长是指翼型的前缘(一般具有较小的曲率半径)和后缘(尾部的一个尖点)连线(称翼弦)的长度，以 c 来表示，如图 5.25 所示。

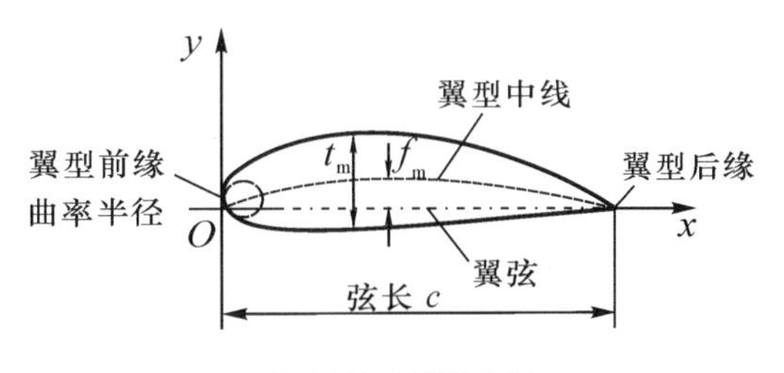

图 5.25　翼型剖面

(2) 翼型厚度是指翼型的上下周线之间与翼弦垂直的直线段长度，以 t 表示，最大厚度是各个厚度中的最大值，以 t_m 表示，通常 t_m 是翼型厚度的代表。

(3) 中线是指翼型各个厚度线段中点的连线，称为翼型的中线。而中线到翼弦的距离 f 称为翼型的弯度。最大弯度是各个弯度中的最大值，用 f_m 表示。

翼型采用如图 5.25 所示的坐标，翼型的具体形状可用中线的弯度分布函数 $f(x)$ 和周线厚度分布函数 $t(x)$ 来描述。

机翼的长度称为翼展，用 l 表示，它是机翼两端面之间的距离。翼展与弦长之比 $\lambda=\dfrac{l}{c}$，称为展弦比，它是反映有限长机翼的几何特征的参数，一般的机翼，$\lambda\gg1$。

5. 儒可夫斯基变换

为求解翼型的几何和气动力特性问题，儒可夫斯基提出了一个变换函数为：

$$z=\frac{1}{2}\left(\zeta+\frac{c^{2}}{\zeta}\right) \tag{5.36}$$

式中 c(翼型的半弦长)是实常数，其反函数为：

$$\zeta=z+\sqrt{z^{2}-c^{2}} \tag{5.37}$$

对于 $\frac{\mathrm{d}z}{\mathrm{d}\zeta}=\frac{1}{2}\left(1-\frac{c^{2}}{\zeta^{2}}\right)$，除 $\zeta=\pm c$ 之外，处处保角。

儒可夫斯基函数的几何性质：

(1) z 平面上半宽长为 c 的直线段变换为 ζ 平面上半径为 c 的圆周(图 5.26)。

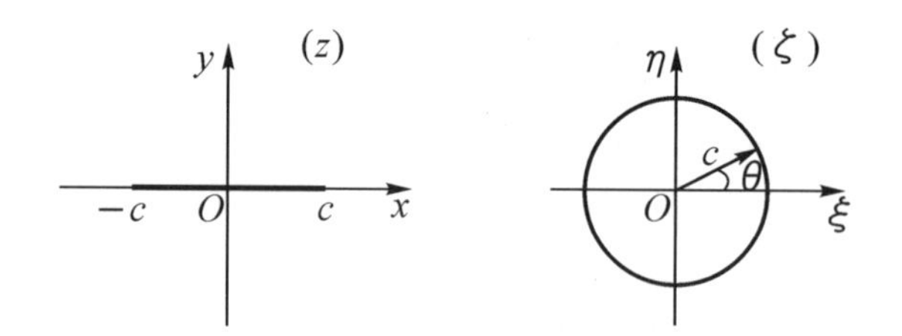

图 5.26　直线段映射为圆

(2) z 平面上长、短半轴分别为 a_1、c_1 的椭圆变换为 ζ 平面上半径为 a 的圆周(图 5.27)。

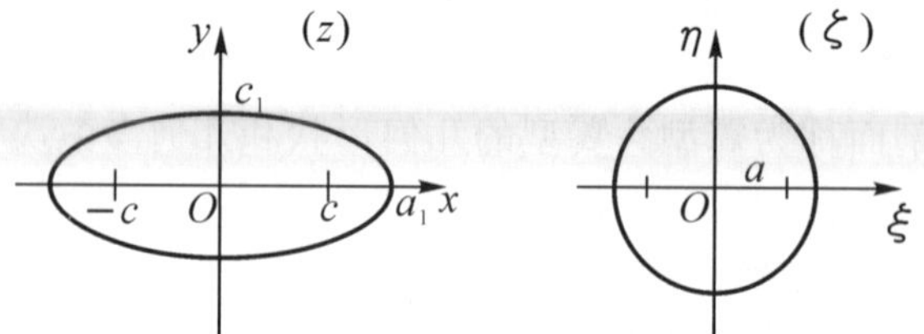

图 5.27　椭圆映射为圆周

参数如下：

$$a=a_{1}+c_{1} \tag{5.38}$$

$$c=\sqrt{a_{1}^{2}-c_{1}^{2}} \tag{5.39}$$

(3) z 平面上圆弧翼变换为 ζ 平面上偏心圆周(图 5.28)。

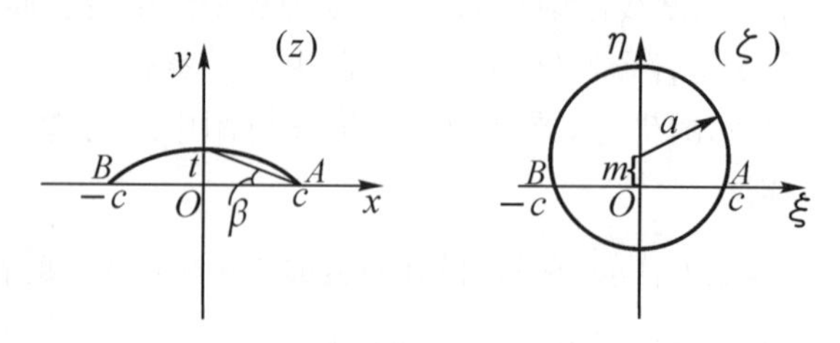

图 5.28　圆弧翼映射为偏心圆周

已知圆弧翼参数:弦长为 $2c$,翼厚 t。若映射圆的偏心距

$$m = t \tag{5.40}$$

或映射圆的圆心在 $\zeta_0 = t\mathrm{i}$ 点,则映射圆的半径

$$a = \sqrt{c^2 + t^2} \tag{5.41}$$

(4) z 平面上对称机翼变换为 ζ 平面上偏心圆周(图 5.29)。

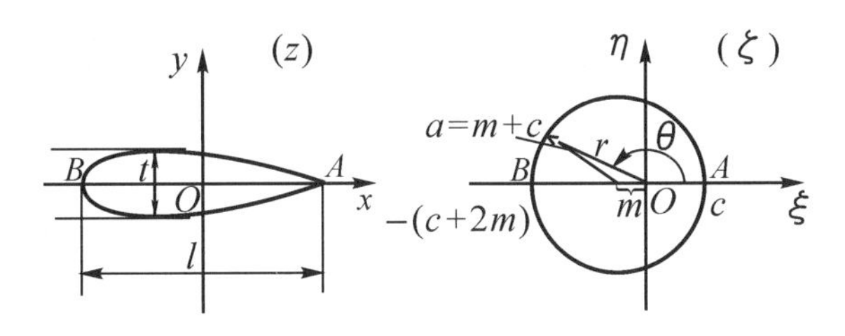

图 5.29　对称机翼映射为偏心圆周

(5) z 平面上儒可夫斯基机翼变换为 ζ 平面上偏心圆周(图 5.30)。

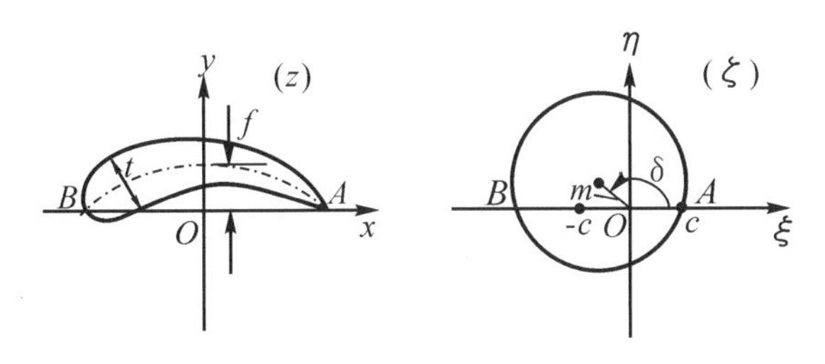

图 5.30　儒可夫斯基机翼映射为偏心圆周

6. 绕翼型的库塔-儒可夫斯基条件

实验表明,具有向上弯度的翼型在沿翼弦方向向前作平移运动时,将产生向上的升力,这说明绕翼型产生了速度环量 Γ,这个环量是如何产生的,下面作一简单说明。

当机翼刚启动时,绕翼型流动是无环量绕流。这时后驻点在翼型的上表面 B 处,如图 5.31(a)所示。下部流体在绕过尖锐尾缘 A 处时将形成逆时针方向的尾部涡量。随着流体向下游运动,带动了旋涡由翼型尾部脱落,这个涡称为起动涡。

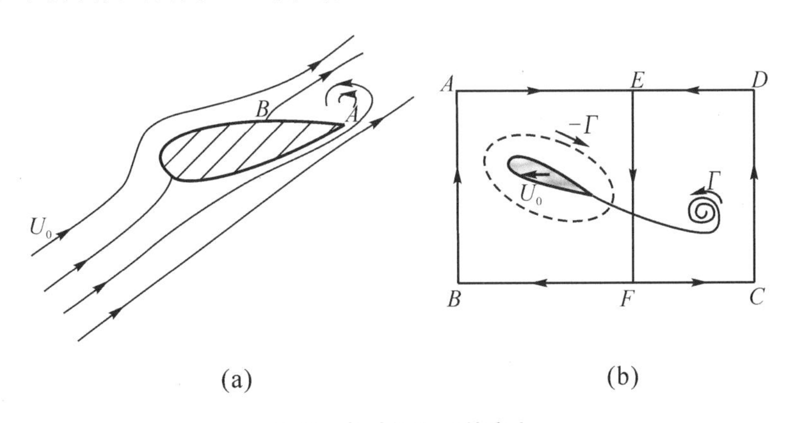

图 5.31　起动涡和 Γ 的产生

在流场中，包含机翼画一周界线 $ABCD$，如图 5.31(b)所示。在这一周界中由于机翼在起动前无环量，而刚起动时，形成逆时针方向的起动涡，根据环量守恒定理，必定在翼型前部产生一个与起动涡大小相同，而方向相反的旋涡，这个旋涡称为附着涡。此附着涡就产生绕翼型的环量。

在附着涡的作用下，后驻点向尾缘处移动。当环量的大小仍不足以使后驻点移到尾缘时，尾缘处仍继续会有尖角绕流引起的涡脱落，从而使附着涡产生的环量增加。这一过程不断反复，直至后驻点移至尾缘为止。翼型上下速度在此时平滑地连接，后缘处流速为有限值，这就符合了 K－J 假定条件。虽然尾部不再产生旋涡，但只要翼型保持速度不变，绕翼型的环量仍达到一个稳定的数值。倘若机翼的速度发生变化，则产生了加速涡或减速涡，这些涡的脱离使得绕翼型的环量又将发生变化。

当翼型以速度 U_0 均匀运动时，由 K－J 假定确定的环量为 Γ，则翼型升力由儒可夫斯基升力定理确定为 $\rho U_0 \Gamma$。一般认为，环量 Γ 与翼型形状和来流攻角有关。

7. 儒可夫斯基变换的应用

儒可夫斯基变换是应用共形映射法求较复杂流动的复势常用变换之一，其解题步骤如下：

(1) 写出儒可夫斯基变换函数及其反函数。

(2) 求出满足 K－J 假定的速度环量 Γ。

(3) 写出映射平面绕圆柱绕流的复势。

(4) 将 $\zeta = F(z)$ 反函数代入上述的复势，得到实际平面上流动的复势。

例 5.10 将长 $2c$ 的平板放置在速度为 U_0 的均匀来流(图 5.32)中，试求：(1)流场复势和复速度；(2)升力因数 C_L。

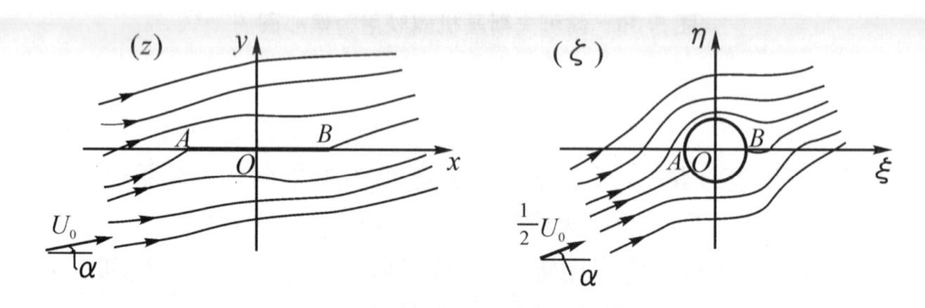

图 5.32 平板绕流

解 儒可夫斯基的变换函数为式(5.36)：

$$z = \frac{1}{2}\left(\zeta + \frac{c^2}{\zeta}\right)$$

其中，c 为平板长度的一半(在 z 平面上)映射为半径为 c 的圆(在 ζ 平面上)，在 z 平面上无穷远处速度为 U_0，冲角为 α，在 ζ 平面上无穷远处速度为$\frac{1}{2}U_0$，冲角为 α。

反函数为式(5.37)：

$$\zeta = z + \sqrt{z^2 - c^2}$$

根据 K－J 假定条件，后缘 B 点处速度为有限值。根据式(5.35)，则环量大小为

$$\Gamma = 4\pi c \times \frac{1}{2}U_0 \sin(0-\alpha) = -2\pi c U_0 \sin\alpha \quad \text{(即顺时针方向)}$$

(1) 由式(5.34),在 ζ 平面绕半径为 c 的圆柱绕流复势

$$\begin{aligned} W(\zeta) &= \frac{1}{2}U_0 \mathrm{e}^{-\mathrm{i}\alpha}\left(\zeta + \frac{c^2 \mathrm{e}^{2\mathrm{i}\alpha}}{\zeta}\right) + \frac{\Gamma}{2\pi \mathrm{i}}\ln\zeta \\ &= \frac{1}{2}U_0\left(\mathrm{e}^{-\mathrm{i}\alpha}\zeta + \frac{c^2}{\zeta}\mathrm{e}^{\mathrm{i}\alpha}\right) + \frac{\Gamma}{2\pi \mathrm{i}}\ln\zeta \end{aligned}$$

将 $\zeta = z + \sqrt{z^2 - c^2}$ 代入上式,则物理平面上流动复势

$$\begin{aligned} W(z) &= \frac{1}{2}U_0\left[\mathrm{e}^{-\mathrm{i}\alpha}(z + \sqrt{z^2-c^2}) + \frac{c^2}{z+\sqrt{z^2-c^2}}\mathrm{e}^{\mathrm{i}\alpha}\right] + \frac{\Gamma}{2\pi \mathrm{i}}\ln(z + \sqrt{z^2-c^2}) \\ &= \frac{1}{2}U_0\left[\mathrm{e}^{-\mathrm{i}\alpha}(z + \sqrt{z^2-c^2}) + (z - \sqrt{z^2-c^2})\mathrm{e}^{\mathrm{i}\alpha}\right] + \frac{\Gamma}{2\pi \mathrm{i}}\ln(z + \sqrt{z^2-c^2}) \\ &= \frac{1}{2}U_0\left[z(\mathrm{e}^{-\mathrm{i}\alpha} + \mathrm{e}^{\mathrm{i}\alpha}) + \sqrt{z^2-c^2}(\mathrm{e}^{-\mathrm{i}\alpha} - \mathrm{e}^{\mathrm{i}\alpha})\right] + \frac{\Gamma}{2\pi \mathrm{i}}\ln(z + \sqrt{z^2-c^2}) \\ &= \frac{1}{2}U_0(2z\cos\alpha - 2\mathrm{i}\sin\alpha\sqrt{z^2-c^2}) + \frac{\Gamma}{2\pi \mathrm{i}}\ln(z + \sqrt{z^2-c^2}) \\ &= U_0 z\cos\alpha - \mathrm{i}U_0\sin\alpha\sqrt{z^2-c^2} + \frac{\Gamma}{2\pi \mathrm{i}}\left(\operatorname{arcosh}\frac{z}{c} + \ln c\right) \end{aligned}$$

以 $\Gamma = -2\pi c U_0 \sin\alpha$ 代入上式,其中常量项可以不计,故流动复势

$$W(z) = U_0 z\cos\alpha - \mathrm{i}U_0\sin\alpha\sqrt{z^2-c^2} + \mathrm{i}cU_0\sin\alpha \operatorname{arcosh}\frac{z}{c}$$

复速度

$$\frac{\mathrm{d}W(z)}{\mathrm{d}z} = U_0\cos\alpha - \mathrm{i}U_0\sin\alpha\frac{z}{\sqrt{z^2-c^2}} + \mathrm{i}cU_0\sin\alpha\frac{1}{\sqrt{z^2-c^2}}$$

(2) 作用在平板上的升力大小由式(5.28)决定:

$$F_{\mathrm{L}} = \rho U_0 \Gamma = \rho U_0 2\pi c U_0 \sin\alpha = 2\pi c U_0^2 \rho\sin\alpha$$

升力的方向由 U_0 方向逆时针转过 $\frac{\pi}{2}$ 即可。

升力因数 $$C_{\mathrm{L}} = \frac{F_{\mathrm{L}}}{\frac{1}{2}\rho U_0^2 A} = \frac{2\pi c U_0^2 \rho\sin\alpha}{\frac{1}{2}\rho U_0^2 2c} = 2\pi\sin\alpha$$

例 5.11 如图 5.33 所示的流场,应用儒可夫斯基变换求流动复势。

解 由于 x 轴是条流线,本题为半无限平面流动,根据对称原理可视为绕长度为 $2l$ 的竖直平板无限平面的均流。如图 5.33(b)所示。

由变换函数 $$z = \frac{1}{2}\left(\mathrm{i}\zeta + \frac{l^2 \mathrm{i}}{\zeta}\right) = \frac{1}{2}\mathrm{i}\left(\zeta + \frac{l^2}{\zeta}\right)$$

将物理平面 z 变换成映射平面 ζ,平板映射为半径为 l 的圆,而 m 由下式求得:

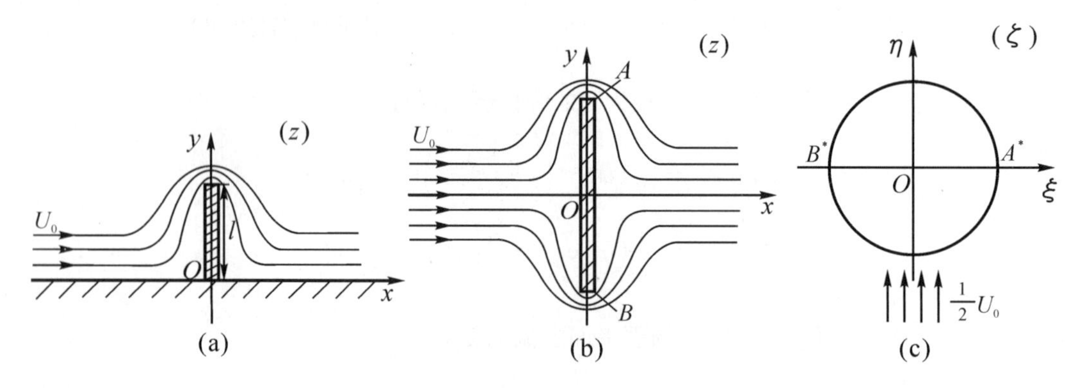

图 5.33　绕竖直平板的均流

$$\left.\frac{\mathrm{d}z}{\mathrm{d}\zeta}\right|_{\infty}=\frac{1}{2}\mathrm{i}\left(1-\frac{l^2}{\zeta^2}\right)\bigg|_{\zeta=\infty}=\frac{1}{2}\mathrm{i}=m$$

在 ζ 平面上均流　$U_0^*=\frac{1}{2}U_0\mathrm{i}$，如图 5.33(c)所示。

绕半径为 l 的圆柱的复势为

$$W^*(\zeta)=\frac{1}{2}U_0\mathrm{e}^{-\mathrm{i}\frac{\pi}{2}}\zeta+\frac{\frac{1}{2}U_0 l^2}{\zeta}\mathrm{e}^{\mathrm{i}\frac{\pi}{2}}=-\frac{1}{2}U_0\zeta\mathrm{i}+\frac{1}{2}\frac{U_0 l^2}{\zeta}\mathrm{i}$$

以变换函数的反函数 $\zeta=-z\mathrm{i}+\sqrt{z^2+l^2}\,\mathrm{i}$ 代入上式，得

$$\begin{aligned}W(z)&=-\frac{1}{2}U_0\mathrm{i}(-z\mathrm{i}+\sqrt{z^2+l^2}\,\mathrm{i})+\frac{1}{2}U_0 l^2\mathrm{i}\frac{1}{-z\mathrm{i}+\sqrt{z^2+l^2}\,\mathrm{i}}\\&=U_0\sqrt{z^2+l^2}\end{aligned}$$

即绕长度为 l 竖直平板的流动复势

$$W(z)=U_0\sqrt{z^2+l^2}$$

例 5.12　已知绕圆弧形薄翼的平面流动，如图 5.34 所示，其中弦长为 $2c$，翼厚为 t，来流的冲角为 α，无穷远处均流的速度为 U_0，流体密度为 ρ，求：(1)流动的复势；(2)速度环量 Γ 的大小和方向。

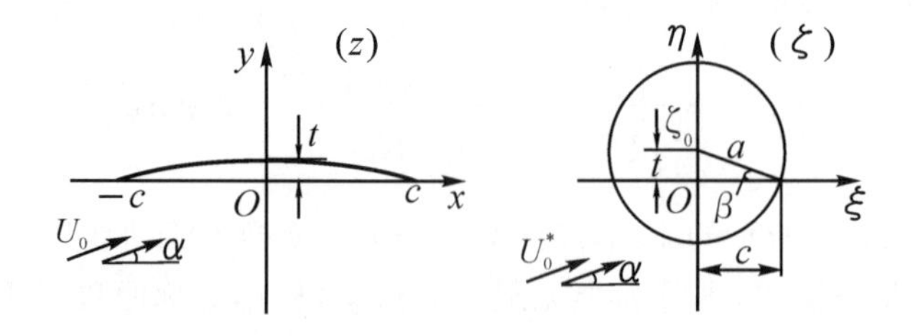

图 5.34　圆弧薄翼绕流

解　儒可夫斯基变换函数为

$$z=\frac{1}{2}\left(\zeta+\frac{c^2}{\zeta}\right)$$

由式(5.40),(5.41),将圆弧形薄翼映射为半径为 $a=\sqrt{t^2+c^2}$,圆心在 $\zeta_0=t\mathrm{i}$ 的偏心圆(ζ 平面),且在 ζ 平面上来流 $U_0^*=\frac{1}{2}U_0$,冲角为 α。

(1) 在 ζ 平面上绕圆柱流动的复势

$$W(\zeta)=\frac{1}{2}U_0\mathrm{e}^{-\mathrm{i}\alpha}\left[(\zeta-t\mathrm{i})+\frac{a^2\mathrm{e}^{2\mathrm{i}\alpha}}{\zeta-t\mathrm{i}}\right]+\frac{\Gamma}{2\pi\mathrm{i}}\ln(\zeta-t\mathrm{i})$$

由于 $\zeta=z+\sqrt{z^2-c^2}$,故

$$W(z)=\frac{1}{2}U_0\mathrm{e}^{-\mathrm{i}\alpha}\left[(z+\sqrt{z^2-c^2}-t\mathrm{i})+\frac{a^2\mathrm{e}^{2\mathrm{i}\alpha}}{z+\sqrt{z^2-c^2}-t\mathrm{i}}\right]+\frac{\Gamma}{2\pi\mathrm{i}}\ln(z+\sqrt{z^2-c^2}-t\mathrm{i})$$

其中,$a=\sqrt{c^2+t^2}$。

(2) 环量 Γ 的大小,按式(5.35)

$$\begin{aligned}\Gamma&=4\pi amU_0(\sin\theta-\alpha)\\&=4\pi a\,\frac{1}{2}U_0[\sin(2\pi-\beta-\alpha)]\\&=-2\pi aU_0\sin(\alpha+\beta)\end{aligned}$$

其中:

$$\beta=\arctan\frac{t}{c}$$

式中负号表示环量的方向是顺时针方向。

8. 施瓦茨-克里斯托费尔(Schwarz-Christoffel)变换(简称 S-C 变换)

在自然流动中经常会出现许多由平壁组成的多角形区域(图 5.35),这时流动通常采用施瓦茨-克里斯托费尔变换,将多角形区域映射为半无限平面来解决。

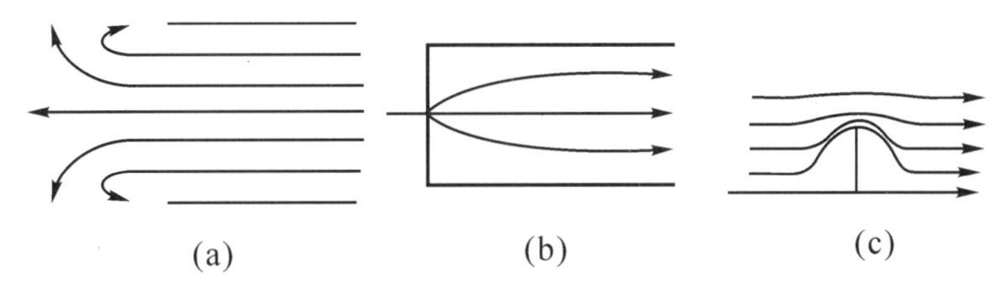

图 5.35 平壁间多角形区域流动

设在 z 平面内有一个 n 角形,其外角分别是 θ_1, θ_2, …, θ_n(弧度)。S-C 变换函数是

$$z=A\int\frac{\mathrm{d}\zeta}{(\zeta-a_1)^{\frac{\theta_1}{\pi}}(\zeta-a_2)^{\frac{\theta_2}{\pi}}\cdots(\zeta-a_n)^{\frac{\theta_n}{\pi}}}+B \tag{5.42}$$

式中,A, B 是复常数;a_1, a_2, …, a_n 是实常数,它可将在 z 平面上一个 n 角形变换为 ζ 平面上的上半平面(如图 5.36 所示)。多角形顶点 A_1, A_2, …, A_n 变换为 ζ 平面实轴上的点 A_1^*, A_2^*, …, A_n^*,其坐标是 a_1, a_2, …, a_n。

在实际应用中要注意如下几点:

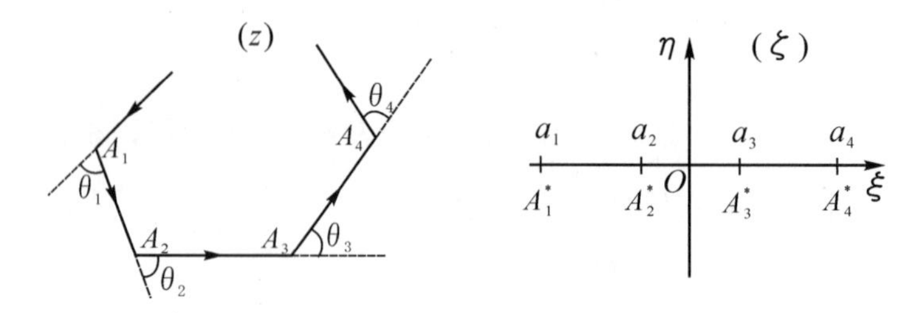

图 5.36　多角形周界映射为直线

(1) A_1, A_2, …, A_n 和 A_1^*, A_2^*, …, A_n^* 排列顺序对应关系应符合边界与区域的对应关系，一般沿边界顺序行进区域始终保持在左边。

(2) 两条平行线可以看作在无穷远处相交，其外角为 π。

(3) 在实际问题中，有时经常会遇到的多角形是变态多角形，如图 5.36 所示，在图中，它的顶点有一个或几个在无穷远处，这时该点在映射平面 ζ 上的对应点为实轴上的无穷远处，即 $a_i=\infty$，于是在式(5.42)中含 a_i 的因子自动消失。

(4) 在式(5.42)中，通常有 A, B, a_1, a_2, …, a_n，共 $n+2$ 个常数，可以预先规定好 a_1, a_2, …, a_n 中任意的 3 个，其他则由边界条件来确定。

(5) 对于外角 θ_1, θ_2, …, θ_n，要注意正、负号，其中逆时针方向是“+”，顺时针方向是“—”。

例 5.13　求图 5.37 中半无限长渠道内的流动复势和复速度。

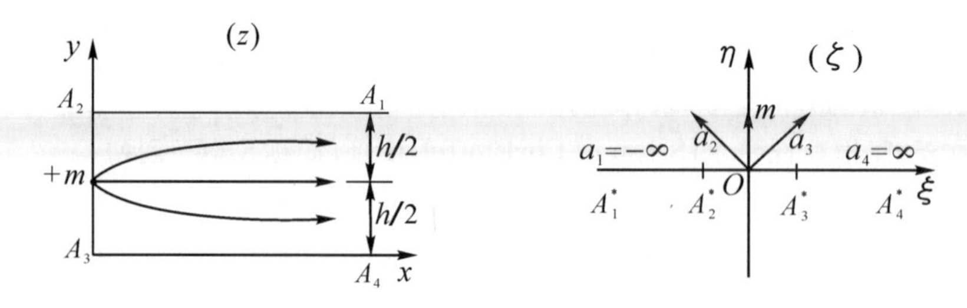

图 5.37　半无限长渠道的流动

解　利用施瓦茨-克里斯托费尔变换，将图中 z 平面的半无限长区域映射到上半平面，其点的对应关系如下：

z 平面	A_1	A_2	A_3	A_4
z 坐标	$\infty+\mathrm{i}h$	$\mathrm{i}h$	0	∞
θ 外角	π	$\pi/2$	$\pi/2$	π
ζ 平面	A_1^*	A_2^*	A_3^*	A_4^*
ζ 坐标	$-\infty$	-1	1	$+\infty$

根据所对应的关系，S-C 变换式为

$$z=A\int\frac{\mathrm{d}\zeta}{(\zeta+1)^{\frac{1}{2}}(\zeta-1)^{\frac{1}{2}}}+B=A\operatorname{arcosh}\zeta+B$$

现来求待定常数 A，B，用 z 平面中 A_2，A_3 及 ζ 平面上 A_2^*，A_3^* 点的坐标代入，得

$$\mathrm{i}h = A\operatorname{arcosh}(-1) + B = A\pi\mathrm{i} + B$$
$$0 = A\operatorname{arcosh}1 + B = B$$

解得
$$A = \frac{h}{\pi},\ B = 0$$

因此 S－C 变换函数为

$$z = \frac{h}{\pi}\operatorname{arcosh}\zeta$$

反函数为
$$\zeta = \cosh\frac{\pi}{h}z$$

它将半无限长渠道的边界变换为 ζ 平面上的实轴，渠道内的区域变换成 ζ 平面上的上半平面。

从图 5.37 可看出，在边界 A_2A_3 中点，即 $z = \mathrm{i}\dfrac{h}{2}$ 处有一强度为 m 的源，而该点在 ζ 平面上的上对应点是：

$$\zeta = \cosh\left(\frac{\pi}{h}\mathrm{i}\frac{h}{2}\right) = 0$$

应用镜像法中平面定理，在该处再叠加一个强度为 m 的源。即在 ζ 平面上，在实轴$\zeta=0$ 处有一强度为 m 的源，故上半平面流动的复势

$$W(\zeta) = \frac{2m}{2\pi}\ln\zeta = \frac{m}{\pi}\ln\zeta$$

在物理平面 z 中复势

$$W(z) = \frac{m}{\pi}\ln\left(\cosh\frac{\pi}{h}z\right)$$

复速度

$$\frac{\mathrm{d}W}{\mathrm{d}z} = \frac{m}{\pi}\frac{\sinh\frac{\pi}{h}z}{\cosh\frac{\pi}{h}z}\frac{\pi}{h} = \frac{m}{h}\tanh\frac{\pi}{h}z$$

例 5.14 求图 5.38 所示的角域内的流动复势。

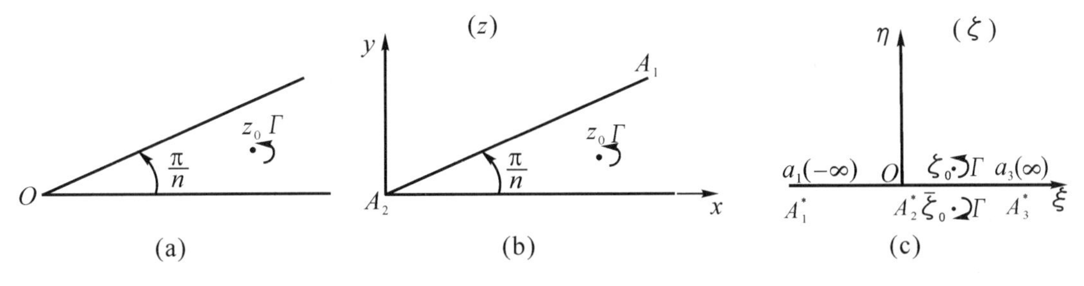

图 5.38　角域的映射

解 利用施瓦茨-克里斯托费尔变换，将图中 z 平面的角域，映射到上半平面，其各点的对应关系如下：

z 平面	A_1	A_2	A_3
z 坐标	∞	0	∞
θ 外角	π	$\pi-\pi/n$	π
ζ 平面	A_1^*	A_2^*	A_3^*
ζ 坐标	$-\infty$	0	$+\infty$

根据所对应点的关系，S-C 变换式为

$$z = A\int \frac{\mathrm{d}\zeta}{\zeta^{\frac{n-1}{n}}} + B = An\zeta^{\frac{1}{n}} + B$$

将 z 平面中 A_2 及 ζ 平面中 A_2^* 点的坐标代入上式，得

$$0 = B$$

并令 $A = \dfrac{1}{n}$，得 S-C 变换函数为

$$z = \zeta^{\frac{1}{n}}$$

或

$$\zeta = z^n$$

它将 z 平面上角度为$\dfrac{\pi}{n}$的角形边界映射为 ζ 平面上的实轴，角形区域映射为 ζ 平面上的上半平面（本题中，仅由本角形域的 3 点就可以决定映射函数）。

在 z 平面 z_0 处有一点涡，强度为 Γ，则相当在 ζ 平面上 $\zeta_0 = z_0^n$ 处有一强度为 Γ 的点涡。

上半平面 ζ 平面上的复势，应用镜像法中平面定理，在 $\overline{\zeta_0} = \overline{z_0^n}$ 处放一强度为 Γ，转向相反的点涡，其复势

$$\begin{aligned} W(\zeta) &= \frac{\Gamma}{2\pi \mathrm{i}}\ln(\zeta-\zeta_0) - \frac{\Gamma}{2\pi \mathrm{i}}\ln(\zeta-\overline{\zeta_0}) \\ &= \frac{\Gamma}{2\pi \mathrm{i}}\ln\frac{\zeta-\zeta_0}{\zeta-\overline{\zeta_0}} \end{aligned}$$

在物理平面中复势

$$W(z) = \frac{\Gamma}{2\pi \mathrm{i}}\ln\frac{z^n - z_0^n}{z^n - \overline{z}_0{}^n}$$

例 5.15 用施瓦茨-克里斯托费尔变换求解 5.11 例题。

解 利用施瓦茨-克里斯托费尔变换，将图 5.39 中 z 平面的区域映射到 ζ 平面上半平面，其各点的对应关系如下：

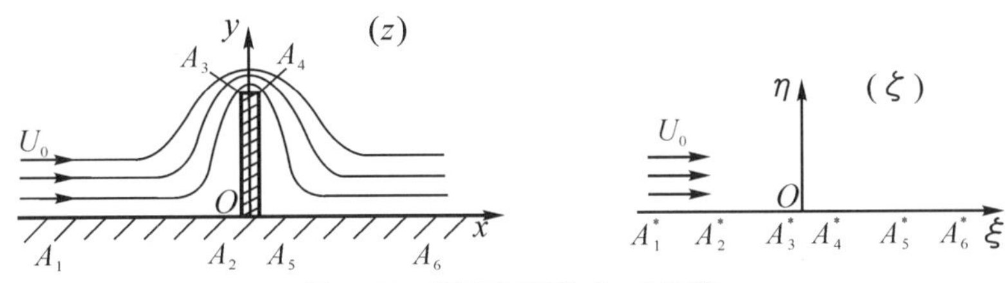

图 5.39　竖直平板的 S-C 变换

z 平面	A_1	A_2	A_3	A_4	A_5	A_6
z 坐标	$-\infty$	0	$l\mathrm{i}$	$l\mathrm{i}$	0	$+\infty$
θ 外角	π	$\frac{\pi}{2}$	$-\frac{\pi}{2}$	$-\frac{\pi}{2}$	$\frac{\pi}{2}$	π
ζ 平面	A_1^*	A_2^*	A_3^*	A_4^*	A_5^*	A_6^*
ζ 坐标	$-\infty$	$-l$	0	0	$+l$	$+\infty$

根据所对应点的关系，S-C 变换式为

$$z = A\int \frac{\zeta \mathrm{d}\zeta}{\sqrt{\zeta + l}\sqrt{\zeta - l}} + B = A\sqrt{\zeta^2 - l^2} + B$$

当 $\zeta = \pm l$ 时，$z = 0$，得 $B = 0$；

当 $\zeta = 0$ 时，$z = l\mathrm{i}$，得 $A = 1$。

于是 S-C 变换函数为

$$z = \sqrt{\zeta^2 - l^2}$$

或

$$\zeta = \sqrt{z^2 + l^2}$$

ζ 平面在上半平面流动的复势

$$W(\zeta) = U_0 \zeta$$

z 平面的流动复势

$$W(z) = U_0\sqrt{z^2 + l^2}$$

5.4　作用在物体上的力和力矩

在讨论绕圆柱有环量流动时，通过以下步骤求得圆柱上受到的力：

(1) 求出绕流复势。

(2) 由复势求出速度分布。

(3) 由速度分布按拉格朗日方程写出压强分布。

(4) 将压强沿圆柱表面积分便可解得圆柱上受到的力，这种方法也适用于其他形状的物体。

本节介绍一种更为简便的公式，只要求出某物体的绕流复势，就可以用以下定理计算流体作用在物体上的力和力矩。

5.4.1 布拉休斯(Blasius)定理

1. 作用在物体上的力

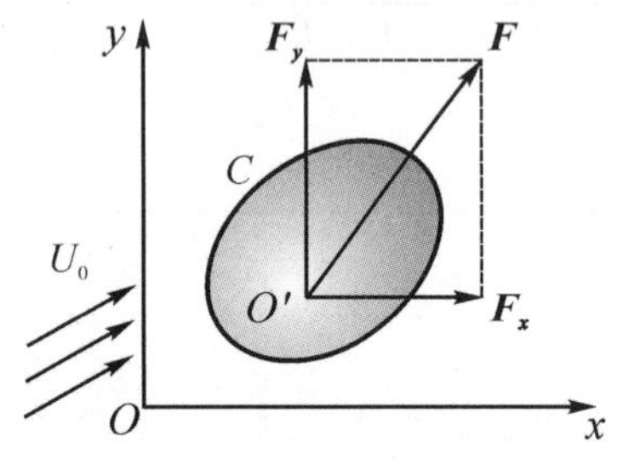

图 5.40 物体绕流的作用力

有一物体,其周界为 C,现来讨论绕该物体流动时,物体受到的力(图 5.40)。若流动的复势为 $W(z)$,那么该物体受到流体对它的作用力为

$$\overline{\boldsymbol{F}} = F_x - \mathrm{i}F_y = \mathrm{i}\,\frac{\rho}{2}\oint_C \left(\frac{\mathrm{d}W}{\mathrm{d}z}\right)^2 \mathrm{d}z \tag{5.43}$$

$\overline{\boldsymbol{F}}$称为物体受到的共轭复力,其实部是 $\boldsymbol{F}$ 在 x 轴上的投影 F_x,虚部的负数是 $\boldsymbol{F}$ 在 y 轴上的投影 F_y;ρ 是流体的密度;$\frac{\mathrm{d}W}{\mathrm{d}z}$是复速度。

式(5.43)称为布拉休斯第一公式。

2. 作用在物体上的力矩

为了求出作用在物体上的合力的作用点,还要求该力对某一固定点的力矩。设作用在物体上的力为 $\boldsymbol{F}$,作用点在 O'点,以坐标原点 O 为矩心,$\boldsymbol{F}$ 对 O 点的力矩为

$$M_0 = -\frac{\rho}{2}\mathrm{Re}\oint_C \left(\frac{\mathrm{d}W}{\mathrm{d}z}\right)^2 z\,\mathrm{d}z \tag{5.44}$$

Re 是上述积分的结果取实部。

式(5.44)称为布拉休斯第二公式。

5.4.2 布拉休斯定理的应用

布拉休斯定理可用来求解任意形状物体的绕流作用力和合力的作用点,特别是物体在非均流中。

例 5.16 在实轴 $z = b$ 处有一强度为 m 的源,在原点处放置半径为 a 的圆柱 $(a < b)$,如图 5.41 所示。试求:(1)圆柱附近处流动的复势;(2)圆柱受到的作用力。

解 (1)由式 (5.4),源的复势为

$$f(z) = \frac{m}{2\pi}\ln(z-b)$$

$$\overline{f}\left(\frac{a^2}{z}\right) = \frac{m}{2\pi}\ln\left(\frac{a^2}{z} - b\right)$$

$$= \frac{m}{2\pi}\ln\left[\frac{-b\left(z - \frac{a^2}{b}\right)}{z}\right]$$

$$= \frac{m}{2\pi}\left[\ln(-b) + \ln\left(z - \frac{a^2}{b}\right) - \ln z\right]$$

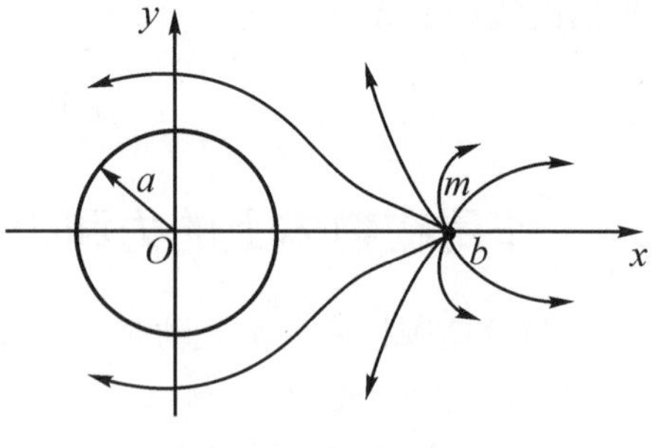

图 5.41 圆柱在非均匀流中

由圆定理,式(5.29)流场的复势

$$W(z) = f(z) + \overline{f}\left(\frac{a^2}{z}\right)$$

$$= \frac{m}{2\pi}\left[\ln(z-b)+\ln\left(z-\frac{a^2}{b}\right)-\ln z\right]$$

在复势中常数项 $\ln(-b)$ 可以略去。

上述复势可看作强度均为 m 的 $z=b$ 处源、$z=\frac{a^2}{b}$ 处源和 $z=0$ 处汇简单势流的组合。

(2) 复速度 $$\frac{\mathrm{d}W}{\mathrm{d}z}=\frac{m}{2\pi}\left(\frac{1}{z-b}+\frac{1}{z-\frac{a^2}{b}}-\frac{1}{z}\right)$$

根据布拉休斯第一公式，由式(5.43)得，作用在圆柱上的共轭复力

$$\overline{\boldsymbol{F}}=F_x-\mathrm{i}F_y=\mathrm{i}\,\frac{\rho}{2}\oint_{|z|=a}\left(\frac{\mathrm{d}W}{\mathrm{d}z}\right)^2\mathrm{d}z$$

$$=\mathrm{i}\,\frac{\rho}{2}\oint_{|z|=a}\frac{m^2}{4\pi^2}\left[\frac{1}{z-b}+\frac{1}{z-\frac{a^2}{b}}-\frac{1}{z}\right]^2\mathrm{d}z$$

根据留数定理，将上述复变函数的积分后，得

$$\overline{\boldsymbol{F}}=F_x-\mathrm{i}F_y=\mathrm{i}\,\frac{\rho}{8}\,\frac{m^2}{\pi^2}2\pi\mathrm{i}\left(\frac{2}{b}+\frac{2b}{a^2}+\frac{2b}{a^2-b^2}-\frac{2b}{a^2}\right)$$

$$=\frac{\rho a^2m^2}{2\pi b(b^2-a^2)}$$

故 $$F_x=\frac{\rho a^2m^2}{2\pi b(b^2-a^2)}$$

$$F_y=0$$

结果表明，放置在非均匀流中的圆柱是受到流体作用力的，即达朗贝尔佯缪未必成立。

习　题

计算题

5.1 如习题5.1图所示。设把蒙古包做成一个半径为 R 的半圆柱体，因受到正面来的速度为 U_0 的大风袭击，屋顶有被掀起的危险，其原因是屋顶内外有压差。试问：通气窗口的角度 α 为多少时，可以使屋顶受到的升力为零？

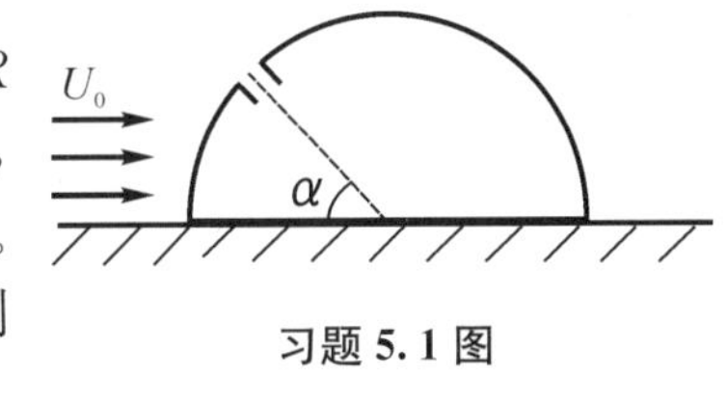

习题 5.1 图

5.2 已知复势为：(1) $W(z)=z^2$；(2) $W(z)=\frac{m}{2\pi}\ln(z^2-a^2)$。试画出它们所代表的流动的流线形状。

5.3 设复势为 $W(z)=(1+\mathrm{i})\ln(z^2+1)+\frac{1}{z}$，试分析它是由哪些基本流动所组成的(包括强度和位置)？并求沿圆周 $x^2+y^2=9$ 的速度环量 Γ 及通过该圆周的流体体积流量。

5.4 已知复势为：(1) $W(z)=(1+\mathrm{i})z$；(2) $W(z)=(1+\mathrm{i})\ln\left(\frac{z+1}{z-4}\right)$；(3) $W(z)=-6\mathrm{i}z+$

$\mathrm{i}\dfrac{24}{z}$。试分析以上流动的组成，绘制流线图，并计算通过圆周 $x^2+y^2=9$ 的流量，以及沿这一圆周的速度环量。

5.5 设流动复势为 $W(z)=m\ln\left(z-\dfrac{1}{z}\right)(m>0)$，试求：(1)流动由哪些奇点所组成？(2)用极坐标表示这一流动的速度势 φ 及流函数 ψ；(3)通过 $z_1=\mathrm{i}$，$z_2=1/2$ 之间连线的流量；(4)用直角坐标表示流线方程，并画出零流线。

5.6 一沿 x 轴正向的均流，流速为 $U_0=10\ \mathrm{m/s}$，今与一位于原点的点涡相叠加。已知驻点位于点(0，−5)，试求：(1)点涡的强度；(2)(0，5)点的流速；(3)通过驻点的流线方程。

5.7 一平面势流由点源和点汇叠加而成，点源位于点(−1，0)，其强度为 $m_1=20\ \mathrm{m^3/s}$，点汇位于点(2，0)，其强度为 $m_2=40\ \mathrm{m^3/s}$，流体密度 $\rho=1.8\ \mathrm{kg/m^3}$。设已知流场中(0，0)点的压强为0，试求点(0，1)和(1，1)的流速和压强。

5.8 设在半径为 R 的圆周上等距离分布有 n 个点涡，它们的强度均为 Γ，且转向相同，试写出流动的复势及求出复速度。

5.9 试写出如习题5.9图所示的流动的复势。

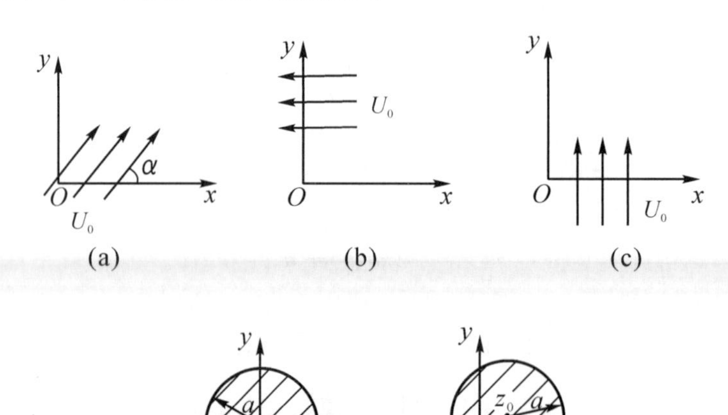

习题 5.9 图

5.10 以 x 轴为固壁，在 $z=a\mathrm{i}$ 点上有一个强度为 M，方向沿 x 轴的偶极子，若叠加一个沿正 x 轴方向的均匀流，如习题5.10图所示，试证明，当 $M=8\pi a^2U_0$ 时，圆周 $x^2+(y-a)^2=4a^2$ 是一条流线。

5.11 设想在半径为 a 的圆筒壁上置有一强度为 m 的点源(如习题5.11图所示)，试写出流动的复势。

5.12 在如习题5.12图所示的半无限的平行槽内的左下角，置有一强度为 m 的点源。试求其流动复势及复速度。

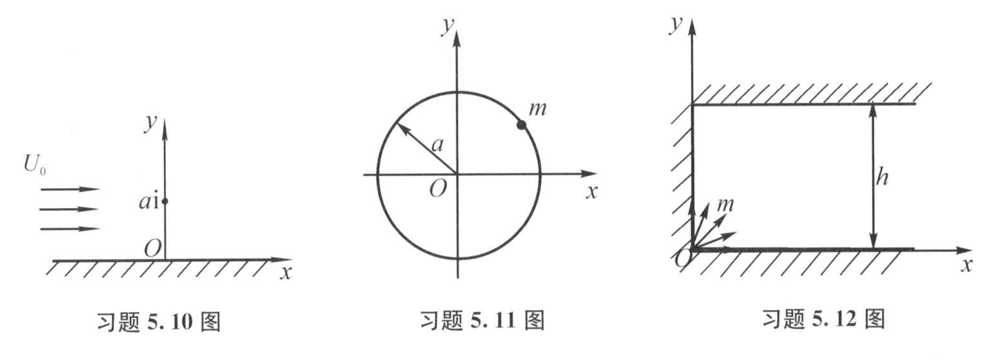

习题 5.10 图　　习题 5.11 图　　习题 5.12 图

5.13 设在习题 5.13 图所示的空气对圆柱有环量绕流中，已知 A 点为驻点。若 $U_0=20\ \mathrm{m/s}$，$\alpha=20°$，圆柱的半径 $r_0=25\ \mathrm{cm}$，$f=10\ \mathrm{cm}$，$l=10\sqrt{3}\ \mathrm{cm}$。试求：(1)另一驻点 B 及压强最小点的位置；(2)圆柱所受升力大小及方向；(3)绘制大致的流线谱。

5.14 两个环量布置如图 5.14 所示，(1)写出复势，求出势函数和流函数；(2)证明单位圆 $x^2+y^2=1$ 恰是一条流线；(3)将上述单位圆作为圆柱固壁，求 $x=b$ 处点涡 Γ 对此圆柱体的作用力。

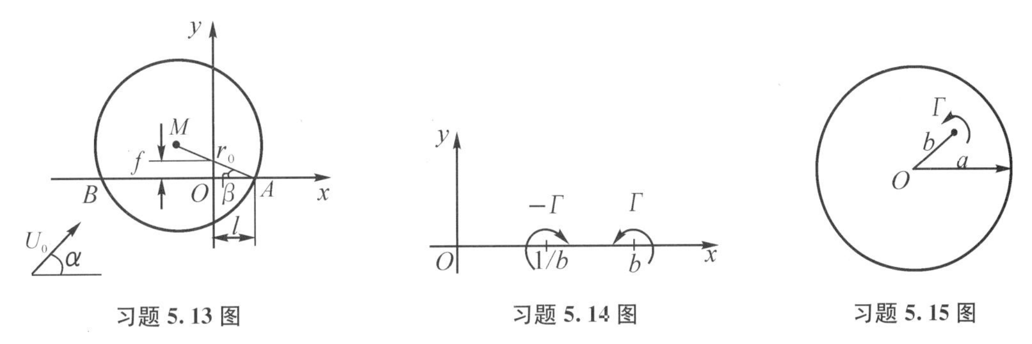

习题 5.13 图　　习题 5.14 图　　习题 5.15 图

5.15 在半径为 a 的圆筒内，距中心 b 处有一强度为 Γ 的点涡，试描述该点涡的运动。(见习题 5.15 图)

5.16 如习题 5.16 图所示，宽为 l 的无限高容器，在侧壁高为 a 处有一个小孔，流体以流量 Q 自小孔流出，证明复势为 $W(z)=-\dfrac{Q}{\pi}\left(\sin\dfrac{\pi}{l}z-\cosh\dfrac{\pi}{l}a\right)$。

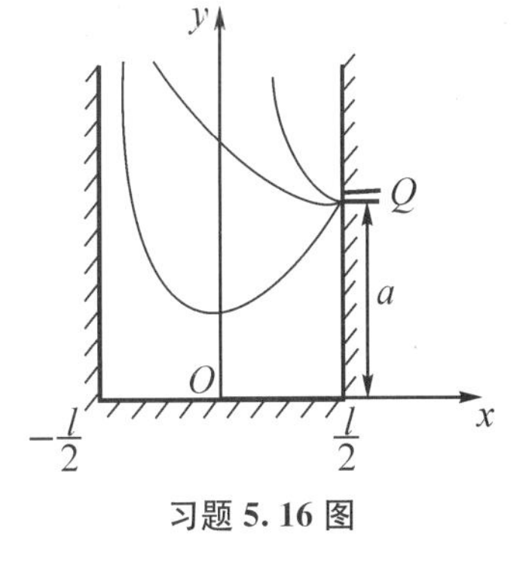

习题 5.16 图

5.17 在半径为 a 的圆柱外，z_0 及 $\bar{z}_0$ 两点处有强度为 Γ 及 $-\Gamma$ 的一对点涡，另有大小为 U_0 的均流沿 x 轴正向流来，试写出这一流动的复势。(见习题 5.17 图)

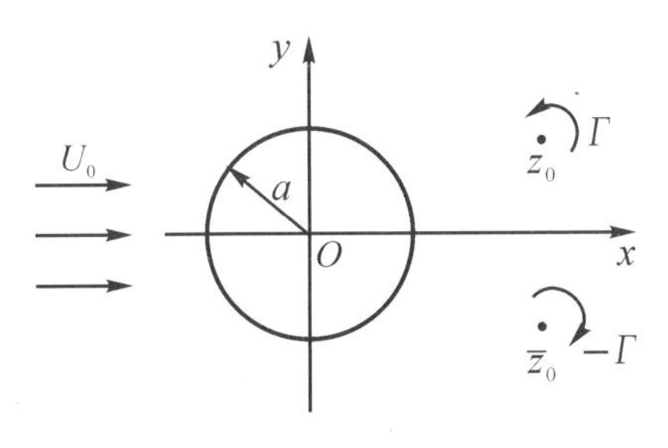

习题 5.17 图

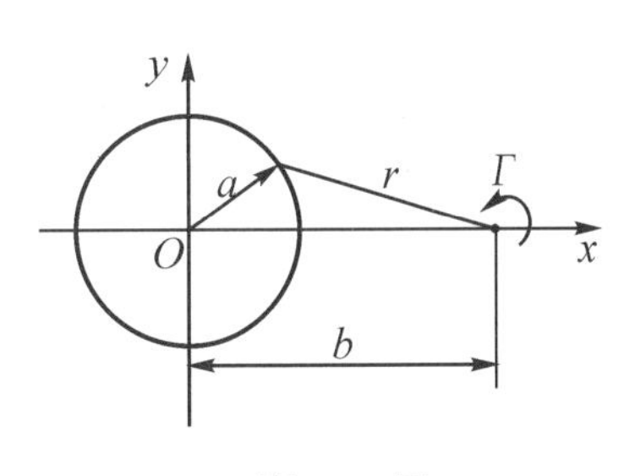

习题 5.18 图

5.18 设在流场中有一半径为 a 的圆柱，距圆柱中心 $b(b>a)$ 处有一强度为 $K=\dfrac{\Gamma}{2\pi}$ 的点涡。试证明：

(1) 该点涡以等角速度 $\omega=\dfrac{Ka^2}{b^2(b^2-a^2)}$ 绕圆柱转动；

(2) 圆柱表面的流体速度可表示为 $\dfrac{K}{a}\left(1-\dfrac{b^2-a^2}{r^2}\right)$，其中，$r$ 为圆柱表面上所求速度点与点涡之间的距离。（见习题 5.18 图）

第6章　水波理论

波浪运动是自然界中最常见的现象之一，不管是海洋，还是江河湖泊都存在波浪；往一个平静的水面投掷一块小石块会激起水面的波浪，它以石块入水点为中心，呈圆形向四周传播。一般波浪的产生需要以下两个条件：对于处于平衡状态的水，需要有破坏其平衡的扰动力，以及使其恢复平衡的回复力。由于扰动力的不同，可将波浪分成风吹过水面形成的风波，海潮涨落引起的潮汐波，海底地震引起的地震波，船舶航行引起的船行波等。在回复力中最重要的是重力，特别是水自由表面的波浪，当水表面受到扰动力作用，液面离开水平位置(即平衡位置)时，重力就会使此面恢复到原来的位置；因此这种波浪往往称为表面重力波，简称表面波、重力波或水波。这种波动主要在液体表面展开，再从表面传入液体内部。重力波也存在于两种不同密度流体的分界面处，从而形成内波。另外一种回复力是表面张力。由于水表面上具有表面张力，水面一旦受到扰动，即使扰动力很小很小，在重力和表面张力的共同作用下也会形成波浪，通常在微风吹拂下水池中产生的涟波就属于此类。

波浪运动的力学理论在工程实践中具有重要的意义。特别在海洋工程中，由于海面大部分时间被波浪所覆盖，"无风三尺浪"是海面的真实写照，波浪运动是海水运动的主要形式之一。凡是和海洋打交道的，不管是沿岸工程需要考虑海浪对港口、堤坝的作用；海浪在海岸带引起泥沙运动对沿海生态环境的重要影响；还是海洋资源的开发和利用；船舶的航行与安全，以及各类深水网箱的设计等，都与海洋中的波浪运动有关。随着祖国海洋事业日益发展，对波浪运动的研究越来越重要。

水的波动现象是多种多样且是十分复杂的，有关波浪理论知识的文献很多。本章主要介绍波浪运动的基本现象，以及研究波浪运动的基本理论和计算方法。由于水的黏性对波浪影响是相当小的，在讨论波浪运动时，仅限于不可压缩理想流体且运动是有势的，并将波浪运动假设为满足线性的微幅波。

6.1　二维波动的数学表达

6.1.1　波动方程

在研究波浪运动时，将坐标原点取于静止水面上，沿波传播方向，水平轴为 x 轴，z 轴为铅垂向上，静水表面 $z=0$，在数学中，二维的波动方程一般形式是：

$$z=f(x-ct) \tag{6.1}$$

式(6.1)的物理意义是曲线(波形) $z=f(x)$ 以速度 c 沿 x 方向正向前进。

若 $z=f(x)$ 是一正弦曲线(或者余弦曲线)，则称之为简谐前进波(简称谐波)，由于它是最简单的且又接近实际波形，因而方程的一般形式为：

$$z=A_0\sin(kx-\omega t+\delta)$$

或
$$z=A_0\sin k\left(x-\frac{\omega}{k}t+\frac{\delta}{k}\right) \tag{6.2}$$
式中，A_0 称为波幅，$c=\frac{\omega}{k}$ 称为波速，$\frac{\delta}{k}$ 称为初始相位。

波浪运动的特征是：

(1) 水波的自由表面呈周期性的起伏，它在自由表面处展开，再从表面传入流体内部；

(2) 水质点作有规律的振荡运动；

(3) 波形以一定的速度向前传播；

(4) 波浪运动是非恒定运动。

6.1.2 波浪要素

图 6.1 是简谐前进波的示意图，下面来介绍波浪的主要要素。

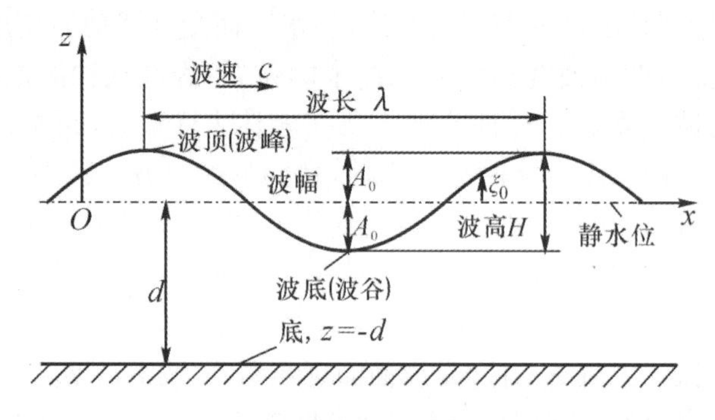

图 6.1 简谐前进波

(1) 波高 H：波顶(波峰)与波底(波谷)的垂直距离，它是振幅(波幅)A_0 的两倍，即 $H=2A_0$；

(2) 波长 λ：在波前进的方向上两个相邻的波顶或波底之间的水平距离；

(3) 波陡：波高与波长之比，即$\frac{H}{\lambda}$；

(4) 超高 ζ_0：在波高的一半处，作一水平线称为波浪中线，它超出静水面的高度称为超高；对于谐波，一般超高为零。

(5) 周期 T：波形传播一个波长 λ 所需要的时间；

(6) 频率：周期的倒数，$f=\frac{1}{T}$，即单位时间内出现波的次数；

(7) 波数 k：2π 长度内所包含波的个数，显然
$$k=\frac{2\pi}{\lambda} \tag{6.3}$$

(8) 波速(相位速度) c：波面向右(或向左)推进的速度，即式(6.1)中的 c，公式如下：
$$c=\frac{\lambda}{T} \tag{6.4}$$

(9) 波倾角：波面的倾斜度。

$$\tan\alpha = \frac{\partial z}{\partial x} \tag{6.5}$$

(10) 圆频率 ω:由于正弦波也可由绕圆周转动的点来演示,即转动 2π 为一个周期。因此式 $f=\frac{1}{T}$ 中以 2π 代替,那么 $\omega=2\pi f=\frac{2\pi}{T}$。它表示单位时间转动的角度。

频率 f 表示波在时间上的密度,波数 k 表示波在空间上的密度。

6.2 波浪运动的基本方程与边界条件

6.2.1 基本方程

条件:在研究波浪运动时,流体被看作是不可压缩理想流体,而且是无旋的,在流体域内必定存在速度势 φ,质量力仅仅是重力。

基本方程如下:

不可压缩流体连续方程为
$$\nabla\cdot v=0 \tag{6.6(a)}$$

流体是无旋的,存在着速度势
$$\nabla^2\varphi(x,\ y,\ z,\ t)=0 \tag{6.6(b)}$$

且
$$u=\frac{\partial\varphi}{\partial x},\ v=\frac{\partial\varphi}{\partial y},\ w=\frac{\partial\varphi}{\partial z} \tag{6.6(c)}$$

或
$$\nabla\varphi=v$$

拉格朗日积分式(4.7)为
$$gz+\frac{p}{\rho}+\frac{v^2}{2}+\frac{\partial\varphi}{\partial t}=0 \tag{6.6(d)}$$

6.2.2 边界条件

(1) 设水域底部的深度为 d,则水域底部边界条件:

$$v_n=\left.\frac{\partial\varphi}{\partial n}\right|_{z=-d}=0 \tag{6.7}$$

(2) 物面条件(如船体、水上建筑物等)

$$v_n=\frac{\partial\varphi}{\partial n}=U_n \tag{6.8}$$

式中 U_n 为物体运动速度在物面外法线方向的投影。

(3) 在自由表面上,水波的高度(离静止水面)为 $\zeta(x,\ y,\ t)$,则自由表面的方程为 $z=\zeta(x,\ y,\ t)$(波面方程或自由液面方程)。

边界面方程为

$$F(x,\ y,\ z,\ t)=z-\zeta(x,\ y,\ t)=0$$

则利用水中运动物体表面不可穿透条件为

$$\frac{\mathrm{d}F}{\mathrm{d}t}=\frac{\mathrm{d}}{\mathrm{d}t}(z-\zeta)=0$$

故运动学条件为(利用水中运动物体表面不可穿透条件):

当 $z=\zeta(x,\ y,\ t)$ 时,

$$\frac{\partial \varphi}{\partial z}=\frac{\partial \zeta}{\partial t}+\frac{\partial \varphi}{\partial x}\frac{\partial \zeta}{\partial x}+\frac{\partial \varphi}{\partial y}\frac{\partial \zeta}{\partial y} \tag{6.9}$$

上式表示：自由表面的流体质点可以具有在水面切向运动的速度，但不可能有穿透自由表面的运动。

自由表面动力学条件(设自由表面上的压强为 p_a，相对压强 $p=0$，利用拉格朗日积分式(4.7))：

当 $z=\zeta(x, y, t)$ 时，

$$g\zeta+\frac{\partial \varphi}{\partial t}+\frac{1}{2}|\nabla \varphi|^2=0 \tag{6.10}$$

在自由表面上之所以有两个边界条件：运动学和动力学边界条件，这是因为自由表面的位置 $z=\zeta(x, y, t)$ 是未知的，它既是波浪运动解的一部分，也是求解波浪运动的一大困难问题。

6.2.3 微幅进行波的基本方程和边界条件

由于解拉普拉斯方程用到的边界条件式(6.9)式(6.10)是一个结果不能预先确定，而且又是非线性的，使得精确求解水波问题在数学上十分困难，那么解决问题的一个途径是引进微幅波假定。所谓微幅波，是指波动的振幅 A_0 相对于波长 λ 为小量，或 $\frac{A_0}{\lambda}\ll 1$，它使得自由表面上边界条件线性化，从而在求解上较为简单。

对于微幅波可作如下三个假设：

(1) 质点运动速度很小，式(6.10)中$\frac{1}{2}|\nabla\varphi|^2$ 项和其他项相比是高阶小量，可以略去；

(2) 自由表面对水平面 $z=0$ 的偏离很小，因此在讨论自由表面的边界条件时，可用水平面 $z=0$ 的物理量来代替自由面 $z=\zeta(x, y, t)$ 上的物理量；

(3) 自由面上的切平面和水平面相差无几，相当于假设$\frac{\partial \zeta}{\partial x}$，$\frac{\partial \zeta}{\partial y}$也是小量。对于很多波浪问题而言，这种假定是合理的。

由以上几个假设，对于微幅波，在自由表面上边界条件可简化如下：

运动学条件

$$\left.\frac{\partial \varphi}{\partial z}\right|_{z=0}=\frac{\partial \zeta}{\partial t} \tag{6.11}$$

动力学条件

$$g\zeta+\left.\frac{\partial \varphi}{\partial t}\right|_{z=0}=0 \tag{6.12}$$

上述两式消去未知的 ζ，可合并为用速度势 φ 表示的自由表面上边界条件，即

$$g\frac{\partial \varphi}{\partial z}+\frac{\partial^2 \varphi}{\partial t^2}=0 \quad (z=0) \tag{6.13}$$

求解压强场的拉格朗日积分式(6.6(d))，可用同样方法线性化，即

$$\frac{\partial \varphi}{\partial t}+gz+\frac{p}{\rho}=0 \tag{6.14}$$

6.2.4 初始条件

波浪运动的速度势 φ，除满足上述边界条件之外，还必须满足运动的初始条件，它可以归结为以下三种情况：

(1) 已知初始时刻自由液面的扰动为

$$z=\zeta(x, y, t)$$

而流体质点在初始时刻运动速度为零，这样由式(6.12)可得初始条件为

$$\left.\frac{\partial \varphi}{\partial t}\right|_{\substack{t=0\\z=0}}=-g\zeta(x, y, 0)=f(x, y)$$

例如，在静止的水面上插入一块木块，然后将木块突然抽出而产生波动。

(2) 波浪运动完全是由于原来处于静止的自由液面受到已知的压力冲量 I 所引起的，那么

$$\varphi(x, y, 0, 0)=-\frac{I}{\rho}=f(x, y)$$

因此，这一种初始条件可表示为：

当 $t=0$，$z=0$ 时

$$\varphi=F(x, y)$$

由式(6.12)
$$\frac{\partial \varphi}{\partial t}=-g\zeta=0$$

例如，开始时一木棒拍打水面而引起的初始扰动。

(3) 当上述两种初始扰动都存在时，初始条件如下：

当 $t=0$，$z=0$ 时

$$\varphi=F(x, y)$$

$$\frac{\partial \varphi}{\partial t}=f(x, y)$$

综上所述，在水波理论利用了微幅波理论假定后，它还要寻求满足下列方程和边界、初始条件的速度势 $\varphi(x, y, z, t)$。

基本方程： $\nabla^2\varphi=0 \quad (-d\leqslant z\leqslant 0)$

边界条件：水底条件 $\frac{\partial \varphi}{\partial z}=0 \quad (z=-d)$

物面条件 $\frac{\partial \varphi}{\partial n}=U_n$ （在物面上）

自由表面条件 $\frac{\partial^2 \varphi}{\partial t^2}+g\frac{\partial \varphi}{\partial z}=0 \quad (z=0)$

初始条件：自由表面条件

$$\varphi = F(x,\ y)$$
$$\frac{\partial \varphi}{\partial t} = f(x,\ y)$$

当求得波动的速度势 φ 后，自由表面形状为

$$\zeta = -\frac{1}{g}\frac{\partial \varphi}{\partial t}\bigg|_{z=0} \tag{6.15}$$

压强分布根据线性化后的拉格朗日积分式

$$\frac{p}{\rho} + gz + \frac{\partial \varphi}{\partial t} = 0 \qquad (p\ \text{为相对压强}) \tag{6.16}$$

来确定。

为了对波动的基本特性能有比较清晰的了解，这里可以从简单的平面波着手研究，对于二维微幅进行波，可设速度势具有以下形式：

$$\varphi = Z(z) \cdot X(x - ct)$$

将上式代入 $\quad \nabla^2 \varphi = 0$

得分离表达式 $\quad \frac{X''}{X} = -\frac{Z''}{Z} = -k^2$

于是得到两个微分方程组：

$$Z'' - k^2 z = 0$$
$$X'' + k^2 X = 0$$

它们的解分别为

$$Z(z) = A_1 e^{kz} + A_2 e^{-kz}$$
$$X(x - ct) = B\sin k(x - ct)$$

故速度势的一般形式为：

$$\varphi = (A_1 e^{kz} + A_2 e^{-kz})[B\sin k(x - ct)] \tag{6.17}$$

然后根据边界条件来决定上式中的常数 A_1，A_2，B。

6.3 深水微幅简谐波

6.3.1 深水微幅进行波

速度势的形式：

在边界条件中，当 $z = -\infty$ 时，将 $\frac{\partial \varphi}{\partial z} = 0$ 代入以上 φ 的一般形式(6.17)式中可得

$$\varphi = Ae^{kz}\sin k(x - ct) \tag{6.18}$$

根据自由表面边界条件 $\frac{\partial^2 \varphi}{\partial t^2} + g\frac{\partial \varphi}{\partial z} = 0$，得到关系式：

$$c^2 = \frac{g}{k} \tag{6.19}$$

下面详细讨论无限水深微幅简谐波(也称短波)的主要参数及质点运动规律。

1. 自由面形状

将式(6.18)代入式(6.15),得

$$\zeta = -\frac{1}{g}\frac{\partial \varphi}{\partial t}\bigg|_{z=0} = A\frac{kc}{g}\cos k(x-ct) = A_0 \cos k(x-ct) \tag{6.20}$$

上式表明,自由面形状为余弦曲线,振幅为 A_0, $\left(A_0 = \frac{Akc}{g}\right)$ 波面方程 $\zeta(x, t)$ 随 x, t 作周期性变化。

2. 主要参数之间的关系

上面在波浪要素中已提及有关波动的一些参数,为明确这些参数的物理意义,以及它们之间的关系,现表述如下:

(1) 波长。固定时间 t,使位相 $\theta = k(x-ct)$ 变化 2π 后,ζ 值将相同,则相应一个波的距离为波长(图 6.2),即

$$\begin{aligned}\theta_2 - \theta_1 &= k(x_2 - ct) - k(x_1 - ct) \\ &= k(x_2 - x_1) = 2\pi\end{aligned}$$

故波长 $\lambda = x_2 - x_1 = \frac{2\pi}{k}$

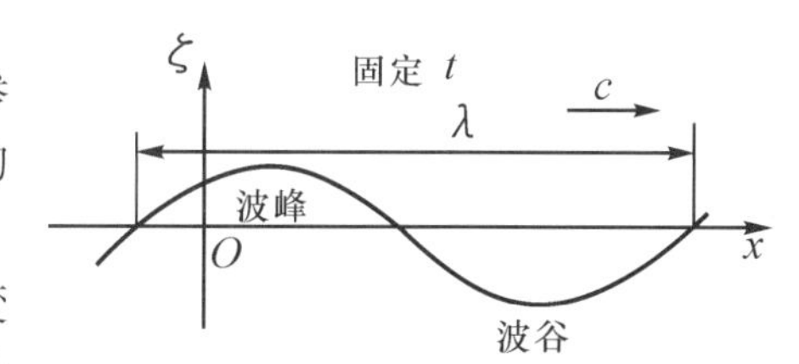

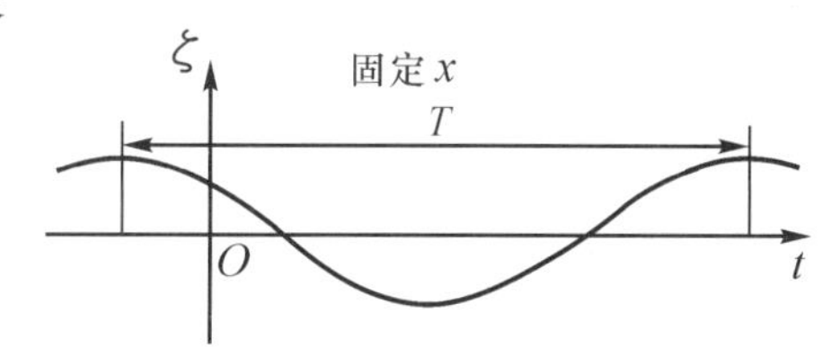

图 6.2 自由面波形、波长和周期

(2) 周期。固定 x,使位相 $\theta = k(x-ct)$ 变化 2π 后,ζ 值将相同,其相应的时间间隔称为周期 T,即

$$\theta_2 - \theta_1 = k(x - ct_2) - k(x - ct_1) = kc(t_1 - t_2) = 2\pi$$

$$T = t_1 - t_2 = \frac{2\pi}{kc} \tag{6.21}$$

(3) 圆频率。表示 2π 时间内波面振动的次数。即

$$\omega = \frac{2\pi}{T} = kc \tag{6.22}$$

(4) 波速 c。当波面 ζ 沿 x 方向移动,移动速度即为波速,即

$$x - ct = 常量$$

故

$$\frac{dx}{dt} = c$$

由于波面以速度 c 向右运动,微幅简谐波也称为简谐进行波。由式(6.19)可知,波速 c 随波数 k 而变化,波长 λ 大,波数 k 小,也即波速 c 较大。所谓长波传播快,短波传播慢,就是这个道理。波速与波长的关系如图 6.3 所示。

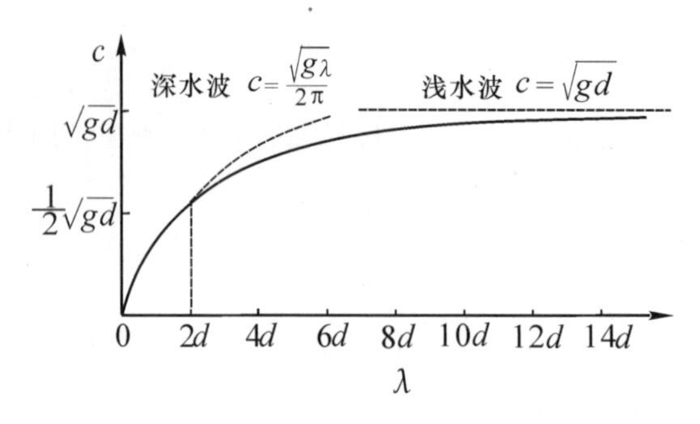

图 6.3　波速与波长的关系

3. 质点运动速度

$$\begin{cases} u=\dfrac{\partial \varphi}{\partial x}=\dfrac{A_0 g}{c}\mathrm{e}^{kz}\cos k(x-ct)=A_0\omega \mathrm{e}^{kz}\cos(kx-\omega t) \\ w=\dfrac{\partial \varphi}{\partial z}=\dfrac{A_0 g}{c}\mathrm{e}^{kz}\sin k(x-ct)=A_0\omega \mathrm{e}^{kz}\sin(kx-\omega t) \end{cases} \tag{6.23}$$

质点速度大小为

$$v=\sqrt{u^2+w^2}=A_0\omega \mathrm{e}^{kz} \tag{6.24}$$

质点速度的大小与 x 无关，只随 z 变化。当质点距液面越深，则速度越小，在液面 $z=0$ 处速度为最大，最大值为 $A_0\omega$；无限深处速度为零。

将式(6.23)和波面方程式(6.20)相比可知，水质点的水平分速度绝对值在波峰及波谷处为最大，在波峰处为正值，在波谷处为负值，与波的传播方向相反。水质点的铅垂分速度 w 绝对值在 $\zeta=0$ 处，即在原来平衡位置时为最大值，当自由面要隆起时 w 为正值，反之为负值。

4. 质点的轨迹

根据迹线的微分方程 $\dfrac{\mathrm{d}x}{u}=\dfrac{\mathrm{d}z}{w}=\mathrm{d}t$，由于运动的幅度为小值(最大为 A_0)，故以平衡位置的 x_0，z_0 分别代替速度表达式中的 x，z，积分后可得

质点的轨迹

$$\begin{cases} x-x_0=-A_0\mathrm{e}^{kz_0}\sin k(x_0-ct) \\ z-z_0=A_0\mathrm{e}^{kz_0}\cos k(x_0-ct) \end{cases} \tag{6.25}$$

消去 t，得

$$(x-x_0)^2+(z-z_0)^2=(A_0\mathrm{e}^{kz_0})^2 \tag{6.26}$$

在波浪运动中，质点的轨迹是一个圆，它是以平衡位置(x_0，z_0)为圆心，$A_0\mathrm{e}^{kz_0}$ 为半径的圆，在自由表面上这个半径就是振幅 A_0。运动半径随质点的深度增加而减小，而且衰减得很快，如当 $z_0=-\dfrac{\lambda}{2}$ 时，即深度等于半个波长时，圆半径 $r=A_0\mathrm{e}^{-\pi}=0.043A_0$，水质点的速度只是表面质点速度的 0.043 倍，可以认为近乎不动了，由此表明，波动主要限制在离液面

很近的一层液体内，所谓的表面波即由此而来。一般认为，当一个物体在大于波长一半的深度下运动时，水面的波动不再对它有影响。所谓无限深度实际上是指深度比波长大得多的水域。

图 6.4 表示质点轨迹和波形。当质点作顺时针圆周运动时，波速向右运动；当质点作逆时针圆周运动时，波速向左运动。进行波并不是水的整体前进，仅仅是波形前进而已，水质点仅在各自的平衡位置(x_0, z_0)作简谐振动。如果在波浪中有一块浮体，它仅在原地上下左右振荡而已。

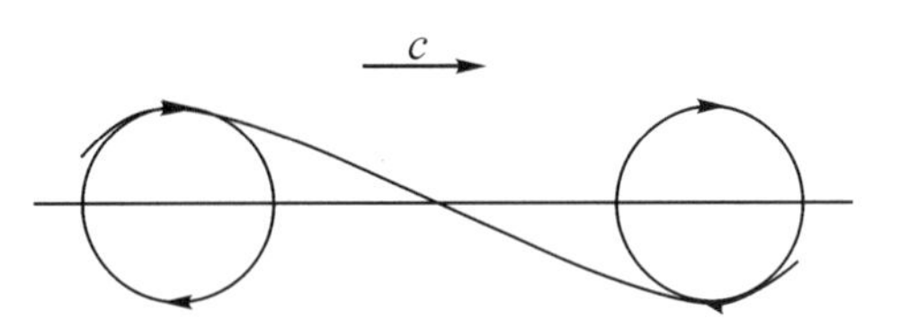

图 6.4 质点轨迹与波形速度

5. 压强分布

将式(6.18)代入式(6.16)，得

$$p(x, z, t) = -\gamma z - \rho\frac{\partial\varphi}{\partial t} = -\gamma z + \gamma A_0 e^{kz}\cos(kx - \omega t) \tag{6.27}$$

将上式右端第二项 x 用 x_0，z 用 z_0 代替，并利用式(6.25)，得

$$p(x, z, t) = -\gamma z_0$$

上式表明：质点在波动时，质点的压强等于原来静止时 $z = z_0$ 处它受到的静压强。

例 6.1 某深水微幅波波高 $H = 1.0\,\text{m}$，波长 $\lambda = 8.0\,\text{m}$，试求：(1)波面方程；(2)波面倾角变化规律。

解 该微幅波振幅 $A_0 = \dfrac{H}{2} = 0.5\,\text{m}$

波数由式(6.3)，得

$$k = \frac{2\pi}{\lambda} = \frac{2\pi}{8} = 0.785\,\text{m}^{-1}$$

波速由式(6.19)，得

$$c = \sqrt{\frac{g}{k}} = \sqrt{\frac{9.807}{0.785}} = 3.53\,\text{m/s}$$

(1) 波面方程由式(6.20)，得

$$\begin{aligned}\zeta &= A_0\cos k(x - ct)\\ &= 0.5\cos[0.785(x - 3.53t)]\\ &= 0.5\cos(0.785x - 2.77t)\end{aligned}$$

(2) 波面倾角由式(6.5)，得

$$\begin{aligned}\tan\alpha = \frac{\partial\zeta}{\partial x} &= -0.5\times 0.785\sin(0.785x - 2.77t)\\ &= -0.393\sin(0.785x - 2.77t)\end{aligned}$$

例 6.2 在某深海海面上观察到，浮标在 1 分钟内升降 20 次，试求海浪的波动周期、波长及传播速度。

解 波动周期 $T=\frac{60}{20}=3\ \text{s}$

由式(6.22),得 $\omega=kc=\frac{2\pi}{T}$

及由式(6.19),得 $c^2=\frac{g}{k}$

故波速 $c=\frac{Tg}{2\pi}=\frac{3\times 9.807}{2\times 3.14}=4.68\ \text{m/s}$

波长 $\lambda=cT=4.68\times 3=14.04\ \text{m}$

6.3.2 驻波

简单波的叠加可以获得种种复杂的波浪,其中驻波就是两个进行波叠加而成的,一个是右行波,另一个是左行波$\left(\text{这是由于在 }\theta=kx+\omega t\text{ 时,}\frac{\mathrm{d}x}{\mathrm{d}t}=-\frac{\omega}{k}=-c\text{ 而产生的}\right)$,它们的振幅、波长和频率都是相同的。

设右行波速度势

$$
\begin{aligned}
\varphi_1&=\frac{A}{2}\mathrm{e}^{kz}\sin(kx-\omega t)\\
&=\frac{g}{\omega}\frac{A_0}{2}\mathrm{e}^{kz}\sin(kx-\omega t)
\end{aligned}
$$

左行波速度势

$$
\varphi_2=\frac{g}{\omega}\frac{A_0}{2}\mathrm{e}^{kz}\sin(kx+\omega t)
$$

将这两列波与式(6.18)相比可知,振幅小一半,其余参数都是一样的,它们完全满足上述的基本方程和边界条件。将这两列波进行叠加,则复杂波的速度势为

$$
\begin{aligned}
\varphi=\varphi_1+\varphi_2&=\frac{gA_0}{2\omega}\mathrm{e}^{kz}[\sin(kx-\omega t)+\sin(kx+\omega t)]\\
&=\frac{gA_0}{\omega}\mathrm{e}^{kz}\sin kx\cos\omega t
\end{aligned}
\tag{6.28}
$$

由于基本方程和边界条件都是线性的,上述复杂波的速度势也会满足这些条件。

下面将对此驻波进行详细分析。

1. 自由面形状

将式(6.28)代入式(6.15),得

$$
\zeta=-\frac{1}{g}\left.\frac{\partial\varphi}{\partial t}\right|_{z=0}=A_0\sin kx\sin\omega t \tag{6.29}
$$

式(6.29)表明:

(1) 在某一固定时刻,自由面为一正弦曲线。

(2) 波面与 x 轴的交点为 $x=\frac{n\pi}{k}$ $(n=0,\pm1,\pm2,\cdots)$,交点的位置不随时间变化,

这些点称为节点。

(3) 相邻两节点之间离平衡位置 $z=0$ 最远的点为波峰 ($z>0$) 和波谷 ($z<0$)，统称之为波腹。

(4) 两相邻节点之间交替出现波峰和波谷，若前半周期为峰，则后半周期变成谷。波面的波幅为 $|A_0 \sin \omega t|$，振幅则为 A_0。

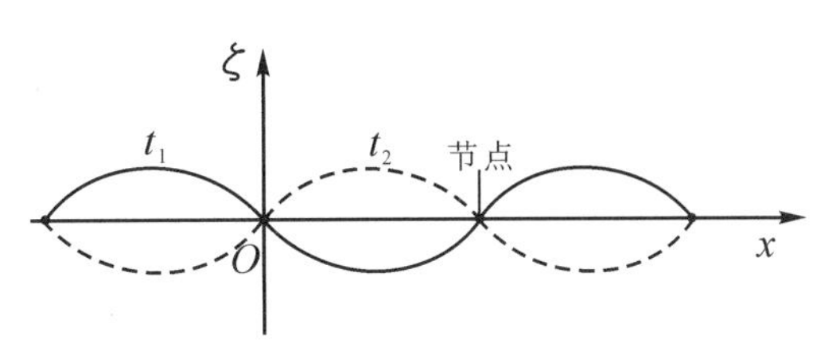

图 6.5 驻波

驻波的波面仅作上下振动，不同于进行波，它不向左右传播，驻波的名称也由此而来。如图 6.5 所示。

驻波的波长 λ、波数 k 和圆频率与进行波有相同的关系：

$$\lambda = \frac{2\pi}{k}$$

$$T = \frac{2\pi}{\omega}$$

2. 质点速度

质点速度公式如下：

$$\begin{cases} u = \dfrac{\partial \varphi}{\partial x} = A_0 \omega e^{kz} \cos kx \cos \omega t \\ w = \dfrac{\partial \varphi}{\partial z} = A_0 \omega e^{kz} \sin kx \cos \omega t \end{cases} \tag{6.30}$$

式(6.30)表明，在节点 $x = \dfrac{n\pi}{k}$ 处，$w=0$，$u \neq 0$，质点仅作水平运动；在波峰或波谷处，$u=0$，$w \neq 0$，质点仅作上下垂直运动；而其他点则同时有水平及垂直方向的运动。

3. 质点迹线

将式(6.30)代入迹线的微分方程，与进行波一样，以(x_0，z_0)代替(x，y)，得

$$\frac{dx}{dt} = A_0 \omega e^{kz_0} \cos kx_0 \cos \omega t$$

$$\frac{dz}{dt} = A_0 \omega e^{kz_0} \sin kx_0 \cos \omega t$$

积分后，得

$$\begin{cases} x - x_0 = A_0 e^{kz_0} \cos kx_0 \sin \omega t \\ z - z_0 = A_0 e^{kz_0} \sin kx_0 \sin \omega t \end{cases} \tag{6.31}$$

消去 t，得

$$z - z_0 = (x - x_0) \tan kx_0 \tag{6.32}$$

式(6.32)表明：

(1) 质点的迹线是一条直线，直线与 Ox 轴的倾角是 kx_0。

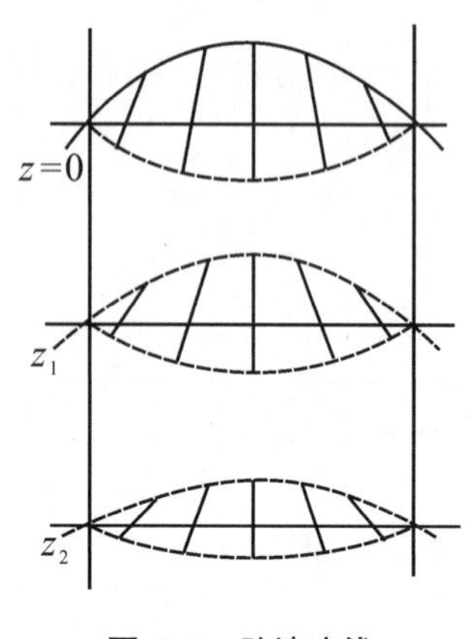

图 6.6　驻波迹线

(2) 在节点 $x_0=\dfrac{n\pi}{k}$ 处，$\tan kx_0=\tan n\pi=0$，迹线则为水平线 $z=z_0$，与速度分析一致。

(3) 在波峰或波谷处，$\tan kx_0=\infty$，即质点作上下垂直运动，与速度分析一致。

(4) 质点的振幅 $A_0 e^{kz_0}$ 也随深度增加而减小，如图 6.6 所示。

4. 压强

将驻波的速度势代入压强公式，有

$$
\begin{aligned}
p(x,\ z,\ t) &= -\gamma z-\rho\frac{\partial\varphi}{\partial t}\\
&= -\gamma z+\gamma A_0 e^{kz}\sin kx\sin\omega t
\end{aligned}
$$

利用式(6.31)，则上式为

$$p=-\gamma z_0$$

这个结论与进行波是一致的。

在自然界或实验中，当进行波遇到垂直障壁而反射时，将出现的就是驻波。在船舶模型水池中，造波机自水池一端产生水波，当此水波行进至另一端时，遇到壁面就会产生反射，水池为了防止反射波的产生，必须在池端壁上安装消波装置。

6.4　有限深度微幅波动

6.4.1　有限深度的微幅进行波

与上述情况类似，这里的边界条件与无限深不同之处在于底部的边界条件，其他完全相同。

根据基本方程与边界条件，设速度势

$$\varphi=Z(z)\cdot X(x-ct)$$

将此式代入 $\nabla^2\varphi=0$，并采用变量分离法，解得

$$
\begin{aligned}
Z(z) &= A_1\cosh kz+A_2\sinh kz\\
X(x-ct) &= B\sin k(x-ct)
\end{aligned}
$$

由边界条件，当 $z=-d$ 时，$\dfrac{\partial\varphi}{\partial z}=0$

得
$$A_2=A_1\frac{\sinh kd}{\cosh kd}$$

故
$$Z(z)=A_1\frac{\cosh k(z+d)}{\cosh kd}$$

因此，当水深 d=有限常数值时，流场速度势

$$\varphi=A\frac{\cosh k(z+d)}{\cosh kd}\sin k(x-ct) \tag{6.33}$$

由自由表面条件，$z=0$ 时 $\frac{\partial\varphi}{\partial z}=-\frac{1}{g}\frac{\partial^2\varphi}{\partial t^2}$，得

$$c^2=\frac{g}{k}\tanh kd=\frac{g\lambda}{2\pi}\tanh\frac{2\pi d}{\lambda} \tag{6.34}$$

由于 $\omega=kc$，故

$$\omega^2=gk\tanh kd$$

此公式表明，当水深 d 给定时，不同波长的水波将以不同的速度传播(或者是不同波数的水波将以不同的频率振荡)，这个关系式在水波理论中称为色散关系。

当 $d\to\infty$时，$\tanh kd=1$，$c^2=\frac{g}{k}$，这与式(6.19)相一致；当 d 很小时，即浅水波，$\tanh kd\approx kd$，此时波速 $c=\sqrt{gd}$。

将速度势 φ 代入 $z=0$ 时自由表面条件式 $\zeta=-\frac{1}{g}\frac{\partial\varphi}{\partial t}$，得

$$\zeta=A_0\cos k(x-ct) \tag{6.35}$$

其中，$A_0=\frac{Akc}{g}$，这表明自由面形状及有关特征与无限深度进行波完全一致。

其他情况，如式(6.3)和式(6.21)

$$\lambda=\frac{2\pi}{k}$$

$$T=\frac{2\pi}{\omega}=\frac{2\pi}{kc}$$

仍都成立。

速度势 φ 对 x，z 求偏导数，并用 $\omega^2=gk\tanh kd$ 关系式代入，得质点速度

$$\begin{cases}u=\frac{\partial\varphi}{\partial x}=A_0\omega\frac{\cosh k(z+d)}{\sinh kd}\cos k(x-ct)\\ w=\frac{\partial\varphi}{\partial z}=A_0\omega\frac{\sinh k(z+d)}{\sinh kd}\sin k(x-ct)\end{cases} \tag{6.36}$$

将质点速度代入迹线微分方程并积分，得轨迹方程

$$\begin{cases}x-x_0=-A_0\frac{\cosh k(z_0+d)}{\sinh kd}\sin k(x_0-ct)\\ z-z_0=A_0\frac{\sinh k(z_0+d)}{\sinh kd}\cos k(x_0-ct)\end{cases} \tag{6.37}$$

或

$$\frac{(x-x_0)^2}{\left[A_0\frac{\cosh k(z_0+d)}{\sinh kd}\right]^2}+\frac{(z-z_0)^2}{\left[A_0\frac{\sinh k(z_0+d)}{\sinh kd}\right]^2}=1 \tag{6.38}$$

显然这是一个椭圆方程，说明在波浪运动中，水质点的运动轨迹是以平衡位置(x_0, z_0)为中心，以 $A_0\frac{\cosh k(z_0+d)}{\sinh kd}$ 为长半轴，$A_0\frac{\sinh k(z_0+d)}{\sinh kd}$ 为短半轴的椭圆。对于无限水深波，

由于 $kd\to\infty$，则长、短半轴均趋向于 $A_0 e^{kz_0}$，所以水质点的运动轨迹是以 $A_0 e^{kz_0}$ 为半径的圆。对于浅水波，由于水深 d 很小，因而椭圆的长半轴为 $A_0 \dfrac{1}{kd}$，短半轴为 $A_0\left(1+\dfrac{z}{d}\right)$，即水质点轨迹的水平宽度与 z 无关，是个常量，垂向高度呈线性减小，至水底 $(z=-d)$ 时减小为零，即退化成一条直线。水质点的轨迹由无限深水时的圆变成椭圆，这是底部影响造成的，不同深度水域质点的轨迹如图 6.7 所示。

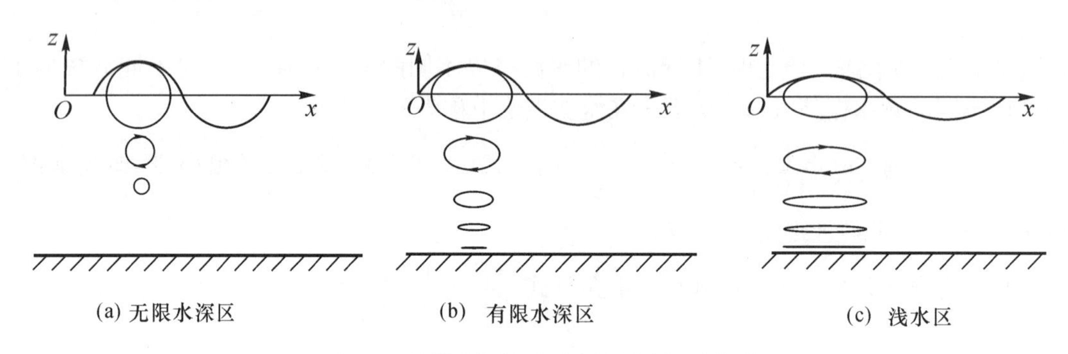

图 6.7 不同水深情况下水流质点运动轨迹

将 φ 代入压强公式(6.16)，得

$$p(x, z, t)=-\gamma z+\gamma A_0 \frac{\cosh k(z+d)}{\cosh kd}\cos k(x-ct) \tag{6.39}$$

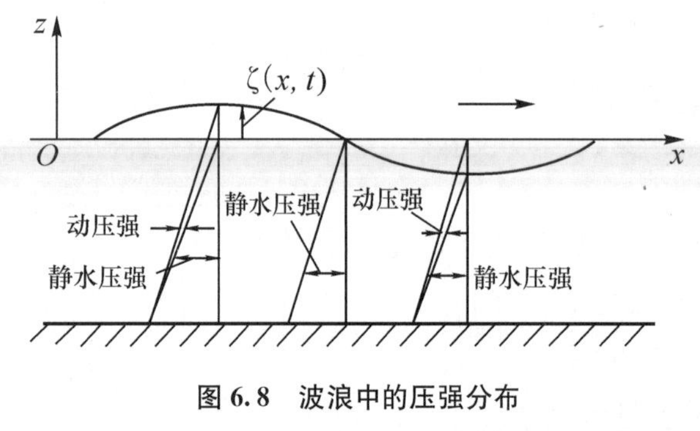

图 6.8 波浪中的压强分布

式中压强分布可以分为两部分，第一项 $-\gamma z$ 称为静水压强，即使没有波浪运动这一项依然存在，第二项是由于水波而产生的动压强，它是由以下两个原因造成的：一是由于波动使水面发生变化，从而改变了压强分布，二是由于在波动中产生铅垂方向的加速度，而加速度的方向与水面波位相位相差 π。图 6.8 表示自由表面波下方的压强分布图。式(6.39)中，$z=0$ 时，$\dfrac{\cosh k(z+d)}{\cosh kd}=1.0$（最大值），随着水深的增加，它越来越小，当 $z=-d$ 时，$\dfrac{\cosh k(z+d)}{\cosh kd}=\dfrac{1}{\cosh kd}$。

6.4.2 有限深度的驻波

现将两个在等深度液体中反向传播的进行波叠加，可得驻波。

速度势为

$$\varphi=\frac{A_0 g}{\omega}\frac{\cosh k(z+d)}{\cosh kd}\sin kx\cos\omega t \tag{6.40}$$

自由面形状为

$$\zeta = A_0 \sin kx \sin \omega t \tag{6.41}$$

质点速度

$$\begin{cases} u = \dfrac{\partial \varphi}{\partial x} = A_0 \omega \dfrac{\cosh k(z+d)}{\sinh kd} \cos kx \cos \omega t \\ w = \dfrac{\partial \varphi}{\partial z} = A_0 \omega \dfrac{\sinh k(z+d)}{\sinh kd} \sin kx \cos \omega t \end{cases} \tag{6.42}$$

质点轨迹

$$\left\{ \begin{aligned} x - x_0 &= A_0 \frac{\cosh k(z_0+d)}{\sinh kd} \cos kx_0 \sin \omega t \\ z - z_0 &= A_0 \frac{\sinh k(z_0+d)}{\sinh kd} \sin kx_0 \sin \omega t \end{aligned} \right\} \tag{6.43}$$

或

$$z - z_0 = (x - x_0) \tanh k(z_0+d) \tan kx_0 \tag{6.44}$$

压强分布

$$p = -\gamma z + \gamma A_0 \frac{\cosh k(z+d)}{\cosh kd} \sin kx \sin \omega t \tag{6.45}$$

6.4.3 浅水波

当 $\dfrac{d}{\lambda} \ll 1$，这时发生的波称为浅水波(或称为长波)，如水域深度 d 很小时，作为$\dfrac{d}{\lambda} \to 0$的一个极限，有

$$\frac{\cosh k(z+d)}{\cosh kd} \approx 1$$

从式(6.33)得浅水波的速度势

$$\varphi = A \sin k(x - ct)$$

考虑到

$$A = \frac{A_0 g}{kc} = \frac{A_0 g}{k\sqrt{gd}} = \frac{A_0}{k}\sqrt{\frac{g}{d}}$$

故浅水波的速度势

$$\varphi = \frac{A_0}{k}\sqrt{\frac{g}{d}} \sin k(x - ct) \tag{6.46}$$

自由表面形状

$$\zeta = A_0 \cos k(x - ct) \tag{6.47}$$

质点速度由式(6.36)可知，对于浅水波，有 $\dfrac{\cosh k(z+d)}{\sinh kd} \approx \dfrac{1}{kd}$，$\dfrac{\sinh k(z+d)}{\sinh kd} \approx 1 + \dfrac{z}{d}$

因而

$$
\begin{cases}u=\dfrac{\partial \varphi}{\partial x}=A_0\sqrt{\dfrac{g}{d}}\cos k(x-ct) \\ w=\dfrac{\partial \varphi}{\partial z}=A_0\omega\left(1+\dfrac{z}{d}\right)\sin k(x-ct)\end{cases} \tag{6.48}
$$

$$
=A_0ck\left(1+\frac{z}{d}\right)\sin k(x-ct)
$$

质点轨迹

$$
\begin{cases}x-x_0=-\dfrac{A_0}{kd}\sin k(x_0-ct) \\ z-z_0=A_0\left(1+\dfrac{z_0}{d}\right)\cos k(x_0-ct)\end{cases} \tag{6.49}
$$

另外,浅水波的波速

$$
c^2=gd \tag{6.50}
$$

以上推导表明,浅水波(也称长波)的传播速度与波长无关,其不再是一种色散波。其他公式 $\lambda=\dfrac{2\pi}{k}$, $T=\dfrac{2\pi}{\omega}$, $\omega=kc$, $\lambda=cT$ 均成立。

以上讨论了深水、有限深度及浅水三种水域的微幅波。在实用上,这三种深度的界限划分如下:

深水区域 $d \geqslant \dfrac{\pi}{k}$ 或 $d \geqslant \dfrac{1}{2}\lambda$;

中等深水区域 $\dfrac{\pi}{10k}<d<\dfrac{\pi}{k}$ 或 $\dfrac{\lambda}{20}<d<\dfrac{\lambda}{2}$;

浅水区域 $d<\dfrac{\pi}{10k}$ 或 $d<\dfrac{\lambda}{20}$。

不同波长时波速随水深的变化如图 6.9 所示。

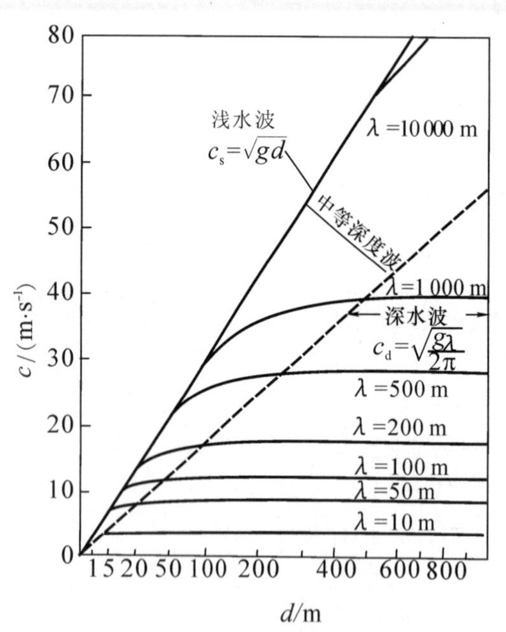

图 6.9 不同波长时波速随水深的变化

例 6.3 某湖泊水深 $d=3$ m,波长为 80 m,试用微幅波理论求波速和波动周期。

解 由于 $d=3\text{ m}<\dfrac{\lambda}{20}=4\text{ m}$,因此属浅水波。

由式(6.50),得

$$
c=\sqrt{gd}=\sqrt{9.81\times 3}=5.42\text{ m/s}
$$

$$
T=\frac{\lambda}{c}=\frac{80}{5.42}=14.76\text{ s}
$$

例 6.4 已知某海域水深 $d=5$ m,波长

$\lambda = 2\pi$m，波高 $H = 0.8$ m，求 2 m 水深处的波高。

解　由于 $d = 5\text{ m} > \frac{1}{2}\lambda = 3.14$ m，故属深水进行波。

水质点圆半径由式(6.26)，得

$$r = A_0 e^{kz_0}$$

在自由液面上，波高 $H = 0.8$ m，故 $A_0 = \frac{H}{2} = 0.4$ m。

由式(6.3)
$$k = \frac{2\pi}{\lambda} = 1$$

当 $z_0 = -2$ m 时
$$r = 0.4 \times e^{-2} = 0.054\text{ m}$$

即在 2 m 水深处
$$\zeta = 2r = 0.108\text{ m}$$

例 6.5　某有限深度微幅波，已知周期为 10 s，波振幅 A_0 为 0.25 m，水深 $d = 20$ m，求深度为 10 m 处水质点的速度的最大分量。

解　首先求得 $\omega = \frac{2\pi}{T} = \frac{2\pi}{10} = 0.628\text{ s}^{-1}$

由式(6.34)
$$c^2 = \frac{g}{k}\tanh kd$$

由式(6.22)
$$\omega = kc$$

故
$$\frac{g}{k}\tanh kd = \frac{\omega^2}{k^2}$$

即
$$k\tanh kd = \frac{\omega^2}{g}$$

$$k\tanh 20k = 0.04$$

从而解得
$$k = 0.052$$

由式(6.36)

$$\begin{cases} u = \dfrac{\partial\varphi}{\partial x} = A_0\omega\dfrac{\cosh k(z+d)}{\sinh kd}\cos k(x-ct) \\ w = \dfrac{\partial\varphi}{\partial z} = A_0\omega\dfrac{\sinh k(z+d)}{\sinh kd}\sin k(x-ct) \end{cases}$$

最大速度分量为
$$u_{\max} = A_0\omega\frac{\cosh k(z+d)}{\sinh kd}$$

$$w_{\max} = A_0\omega\frac{\sinh k(z+d)}{\sinh kd}$$

所以
$$u_{\max} = 0.25 \times 0.628\frac{\cosh(0.052 \times 10)}{\sinh(0.052 \times 20)} = 0.144\text{ m/s}$$

$$w_{\max} = 0.25 \times 0.628\frac{\sinh(0.052 \times 10)}{\sinh(0.052 \times 20)} = 0.069\text{ m/s}$$

对于不同深度的水波运动参数及规律归纳如下。

表 6.1　不同水深的水波主要参数及质点运动规律

	无限深度液体中波动 $\frac{d}{\lambda} \geqslant \frac{1}{2}\left(同\frac{d}{\lambda} \to \infty 一样\right)$	有限深度液体中波动 $\frac{1}{20} \leqslant \frac{d}{\lambda} \leqslant \frac{1}{2}$	浅水波 $\frac{d}{\lambda} < \frac{1}{20}$
速度势 φ	$\varphi = A e^{kz} \sin k(x-ct)$	$\varphi = A \frac{\cosh k(z+d)}{\cosh kd} \sin k(x-ct)$	$\varphi = \frac{A_0}{k}\sqrt{\frac{g}{d}} \sin k(x-ct)$
波速 c	$c^2 = \frac{g}{k}$	$c^2 = \frac{g}{k}\tanh kd$ $= \frac{g\lambda}{2\pi}\tanh \frac{2\pi d}{\lambda}$	$c^2 = gd$
波长 λ	$\lambda = \frac{2\pi}{k}$	$\lambda = \frac{2\pi}{k}$	$\lambda = \frac{2\pi}{k}$
圆频率 ω	$\omega = kc = \sqrt{kg}$	$\omega = \sqrt{gk\tanh kd} = kc$	$\omega = kc = k\sqrt{gd}$
自由表面形状 ζ	$\zeta = A_0 \cos k(x-ct)$	$\zeta = A_0 \cos k(x-ct)$	$\zeta = A_0 \cos k(x-ct)$
质点运动速度分布	$u = A_0 \omega e^{kz} \cos(kx-\omega t)$ $w = A_0 \omega e^{kz} \sin(kx-\omega t)$	$u = \frac{\partial \varphi}{\partial x}$ $= A_0 \omega \frac{\cosh k(z+d)}{\sinh kd} \cos k(x-ct)$ $w = \frac{\partial \varphi}{\partial z}$ $= A_0 \omega \frac{\sinh k(z+d)}{\sinh kd} \sin k(x-ct)$	$u = \frac{\partial \varphi}{\partial x} = A_0 \sqrt{\frac{g}{d}} \cos k(x-ct)$ $w = \frac{\partial \varphi}{\partial z}$ $= A_0 ck\left(1+\frac{z}{d}\right) \sin k(x-ct)$
质点轨迹	$(x-x_0)^2 + (z-z_0)^2 = (A_0 e^{kz_0})^2$	$\frac{(x-x_0)^2}{\left[A_0 \frac{\cosh k(z_0+d)}{\sinh kd}\right]^2} + \frac{(z-z_0)^2}{\left[A_0 \frac{\sinh k(z_0+d)}{\sinh kd}\right]^2} = 1$	$x-x_0 = -\frac{A_0}{kd} \sin k(x_0-ct)$ $z-z_0 = A_0\left(1+\frac{z_0}{d}\right) \cos k(x_0-ct)$
压强分布 $p(x, y, t)$	$p = -\gamma z_0$	$p(x, z, t) = -\gamma z + \gamma A_0 \frac{\cosh k(z+d)}{\cosh kd} \cos k(x-ct)$	$p(x, z, t) = -\gamma z + \gamma A_0 \cos k(x-ct)$

6.5　界面波

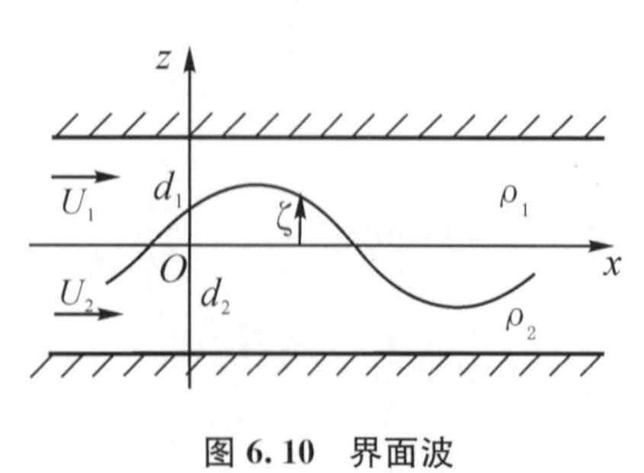

图 6.10　界面波

本节讨论在重力作用下，发生于两种密度不同的液体分界面上的平面进行波。当流体处于平衡状态时，它们的分界面是水平面，以此平面作为 xOy 平面，z 轴垂直向上，如图 6.10 所示。当受到某一扰动后，将发生重力波，此波称为界面波(内波)。

设上、下两层流体分别以 U_1 和 U_2 作均流，密度各为 ρ_1 和 ρ_2，深度各为 d_1 及 d_2。可证明此界面波的传播速度为

$$c=\frac{\rho_1 U_1+\rho_2 U_2}{\rho_1+\rho_2}\pm\sqrt{\frac{g}{k}\frac{\rho_2-\rho_1}{\rho_1+\rho_2}-\frac{\rho_1\rho_2(U_2-U_1)^2}{(\rho_1+\rho_2)^2}} \tag{6.51}$$

式(6.51)要有意义必须满足下面两个条件：

(1) $\rho_2>\rho_1$，即下层流体的密度必须大于上层流体的密度。

(2) 对于一定的 U_1 和 U_2 ($U_1\neq U_2$)，只有在 $k\leqslant\frac{g(\rho_2^2-\rho_1^2)}{\rho_1\rho_2(U_2-U_1)^2}$ 或者 $\lambda\geqslant\frac{2\pi\rho_1\rho_2(U_2-U_1)^2}{g(\rho_2^2-\rho_1^2)}$ 的情况，运动才能保持稳定。

在不同条件下对界面波的讨论：

(1) 若 $\rho_1=0$, $U_2=0$，这相当于自由表面情况，得

$$c^2=\frac{g}{k}\tanh kd_2$$

这与式(6.34)相一致，是有限深度的进行波。

若 $d_2\to\infty$，即无限水深，则 $c=\sqrt{\frac{g}{k}}$ 与式(6.19)相一致。

(2) 当 $U_1=U_2=0$，即上、下两层流体无流动时，且 $d_1\to\infty$, $d_2\to\infty$ 时，

$$c=\sqrt{\frac{g}{k}\frac{\rho_2-\rho_1}{\rho_1+\rho_2}}$$

若上层流体是空气，下层流体是水，水的密度约为空气的 830 倍，则

$$\sqrt{\frac{\rho_2-\rho_1}{\rho_1+\rho_2}}\approx 1$$

因此计算水波在水面上传播速度时，完全可以忽略空气的影响，从而求得

$$c=\sqrt{\frac{g}{k}}$$

若上、下两层流体的密度相当接近，即 $\rho_1\approx\rho_2$，此时波速要比 $c=\sqrt{\frac{g}{k}}$ 小得多。在海洋中，如果存在着这样的分界面，即密度差相当小时，则界面波(内波)其传播速度比自由面(表面波)的传播速度小得多。

(3) 当 $d_1\to\infty$, $d_2\to\infty$ 且 $U_2=0$ 时，则 $c=U_1$ 时波速有极大值，即

$$c_{\max}=\sqrt{\frac{g}{k}\frac{\rho_2-\rho_1}{\rho_2}}$$

这表明最大波速发生在风速与波速相同的情况。

(4) 当 $U_2=0$ 时，且同时 $U_1<\sqrt{\frac{g}{k}\frac{\rho_2-\rho_1}{\rho_2+\rho_1}}\sqrt{\frac{\rho_1+\rho_2}{\rho_1}}$，则

$$c=\frac{\rho_1 U_1}{\rho_1+\rho_2}\pm\sqrt{\frac{g}{k}\frac{\rho_2-\rho_1}{\rho_1+\rho_2}-\frac{\rho_1\rho_2 U_1^2}{(\rho_1+\rho_2)^2}}$$

波速有两个不同符号的值，存在顺风波及逆风波，且顺风波的波速大于逆风波的波速。

6.6 波群和波群速

前面讨论了单个波长的波浪运动，它们一个波接着另一个波，波形是完全相同的，现讨论当不同波长的多个波叠加在一起的情况。任何局部的干扰，例如，一块石子掉进水中，或者船在水中行驶，都会产生一连串的水波，这些水波的波长（或波数）、波速都是略有差异的，这种有两个以上波长不同的波所组成的波动称作波群。对于不同波长的波动，由于方程和边界条件是线性的，它们彼此独立互不影响，但看到的是这些波叠加之后的总体现象。叠加之后波的总轮廓线的移动速度，即波群的前进速度称为波群速。由于波群速与水波能量传播的速度相同，因此它是波动的一个重要动力学特性。

下面以波群中最简单的一种形式加以讨论。

设两列波具有相同的振幅，而波长相差不多（随之波数 k、圆频率 ω 也稍有不同），同时在液体中以同一方向进行传播，它们的波面方程分别为：

$$\zeta_1 = A_0\cos(kx - \omega t)$$
$$\zeta_2 = A_0\cos(k'x - \omega' t)$$

将它们叠加后，波群的波面

$$\begin{aligned}\zeta &= \zeta_1 + \zeta_2 \\ &= 2A_0\cos\left(\frac{k-k'}{2}x - \frac{\omega-\omega'}{2}t\right)\cos\left(\frac{k+k'}{2}x - \frac{\omega+\omega'}{2}t\right)\end{aligned}$$

则波面的图案如图 6.11 所示。

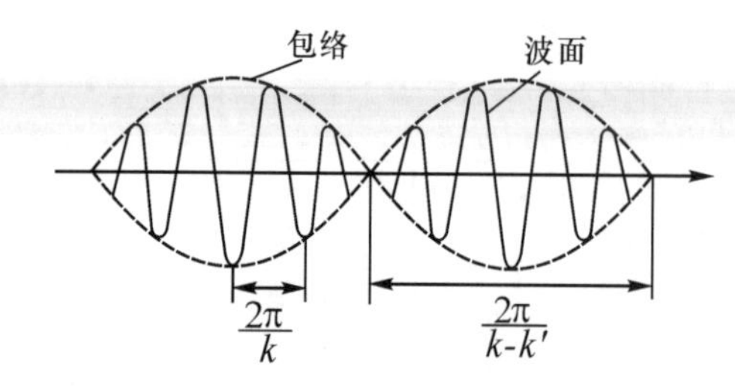

图 6.11 波群

可以看到：上式中最后一项与原来每一个波的余弦函数很接近，即可近似为 $\cos(kx - \omega t)$；

但波群的振幅已成为：

$$2A_0\cos\left(\frac{k-k'}{2}x - \frac{\omega-\omega'}{2}t\right)$$

它不是常量，而是时间和空间的周期函数。

这样合成波的波面其波长为

$$\lambda = \frac{2\pi}{\frac{k+k'}{2}} \approx \frac{2\pi}{k}$$

周期为

$$T = \frac{2\pi}{\frac{\omega+\omega'}{2}} \approx \frac{2\pi}{\omega}$$

波速为

$$c = \frac{\omega+\omega'}{k+k'} \approx \frac{\omega}{k}$$

即合成波的波面与原来单个波的波长、周期、波速相同，但振幅却不相等，随时间 t 和空间 x 缓慢地变化，而它形成的周期性的群落（称为包络），其长度为

$$\frac{\pi}{\frac{k-k'}{2}}=\frac{2\pi}{k-k'}\gg\frac{2\pi}{k}$$

通常称此包络波为波群，波群的速度

$$c_g=\frac{\omega-\omega'}{k-k'}\approx\frac{d\omega}{dk} \tag{6.52}$$

即波群以 c_g 的速度传播，称 c_g 为波群速。

对于一个以波群速 c_g 前进的观察者来说，能观察到在包络线内各有一组波浪，它是以相对速度 $c-c_g$ 前进，而且振幅在不断变化。由于长度为 $\frac{2\pi}{k-k'}$ 的包络线波内部的波形都相同，因此波浪能量传播的速度将等于波群速，在波浪理论中这是波群速之所以重要的原因。

对于简谐的前进波，$\omega=kc$，则

$$c_g=\frac{d\omega}{dk}=\frac{d(kc)}{dk}=c+k\frac{dc}{dk}=c-\lambda\frac{dc}{d\lambda} \tag{6.53}$$

对于无限深水波，$\omega=\sqrt{kg}$，则

$$c_g=\frac{d\omega}{dk}=\frac{c}{2}=\frac{1}{2}\sqrt{\frac{g}{k}} \tag{6.54}$$

对于有限深度的进行波，$\omega=\sqrt{kg\tanh kd}$，则

$$c_g=\frac{d\omega}{dk}=\frac{c}{2}\left(1+\frac{2kd}{\sinh 2kd}\right) \tag{6.55}$$

对于浅水波，$\omega=k\sqrt{gd}$，则

$$c_g=\frac{d\omega}{dk}=\sqrt{gd}=c \tag{6.56}$$

从上述讨论可看出，从深水波到浅水波，波群速从小于单个波速到等于单个波速。可以想象：对于深水波，个别波从波群尾部进入波群，随之振幅变大又再变小，最后穿出该波群到另一波群中。

6.7 波浪的能量和波阻

重力波的能量包括液体的动能和势能两部分。其中，势能是由于液体的重心在波动时上下起伏引起的。由于波形的周期性，因此只须在一个波长的区域内讨论波的能量。

6.7.1 波浪能量的计算

1. 波浪动能的计算

现来计算宽度为一个单位、波长为 λ、深度为 d 范围内的波浪动能。建立坐标如图 6.12 所示。

有下式：

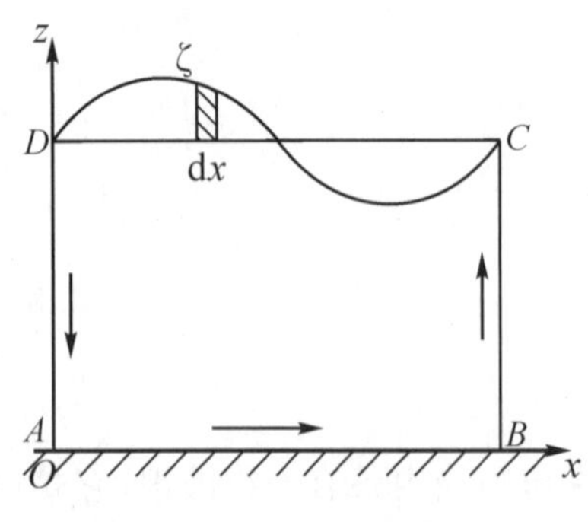

图 6.12　波浪的能量计算

$$E_k = \int_{-d}^{0}\int_{0}^{\lambda} \frac{1}{2}\rho\left[\left(\frac{\partial\varphi}{\partial x}\right)^2 + \left(\frac{\partial\varphi}{\partial z}\right)^2\right]\mathrm{d}x\mathrm{d}z$$

应用格林公式，将以上面积分转变成线积分：

$$E_k = \frac{\rho}{2}\oint_l \varphi \frac{\partial\varphi}{\partial n}\mathrm{d}l$$

其中，l 是面积分周界 $ABCDA$，n 是边界的外法线，线积分方向如图 6.12 中箭头所指，在两侧直线 AD 和 BC 上，φ 相同，而$\frac{\partial\varphi}{\partial n}$差一符号；在水底 AB：$\frac{\partial\varphi}{\partial n} = \frac{\partial\varphi}{\partial z} = 0$，故上述积分仅是沿波面的积分

$$E_k = \frac{\rho}{2}\oint_l \varphi \frac{\partial\varphi}{\partial n}\mathrm{d}l = \frac{\rho}{2}\int_0^{\lambda} \varphi \frac{\partial\varphi}{\partial z}\bigg|_{z=0}\mathrm{d}x$$

将进行波的速度势，由式(6.33)

$$\varphi = \frac{A_0 g}{\omega}\frac{\cosh k(z+d)}{\cosh kd}\sin(kx-\omega t)$$

与驻波的速度势，由式(6.40)

$$\varphi = \frac{A_0 g}{\omega}\frac{\cosh k(z+d)}{\cosh kd}\sin kx\cos\omega t$$

代入上式并积分，得以下公式：

对进行波

$$E_k = \frac{1}{4}\rho g A_0^2\lambda \tag{6.57}$$

对驻波

$$E_k = \frac{1}{4}\rho g A_0^2\lambda\cos^2\omega t \tag{6.58}$$

2. 波浪势能的计算

设液体无波动时静止水面的势能取为零，在产生波动以后，波动的势能变化，可以认为是从波谷部分提高到波峰部分，所增加的势能为

$$E_p = \int_0^{\frac{\lambda}{2}}\rho g\zeta^2\mathrm{d}x = \int_0^{\lambda}\frac{1}{2}\rho g\zeta^2\mathrm{d}x$$

将进行波的波面高度，由式(6.35)

$$\zeta = A_0\cos(kx-\omega t)$$

与驻波的波面高度，由式(6.41)

$$\xi = A_0\sin kx\sin\omega t$$

代入上式并积分，得以下公式：

对进行波

$$E_p = \frac{1}{4}\rho g A_0^2 \lambda \tag{6.59}$$

对驻波

$$E_p = \frac{1}{4}\rho g A_0^2 \lambda \sin^2 \omega t \tag{6.60}$$

3. 几点结论

(1) 波浪的动能和势能均与水域的深度无关。

(2) 对进行波来讲，动能与势能大小相等，且与时间无关，它们之和的总能量为

$$E = \frac{1}{2}\rho g A_0^2 \lambda \tag{6.61}$$

(3) 对驻波来讲，动能与势能随时间而变化，但它们之和不随时间而变化，大小为 $\frac{1}{4}\rho g A_0^2 \lambda$。

例 6.6 在海中有某深水微幅进行波，其速度势为 $\varphi = \frac{gH}{2\omega}\frac{\cosh k(z+d)}{\cosh kd}\sin(kx-\omega t)$，其中，水深 $d = 10$ m，波高 $H = 2$ m，波数 $k = 0.2$。

试求：(1) 波长 λ、波速 c、周期 T；

(2) 波面方程；

(3) $x_0 = 0$，$z_0 = -5$ m 处水质点轨迹方程；

(4) 以上水质点在 $t = 0$ 时的速度，该时水质点在波峰还是波谷、或者是非峰非谷；

(5) 上述水质点在该时的压强；

(6) 该进行波的能量。

解 由于 $\frac{\pi}{10k} = \frac{\pi}{10\times 0.2} = 1.57\ \text{m} < d = 10\ \text{m} < \frac{\pi}{k} = \frac{\pi}{0.2} = 15.7\ \text{m}$，故该波属于有限深水区域；其中，振幅 $A_0 = \frac{H}{2} = 1$ m。

(1) 波长 $\lambda = \frac{2\pi}{k} = \frac{2\times 3.14}{0.2} = 31.4$ m

波速 $c = \sqrt{\frac{g}{k}\tanh kd} = \sqrt{\frac{9.81}{0.2}\tanh(0.2\times 10)} = 6.88$ m/s

周期 $T = \frac{\lambda}{c} = \frac{31.4}{6.88} = 4.56$ s

(2) 由式(6.35)得，波面方程

$$\begin{aligned}\zeta &= A_0 \cos k(x-ct)\\ &= \cos 0.2(x-6.88t)\\ &= \cos(0.2x-1.38t)\end{aligned}$$

(3) 水质点的轨迹，由式(6.38)

$$\frac{(x-x_0)^2}{\left[A_0\frac{\cosh k(z_0+d)}{\sinh kd}\right]^2}+\frac{(z-z_0)^2}{\left[A_0\frac{\sinh k(z_0+d)}{\sinh kd}\right]^2}=1$$

其中

$$A_0\frac{\cosh k(z_0+d)}{\sinh kd}=\frac{\cosh 1}{\sinh 2}=0.43\ \text{m}$$

$$A_0\frac{\sinh k(z_0+d)}{\sinh kd}=\frac{\sinh 1}{\sinh 2}=0.32\ \text{m}$$

即轨迹方程为

$$\frac{x^2}{0.43^2}+\frac{(z+5)^2}{0.32^2}=1$$

(4) 水质点的速度,由式(6.36)

$$\begin{cases}u=\dfrac{\partial\varphi}{\partial x}=A_0\omega\dfrac{\cosh k(z_0+d)}{\sinh kd}\cos k(x_0-ct)\\ w=\dfrac{\partial\varphi}{\partial z}=A_0\omega\dfrac{\sinh k(z_0+d)}{\sinh kd}\sin k(x_0-ct)\end{cases}$$

以 $\omega=kc=0.2\times6.88=1.38/\text{s}, t=0$ 代入,可解得

$$\begin{cases}u=0.58\ \text{m/s}\\ w=0\end{cases}$$

很显然该时该处的水质点在波峰上。

(5) 水质点压强,由式(6.39)

$$p(x,\ z,\ t)=-\gamma z_0+\gamma A_0\frac{\cosh k(z_0+d)}{\cosh kd}\cos k(x_0-ct)$$

得
$$\frac{p}{\gamma}=5+\frac{\cosh 1}{\cosh 2}\cos 0=5.41\ \text{mH}_2\text{O}$$

(6) 波能量,由式(6.61)得

$$E=\frac{1}{2}\rho gA_0^2\lambda$$
$$=\frac{1}{2}\times1\,025\times9.81\times1^2\times31.4=157.9\ \text{kN}\cdot\text{m}$$

6.7.2 波浪能量的传递

对进行波来说,波动从一处向另一处传播,与之同时,波浪的能量也随之进行传递。能量的传递是液体压强通过与波动传播方向相垂直的平面作功来完成的。

设波速的方向为 x 方向,在与之垂直的平面 yOz 上取一截面,该截面的 y 方向取单位宽度,z 方向由自由面至水域底部,那么 $\text{d}t$ 时间内压强在此截面作功为

$$dW=\int_{-d}^{\zeta}p\,dz\,u\,dt$$

其中,压强按式(6.16)

$$p=-\gamma z-\rho\frac{\partial\varphi}{\partial t}$$

速度势 φ 按式(6.33)

$$\varphi=\frac{A_0 g}{\omega}\frac{\cosh k(z+d)}{\cosh kd}\sin(kx-\omega t)$$

水质点速度分量 u 按式(6.36)

$$u=A_0\omega\frac{\cosh k(z+d)}{\sinh kd}\cos(kx-\omega t)$$

在波动一个周期 T 内作功的平均值

$$W=\frac{1}{T}\int_0^T\int_{-d}^{\zeta}\left(-\gamma z-\rho\frac{\partial\varphi}{\partial t}\right)u\,dz\,dt$$

其中

$$\begin{aligned}&\int_0^T(-\gamma z)u\,dt\\=&\frac{A_0\omega\cosh k(z+d)}{\sinh kd}(-\gamma z)\int_0^T\cos(kx-\omega t)dt\\=&0\end{aligned}$$

故

$$\begin{aligned}W&=\frac{1}{T}\int_0^T\int_{-d}^{0}-\rho\frac{\partial\varphi}{\partial t}u\,dz\,dt\\&=\frac{2\rho A_0^2 g\omega}{T\sinh 2kd}\int_0^T\cos^2(kx-\omega t)dt\int_{-d}^{0}\cosh^2 k(z+d)dz\\&=\frac{2\rho A_0^2 g\omega}{T\sinh 2kd}\frac{T}{2}\frac{1}{4k}(2kd+\sinh 2kd)\\&=\frac{1}{4}\rho gA_0^2c\left(1+\frac{2kd}{\sinh 2kd}\right)\end{aligned}\tag{6.62}$$

由波群速式(6.55)

$$c_g=\frac{d\omega}{dk}=\frac{c}{2}\left(1+\frac{2kd}{\sinh 2kd}\right)$$

将其代入上式,解得

$$W=\frac{1}{2}\rho gA_0^2c_g\tag{6.63}$$

以上表明:通过与波动传播方向相垂直的平面,波浪从左侧向右侧在一个周期 T 时间内传递的平均能量 W,等于单位长度进行波的总能量 $\frac{1}{2}\rho gA_0^2$ 与波群速 c_g 的乘积。因此波群速的物理意义就是波能的传播速度。

6.7.3 波浪阻力

船舶在水面上航行时，船后将兴起波浪，显然，波浪的能量是由船克服兴波阻力所作的功来提供的。若兴波阻力为 F_W，船速为 V，则船舶克服兴波阻力作的功率为 $F_W V$。如果将坐标建立在船上，则船后的波形和船体是相对静止的，可以认为兴波的速度也为 V。在船后相当远处，取一与波速方向相垂直的固定平面(图 6.13)。经过时间 t 后，这一固定平面与船艉之间的波浪区长度将增加 Vt，因而波浪能量的增加为

$$\Delta E = E\frac{Vt}{\lambda} = \frac{1}{2}\rho g A_0^2 \lambda \frac{Vt}{\lambda} = \frac{1}{2}\rho g A_0^2 Vt$$

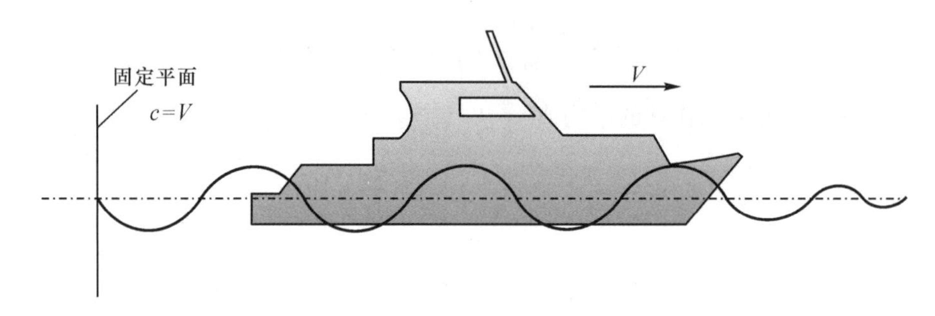

图 6.13　船舶的兴波

这区域内增加的能量 ΔE 来自两部分：一部分是船克服兴波阻力作功提供了能量；另一部分是在固定平面后的波浪以波群速 c_g 向前传递的能量。按能量平衡方程式

$$\Delta E = \frac{1}{2}\rho g A_0^2 Vt = F_W Vt + \frac{1}{2}\rho g A_0^2 c_g t$$

对于有限深水域，由式(6.55)

$$c_g = \frac{c}{2}\left(1 + \frac{2kd}{\sinh 2kd}\right)$$

这里的波速 $c = V$，解得波浪阻力

$$F_W = \frac{1}{4}\rho g A_0^2 \left(1 - \frac{2kd}{\sinh 2kd}\right) \tag{6.64}$$

对于无限深水域，由式(6.54)

$$c_g = \frac{c}{2}$$

解得波浪阻力

$$F_W = \frac{1}{4}\rho g A_0^2 \tag{6.65}$$

以上两式表示：在深水中，船舶所遭受的波浪阻力是单位长度波能的一半，这一结论可推广到其他波。在浅水区域，由式(6.56) $c_g = \sqrt{gd}$ 可知，如果船舶航行速度大于 $\sqrt{gd}$，尾部

的波浪来不及跟随它，那么波浪阻力就要小得多。这一结论已被实验所证实。

习　题

计算题

6.1 在岸上观察到浮标每分钟升降 15 次，试求波浪的圆频率 ω、波数 k、波长 λ 和波速 c（可视为无限深水波）。

6.2 已知一深水波，周期 $T=5\,\mathrm{s}$，波高 $H=1.2\,\mathrm{m}$，试求其波长、波速、波群速以及波能传播量。

6.3 在水深 $d=10\,\mathrm{m}$ 的水域内有一微幅波，波振幅 $A_0=1\,\mathrm{m}$，波数 $k=0.2\,\mathrm{m}^{-1}$，试求：(1)波长、波速和周期；(2)波面方程；(3)$x_0=0$ 及 $z_0=-5\,\mathrm{m}$ 处水质点的轨迹方程。

6.4 已知在水深为 $d=6.2\,\mathrm{m}$ 处的海面上设置的浮标，由于波浪作用，浮标每分钟上下升降 12 次，观察波高为 $H=1.2\,\mathrm{m}$，试求此波浪的波长、水底的流速振幅，以及波动的压强变化振幅。

6.5 设二维有限深度波动速度势为

$$\varphi=\frac{A_0 g}{\omega}\frac{\cosh k(z+d)}{\cosh kd}\sin(kx-\omega t),$$

求此相应的流函数及复势表达式。

6.6 设有两层流体，下层流体（密度为 ρ）无限深，上层流体（密度为 ρ'）深度为 d'，并且有自由表面，在两层流体的分界面和上表面同时有重力波传播，试求圆频率 ω 与波长 λ 的关系。

第7章　黏性流体动力学

自然界中存在的实际流体均具有黏性，因此，在研究实际流体运动中，除了考虑质量力和压强之外，还需要考虑切应力(或者称为内摩擦应力)。虽然将黏性流体和理想流体比较，前者仅多了一项黏性力，但给理论分析方法带来了极大的困难，为此，大量的复杂流动问题或工程流动问题要靠实验或实验与理论相结合的方法来解决。本章主要介绍指导实验的理论基础——量纲分析和相似理论。

7.1　黏性流体的运动微分方程式

7.1.1　黏性流体的动压强

对于理想流体，由于不考虑黏性，故流体质点在运动中表面力只有法向应力，即动压强 p，而无切应力。因此类似于分析静压强特征的方法，可以证明，对于理想流体，任一点动压强的大小与作用面方位无关，而是空间和时间的函数，即 $p = p(x, y, z, t)$。

但是，黏性流体的表面力和理想流体不同，由于黏性的作用，在运动中产生了切向应力，故使得任一点的法向应力的大小与作用面的方位有关。

在运动着的流体中，取一微分六面体，如图7.1所示，应力符号第一个下角标表示作用面的方位，第二个下角标表示应力的方向，则法向应力 $p_{xx} \neq p_{yy} \neq p_{zz}$。但可以证明，同一点任意三个正交面上的法向应力之和都不变，即

$$p_{xx} + p_{yy} + p_{zz} = p_{\xi\xi} + p_{\eta\eta} + p_{\zeta\zeta}$$

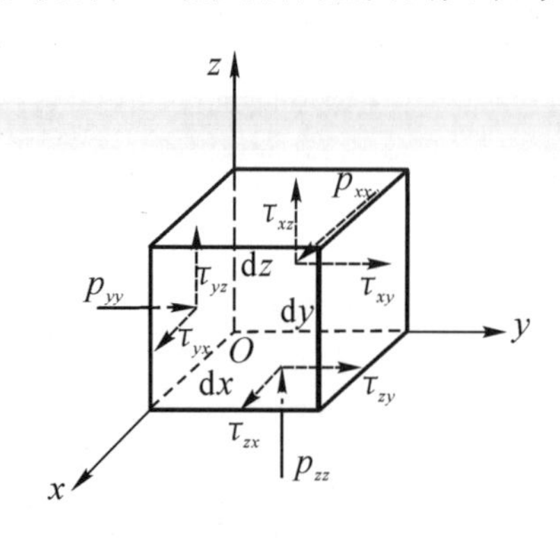

图7.1　微分六面体上的表面力

据此，在黏性流体中，将动压强 p 定义为某点三个正交面上的法向应力的平均值，即

$$p = \frac{1}{3}(p_{xx} + p_{yy} + p_{zz}) \tag{7.1}$$

按此定义，黏性流体的动压强 p 也是空间和时间的函数，即

$$p = p(x, y, z, t)$$

可以证明切应力分量两两相等：

$$\tau_{xy} = \tau_{yx}, \ \tau_{xz} = \tau_{zx}, \ \tau_{yz} = \tau_{zy}$$

7.1.2　应力和变形速度的关系

牛顿黏性流体是最常见的流体类型。斯托克斯提出三个假设：

(1) 应力和变形率成线性关系；

(2) 流体是各向同性的，应力与变形率的关系与坐标系选择无关；

(3) 当角变形率为零时，即流体静止时，法向应力等于静压强。

根据这三个假设可推导牛顿流体（均质不可压缩流体）的本构关系为

$$\begin{cases}\sigma_x = p - p_{xx} = 2\mu\dfrac{\partial u}{\partial x}\\ \sigma_y = p - p_{yy} = 2\mu\dfrac{\partial v}{\partial y}\\ \sigma_z = p - p_{zz} = 2\mu\dfrac{\partial w}{\partial z}\end{cases} \tag{7.2}$$

至于切向应力和角变形速度的关系，可将简单剪切流动中的牛顿内摩擦定律，即式(1.3)，$\tau = \mu\dfrac{\mathrm{d}v}{\mathrm{d}y}$，推广到一般的空间流动，得

$$\begin{cases}\tau_{yz} = \tau_{zy} = \mu\left(\dfrac{\partial w}{\partial y} + \dfrac{\partial v}{\partial z}\right)\\ \tau_{zx} = \tau_{xz} = \mu\left(\dfrac{\partial u}{\partial z} + \dfrac{\partial w}{\partial x}\right)\\ \tau_{xy} = \tau_{yx} = \mu\left(\dfrac{\partial v}{\partial x} + \dfrac{\partial u}{\partial y}\right)\end{cases} \tag{7.3}$$

式(7.2)中，σ_x，σ_y，σ_z 称为附加法向应力，它们的定义是，法向应力的平均值（动压强）分别和以 x，y，z 为法线的平面上的法向应力之差。

显然，附加法向应力和线应变率有关，而切应力和角变形率有关。

例 7.1 设线性剪切流平面流场为

$$\begin{cases}u = ky\\ v = 0\end{cases} \qquad (k\ \text{为常量})$$

试分析该流场的应力状态。

解 附加法向应力

$$\sigma_x = 2\mu\frac{\partial u}{\partial x} = 0$$

$$\sigma_y = 2\mu\frac{\partial v}{\partial y} = 0$$

运动黏性流体中一点应力状态的法向应力

$$\begin{aligned}p_{xx} &= p - \sigma_x = p\\ p_{yy} &= p - \sigma_y = p\end{aligned} \qquad (\text{受压})$$

切向应力（黏性切应力）

$$\tau_{xy} = \tau_{yx} = \mu\left(\frac{\partial v}{\partial x} + \frac{\partial u}{\partial y}\right) = \mu k \qquad (\text{常量})$$

说明在平面剪切流中，任一点处于 x，y 方向的附加法向应力均为零，因此 x，y 方向的法向应力均等于平衡压强，而黏性切应力则在全流场中保持常量。

7.1.3 黏性流体运动微分方程(N－S方程)

采用类似于推导理想流体运动微分方程式(4.1)的方法，取流体质点为对象，推导质量力(重力)、惯性力、压强和黏性应力表示的运动微分方程式，并以式(7.2)，式(7.3)代入整理，便可得到不可压缩黏性流体的运动微分方程，即

$$\begin{cases}\dfrac{\mathrm{d}u}{\mathrm{d}t}=\dfrac{\partial u}{\partial t}+\dfrac{\partial u}{\partial x}u+\dfrac{\partial u}{\partial y}v+\dfrac{\partial u}{\partial z}w=f_x-\dfrac{1}{\rho}\dfrac{\partial p}{\partial x}+\nu\nabla^2 u\\ \dfrac{\mathrm{d}v}{\mathrm{d}t}=\dfrac{\partial v}{\partial t}+\dfrac{\partial v}{\partial x}u+\dfrac{\partial v}{\partial y}v+\dfrac{\partial v}{\partial z}w=f_y-\dfrac{1}{\rho}\dfrac{\partial p}{\partial y}+\nu\nabla^2 v\\ \dfrac{\mathrm{d}w}{\mathrm{d}t}=\dfrac{\partial w}{\partial t}+\dfrac{\partial w}{\partial x}u+\dfrac{\partial w}{\partial y}v+\dfrac{\partial w}{\partial z}w=f_z-\dfrac{1}{\rho}\dfrac{\partial p}{\partial z}+\nu\nabla^2 w\end{cases}\tag{7.4}$$

式中，$\nu=\dfrac{\mu}{\rho}$ 是运动黏度，∇^2 为拉普拉斯(Laplace)算子，即

$$\nabla^2=\frac{\partial^2}{\partial x^2}+\frac{\partial^2}{\partial y^2}+\frac{\partial^2}{\partial z^2}$$

矢量式为

$$\frac{\mathrm{d}\boldsymbol{v}}{\mathrm{d}t}=\frac{\partial \boldsymbol{v}}{\partial t}+(\boldsymbol{v}\cdot\nabla)\boldsymbol{v}=\boldsymbol{f}-\frac{1}{\rho}\nabla p+\nu\nabla^2\boldsymbol{v}$$

经常把(7.4)式和连续方程式合在一起使用，这样便组成了不可压缩黏性流体的基本微分方程组。

自1755年欧拉提出理想流体运动微分方程式以来，法国工程师纳维(Navier 1827)、英国数学家斯托克斯(Stokes 1845)等人经过近百年的研究，最终完成了现在形式的黏性流体运动微分方程，它又称为纳维-斯托克斯方程(简称N－S方程)。

在给定质量力和流体密度 ρ 的情况下，N－S方程中仅有4个变量 p，u，v，w，但是由于数学上的困难，很难利用不可压缩黏性流体的基本微分方程组来求出严格的解答，在大多数情况下不得不采用某些假定，求出它的近似解答。

下面举例说明，在简单的情况下，可利用N－S方程求取精确解。

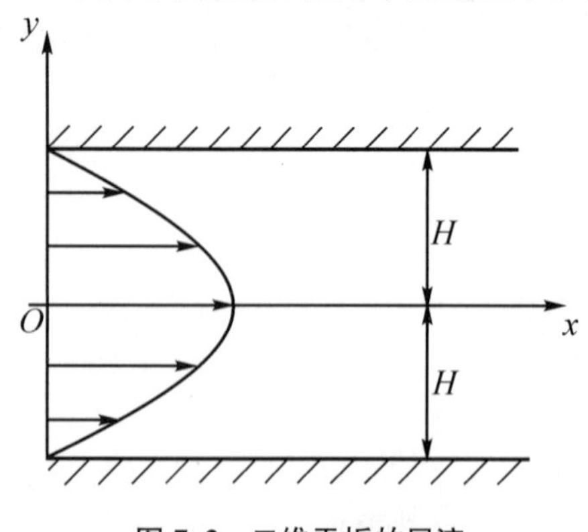

图7.2 二维平板的层流

例7.2 不可压缩黏性流体，流经宽为 $2H$ 的二维平板(图7.2)，流动是恒定流，且质量力略去不计，倘若流动状态是层流(即流体沿平板流动时，没有垂直于平板的速度分量)。试用N－S方程推导平板间的速度分布。

解 首先建立如图7.2所示的平面坐标系 xOy，其中 x 方向同流动方向一致。

对于二维、恒定流且不计质量力的情况，N－S方程和连续方程为

$$
\begin{cases}
\dfrac{\partial u}{\partial x}u+\dfrac{\partial u}{\partial y}v=-\dfrac{1}{\rho}\dfrac{\partial p}{\partial x}+\nu\left(\dfrac{\partial^2 u}{\partial x^2}+\dfrac{\partial^2 u}{\partial y^2}\right) & \text{(a)}\\
\dfrac{\partial v}{\partial x}u+\dfrac{\partial v}{\partial y}v=-\dfrac{1}{\rho}\dfrac{\partial p}{\partial y}+\nu\left(\dfrac{\partial^2 v}{\partial x^2}+\dfrac{\partial^2 v}{\partial y^2}\right) & \text{(b)}\\
\dfrac{\partial u}{\partial x}+\dfrac{\partial v}{\partial y}=0 & \text{(c)}
\end{cases}
$$

由于流动为层流，即 $v=0$

由(c)式，得 $\dfrac{\partial u}{\partial x}=0$ 或者 $u=u(y)$

由(b)式，得 $\dfrac{\partial p}{\partial y}=0$ 即 $p=p(x)$

由(a)式，得 $\dfrac{1}{\rho}\dfrac{\partial p}{\partial x}=\nu\dfrac{\partial^2 u}{\partial y^2}=\nu\dfrac{\mathrm{d}^2 u}{\mathrm{d}y^2}=\dfrac{1}{\rho}\dfrac{\mathrm{d}p}{\mathrm{d}x}$

或者 $\dfrac{1}{\mu}\dfrac{\mathrm{d}p}{\mathrm{d}x}=\dfrac{\mathrm{d}^2 u}{\mathrm{d}y^2}$

由于上式左边是 x 的函数，右边是 y 的函数，要使等式成立，必须使得

$$\frac{\mathrm{d}p}{\mathrm{d}x}=\text{常数}$$

两边积分，得

$$\frac{\mathrm{d}u}{\mathrm{d}y}=\frac{1}{\mu}\frac{\mathrm{d}p}{\mathrm{d}x}y+C_1$$

$$u=\frac{1}{2\mu}\frac{\mathrm{d}p}{\mathrm{d}x}y^2+C_1 y+C_2$$

定积分常数 C_1 和 C_2，按边界条件，当 $y=\pm H$ 时，$u=0$，因此

$$C_1=0$$

$$C_2=-\frac{1}{2\mu}\frac{\mathrm{d}p}{\mathrm{d}x}H^2$$

代入上式，得

$$u=-\frac{1}{2\mu}\frac{\mathrm{d}p}{\mathrm{d}x}(H^2-y^2)$$

在平板中间，速度呈抛物线分布，其中，平板中心线(即 x 轴)处速度为最大，即

$y=0$ 处 $$u_{\max}=-\frac{1}{2\mu}\frac{\mathrm{d}p}{\mathrm{d}x}H^2$$

其他处 $$u=u_{\max}\left(1-\frac{y^2}{H^2}\right)$$

由此表明，黏性流动流态层流的一大特征是速度分布呈抛物线分布。

例 7.3 试证明:在不可压缩恒定均匀管流中,过流断面上动压强按静压强规律分布。

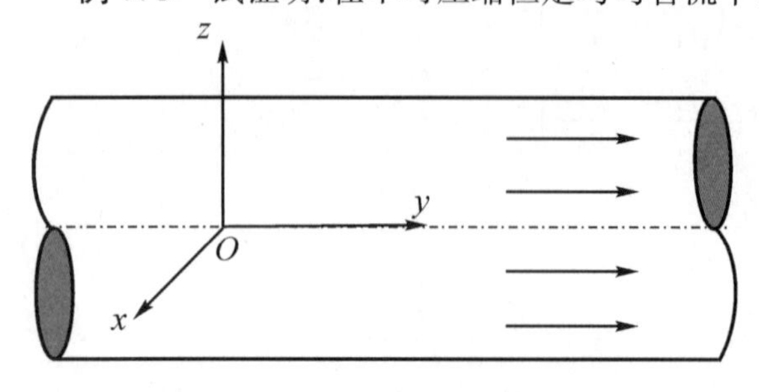

图 7.3 均匀管流过流断面的动压强

解 如图 7.3 所示,建立坐标系,过流断面为 xOz 平面,y 轴与均匀流的流动方向一致,在任一过流断面上,由恒定均匀流,则

$$u = w = 0$$

将其代入式(7.4)中 x, z 方向投影式,质量力只有重力, $f_x = 0$, $f_z = -g$

$$-\frac{1}{\rho}\frac{\partial p}{\partial x} = 0 \tag{a}$$

$$-g - \frac{1}{\rho}\frac{\partial p}{\partial z} = 0 \tag{b}$$

将(b)式积分,得 $p = -\rho g z + f(x)$ (c)

将(c)式代入(a)式,得 $\frac{\partial p}{\partial x} = f'(x) = 0$

$$f(x) = 常数$$

故

$$p = -\rho g z + C$$

或

$$z + \frac{p}{\gamma} = C$$

由此证明,对于均匀流,在同一过流断面上的各流体质点,动压强的分布是按照静压强的分布规律。

7.2 量纲分析

应用 N-S 方程连同连续方程,只要明确流动的边界条件和初始条件,从理论上讲,一切流动问题是可以解决的。但由于数学上难以克服的困难,很多实际流动并不能用这种理论方法求解。虽然计算机的飞速发展能帮助人们可以通过数值计算得到解答,但并不是所有问题都可迎刃而解。在流体力学中,实验研究是科学研究中的主要方法之一。其目的是:

(1) 重复实现和观察其流动现象,可以获得充分的感性认识;

(2) 测量有关物理量,从中找出这些物理量之间带规律性的关系;

(3) 验证并完善理论分析或数值分析的结果。

在实验方法中往往用模型实验,特别是对于一些复杂或特殊的流动现象,这是相当有效的并已得到广泛应用。量纲分析可以帮助人们对复杂的流动问题进行定性的分析。通过揭示物理量量纲之间存在的内在联系,提出反映流动的方程式的结构形式。相似理论则是进行流体力学模型实验时应遵循的理论基础。

7.2.1 量纲

1. 量纲的概念

在流体力学中要涉及各种不同的物理量,如长度、时间、质量、力、速度、加速度、黏度,等

等，所有的物理量都是由自身的物理属性，以及由此而规定的量度单位这两个要素构成的，即

$$物理量\ B\begin{cases}属性\ \dim B\\ 量度单位\end{cases}$$

如物理量长度，它的物理属性是表示线性几何量，人们规定量度单位有米、分米、厘米、英尺、光年等不同的标准。

所谓量纲就是撇开物理量量度单位的具体名称，而着重于该物理量的类别（属性）。显然，量纲是物理量的实质，而没有人为的影响。采用符号 $\dim B$ 表示物理量 B 的量纲，通常以 L 代表长度量纲，M 代表质量量纲，T 代表时间量纲。则面积 A 的量纲可表示为

$$\dim A = \mathrm{L}^2$$

同样，密度的量纲表示为

$$\dim \rho = \mathrm{ML}^{-3}$$

有些量是无量纲的，也称纯数，如圆周率 $\pi =$ 圆周长 / 直径 $= 3.14159\cdots$，角度 $\alpha =$ 弧长 / 曲率半径等。

2. 基本量纲和导出量纲

在研究某一个力学现象过程中，它所涉及的各个物理量的量纲之间是有联系的，例如速度的量纲 $\dim v = \mathrm{LT}^{-1}$ 就与长度和时间量纲相联系。根据物理量量纲之间的关系，将无任何联系并且相互独立的量纲称为基本量纲，而由基本量纲导出的量纲就是导出量纲，导出量纲不具有独立性。

为了应用方便，并同国际单位制相一致，往往采用 M-L-T-Θ 为基本量纲系，即选取质量 M、长度 L、时间 T、温度 Θ 为基本量纲，在不可压缩流体运动中，只需选取 M，L，T 为 3 个基本量纲，其他物理量量纲均为导出量纲。

一个物理量的量纲只表示它由基本量纲幂次所构成，并不表示其物理含义。例如，功和力矩虽然具有相同的量纲 $\mathrm{ML}^2\mathrm{T}^{-2}$，但这两个物理量性质是完全不同的。表 7.1 列举了国际单位制中常用物理量的量纲。

表 7.1　流体常用物理量量纲（国际单位制）

常　用　量		量纲	SI 单位
几何学量	长度 l	$\dim l = \mathrm{L}$	m
	面积 A	$\dim A = \mathrm{L}^2$	m^2
	体积 V	$\dim V = \mathrm{L}^3$	m^3
	惯性矩 I_x	$\dim I_x = \mathrm{L}^4$	m^4
	惯性积 I_{xy}	$\dim I_{xy} = \mathrm{L}^4$	m^4
运动学量	时间 t	$\dim t = \mathrm{T}$	s
	速度 v	$\dim v = \mathrm{LT}^{-1}$	m/s
	重力加速度 g	$\dim g = \mathrm{LT}^{-2}$	$\mathrm{m/s^2}$

续 表

常　用　量		量纲	SI 单位
运动学量	体积流量 Q	$\dim Q = L^3T^{-1}$	m^3/s
	角速度 ω	$\dim \omega = T^{-1}$	rad/s
	角加速度 α	$\dim \alpha = T^{-2}$	rad/s^2
	角应变率 $\dot{\gamma}$	$\dim \dot{\gamma} = T^{-1}$	1/s
物理系数及动力学量	质量 m	$\dim m = M$	kg
	力 F	$\dim F = MLT^{-2}$	N
	力矩 M	$\dim M = ML^2T^{-2}$	N·m
	密度 ρ	$\dim \rho = ML^{-3}$	kg/m^3
	重度 γ	$\dim \gamma = ML^{-2}T^{-2}$	N/m^3
	黏度 μ	$\dim \mu = ML^{-1}T^{-1}$	Pa·s
	运动黏度 ν	$\dim \nu = L^2T^{-1}$	m^2/s
	压强 p	$\dim p = ML^{-1}T^{-2}$	Pa
	切应力 τ	$\dim \tau = ML^{-1}T^{-2}$	Pa
	弹性模量 E	$\dim E = ML^{-1}T^{-2}$	Pa
	动量 p	$\dim p = MLT^{-1}$	kg·m/s
	动能 W	$\dim W = ML^2T^{-2}$	J
	动量矩 L	$\dim L = ML^2T^{-1}$	$kg \cdot m^2/s$
	水头 H	$\dim H = L$	m
	功率 P	$\dim P = ML^2T^{-3}$	W

任何一个物理量 B 的量纲都可用 3 个基本量纲的幂次形式来表示：

$$\dim B = M^{\alpha}L^{\beta}T^{\gamma} \tag{7.5}$$

式(7.5)称为量纲公式，物理量 B 的性质由量纲幂次 α, β, γ 决定：一般来说，当 $\alpha=\gamma=0$, $\beta\neq 0$ 时，B 为几何量；当 $\alpha=0$, $\beta\neq 0$, $\gamma\neq 0$ 时，B 为运动学量；当 $\alpha\neq 0$, $\beta\neq 0$, $\gamma\neq 0$ 时，B 为动力学量。

导数和积分的量纲为

$$\dim \frac{dy}{dx} = \dim \frac{y}{x},\ \dim \frac{d^2y}{dx^2} = \dim \frac{y}{x^2},\ \dim \int_a^b y\,dx = \dim yx$$

3. 无量纲量

当 $\dim B = M^0L^0T^0 = 1$，那么该物理量称为无量纲量(纯数)。一般来说，无量纲量可以由以下两种方法得到：同类物理量之比，如线应变 $\varepsilon = \Delta l/l$, $\dim\varepsilon = 1$；或由几个有量纲的物理量的某个组合，例如在有压管流中，由断面平均速度 V，管道直径 d，流体运动黏度 ν 这几个物理量的组合：

$$\dim Re = \dim\left(\frac{Vd}{\nu}\right) = \frac{\mathrm{LT^{-1} \cdot L}}{\mathrm{L^2T^{-1}}} = 1$$

将 Re 称为雷诺数，它是一个很重要的无量纲数，后面还要对它详细讨论。

如果一个物理方程是由无量纲量组成的方程式，那么它具有客观性，不受运动规模的影响，而且可进行任何超越函数运算等几个特点。

7.2.2 量纲齐次原理

只有同类的物理量才可以比较它们的大小，若用量纲表示物理量的类别，则被比较的物理量必须具有相同的量纲，这称为量纲一致性原则。物理方程是描述同类物理量之间的定量关系，所谓量纲齐次原理指的是，凡是正确反映客观规律的物理方程，其各项的量纲一定是相一致的。反之，如果某一物理方程，各项的量纲不一致的话，说明这个物理方程是不完整的，它是量纲分析的基础。对于在工程界经常用到的一些经验公式，如果该公式不满足量纲齐次原理，这表明人们对某些问题的认识尚不充分。随着人类科学技术水平的不断提高，对客观事物规律性的认识不断深入，这样的经验公式正在逐渐减少。

例如，式(7.4)N－S方程中 x 方向投影式

$$\frac{\mathrm{d}u}{\mathrm{d}t} = \frac{\partial u}{\partial t} + \frac{\partial u}{\partial x}u + \frac{\partial u}{\partial y}v + \frac{\partial u}{\partial z}w = f_x - \frac{1}{\rho}\frac{\partial p}{\partial x} + \nu \nabla^2 u$$

式中各项的量纲都是 $\mathrm{LT^{-2}}$。又如黏性流体的伯努利方程式

$$z_1 + \frac{p_1}{\gamma} + \frac{v_1^2}{2g} = z_2 + \frac{p_2}{\gamma} + \frac{v_2^2}{2g} + h_{\mathrm{L}1\to2}$$

式中各项的量纲都是 L。

7.2.3 量纲分析法

既然物理方程的量纲是齐次的，它必定可以化成无量纲形式，这样可以避开物理量大小及单位的牵制，使其更具一般性。量纲分析法是将物理量之间复杂的函数关系式，转换成一些无量纲量之间关系式的一种方法。在量纲齐次原理基础上发展起来的量纲分析法有两种：一种称为瑞利(Rayleigh)法；一种称为布金汉(Buckingham)定理(又称 π 定理)。前者适用于比较简单的问题；后者是一种具有普遍性的方法。

1. 瑞利法

瑞利法的基本原理是，倘若描述某一个物理现象同 n 个物理量有关：

$$f(B_1, B_2, \cdots, B_n) = 0 \quad (n \leqslant 4)$$

而其中的某一个物理量 B_i 可表示为其他物理量的指数乘积：

$$B_i = kB_1^a B_2^b \cdots B_{n-1}^p$$

写成量纲式：
$$\dim B_i = \dim(B_1^a B_2^b \cdots B_{n-1}^p)$$

将上述量纲式中各项物理量的量纲按式(7.5)表示为基本量纲的幂次乘积形式，并根据量纲齐次原理，确定 a, b, $\cdots$, p。那么就可得出表达该物理现象的方程式。

例 7.4 求单摆振动周期表达式。

解 如图 7.4 所示的单摆，找出同单摆振动周期 T 有关的物理量，如细绳长度 l、小球质量 m 及当地重力加速度 g 等，即 $f(T, l, m, g)=0$。

设
$$T = kl^a m^b g^c$$
$$\dim T = \dim(l^a m^b g^c)$$

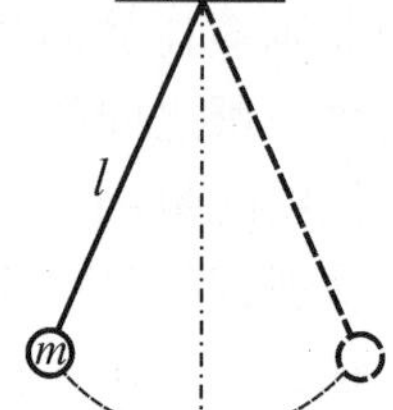

图 7.4 单摆

按式(7.5)，以基本量纲(M, L, T)表示各物理量量纲：
$$\mathrm{T} = \mathrm{L}^a \mathrm{M}^b (\mathrm{L}\mathrm{T}^{-2})^c$$

根据量纲齐次原理，得
$$\begin{aligned}
&\mathrm{M}: \quad b = 0 \\
&\mathrm{L}: \quad a + c = 0 \\
&\mathrm{T}: \quad -2c = 1
\end{aligned}$$

解得
$$a = \frac{1}{2},\ b = 0,\ c = -\frac{1}{2}$$

整理后，得
$$T = k\sqrt{\frac{l}{g}}$$

k 是由实验确定的因数，可得 $\quad k = 2\pi$

所以可以证明，单摆振动周期公式为 $T = 2\pi\sqrt{\dfrac{l}{g}}$，而与小球的质量无关。

例 7.5 作用于沿圆周运动的物体上的力 F 与物体的质量 m、速度 V 和圆周的半径 R 有关，试证明：F 与 mV^2/R 成正比。

解 依题意，有 $f(m, V, R, F) = 0$

设
$$F = km^a V^b R^c$$
那么
$$\dim F = \dim(m^a V^b R^c)$$
按式(7.5)，以基本量纲 M, L, T 表示各物理量量纲：
$$\mathrm{M}\mathrm{L}\mathrm{T}^{-2} = \mathrm{M}^a(\mathrm{L}\mathrm{T}^{-1})^b \mathrm{L}^c$$

根据量纲齐次原理，得
$$\begin{aligned}
&\mathrm{M}: \quad 1 = a \\
&\mathrm{L}: \quad 1 = b + c \\
&\mathrm{T}: \quad -2 = -b
\end{aligned}$$

解得
$$a = 1,\ b = 2,\ c = -1$$
整理得
$$F = kmV^2/R$$
此即证明了 F 与 mV^2/R 成正比。

利用瑞利法求解力学方程，条件是在该力学方程中，相关的物理量不能超过 4 个，待定的量纲指数不超过 3 个。这时便可直接根据量纲齐次原理来求出各量纲指数，建立物理方程。

2. π 定理

π 定理是量纲分析更为普遍的定理，它是由美国物理学家布金汉提出的，因此又称布金汉定理。如果某一个物理现象是以 $B,\ B_1,\ B_2,\ \cdots,\ B_{n-1}$ 等 n 个物理量来描述的，并存在关系式：

$$B = F(B_1,\ B_2,\ \cdots,\ B_{n-1})$$

其中，在 $B_1,\ B_2,\ \cdots,\ B_{n-1}$ 个物理量中任意选取 3 个基本量（量纲独立，不能相互导出的物理量），例如选取 B_1，B_2 和 B_3 作为基本量，那么按量纲分析，其他 $n-3$ 个物理量都可表达成：

$$\frac{B_4}{B_1^{x_1} B_2^{y_1} B_3^{z_1}} = \pi_1$$

$$\vdots$$

$$\frac{B_{n-1}}{B_1^{x_{n-4}} B_2^{y_{n-4}} B_3^{z_{n-4}}} = \pi_{n-4}$$

$$\frac{B}{B_1^{x} B_2^{y} B_3^{z}} = \pi$$

以上式中的 $\pi_1,\ \pi_2,\ \cdots,\ \pi_{n-4},\ \pi$ 都是无量纲数。

所谓 π 定理是指，原来物理量之间的复杂函数关系可以用这些无量纲数之间的关系式来表示。即

$$\pi = f(\pi_1,\ \pi_2,\ \cdots,\ \pi_{n-4})$$

由于这些无量纲项用 π 来表示，π 定理也由此得名。

对于不可压缩流体运动，通常选取速度 v、密度 ρ 和物体的特征长度 l 为 3 个基本量。π 定理表明，任何有量纲的物理量之间的物理关系必定可化为无量纲数之间的关系，既可以减少问题中的变量，同时又更具有客观性。这些无量纲数一般可以由理论计算或实验的方法来决定。

在应用 π 定理时，一般有以下几个步骤：

(1) 根据对物理现象的深入分析，列举影响物理现象的 n 个物理量。如果某一个重要物理量被忽略，则会使结果不完善或造成量纲分析失败，不能得到正确的方程式；如果引进和该现象无关的物理量，那将使问题复杂化。在这些物理量中既有变量，又有常量。人们要会正确选择相关的物理量，需要掌握必需的流体力学知识和对流体运动有丰富的感性认识，并具有一定的量纲分析经验。

(2) 选择包含不同基本量纲的物理量为基本量，在流体力学中一般取 3 个。这 3 个物理量的量纲应该是独立的，并且它们不能组合为一个无量纲数。如果用 $B_1,\ B_2,\ B_3$ 表示这 3 个物理量，其量纲是

$$\dim B_1 = \mathrm{M}^{\alpha_1} \mathrm{L}^{\beta_1} \mathrm{T}^{\gamma_1}$$

$$\dim B_2 = \mathrm{M}^{\alpha_2} \mathrm{L}^{\beta_2} \mathrm{T}^{\gamma_2}$$

$$\dim B_3 = \mathrm{M}^{\alpha_3} \mathrm{L}^{\beta_3} \mathrm{T}^{\gamma_3}$$

这 3 个物理量成为基本量的条件是：

$$\begin{vmatrix} \alpha_1 & \beta_1 & \gamma_1 \\ \alpha_2 & \beta_2 & \gamma_2 \\ \alpha_3 & \beta_3 & \gamma_3 \end{vmatrix} \neq 0$$

一般情况下,这 3 个基本量分别是几何学量、运动学量和动力学量(或是与某种力相关的物理系数)。

(3) 将其余的物理量作为导出量,将它们分别与基本量的幂次组成一个无量纲数 π_i,共可写出 $n-3$ 个 π 项。

(4) 写出由 $n-3$ 个无量纲数 π_i 所组成的物理方程式,即

$$\pi = f(\pi_1,\ \pi_2,\ \pi_3,\ \cdots,\ \pi_{n-4})$$

这个方程式是真正描述客观物理过程的方程式,它不受单位制的影响。

例 7.6 求有压管流压强降损失的表达式。

解 管流的压强降损失 Δp 与流体的性质(密度 ρ、运动黏度 ν)、管道条件(管长 l、直径 d、壁面绝对粗糙度 k_s),以及流动情况(流速 V)等有关。即

$$\Delta p = F(\rho,\ \nu,\ l,\ d,\ k_s,\ V)$$

选取 V, ρ, d 为 3 个基本量,那么其余的 4 个物理量 $(7-3=4)$,都可表达成:

$$\frac{\nu}{V^{x_1}\rho^{y_1}d^{z_1}} = \pi_1$$

$$\frac{l}{V^{x_2}\rho^{y_2}d^{z_2}} = \pi_2$$

$$\frac{k_s}{V^{x_3}\rho^{y_3}d^{z_3}} = \pi_3$$

$$\frac{\Delta p}{V^{x}\rho^{y}d^{z}} = \pi$$

现决定各 π 项基本量指数:

π_1 $\qquad \dim \nu = \dim(V^{x_1}\rho^{y_1}d^{z_1})$

$$L^2T^{-1} = (LT^{-1})^{x_1}(ML^{-3})^{y_1}(L)^{z_1}$$

$$M:\quad 0 = y_1$$

$$L:\quad 2 = x_1 - 3y_1 + z_1$$

$$T:\ -1 = -x_1$$

得 $\quad x_1 = 1,\ y_1 = 0,\ z_1 = 1,\ \pi_1 = \dfrac{\nu}{Vd}$

π_2 不需要对量纲逐个分析,直接由无量纲条件得出 $\quad x_2 = 0,\ y_2 = 0,\ z_2 = 1,\ \pi_2 = \dfrac{l}{d}$

π_3 由无量纲条件直接得出 $\quad x_3 = 0,\ y_3 = 0,\ z_3 = 1,\ \pi_3 = \dfrac{k_s}{d}$

π $\qquad \dim \Delta p = \dim(V^{x}\rho^{y}d^{z})$

$$ML^{-1}T^{-2} = (LT^{-1})^x (ML^{-3})^y (L)^z$$

$$M:\quad 1 = y$$

$$L:\ -1 = x - 3y + z$$

$$T:\ -2 = -x$$

得 $x = 2,\ y = 1,\ z = 0,\ \pi = \dfrac{\Delta p}{V^2 \rho}$

根据 π 定理，得 $\dfrac{\Delta p}{V^2 \rho} = f\left(\dfrac{Vd}{\nu},\ \dfrac{l}{d},\ \dfrac{k_s}{d}\right)$

从实验可知，Δp 与管长 l 成正比，将 $\dfrac{l}{d}$ 移至函数式外面：

$$\Delta p = f\left(Re,\ \frac{k_s}{d}\right)\frac{l}{d}\ \frac{\rho}{2}V^2$$

$$= \lambda\ \frac{l}{d}\ \frac{\rho V^2}{2}$$

其中，$\lambda = f\left(Re,\ \dfrac{k_s}{d}\right)$ 称为管道阻力因数（或称为沿程摩阻因数），在一般情况下，它是雷诺数 Re 和管壁相对粗糙度 $\dfrac{k_s}{d}$ 的函数。上式就是管道压力降损失的计算公式，它又称达西-魏斯巴赫(Darcy-Weisbach)公式。

例 7.7 有一光滑球形潜体在水中运动，写出它的阻力因数表达式。

解 光滑球形潜体在水中运动时，它受到的阻力 F_D 与运动速度 v、潜体直径 d、水的密度 ρ 和水的黏度 μ 等物理量有关。即

$$F_D = F(v,\ d,\ \rho,\ \mu)$$

选取 $v,\ \rho,\ d$ 为 3 个基本量，其余 2 个物理量可表达成：

$$\frac{\mu}{v^{x_1} \rho^{y_1} d^{z_1}} = \pi_1$$

$$\frac{F_D}{v^x \rho^y d^z} = \pi$$

再决定各 π 项基本量指数：

π_1 $$\dim \mu = \dim(v^{x_1} \rho^{y_1} d^{z_1})$$

得 $x_1 = 1,\ y_1 = 1,\ z_1 = 1,\ \pi_1 = \dfrac{\mu}{v\rho d} = \dfrac{\nu}{vd}$

π $$\dim F_D = \dim(v^x \rho^y d^z)$$

得 $x = 2,\ y = 1,\ z = 2,\ \pi = \dfrac{F_D}{v^2 \rho d^2}$

根据 π 定理，得

$$\frac{F_D}{\rho v^2 d^2} = f\left(\frac{vd}{\nu}\right) = f(Re)$$

令阻力因数 $C_D=\dfrac{F_D}{\frac{1}{2}\rho v^2 A}$，其中 A 为球体在垂直运动方向的投影面积。因此

$$C_D=\frac{F_D}{\frac{\pi}{8}\rho v^2 d^2}=\frac{8}{\pi}f'(Re)=f(Re) \tag{7.6}$$

设想在没有对这一物理现象进行量纲分析前，需要通过实验来确定光滑球的阻力 F_D。由于它与另外 4 个物理量之间有复杂的函数关系，按每个物理量变化 10 次才能获得一条试验曲线，因此总共需要进行 10^4 次试验，而且有的物理量如 μ 和 ρ 要变化 10 次，在实际上是很难实现的。现在通过量纲分析，由 5 个物理量的关系式减少为 2 个（5－3＝2）无量纲数 C_D 与 Re 的函数关系式。如要确定此函数关系 f 式，只要做 10 次试验即可，即变化 Re 数，ρ，d，μ 均不变，仅改变速度 v 便可实现，从而大大减少了实验的次数和费用，简化了实验过程。实验结果用 C_D - Re 曲线表示（参见图 9.11）。今后要计算各种情况下的球形潜体与水流作用力，只要根据计算出的 $Re=\dfrac{vd}{\nu}$，由以上实验曲线中查得 C_D 值，按式（7.6）计算即可。

从以上例子可清楚地看出，量纲分析为组织实施实验研究，以及整理实验数据提供了科学的方法，可以视量纲分析方法是沟通流体力学理论和实验之间的桥梁。

7.3　相似理论

现代许多工程问题，由于流动情况相当复杂，无法直接应用基本方程求解，而要依靠实验研究。例如，一条在水中航行的船，要求得它在航行时的水阻力，需要进行船的模型试验。所谓模型是指，与原型（工程实物）有同样的流动规律，各运动参数存在固定比例关系的缩小物。如何才能做到模型与原型的相似，模型试验的结果如何换算到原型中去，这都需要利用相似理论来解决。

7.3.1　流动相似的概念

在实验室条件下，利用原型的模型来进行流体力学的实验时，模型和原型除了几何图形相似之外，还要求这两个流场满足时间、运动、动力，以及边界条件和初始条件的相似。

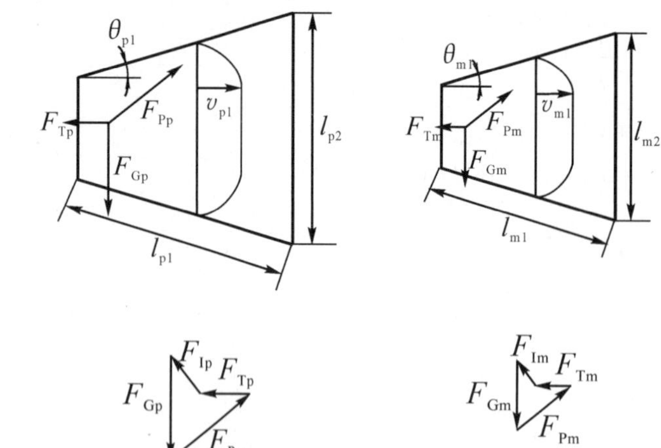

图 7.5　原型和模型流动

1. 几何相似

几何相似指的是，两个流动（原型和模型）流场的几何形状相似，即相应的线段长度成同一比例、夹角相等，如图 7.5 所示，以角标 p 表示原型、m 表示模型，则有关系式：

$$\frac{l_{p1}}{l_{m1}}=\frac{l_{p2}}{l_{m2}}=\cdots=\frac{l_p}{l_m}=\lambda_l \tag{7.7}$$

$$\theta_{p1}=\theta_{m1},\ \theta_p=\theta_m$$

式中，λ_l 称为长度比尺，一般来讲，它是一个大于 1 的数。

2. 时间相似

时间相似是指所有对应的时间间隔成比例：

$$\frac{t_{p1}}{t_{m1}}=\frac{t_{p2}}{t_{m2}}=\cdots=\lambda_t$$

式中，λ_t 称为时间比尺。

3. 运动相似

运动相似是指两个流场中相应点处的流体质点速度方向一致，大小成比例。即

$$\frac{v_{p1}}{v_{m1}}=\frac{v_{p2}}{v_{m2}}=\cdots=\frac{v_p}{v_m}=\lambda_v \tag{7.8}$$

式中，λ_v 称为速度比尺。

4. 动力相似

动力相似是指两个流场中相应点的流体质点受同名力的作用，力的方向一致，大小成比例。由于流体质点受到质量力中包括惯性力，因此形式上构成封闭力多边形，动力相似又可表达成对应流体质点上的力多边形相似。如果以符号 F_T，F_G，F_P，F_I 分别代表黏性力、重力、压力和惯性力等，那么

$$\frac{F_{Tp}}{F_{Tm}}=\frac{F_{Gp}}{F_{Gm}}=\frac{F_{Pp}}{F_{Pm}}=\frac{F_{Ip}}{F_{Im}}=\cdots=\frac{F_p}{F_m} \tag{7.9}$$

式中，λ_F 称为力比尺。

$$\lambda_{F_T}=\lambda_{F_G}=\lambda_{F_P}=\lambda_{F_I}=\cdots=\lambda_F$$

关于边界条件和初始条件相似：

边界条件相似是指，两个流场中相应边界性质相同，如原型中是固体壁面，模型中相应部分也是固体壁面；原型中的自由表面，模型中相应部分也是自由表面。对于非恒定流动还要满足初始条件相似；对于恒定流动无需初始条件，而一般边界条件又可归纳为几何相似。

上面四个相似条件并不是相互独立的，满足几何相似和时间相似后必定满足运动相似，反之亦然；满足几何相似和动力相似后，由于流体的运动和发展根本原因在于流体中的作用力，因此必定满足运动相似。为此，对于相似只要保证了几何相似和动力相似，两个流动就会有相似的流速分布、加速度分布和压强分布。对于动力相似，由于要所有的对应力成同一比例往往是难以达到的，故通常只要求起主导作用的力成比例即可。

7.3.2 相似准则

上面说明的是有关力学上相似的涵义，重要的是，如何来判断原型和模型是否满足力学相似呢？

首先要满足几何相似，否则这两个流动就不存在相应点，其他的相似将无从谈起，因此实现几何相似是实现力学相似的前提条件。

1. 雷诺数(*Re*)

雷诺数 Re 为纪念英国工程师雷诺而命名。它的定义为：

$$Re=\frac{\rho vl}{\mu}=\frac{vl}{\nu} \tag{7.10}$$

式中：

l——特征长度；

v——特征速度；

ρ——流体的密度；

μ——流体的黏度；

ν——流体的运动黏度。

Re 表示惯性力和黏性力之量级比，是描述黏性流体运动最重要的无量纲参数。雷诺数可以衡量流体运动中黏性力的作用。Re 小，表示黏性力的作用大；Re 大，表示黏性力的作用小。例如，当 $Re \ll 1$ 时称为蠕流，流动中黏性力占主导地位而惯性力可以忽略不计，当外流 $Re \gg 1$ 时，称为大雷诺数流动，除了边界层外整个外流按理想流体处理。黏性流体可以根据 Re 分成两种不同的流态：层流和湍流。在管流中，以 $Re = 2\,300$ 作为分界；在平板边界层中，$Re \approx 5 \times 10^5$，以此作为层流边界层和湍流边界层的分界。

2. 弗劳德数(Fr)

弗劳德数 Fr 为纪念英国船舶工程师弗劳德而命名。它的定义为：

$$Fr = \frac{v}{\sqrt{gl}} \tag{7.11}$$

式中：

l——特征长度；

v——特征速度；

g——重力加速度。

Fr 表示惯性力与重力之量级比，它是描述具有自由液面的液体流动时最重要的无量纲参数。当考虑水面船舶的波浪阻力或是大坝溢流时，Fr 数是必须考虑的相似准数。

3. 欧拉数(Eu)

欧拉数 Eu 是为纪念瑞士数学家欧拉而命名。它的定义为：

$$Eu = \frac{p}{\rho v^2} \tag{7.12}$$

式中：

p——一点的压强，也可以是两点或两个截面的压强差 Δp；

v——特征速度；

ρ——流体密度。

Eu 表示压力(或压力差)与惯性力之量级比。由于压强可以通过伯努利方程由流速场导出，故它是流动相似的结果。当讨论的压力是改变流体运动状态的作用力时，Eu 是相似条件的相似准数，否则 Eu 可以看成是流动相似的结果。在研究空泡和空蚀现象时。Eu 又称为空泡或空蚀因数，可用下式表示：

$$\sigma = \frac{p - p_{\mathrm{v}}}{\frac{1}{2}\rho v^2} \tag{7.13}$$

4. 斯特劳哈尔数(Sr)

斯特劳哈尔数 Sr 为纪念捷克物理学家斯特劳哈尔(V. Strouhal)而命名。它的定义为：

$$Sr = \frac{l}{vt} \tag{7.14}$$

式中：

l——特征长度；

v——特征速度；

t——时间。

Sr 表示非恒定流动的局部惯性力与迁移惯性力之量级比。在恒定流动中 Sr 不存在，在研究非恒定流动或考虑具有频率 f 的流动时 $\left(此时\ Sr = \frac{fl}{v}\right)$，$Sr$ 是重要的相似准数。当管道阀门在开启过程中，管道中为非恒定流动，Sr 是流动相似条件的相似准数；而圆柱绕流后部的卡门涡街从圆柱上交替释放的频率是一种非恒定现象，Sr 是流动相似的结果。船舶的摇摆，螺旋桨的转动都属于周期运动……所以在对这类运动进行实验研究时，必须考虑 Sr 相等。

5. 马赫数(Ma)

马赫数 Ma 为纪念奥地利物理学家马赫而命名。它的定义为：

$$Ma = \frac{v}{c} \tag{7.15}$$

式中：

v——气流速度；

c——当地声速。

Ma 表示惯性力与压缩力之量级比。主要用于空气动力学中研究可压缩气流。当流速接近或超过声速时，Ma 是一个相似准数。在研究液体压缩性起主要作用的流动中用到一个柯西数(Ca)：

$$Ca = \frac{\rho v^2}{E} = Ma^2 \tag{7.16}$$

式中：

E——液体的体积弹性模量，它表示惯性力与弹性力之量级比。一般在研究液体流动中水击现象时才考虑利用 Ca。

6. 牛顿数(Ne)

牛顿数 Ne 为纪念伟大的英国物理学家牛顿而命名。它的定义为：

$$Ne = \frac{F}{\rho v^2 l^2} \tag{7.17}$$

式中：

F——外力，它的含义很广泛，可以是流体运动产生的阻力、升力、力矩和功率等；

v——特征速度；

l——特征长度；

ρ——流体密度。

Ne 表示外力与流体惯性力之量级比。当 F 为阻力 F_D 时，Ne 称为阻力因数，用下式表示：

$$C_D = \frac{F_D}{\frac{1}{2}\rho v^2 l^2} \tag{7.18}$$

当 F 为升力 F_L 时，Ne 称为升力因数，用下式表示：

$$C_L = \frac{F_L}{\frac{1}{2}\rho v^2 l^2} \tag{7.19}$$

当描述力矩作用 M 时，Ne 称为力矩因数，用下式表示：

$$C_M = \frac{F_M}{\frac{1}{2}\rho v^2 l^3} \tag{7.20}$$

当描述动力机械的功率 P 时，Ne 称为动力因数，用下式表示：

$$C_P = \frac{P}{\rho v^3 l^2} = \frac{P}{\rho D^5 n^3} \tag{7.21}$$

式中：

D——动力机械旋转部件的直径；

n——转速。

如图 7.5 所示，所谓动力相似，就是两个相似流动对应点上的封闭力多边形是相似形。倘若决定流动的作用力是黏性力、重力和压力，那么只要其中两个同名力和惯性力成比例，另一个对应的同名力也将成比例。事实上压力往往是待求量，这样只要黏性力、重力相似，压力将自行相似。往往称雷诺数、弗劳德数为独立数，而欧拉数则为导出的准数。

在计算这些相似准数的具体计算中，它们除了包含有一些流体物理常数，如密度、运动黏度和重力加速度外，还有一些如流速和长度等物理量。对于这些量，应该采用对整个流动有代表的量，例如，在管流中过流断面的平均流速是流速代表量，管径是长度代表量；船在航行时船的航速是流速的代表量，船长则是长度代表量。

7.4 模型实验基础

在实际工程中，由于原型流动相当复杂，往往要通过模型试验来进行实验研究，并以实验的结果来预测原型流动的现象。例如，研究一条实船在水上航行时的阻力问题，往往要制成和原型相似的小尺寸船模，在水池中进行拖曳实验，从实验结果去换算，得到实船的阻力。在进行模型实验时需要解决以下两个问题。

7.4.1 相似准则的选择

为了使模型和原型流动完全相似，除了要满足几何相似外，各独立的相似准则应同时满足，即上面提及的雷诺数和弗劳德数要分别相等。但是实际上这是很困难的，有时甚至是不可能的。例如，按雷诺准则：

$$Re_{\mathrm{p}} = Re_{\mathrm{m}}$$

即

$$\frac{v_{\mathrm{p}} l_{\mathrm{p}}}{\nu_{\mathrm{p}}} = \frac{v_{\mathrm{m}} l_{\mathrm{m}}}{\nu_{\mathrm{m}}}$$

原型和模型的速度比

$$\frac{v_{\mathrm{p}}}{v_{\mathrm{m}}} = \frac{\nu_{\mathrm{p}}}{\nu_{\mathrm{m}}} \frac{l_{\mathrm{m}}}{l_{\mathrm{p}}}$$

按弗劳德准则：

$$Fr_{\mathrm{p}} = Fr_{\mathrm{m}}$$

即

$$\frac{v_{\mathrm{p}}}{\sqrt{g l_{\mathrm{p}}}} = \frac{v_{\mathrm{m}}}{\sqrt{g l_{\mathrm{m}}}}$$

原型和模型的速度比

$$\frac{v_{\mathrm{p}}}{v_{\mathrm{m}}} = \sqrt{\frac{l_{\mathrm{p}}}{l_{\mathrm{m}}}}$$

要同时满足雷诺准则和弗劳德准则，就要同时满足下式：

$$\frac{\nu_{\mathrm{p}}}{\nu_{\mathrm{m}}} \frac{l_{\mathrm{m}}}{l_{\mathrm{p}}} = \sqrt{\frac{l_{\mathrm{p}}}{l_{\mathrm{m}}}}$$

当原型和模型为同种流体时，$\nu_{\mathrm{p}} = \nu_{\mathrm{m}}$，得

$$\frac{l_{\mathrm{m}}}{l_{\mathrm{p}}} = \sqrt{\frac{l_{\mathrm{p}}}{l_{\mathrm{m}}}}$$

可见只有 $l_{\mathrm{p}} = l_{\mathrm{m}}$，即 $\lambda_l = 1$ 时，上式才能成立。这表示模型和原型的几何尺寸是相同的，也就失去了模型实验的价值。

如果设定原型和模型为不同的流体，$\nu_{\mathrm{p}} \neq \nu_{\mathrm{m}}$，得

$$\frac{\nu_{\mathrm{p}}}{\nu_{\mathrm{m}}} = \left(\frac{l_{\mathrm{p}}}{l_{\mathrm{m}}}\right)^{3/2}$$

即

$$\nu_{\mathrm{m}} = \nu_{\mathrm{p}} \lambda_l^{-3/2}$$

若原型是水，那么模型要选用满足此关系式的实验流体是很难找到的。

由此可见，模型实验要做到和原型完全相似是很困难的，一般只能近似相似，就是要保证对流动起主要作用的力相似，这就是模型相似律的选择原则。如有压管流、潜体绕流黏性力起主要作用，应按雷诺准则设计模型；如堰顶溢流、波浪阻力等，重力起主要作用，则应按弗劳德准则设计模型。

除此之外，还必须考虑模型实验的具体条件。例如进行船模拖曳试验，若长度比尺 $\lambda_l = 100$，原型船的速度 $v_{\mathrm{p}} = 10$ 节 $= 5.14\ \mathrm{m/s}$，按雷诺准则式(7.10)，$\nu_{\mathrm{p}} = \nu_{\mathrm{m}}$，$v_{\mathrm{m}} = \lambda_l v_{\mathrm{p}} = 100 \times 5.14 = 514\ \mathrm{m/s}$，显然要实现这么大的模型拖曳速度是不可能实现的。从流动阻力实验中可以看到，当雷诺数 Re 超过某一数值后，阻力因数不随 Re 变化，这个范围称为阻力平

方区(或自动模型区)。这时只需要几何相似,不需要 Re 相等,就会自动实现阻力相似。工程中许多模型实验,只需要将它处于自动模型区,按弗劳德准则设计的模型就可以满足阻力相似了。

7.4.2 模型设计和实验结果的换算

在模型实验前,首先要进行模型设计,一般先根据实验场地的大小、模型制作和量测条件定出长度比尺 λ_l;模型中的边界流动条件应保证与原型相似。原型中的固体壁面在模型中也要求为固定壁面,原型中为流动边界则模型中也应为流动边界等。根据对流动受力情况的分析,为了满足对流动起主要作用的力相似,选择模型律,最后按所选用的相似准则,确定实验的流速及其他相关的量,并以此进行实验结果的换算。

现要进行模型船的拖曳试验以确定实船的阻力,其模型实验设计步骤如下:

(1) 首先根据船池的条件、模型制作及量测条件,确定一个合适的长度比尺 λ_l。

(2) 船在航行时,其受到的总阻力 F_t 是摩擦阻力 F_f、波浪阻力 F_w 和形状阻力 F_e 三者之和。其中,摩擦阻力 F_f 和形状阻力 F_e 主要是由黏性力决定的,而波浪阻力 F_w 是由重力决定的。由量纲分析,阻力因数 $C_t = f(Re, Fr)$,这里的 $C_t = \dfrac{F_t}{\frac{1}{2}\rho v^2 \Omega}$,$\Omega$ 是船体湿面积。在使模型尽可能处于自动模型区的同时,按弗劳德准则设计模型,即按式(7.11) $v_m = \dfrac{v_p}{\lambda_l^{1/2}}$ 来决定船模的拖曳速度。

(3) 实船和船模的摩擦阻力按相当平板的摩擦阻力公式进行计算(第 9 章中将论述),将波浪阻力和形状阻力这两项之和称为剩余阻力 F_r。船模拖曳试验实测到的总阻力为 F_{tm},那么船模的剩余阻力即为

$$F_{rm} = F_{tm} - F_{fm}$$

在剩余阻力中主要是以波浪阻力为主。

(4) 按弗劳德准则,那么实船和模型船就满足剩余阻力因数相等,

$$C_r = \frac{F_r}{\frac{1}{2}\rho v^2 \Omega} = f(Fr)$$

即

$$\frac{F_{rp}}{\frac{1}{2}\rho_p v_p^2 \Omega_p} = \frac{F_{rm}}{\frac{1}{2}\rho_m v_m^2 \Omega_m}$$

其中,Ω_p, Ω_m 分别为实船和模型船的湿面积,且 $\dfrac{\Omega_p}{\Omega_m} = \lambda_l^2$。

根据上式换算可得到实船的剩余阻力 F_{rp}。

(5) 实船的总阻力 F_{tp} 为计算得到的实船的摩擦阻力 F_{fp} 和根据上式换算得到的实船的剩余阻力 F_{rp} 之和。

例 7.8 某船以 12 m/s 的速度航行时,湿表面积为 2 500 m²,利用长度比尺为 40 的船模在相当速度下进行拖曳试验,测得的总阻力为 30 N。根据试验结果发现,单位面积船模的摩擦阻力可按式 $3.63v_m^{1.95}$(N/m²)进行计算;对应实船摩擦阻力可按式 $2.85v_p^{1.8}$(N/m²)进行

计算(两式中的 v 均为船速,m/s)。试求实船的总阻力。(设实船在海水中航行,$\rho_{海水}=1\,025\ kg/m^3$,船模在淡水中试验。)

解 在船模试验时,应满足弗劳德准则,即 $Fr_p=Fr_m$,按式(7.11)

$$v_m=v_p\frac{1}{\sqrt{\lambda_l}}=12\times\frac{1}{\sqrt{40}}=1.897\ m/s$$

船模的摩擦阻力 $F_{fm}=3.63v_m^{1.95}\Omega_m=3.63\times1.897^{1.95}\times\frac{2\,500}{40^2}=19.77\ N$

船模的剩余阻力 $F_{rm}=F_{tm}-F_{fm}=30-19.77=10.23\ N$

由量纲分析,$C_{rp}=C_{rm}$ 即

$$\frac{F_{rp}}{\frac{1}{2}\rho_p v_p^2\,\Omega_p}=\frac{F_{rm}}{\frac{1}{2}\rho_m v_m^2\,\Omega_m}$$

实船的剩余阻力 $F_{rp}=F_{rm}\frac{\rho_p v_p^2\,\Omega_p}{\rho_m v_m^2\,\Omega_m}=10.23\times\frac{1\,025\times12^2}{1\,000\times1.897^2}\times40^2=671.3\ kN$

实船的摩擦阻力 $F_{fp}=2.85v_p^{1.8}\Omega_p=2.85\times12^{1.8}\times2\,500=624.2\ kN$

故实船的总阻力 $F_{tp}=F_{fp}+F_{rp}=624.2+671.3=1\,295.5\ kN$

例 7.9 为研究热风炉中烟气的流动特性,采用长度比尺为 10 的水流作模型试验。已知热风炉内烟气流速为8 m/s,烟气温度为 600℃,密度为0.4 kg/m³,运动黏度为0.9 cm²/s。模型中水温 10℃,密度为 1 000 kg/m³,运动黏度为0.013 1 cm²/s。试问:(1)为保证流动相似,模型中水的流速;(2)实测模型的压强降为 6 307.5 Pa,在原型热风炉运行时,烟气的压强降是多少?

解 (1) 对流动起主要作用的力是黏性力,应满足雷诺准则:

$$Re_p=Re_m$$

$$v_m=v_p\frac{\nu_m}{\nu_p}\frac{l_p}{l_m}=8\times\frac{0.013\,1}{0.9}\times10=1.16\ m/s$$

(2) 流动的压强降满足欧拉准则:

$$Eu_p=Eu_m$$

$$\Delta p_p=\Delta p_m\times\frac{\rho_p v_p^2}{\rho_m v_m^2}=6\,307.5\times\frac{0.4\times8^2}{1\,000\times1.16^2}=120\ Pa$$

习 题

选择题(单选题)

7.1 速度 v、长度 l、重力加速度 g 的无量纲集合是:(a)$\frac{lv}{g}$;(b)$\frac{v}{gl}$;(c)$\frac{l}{gv}$;(d)$\frac{v^2}{gl}$。

7.2 速度 v、密度 ρ、压强 p 的无量纲集合是:(a)$\frac{\rho p}{v}$;(b)$\frac{\rho v}{p}$;(c)$\frac{pv^2}{\rho}$;(d)$\frac{p}{\rho v^2}$。

7.3 速度 v、长度 l、时间 t 的无量纲集合是:(a)$\frac{v}{lt}$;(b)$\frac{t}{vl}$;(c)$\frac{l}{vt^2}$;(d)$\frac{l}{vt}$。

7.4 压强差 Δp、密度 ρ、长度 l、流量 Q 的无量纲集合是:(a) $\frac{\rho Q}{\Delta p l^2}$;(b) $\frac{\rho l}{\Delta p Q^2}$;(c) $\frac{\Delta p l Q}{\rho}$;(d) $\sqrt{\frac{\rho}{\Delta p}}\frac{Q}{l^2}$。

7.5 进行水力模型实验,要实现有压管流的动力相似,应选的相似准则是:(a)雷诺准则;(b)弗劳德准则;(c)欧拉准则;(d)其他。

7.6 雷诺数的物理意义表示:(a)黏性力与重力之比;(b)重力与惯性力之比;(c)惯性力与黏性力之比;(d)压力与黏性力之比。

7.7 压力输水管模型实验,长度比尺为 8,模型水管的流量应为原型输水管流量的:(a)1/2;(b)1/4;(c)1/8;(d)1/16。

7.8 判断层流或湍流的无量纲量是:(a)弗劳德数 Fr;(b)雷诺数 Re;(c)欧拉数 Eu;(d)斯特劳哈尔数 Sr。

7.9 在安排水池中的船舶阻力试验时,首先考虑要满足的相似准则是:(a)雷诺数 Re;(b)弗劳德数 Fr;(c)斯特劳哈尔数 Sr;(d)欧拉数 Eu。

7.10 弗劳德数 Fr 代表的是________之比:(a)惯性力与压力;(b)惯性力与重力;(c)惯性力与表面张力;(d)惯性力与黏性力。

7.11 在安排管道阀门阻力试验时,首先考虑要满足的相似准则是:(a)雷诺数 Re;(b)弗劳德数 Fr;(c)斯特劳哈尔数 Sr;(d)欧拉数 Eu。

7.12 欧拉数 Eu 代表的是________之比:(a)惯性力与压力;(b)惯性力与重力;(c)惯性力与表面张力;(d)惯性力与黏性力。

计算题

7.13 假设自由落体的下落距离 s 与落体的质量 m、重力加速度 g 及下落时间 t 有关,试用瑞利法导出自由落体下落距离的关系式。

7.14 已知文丘里流量计喉管流速 V 与流量计压强差 Δp、主管直径 d_1、喉管直径 d_2,以及流体的密度 ρ 和运动黏度 ν 有关,试用 π 定理证明流速关系式为

$$V=\sqrt{\frac{\Delta p}{\rho}}f\left(Re,\ \frac{d_2}{d_1}\right)$$

7.15 球形固体颗粒在流体中的自由沉降速度 v 与颗粒直径 d、密度 ρ_m,以及流体的密度 ρ、黏度 μ、重力加速度 g 有关,试用 π 定理证明自由沉降速度关系式为

$$v=f\left(\frac{\rho_m}{\rho},\ \frac{\rho v d}{\mu}\right)\sqrt{gd}$$

7.16 一储水箱通过一直径为 d 的底部小孔排水。设排放时间 t 与液面高度 h、重力加速度 g、流体密度 ρ、黏度 μ 等参数有关,试用 π 定理求解:

(1) 取 h, g, ρ 为基本量,求包含时间的无量纲量 π_1;

(2) 取 d, g, ρ 为基本量,求包含黏度的无量纲量 π_2。

7.17 设网球在空气中飞行时,所受转动力矩 M 与网球的直径 d、飞行速度 v、旋转角速度 ω、空气的密度 ρ 和黏度 μ 等因素有关,试用量纲分析方法推导力矩与这些参数的 π 关系式(取 ρ, v, d 为基本量)。

7.18 如习题 7.18 图所示，圆形孔口出流的流速 V 与作用水头 H、孔口直径 d、水的密度 ρ、黏度 μ、重力加速度 g 有关，试用 π 定理推导孔口流量公式。

7.19 单摆在黏性流体中摆动时，其周期 T 与摆长 l、重力加速度 g、流体密度 ρ，以及黏度 μ 有关，试用 π 定理确定单摆周期 T 与有关量的函数关系。

7.20 假定影响孔口溢流流量 Q 的因素有孔口尺寸 a、孔口内外压强差 Δp、液体的密度 ρ、液体的黏度 μ。又假定容器甚大，其他边界条件的影响可忽略不计，试用 π 定理确定孔口流量公式的正确形式。

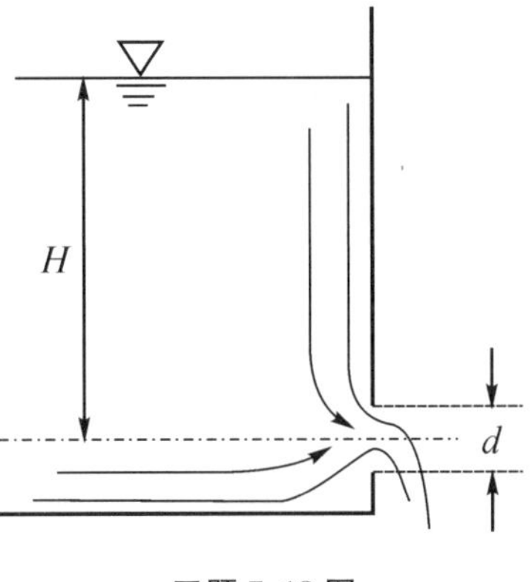

习题 7.18 图

7.21 为研究风对高层建筑物的影响，在风洞中进行模型实验。当风速为 9 m/s 时，测得迎风面压强为 42 Pa，背风面压强为 −20 Pa，试求：当温度不变，风速增至 12 m/s 时，迎风面和背风面的压强。

7.22 有一储水池放水模型实验，已知模型长度比尺为 225，开闸后 10 min，水全部放空，试求放空储水池所需的时间。

7.23 有一防浪堤模型实验，长度比尺为 40，测得浪压力为 130 N，试求作用在原型防浪堤上的浪压力。

7.24 如习题 7.24 图所示的溢流坝泄流实验，模型长度比尺为 60，溢流坝的泄流量为 500 m^3/s。试求：(1)模型的泄流量；(2)模型的堰上水头 $H_m=6$ cm，原型对应的堰上水头是多少？

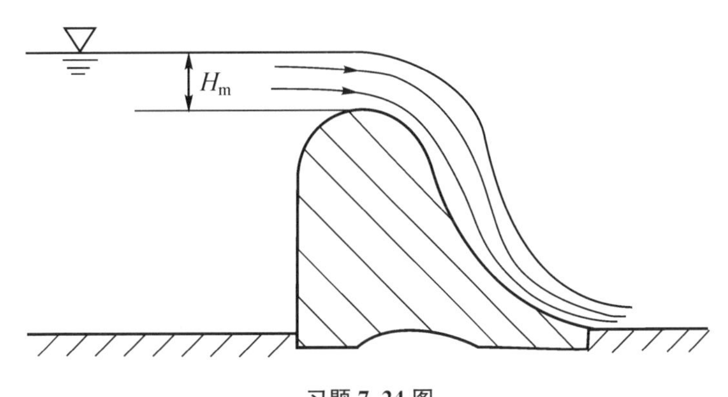

习题 7.24 图

7.25 一油池通过直径为 $d=0.25$ m 的圆管输送原油，流量 $Q=140$ L/s，油的密度 $\rho_{油}=925\ kg/m^3$，运动黏度为 $\nu=0.75\times10^{-4}\ m^2/s$。为避免油面发生涡旋将空气卷入，需要确定最小油面深度 h。在 1 : 5 模型中作试验，通过选择试验流体的运动黏度 ν_m，实现模型和原型的 Fr 和 Re 分别相等。试求：(1) ν_m；(2) Q_m；(3) 若 $h_m=60$ cm，原型中 h 应为多大？

7.26 试根据模型潜艇在风洞中的实验来推算实际潜艇航行时的有关数据。设模型与实艇的比例为 1/10，风洞内压强为 20 个大气压。当风洞的风速为 12 m/s 时，测得模型的阻力为 120 N。试求：(1)对应这一状态的实艇的航速；(2)在这一航速下推进实艇所需的功率。

7.27 比例为 1/80 的模型飞机，在运动黏度为 $\nu_m = 1.5 \times 10^{-5}\ m^2/s$ 的空气中作实验，模型速度为 $v_m = 45\ m/s$。试求：(1) 该模型飞机在运动黏度为 $\nu_w = 1.0 \times 10^{-6}\ m^2/s$ 的水中作实验来确定其阻力时，模型速度应为多大？(2)模型飞机在水中的形状阻力为 5.6 N 时，原型飞机在空气中的形状阻力为多少？

7.28 模型船与实船的比例为 1/50，若已知模型在速度为 $v_m = 1.33\ m/s$ 时，船模的拖曳阻力为 $F_m = 9.81\,N$，试在下列两种情况下确定实船的速度和阻力：(1)主要作用力为重力；(2)主要作用力为摩擦阻力。

7.29 一水雷在水下以 $v_p = 6\ km/h$ 的速度运动，今用比例为 1/3 的模型在风洞中测定水雷的阻力，试问：(1) 风洞的风速 v_m；(2) 若已知模型受力为 13.7 N，水雷的形状阻力为多大？($\rho_p/\rho_m = 796$，海水的 $\nu_p = 1.3 \times 10^{-6}\ m^2/s$，空气的 $\nu_m = 1.4 \times 10^{-5}\ m^2/s$。)

第 8 章　有压管流和明渠流

流体的输送一般可分为两大类，有压管流和无压流。在有压管流中，管道流是工程上应用最广泛的流动，而无压流主要是明渠流。从古代的都江堰水利工程、古罗马的供水系统到现代的西气东输、南水北调工程；城市中输送自来水和煤气的供水供气管网纵横交叉；就连人体内的血管系统从最粗直径约 3 cm 的主动脉到最细直径仅有 3 μm 的毛细管，血管总数多达 10 多亿根。在所有管路中，圆管是最典型的。本章主要叙述流体在圆管中流动有截然不同的两种流动状态、判别的条件、速度分布和阻力因素，并根据黏性流体伯努利方程进行管路计算，求得沿程损失和局部损失。本章最后一节主要叙述明渠流，重点以梯形为过流断面的恒定均匀流，说明其水力要素和工程上的实用计算。

8.1　雷诺实验、层流和湍流

英国物理学家雷诺(Reynolds)在 1883 年经过实验研究发现，在黏性流体中存在着两种截然不同的流态。

8.1.1　雷诺实验

雷诺实验的装置如图 8.1 所示。水流通过水平放置的玻璃圆管从水箱中流出，为了观察管内水流的流动状态，用颜色水经针管 E 流出。当管内保持较低的流速时，玻璃管内的颜色水成一条细线，与周围清水不相混合(图 8.1(a))，这表明玻璃管中水的各层质点互不掺混，称这种流动状态为层流。当逐渐加大玻璃管内流速到达某一上临界值 V'_{cr}时，颜色水出现抖动(图 8.1(b))，最后随着玻璃管内流速的再增大，颜色水与周围清水混合，使整个圆管都带有颜色(图 8.1(c))，表明此时质点的运动轨迹极不规则，各层质点相互掺混，称这种流动状态为湍流。而从层流到湍流的转捩阶段称为过渡流，一般将它作为湍流的初级阶段。

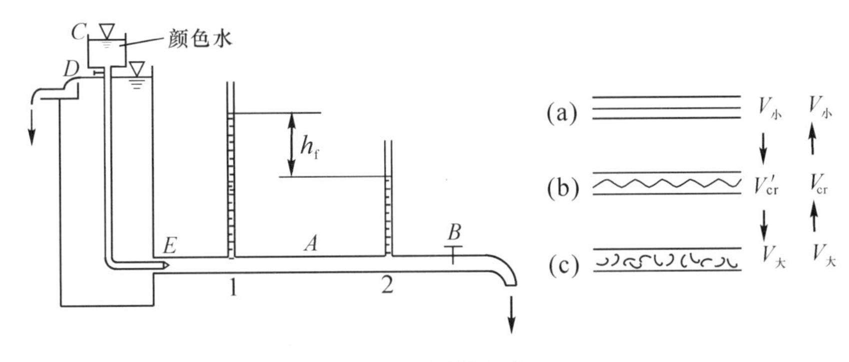

图 8.1　雷诺实验

从层流到湍流的流态转变也是可逆的。如果圆管内的流动一开始是湍流，当逐步降低管内流速，达到某一下临界值 V_{cr}时，可以使湍流经过渡流转捩成层流。从实验可知，$V'_{cr}>$

V_{cr} 而且一般来讲 V_{cr} 是稳定的，因此在实用上常将下临界速度 V_{cr} 作为流态转捩的临界流速：当 $V < V_{cr}$ 时，流动是层流；当 $V > V_{cr}$ 时，流动是湍流。

8.1.2 层流和湍流

1. 临界雷诺数

雷诺利用各种不同管径的圆管重复了上述实验。实验结果发现，流动由层流至湍流的转变不仅仅取决于管内的流速，而且与以下四个物理量：管内的平均流速 V、圆管直径 d、流体密度 ρ 及流体的黏度 μ 组成的无量纲数有关，即

$$Re = \frac{V\rho d}{\mu} = \frac{Vd}{\nu}$$

为了纪念雷诺的这一发现，这个无量纲数就称为雷诺数。由层流转变为湍流时的雷诺数称为临界雷诺数，一般用 Re_{cr} 表示。实验得出，临界雷诺数 $Re_{cr} = 2\,300$，用它来判断流态是十分简便的，只要计算出圆管中流动的雷诺数，便可确定流态：

当 $Re < Re_{cr}$ 或 $V < V_{cr}$ 时，流动为层流；

当 $Re > Re_{cr}$ 或 $V > V_{cr}$ 时，流动为湍流。

在工程的实际计算中，由于管路的环境较实验室复杂，一般临界雷诺数 Re_{cr} 取 2 000。

2. 流态和沿程水头损失

为研究不同流态下沿程水头损失的规律，在雷诺实验的装置中，分别在玻璃管的进口和出口断面处安装了测压管(图 8.1)。

列 1－1 断面至 2－2 断面的伯努利方程，得沿程水头损失

$$h_f = \frac{p_1 - p_2}{\gamma} = \frac{\Delta p}{\gamma}$$

实验发现，当流动为层流时，沿程水头损失 h_f 与管中流速 V 的 1 次方成正比，$h_f \propto V^{1.0}$；当流动为湍流时，沿程水头损失 h_f 与管中流速 V 的 1.75～2.0 次方成正比，$h_f \propto V^{1.75\sim2.0}$。

因此流态不同，沿程阻力的变化规律是不同的，要计算管流的沿程水头损失必须先判断流态，这是很显然的。

3. 非圆形管的雷诺数

在工程中，经常使用的过流断面不是圆截面管路，如图 8.2 所示。

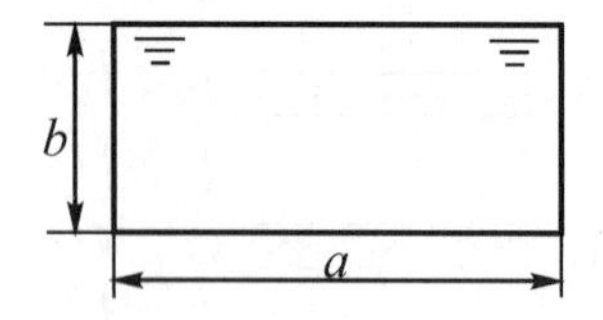

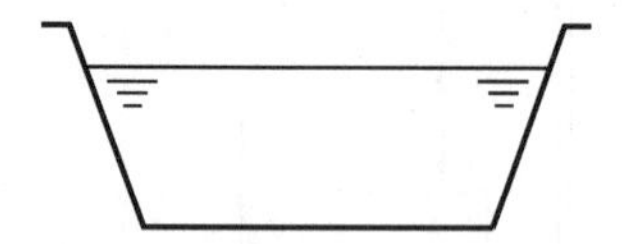
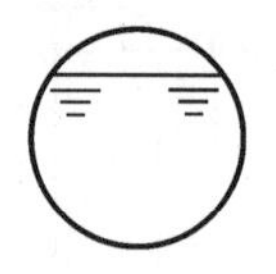

图 8.2 非圆通道管

在此类管路的计算中，同样可用上述的雷诺数来判别流态。但在雷诺数计算中，要引用一个综合反映断面大小和几何形状对流动影响的特征长度 d_h(水力直径)，来代替圆管的直径 d。d_h 的计算如下，先计算水力半径：

$$r_h = \frac{A}{P} \tag{8.1}$$

式中：

A——非圆截面的过流断面面积；

P——过流断面上流体与管壁接触的周长，称湿周。

相当直径

$$d_h = 4r_h \tag{8.2}$$

如图 8.2 中矩形断面管子，水力半径 $r_h = \dfrac{ab}{2(a+b)}$；$d_h = 4r_h = \dfrac{2ab}{a+b}$。

例 8.1 有一直径 $d = 100$ mm 的直管，水以速度 $V = 1.0$ m/s 流动，水温为 20℃，试判断流态。若水换成油，其他条件相同，流态又如何？（$\nu_{油} = 100 \times 10^{-6}$ m^2/s）

解 由表 1.3 查得，20℃水的运动黏度 $\nu = 1.011 \times 10^{-6}$ m^2/s

雷诺数

$$Re = \frac{Vd}{\nu} = \frac{1.0 \times 0.1}{1.011 \times 10^{-6}} = 98\,912 > 2\,000$$

此时水管流为湍流；

当把水换成油后，

$$Re = \frac{Vd}{\nu_{油}} = \frac{1.0 \times 0.1}{100 \times 10^{-6}} = 1\,000 < 2\,000$$

此时油管流为层流。

例 8.2 汽轮机的凝汽器中有 2 500 根铜的冷却水管，冷却水在管中流动，汽轮机的排汽在铜管外被冷却，为使冷却效果好，要求管中水的流动雷诺数 $Re \geqslant 4 \times 10^4$，呈湍流状态。若 $\nu_{水} = 0.9 \times 10^{-6}$ m^2/s，铜管直径 $d = 20$ mm，求冷却水的最小流量。

解 为使冷却效果好，一是冷却水管内流态为湍流，二是冷却水管内流速为最小，以增加热交换的时间。据此取管中的雷诺数

$$Re = \frac{Vd}{\nu} = 4 \times 10^4$$

$$V = \frac{4 \times 10^4 \times 0.9 \times 10^{-6}}{0.02} = 1.8 \text{ m/s}$$

$$Q_{min} = \frac{\pi}{4} d^2 V \times 2\,500 = \frac{\pi}{4} \times 0.02^2 \times 1.8 \times 2\,500 = 1.413 \text{ m}^3\text{/s}$$

例 8.3 矩形（600 mm×400 mm）通风管道通过温度为 40℃ 的空气，风量 $Q = 1.08$ m^3/s，试判断流态。

解 查表 1.4 得，40℃空气的运动黏度系数 $\nu = 17.6 \times 10^{-6}$ m^2/s

矩形断面的水力直径

$$d_h = \frac{2ab}{a+b} = \frac{2 \times 0.6 \times 0.4}{0.6 + 0.4} = 0.48 \text{ m}$$

$$V = \frac{Q}{A} = \frac{1.08}{0.6 \times 0.4} = 4.5 \text{ m/s}$$

$$Re = \frac{Vd_h}{\nu} = \frac{4.5 \times 0.48}{17.6 \times 10^{-6}} = 122\,727 > 2\,000$$

故风管中的流态呈湍流。

8.2 圆管层流运动

在工程中，管中的层流较少出现，仅见于很细的管道流动，或者低速、高黏度流体的管道流动，如阻尼管、润滑油管和原油输送管道等。

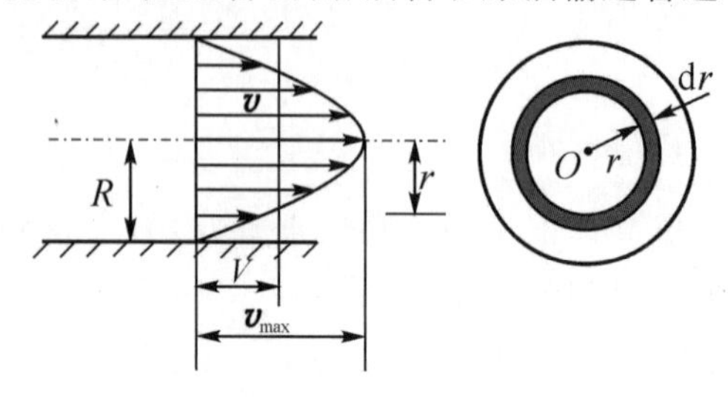

图 8.3 圆管中层流

8.2.1 流动特征

如上所述，层流各流层的质点互不掺混，圆管中的层流各层质点沿平行管轴线方向运动。其中与管壁接触的一层流体速度为零，管轴线上流体速度最大，其他各层流速介于这两者之间，整个管流如同无数个薄壁圆管一个套着一个滑动(图 8.3)。

按牛顿内摩擦定律，式(1.3)

$$\tau = \mu \frac{\mathrm{d}v}{\mathrm{d}y}$$

其中 $y = R - r$，则

$$\tau = -\mu \frac{\mathrm{d}v}{\mathrm{d}r} \tag{8.3}$$

上式的负号仅表示方向而已。

8.2.2 速度分布

有一直圆管，半径为 R，取坐标轴如图 8.4 所示，管轴线为 x 轴，径向为 r 轴，管中流体沿 x 方向作恒定层流。沿 x 轴任取一同轴微圆柱形流体，长为 $\mathrm{d}x$，半径为 r。由例 7.1 可知，对于层流，通过以该微圆柱体(控制体)的控制面的净动量为零，于是作用在该圆柱体上的合外力也为零。忽略重力，则 x 方向力的平衡式为

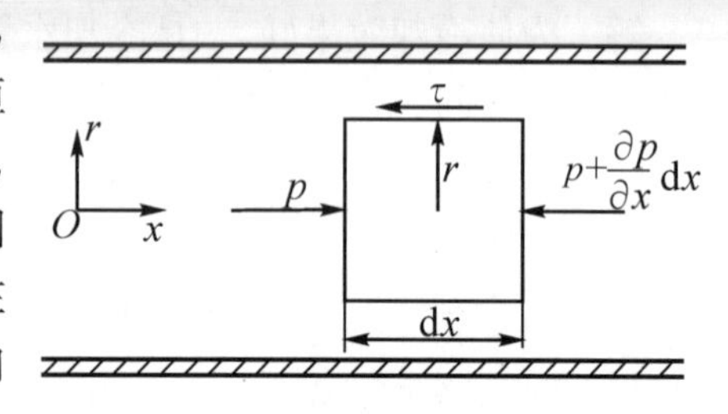

图 8.4 圆管中层流的流体受力

$$p\pi r^2 - \left(p + \frac{\partial p}{\partial x}\mathrm{d}x\right)\pi r^2 - \tau 2\pi r \mathrm{d}x = 0$$

整理得

$$-\frac{\mathrm{d}p}{\mathrm{d}x} = \frac{2\tau}{r}$$

等式左边与 x 有关，右边与 x 无关，因此只有均为常量时才能相等。

即
$$-\frac{\mathrm{d}p}{\mathrm{d}x} = 常量$$

工程上称单位流程(l)上的压强降(Δp)为比压降：

$$G = \frac{\Delta p}{l} = -\frac{\mathrm{d}p}{\mathrm{d}x} = 常量 \tag{8.4}$$

上式可写成：

$$\tau = -\frac{1}{2}\frac{\mathrm{d}p}{\mathrm{d}x}r = \frac{G}{2}r \tag{8.5}$$

它表明：在圆管中作层流恒定流动时，黏性切应力沿半径方向为线性分布，在管轴处($r=0$)，$\tau=0$；在管壁处($r=R$)，切应力最大，把它称为管壁切应力，用 τ_0 表示，即

$$\tau_0 = \frac{G}{2}R \tag{8.6}$$

将式(8.3)代入式(8.5)，可得

$$\frac{\mathrm{d}v}{\mathrm{d}r} = -\frac{G}{2\mu}r$$

两边积分得

$$v = -\frac{G}{4\mu}r^2 + C$$

由边界条件，当 $r=R$ 时，$v=0$，得

$$C = \frac{G}{4\mu}R^2$$

故圆管恒定层流的速度分布为

$$v = \frac{G}{4\mu}(R^2 - r^2) = -\frac{1}{4\mu}\frac{\mathrm{d}p}{\mathrm{d}x}(R^2 - r^2) \tag{8.7}$$

在管轴中心处，$r=0$

$$v = v_{\max} = \frac{G}{4\mu}R^2 = -\frac{1}{4\mu}\frac{\mathrm{d}p}{\mathrm{d}x}R^2$$

故速度分布可写成：

$$v = v_{\max}\left(1 - \frac{r^2}{R^2}\right) \tag{8.8}$$

圆管中的层流过流断面上流速呈回转抛物面分布，这是层流的重要特征之一。

8.2.3 圆管断面上的流量

如图 8.3 所示，在过流断面上半径 r 处，取微分环形面积 $\mathrm{d}A = 2\pi r\mathrm{d}r$，通过 $\mathrm{d}A$ 面积的体积流量 $\mathrm{d}Q = v\mathrm{d}A = v_{\max}\left(1 - \frac{r^2}{R^2}\right)2\pi r\mathrm{d}r$，则圆管断面上的流量为

$$Q = \int_0^R v_{\max}\left(1 - \frac{r^2}{R^2}\right)2\pi r\mathrm{d}r = \frac{1}{2}\pi R^2 v_{\max} \tag{8.9}$$

将 $v_{\max} = \dfrac{G}{4\mu}R^2$ 代入，得

$$Q = \frac{\pi}{8\mu}GR^4 \tag{8.10}$$

式(8.10)是著名的泊肃叶定律，它表明，在恒定层流的圆管流动中，体积流量正比于管半径的四次方和比压降 G，反比于流体的黏度。

平均流速 V 的定义为

$$V = \frac{Q}{A} = \frac{\frac{1}{2}\pi R^2 v_{\max}}{\pi R^2} = \frac{G}{8\mu}R^2 = \frac{1}{2}v_{\max} \tag{8.11}$$

圆管层流的断面平均流速为最大流速的一半，这是层流的特征之一。

8.2.4 沿程水头损失的计算

定义圆管管壁处的局部阻力因数为

$$C_f = \frac{\tau_0}{\frac{1}{2}\rho V^2} \tag{8.12}$$

式中：

τ_0 ——管壁处的切向应力；

V ——管内平均流速；

ρ ——流体密度。

将 $G = \dfrac{8\mu}{R^2}V$ 代入式(8.6)，得

$$\tau_0 = \frac{4\mu}{R}V$$

再将上式代入式(8.12)，得

$$C_f = \frac{8\mu}{R\rho V} = \frac{16}{\frac{Vd}{\nu}} = \frac{16}{Re}$$

定义管道沿程摩阻因数：

$$\lambda = 4C_f = \frac{64}{Re} \tag{8.13}$$

式(8.13)表明层流的沿程摩阻因数仅是雷诺数的函数，与管壁粗糙程度无关。

沿程水头损失为

$$\begin{aligned} h_f &= \frac{\Delta p}{\gamma} = \frac{Gl}{\gamma} = \frac{8\mu l}{\gamma R^2}V \\ &= \frac{64}{\frac{\rho V d}{\mu}}\frac{l}{d}\frac{V^2}{2g} = \lambda\frac{l}{d}\frac{V^2}{2g} \end{aligned} \tag{8.14}$$

式中：

λ——沿程摩阻因数；

$\dfrac{l}{d}$——长径比；

V——管内平均流速。

这是很有名的达西公式，该式适用于任何截面形状，光滑或粗糙管的层流和湍流。当流动为层流时，λ 取$\dfrac{64}{Re}$；当流动为湍流时，λ 取值见下节。式(8.14)在工程上有重要的意义，因此 λ 被命名为达西摩擦因子。

例 8.4 应用细管式黏度计测定油的黏度。已知细管直径 $d=6\ \text{mm}$，测量段长 $l=2\ \text{m}$(图 8.5)，实测油的流量 $Q=77\ \text{cm}^3/\text{s}$，水银压差计的读数值 $h_p=30\ \text{cm}$，油的密度 $\rho=900\ \text{kg/m}^3$。试求油的黏度 μ。

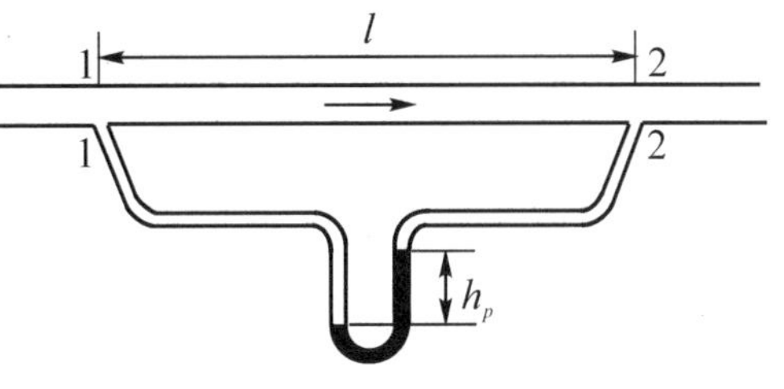

图 8.5 细管动力黏度计

解 列 1-1 至 2-2 过流断面的伯努利方程：

$$h_f=\frac{p_1-p_2}{\gamma}=\frac{(\gamma_{Hg}-\gamma)h_p}{\gamma}$$

$$=\frac{(13\ 600-900)\times 0.3}{900}=4.23\ \text{m}$$

细管中平均流速

$$V=\frac{Q}{A}=\frac{77\times 10^{-6}}{\frac{\pi}{4}\times 0.006^2}=2.72\ \text{m/s}$$

假设管中为层流，则由达西公式(8.14)，得

$$h_f=\lambda\frac{l}{d}\frac{V^2}{2g}=\frac{64\nu}{Vd}\frac{l}{d}\frac{V^2}{2g}$$

解得

$$\nu=h_f\frac{2gd^2}{64lV}=4.23\times\frac{2\times 9.81\times 0.006^2}{64\times 2\times 2.72}$$

$$=8.58\times 10^{-6}\ \text{m}^2/\text{s}$$

$$\mu=\rho\nu=900\times 8.58\times 10^{-6}=7.72\times 10^{-3}\ \text{Pa}\cdot\text{s}$$

再验证原来的假设是否成立，由于

$$Re=\frac{Vd}{\nu}=\frac{2.72\times 0.006}{8.58\times 10^{-6}}=1\ 902<2\ 000$$

故假设成立。

8.3 圆管湍流运动

当管中的流动雷诺数大于 2 300 时，流态呈湍流，在自然界和工程中，绝大多数流动都是

湍流，如流体的管道输送、燃烧过程、掺混过程、传热和冷却等。

8.3.1 湍流的特性

迄今为止，还很难对湍流下一个确切和全面的定义。利用现代流态显示技术，认识到，湍流运动是由各种大小和不同涡量的旋涡集合而形成的流动，在湍流中随机运动和拟序运动并存。由于这些原因使湍流呈现出以下几个特性：

（1）湍流除了流体质点在时间和空间上作随机运动的流动外，还有流体质点间的掺混性和流场的旋涡性。因而产生的惯性阻力远远大于黏性阻力。所以湍流时的阻力要比层流时的阻力大得多。

（2）湍流运动的复杂性给数学表达带来了困难，但在工程上感兴趣的是，湍流在有限时间段和有限空间域上的平均效应，因此，如同研究分子运动取统计平均值一样，对于流体质点，往往用对有限时间段取平均值的时均法来计算。

8.3.2 湍流运动的时均法

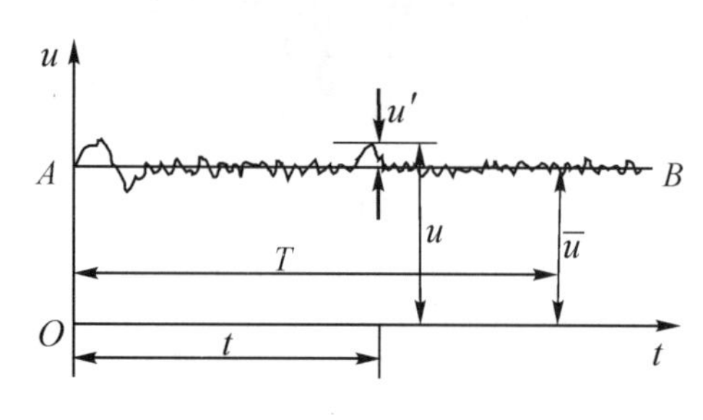

图 8.6 湍流瞬时流速

图 8.6 是某湍流流动在一个空间点上测得的，沿流动 x 方向的瞬时速度分量 u 随时间 t 的变化曲线。很显然，u 随时间 t 作随机性变化，并在某一平均值上下脉动。设在某一时段 T 内 u 的平均值

$$\bar{u} = \frac{1}{T}\int_0^T u\mathrm{d}t$$

若所取时段 T 比脉动周期长许多倍，则 $\bar{u}$ 值与 T 无关，在图形中 $\bar{u}$ 是 T 时段内与时间轴平行直线 AB 的纵坐标值，称 $\bar{u}$ 是该空间点上 x 方向的时均速度。

从图中可看到：

$$u = \bar{u} + u'$$

式中，u 是时刻 t 时的瞬时速度；u' 是 t 时刻的脉动速度，也是随机量，但脉动速度的时均量为零，即

$$\overline{u'} = \frac{1}{T}\int_0^T u'\mathrm{d}t = 0$$

湍流速度在流动方向 x 上存在脉动，在横向 y，z 也存在横向脉动，且

$$\overline{v'} = \overline{w'} = 0$$

依上法，湍流中有瞬时压强 p、时均压强 $\bar{p}$、脉动压强 p'，且

$$p = \bar{p} + p'$$

$$\bar{p} = \frac{1}{T}\int_0^T p\mathrm{d}t$$

$$\overline{p'} = \frac{1}{T}\int_0^T p'\mathrm{d}t = 0$$

若湍流中各物理量的时均值，如 $\bar{u}$, $\bar{v}$, $\bar{w}$, $\bar{p}$, …不随时间而变，仅是空间点的函数，即

$$\bar{u} = \bar{u}(x, y, z)$$
$$\vdots$$
$$\bar{p} = \bar{p}(x, y, z)$$

则被称为恒定的湍流运动，但湍流的瞬时运动总是非恒定的。

8.3.3 湍流的切应力

1. 湍流切应力

对于平面恒定均匀湍流，流动瞬时速度是时均流速和脉动流速的叠加，相应的湍流切应力$\bar{\tau}$由两部分组成，如图 8.7 所示，由时均流层相对运动产生的黏性切应力

$$\bar{\tau}_1 = \mu \frac{d\bar{u}}{dy}$$

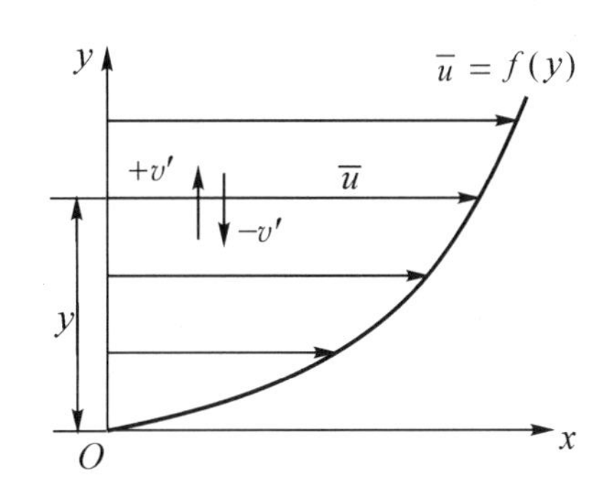

图 8.7 湍流切应力

由湍流脉动，上下层质点相互掺混、动量交换引起的附加切应力，又称惯性切应力$\bar{\tau}_2$，用下式表示：

$$\bar{\tau}_2 = -\rho \overline{u'v'}$$

由于 u' 和 v' 异号，上式中的负号使得附加切应力$\bar{\tau}_2$始终为正值。

故湍流切应力

$$\bar{\tau} = \bar{\tau}_1 + \bar{\tau}_2 = \mu \frac{d\bar{u}}{dy} - \rho \overline{u'v'} \tag{8.15}$$

在雷诺数较小、湍流脉动较弱时，$\bar{\tau}_1$ 占主导地位；当雷诺数很大、脉动湍流充分发展时，此时 $\bar{\tau}_2 \gg \bar{\tau}_1$，即产生的惯性阻力远大于黏性阻力。

2. 普朗特(Prandtl)混合长度理论

由于脉动速度 u', v' 是随机量，因此$\bar{\tau}_2$不便直接计算。若能找到$\overline{u'v'}$和时均速度 $\bar{u}$ 的关系，那就能计算$\bar{\tau}_2$了。为了工程上的需要，可针对某些具体的流动并结合实验结果，建立一些半经验性的关系式，其中，最早建立并有深远影响的一个模型是德国力学家普朗特提出的混合长度理论。要点如下：

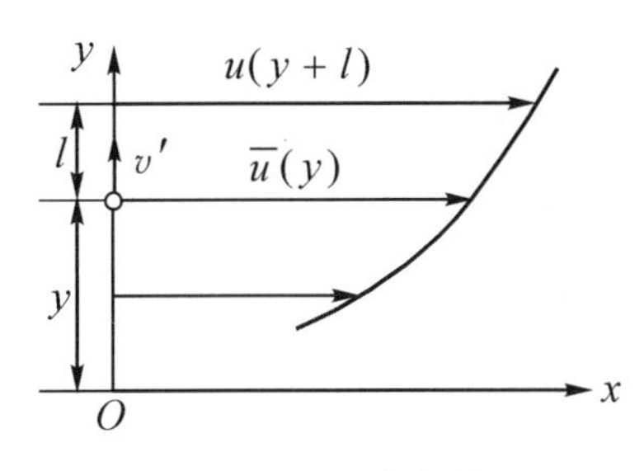

图 8.8 混合长度

(1) 在流体质点横向掺混过程中，存在着与气体分子自由行程相当的行程 l(图 8.8)，而且它不与其他质点相碰撞，l 称为混合长度。发生质点掺混的两流层的时均速度差

$$\Delta\bar{u} = \bar{u}(y+l) - \bar{u}(y) = \bar{u}(y) + l\frac{d\bar{u}}{dy} - \bar{u}(y) = l\frac{d\bar{u}}{dy}$$

(2) 脉动速度 u' 与两流层时均速度差 $\Delta\bar{u}$ 有关：

$$u' \sim l\frac{d\bar{u}}{dy}$$

考虑到脉动速度 v'与 u'有关,即

$$v' \sim u' \sim l\frac{d\bar{u}}{dy}$$

将上式代入式(8.15)中$\bar{\tau}_2$项并简化,得

$$\bar{\tau}_2 = -\rho\overline{u'v'} = \rho l^2\left(\frac{d\bar{u}}{dy}\right)^2 \tag{8.16}$$

(3) 混合长度 l 不受黏性影响,只与质点到壁面的距离有关:

$$l = ky \tag{8.17}$$

式中,k 是由实验测定的常量,或称为卡门通用常量。

对于充分发展的湍流,由于$\bar{\tau}_2 \gg \bar{\tau}_1$,故切应力 $\bar{\tau}$ 只考虑附加切应力$\bar{\tau}_2$,并认为壁面附近的应力值不变,则将式(8.17)代入式(8.16)中,并略去表示时均量的横标线,得

$$\tau_0 = \rho k^2 y^2\left(\frac{du}{dy}\right)^2$$

$$du = \frac{1}{k}\sqrt{\frac{\tau_0}{\rho}}\frac{dy}{y}$$

将上式两边积分,得

$$u = \frac{1}{k}\sqrt{\frac{\tau_0}{\rho}}\ln y + C \tag{8.18}$$

式(8.18)称为普朗特-卡门(Karman)对数分布律。

引入

$$u_* = \sqrt{\frac{\tau_0}{\rho}}$$

称 u_* 为壁面摩擦速度,对于充分发展的恒定流,u_* 是个常数。它并不是流体的运动速度,而仅是与速度的量纲相同而已,故称为壁面摩擦速度。

式(8.18)可写成:

$$\frac{u}{u_*} = \frac{1}{k}\ln y + C \tag{8.19}$$

在湍流阻力理论中,尽管混合长度理论的基本假设不够严谨,但在工程中得到了广泛的应用。

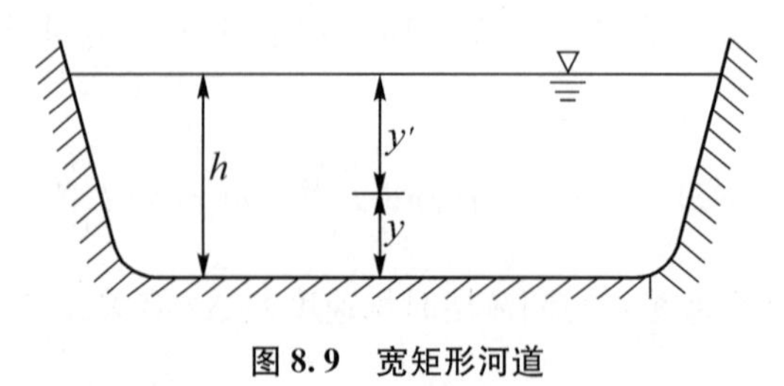

图 8.9　宽矩形河道

例 8.5　证明:在很宽的矩形断面河道中(图 8.9),水深 $y' = 0.632h$ 处的流速等于该断面的平均流速。

解　由普朗特-卡门对数分布律式(8.18)

$$u = \frac{1}{k}\sqrt{\frac{\tau_0}{\rho}}\ln y + C \tag{a}$$

当 $y=h$(水面) 时,$u=u_{\max}$, 则

$$C=u_{\max}-\frac{1}{k}\sqrt{\frac{\tau_0}{\rho}}\ln h$$

将上式代入(a)式,得

$$u=u_{\max}+\frac{u_*}{k}\ln\frac{y}{h}$$

断面平均流速

$$V=\frac{1}{h}\int_0^h u\mathrm{d}y=\frac{1}{h}\int_0^h\left(u_{\max}+\frac{u_*}{k}\ln\frac{y}{h}\right)\mathrm{d}y$$
$$=u_{\max}-\frac{u_*}{k}$$

由 $u=V$, 得到

$$\ln\frac{y}{h}=-1$$
$$y=\frac{1}{\mathrm{e}}h=0.368h$$

故 $$y'=h-y=h-0.368h=0.632h$$

在河道测量中,要测断面平均流速时,流速仪的置放深度便为 $0.632h$ 处。

8.3.4 层流底层与湍流核心

圆管中的湍流可以分成三个区域:层流底层(黏性底层)、湍流核心及过渡层,如图 8.10 所示。

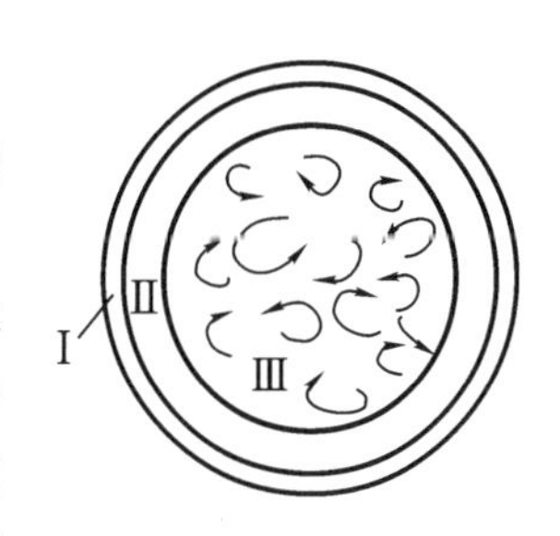

图 8.10 湍流区域

Ⅰ区域称为层流底层。在紧靠圆管壁面很薄的流层内,流体速度由零很快增至一定值,由于速度梯度很大,因此黏性切应力很大;又由于壁面限制质点的横向掺混,越接近壁面,脉动速度和附加切应力趋于消失,因此这一层以黏性切应力起主导作用的薄层,称为层流底层。层流底层的厚度

$$\delta=\frac{34.2d}{Re^{0.875}} \tag{8.20}$$

式中:

d——管直径;

Re——流动雷诺数。

层流底层的厚度 δ 通常不到 1 mm,且随着雷诺数 Re 的增大而减小。尽管层流底层很薄,但它对湍流的流速分布和流动阻力影响很大。

Ⅲ区域称为湍流核心区,它以管轴线为中心,占据了流动的大部分区域,在层流底层到湍流核心区之间的区域Ⅱ称为过渡层。

8.4 湍流的沿程水头损失

根据前面导出的达西公式，圆管沿程水头损失为式(8.14)所表达：

$$h_f = \lambda \frac{l}{d} \frac{V^2}{2g}$$

上式中，λ 称为管道的沿程摩阻因数，由于湍流的机理相当复杂，很难像层流那样，严格地从理论上把它推导出来。工程上有两种途径可确定 λ 值：一种是以湍流的半经验理论为基础，结合实验结果，整理成半理论半经验的 λ 公式；另一种是根据实验结果，综合成经验的 λ 公式。

8.4.1 尼古拉兹实验

1. 沿程摩阻因数 λ 的影响因素——壁面粗糙度

德国力学家和工程师尼古拉兹分析了达西的圆管沿程阻力实验数据后，发现壁面粗糙度对达西摩擦因数的影响很大。为了研究它们之间的定量关系，决定利用人工粗糙度方法实现对粗糙度的控制。他利用当地的黄砂砂粒，把它们筛选并分类均匀地黏贴在管内壁上，做成所谓的人工粗糙(图 8.11)，并用粗糙的突起高度 k_s(砂粒直径)来表示壁面的粗糙程度，k_s 称为绝对粗糙度。k_s 和管直径之比 $\frac{k_s}{d}$ 称为相对粗糙度。实验中，将相对粗糙度 $\frac{k_s}{d}$ 分成 1/30，1/61.2，1/120，1/252，1/504，1/1 014 六种，测得 λ 与 Re 之间关系的实验数据，归纳为用双对数坐标表示的尼古拉兹图，如图 8.12 所示。

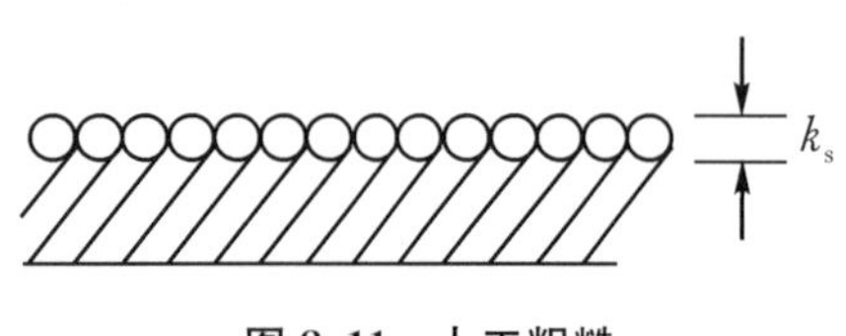

图 8.11　人工粗糙

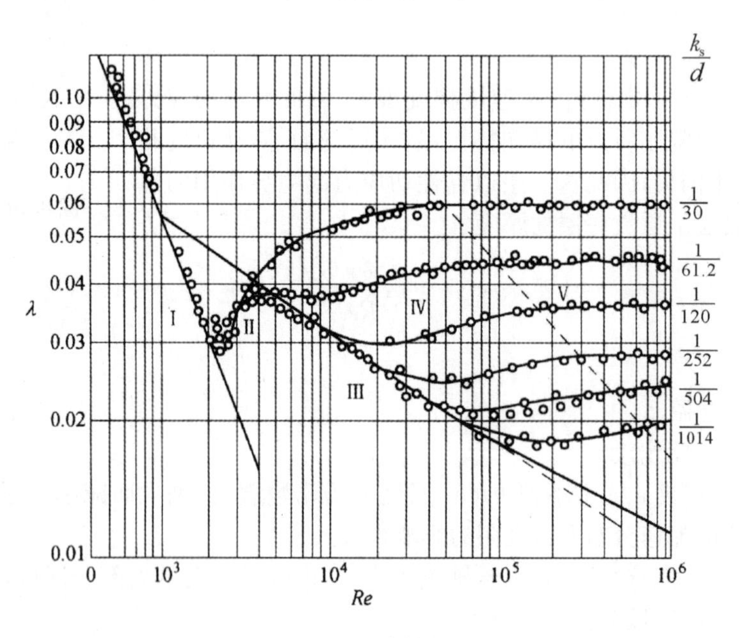

图 8.12　尼古拉兹图

借助于量纲分析法，可得到沿程摩阻因数的两个影响要素是雷诺数和相对粗糙度，即

$$\lambda = f\left(Re, \frac{k_s}{d}\right) \quad (见例 7.6)$$

2. 沿程摩阻因数 λ 的变化特性

尼古拉兹利用了类似于雷诺实验中确定圆管中压强降损失的实验装置，玻璃圆管则用人工粗糙管代替。通过实验并经过整理得到如下结果：

(1) 对于流动状态是层流 ($Re < 2\,300$) 的情形，λ 与相对粗糙度$\frac{k_s}{d}$无关，仅是雷诺数 Re 的函数，并且符合 $\lambda = \frac{64}{Re}$ 的理论推导结果。

(2) 对于流动状态是层流刚进入湍流的初级阶段过渡流 ($2\,300 < Re < 4\,000$) 来说，实验表明，λ 与相对粗糙度无关，也仅是雷诺数 Re 的函数，由于这个范围很窄，实用意义不大，故不予讨论。

(3) 对于流动状态是湍流的情形，可以分为以下三个阻力区：光滑区、粗糙区和过渡粗糙区。

光滑区是指，当层流底层的厚度 δ 显著大于粗糙突起的高度 k_s 时，如图 8.13(a)所示，此时管壁粗糙凸起物淹没在层流底层中。测量表明，此时壁面粗糙度对沿程摩阻因数 λ 没有影响。工程上将此现象称为“水力光滑”，将此管道称为“水力光滑管”(或称光滑管)，此流动称为处于“光滑区”。粗糙区是指，当层流底层的厚度 δ 小于粗糙度高峰 k_s 时，如图 8.13(c)所示，此时管壁粗糙凸起物高出层流底层，暴露于过渡区或核心区中，对湍流产生干扰，形成旋涡，造成了能量损失，工程上将此现象称为“水力粗糙”，该管道称为“粗糙管”，此流动称为处于“粗糙区”。

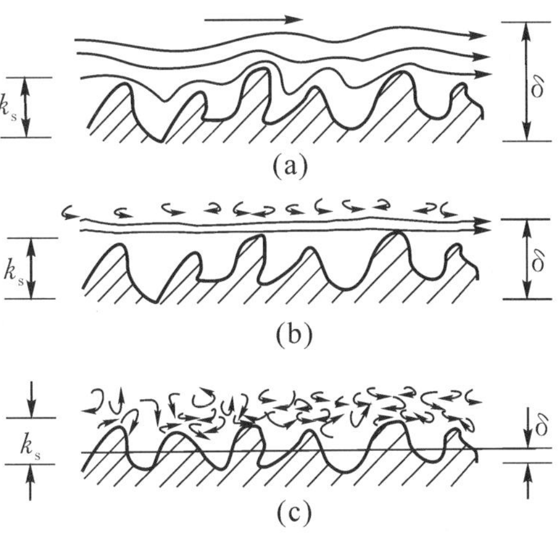

图 8.13　湍流的三个阻力区

从式(8.20)可知，对于一定直径的管道，层流底层的厚度 δ 与 Re 数成负指数关系，在粗糙区中，随着 Re 数增加，δ 逐渐减小，壁面粗糙度暴露于层流底层外的部分逐渐增加，对沿程摩阻因数 λ 产生了不同影响。实验表明，当 Re 数足够大，δ 足够薄，粗糙凸起物充分暴露于湍流核心区中，此时 λ 与 Re 数无关，仅由粗糙度决定。工程上称此流动处于“完全粗糙区”，而将界于“光滑区”和“完全粗糙区”之间的区域称为“过渡粗糙区”，如图 8.13(b)所示。

现引进粗糙雷诺数 $Re_* = \frac{u_* k_s}{\nu}$，由实验得出的湍流三个阻力区的判断标准如下：

水力光滑区：$0 < Re_* \leqslant 5$，或层流的底层厚度 $\delta \geqslant 2.3k_s$，$\lambda = \lambda(Re)$；

过渡粗糙区：$5 < Re_* \leqslant 70$，或 $0.17k_s \leqslant \delta \leqslant 2.3k_s$，$\lambda = \lambda\left(Re, \frac{k_s}{d}\right)$；

完全粗糙区：$Re_* > 70$，或 $k_s > 6\delta$，$\lambda = \lambda\left(\frac{k_s}{d}\right)$。

8.4.2 湍流阻力区的速度分布

由于湍流结构的复杂性，至今为止，圆管湍流的速度分布不能由解析方法直接求得，而只能根据各区的流动特点，借助于量纲分析和实验结果，以及结合理论分析，用所谓的半经验公式来确定，由普朗特-卡门对数分布律，湍流的速度分布由式(8.19)

$$\frac{u}{u_*} = \frac{1}{k}\ln y + C$$

尼古拉兹通过实验测定流速分布，进一步确定了待定常数 k 和 C。

1. 水力光滑区

在水力光滑区的流速分布分为层流底层和湍流核心两部分。在层流底层，流速按线性分布

$$u = \frac{\tau_0}{\mu}y \quad (y < \delta) \tag{8.21}$$

根据边界条件 $y = \delta$，$u = u_b$（过渡区流速），式(8.19)可改写成无量纲式：

$$\frac{u}{u_*} = \frac{1}{k}\ln \frac{yu_*}{\nu} + C_1$$

在湍流核心区，根据尼古拉兹实验得到，$k = 0.4$，$C_1 = 5.5$。

水力光滑管流速分布半经验公式为

$$\begin{aligned} \frac{u}{u_*} &= 5.5 + 2.5\ln \frac{yu_*}{\nu} \\ &= 5.5 + 5.75\lg \frac{yu_*}{\nu} \end{aligned} \tag{8.22}$$

2. 湍流粗糙区

由于层流底层的厚度远小于粗糙突起的厚度，层流底层已被破坏，整个断面按湍流核心区来处理。

根据边界条件 $y = k_s$，$u = u_s$（核心区流速），式(8.19)可写成：

$$\frac{u}{u_*} = \frac{1}{k}\ln \frac{y}{k_s} + C_2$$

根据尼古拉兹实验得到，$k = 0.4$，$C_2 = 8.48$。

粗糙区流速分布半经验公式为

$$\begin{aligned} \frac{u}{u_*} &= 8.48 + 2.5\ln \frac{y}{k_s} \\ &= 8.48 + 5.75\lg \frac{y}{k_s} \end{aligned} \tag{8.23}$$

3. 流速的指数分布规律

除了上述流速的对数分布式外，尼古拉兹根据实验结果，提出了指数分布经验公式：

$$\frac{u}{u_{\max}}=\left(\frac{y}{R}\right)^{n} \tag{8.24}$$

式中：

$u_{\max}$——管轴中心处最大流速；

R——圆管半径；

n——指数，随雷诺数变化，见表8.1。

表8.1 湍流流速分布指数

Re	4.0×10^{3}	2.3×10^{4}	1.1×10^{5}	1.1×10^{6}	2.0×10^{6}	3.2×10^{6}
n	$\frac{1}{6}$	$\frac{1}{6.6}$	$\frac{1}{7}$	$\frac{1}{8.8}$	$\frac{1}{10}$	$\frac{1}{10}$
$V/u_{\max}$	0.791	0.808	0.817	0.849	0.865	0.865

注：表中V为断面的平均流速，对于湍流，平均流速可按$V=0.81u_{\max}$计算。

8.4.3 湍流沿程摩阻因数λ公式

由流速分布，就可推导出沿程摩阻因数λ的半经验公式。

1. 光滑区沿程摩阻因数

断面平均流速

$$V=\frac{\int_{0}^{R}u2\pi r\mathrm{d}r}{\pi R^{2}}$$

其中u以式(8.22)代入，得

$$V=u_{*}\left(5.75\lg\frac{u_{*}R}{\nu}+1.75\right) \tag{a}$$

由式(8.6)

$$\tau_{0}=\frac{G}{2}R=\frac{\Delta p}{l}\frac{d}{4}$$

其中

$$\Delta p=\lambda\frac{l}{d}\frac{\rho}{2}V^{2}$$

得

$$\tau_{0}=\frac{1}{8}\lambda\rho V^{2}$$

$$u_{*}=\sqrt{\frac{\tau_{0}}{\rho}}=\sqrt{\frac{\lambda}{8}}V$$

$$\frac{u_{*}R}{\nu}=\frac{d}{2\nu}\sqrt{\frac{\lambda}{8}}V=\frac{Re}{2}\sqrt{\frac{\lambda}{8}}$$

将上式代入(a)式，并根据尼古拉兹等人的实验数据对常数项作适当调整后得光滑圆管沿程摩阻因数λ的半经验公式：

$$\frac{1}{\sqrt{\lambda}} = 2\lg \frac{Re\sqrt{\lambda}}{2.51} \tag{8.25}$$

2. 粗糙区沿程摩阻因数

仿上法，以式(8.23)中的 u 代入断面平均流速公式，同理可得湍流粗糙区沿程摩阻因数 λ 的半经验公式

$$\frac{1}{\sqrt{\lambda}} = 2\lg \frac{3.7d}{k_s} \tag{8.26}$$

3. 过渡区沿程摩阻因数

1939 年，由柯列勃洛克(Colebrook)和怀特(White)给出了适用于工业管道湍流过渡区的 λ 计算公式：

$$\frac{1}{\sqrt{\lambda}} = -2\lg\left(\frac{k_s}{3.7d} + \frac{2.51}{Re\sqrt{\lambda}}\right) \tag{8.27}$$

式(8.27)实际上是尼古拉兹光滑区公式和粗糙区公式的结合。当低雷诺数时，该式接近于尼古拉兹光滑区公式(8.25)；当雷诺数很大时，该公式又相当接近粗糙区公式(8.26)。在实用计算中，式(8.27)适用的范围很广，可用于湍流的全部三个阻力区，故也称为湍流沿程摩阻因数 λ 的综合公式。

4. 当量粗糙

由于以上公式均是在人工粗糙管的基础上得到的，但在实用计算中，工业管道的粗糙和人工粗糙之间有很大的差异。为此，将工业管道的粗糙以尼古拉兹实验采用的人工粗糙为度量标准进行计算，即提出了当量粗糙的概念。常用工业管道的当量粗糙见表 8.2，在以上计算湍流的沿程摩阻因数 λ 的公式中，只要将各种工业管道的当量粗糙 k_s 代入，便可进行实用计算。

表 8.2 常用工业管道的当量粗糙

管道材料	k_s/mm	管道材料	k_s/mm
新氯乙烯管	0～0.002	镀锌钢管	0.15
铅管、铜管、玻璃管	0.01	新铸铁管	0.15～0.5
钢管	0.046	旧铸铁管	1～1.5
涂沥青铸铁管	0.12	混凝土管	0.3～3.0

8.4.4 计算 λ 的其他方法与公式

1. 穆迪图

为便于应用，美国工程师穆迪(Moody)在 1944 年以柯列勃洛克公式为基础，并以相对粗糙为参数，将 λ 作为 Re 的函数，在双对数坐标系中绘制出工业管道摩阻因数曲线图，即穆迪图(图 8.14)。图 8.14 中的纵坐标为沿程摩阻因数 λ，横坐标是圆管的雷诺数 Re($600 < Re < 10^8$)，曲线参数是当量相对粗糙度$\frac{k_s}{d}$(见表 8.2，准确的数据应查有关工程手册)。图

8.14 中包括层流区、水力光滑区、过渡粗糙区和完全粗糙区，并标明了过渡区向完全粗糙区转变的临界雷诺数线(虚线)。按相对粗糙度 k_s/d 和雷诺数 Re 直接可在图中查出 λ 值来，这大大简化了计算工作。

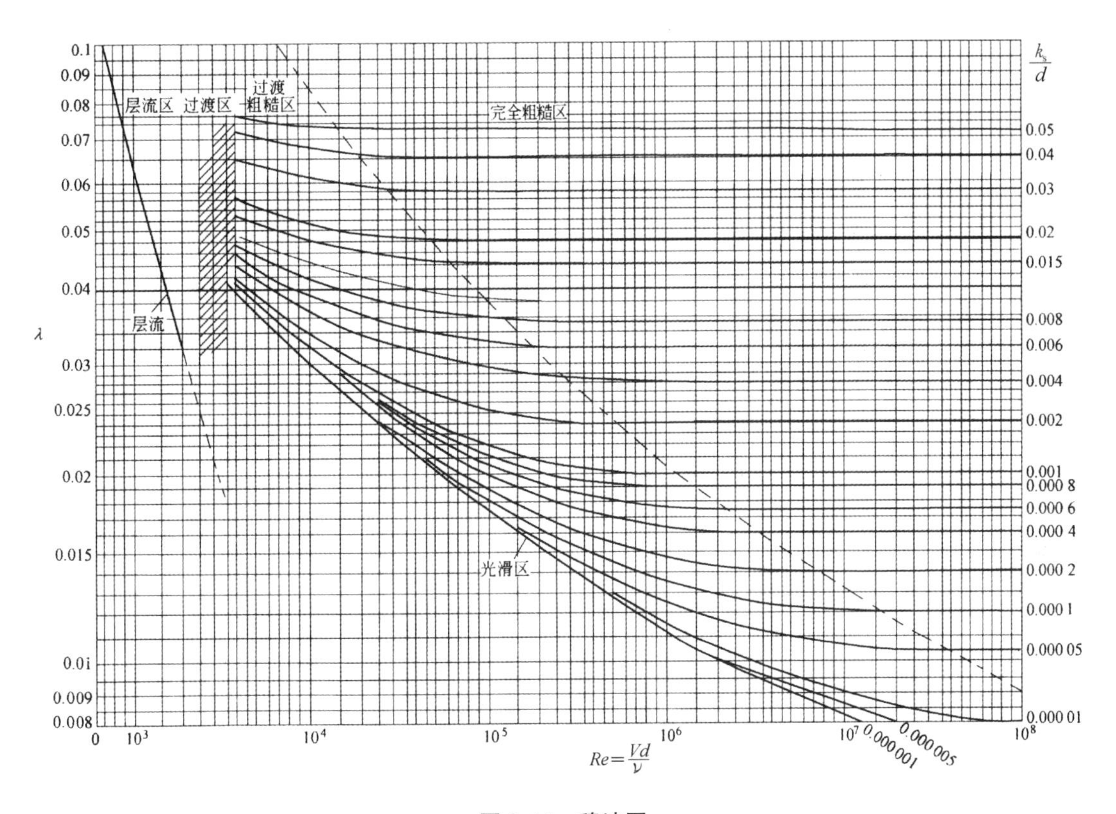

图 8.14 穆迪图

除了以上介绍的半经验公式，还有许多根据实验资料整理而成的经验公式。下面介绍几个应用最广的公式。

2. 布拉休斯(Blasius)公式

适用于湍流光滑区，特别在 $Re < 10^5$ 范围内，有极高的精确度。公式如下：

$$\lambda = \frac{0.3164}{Re^{0.25}} \tag{8.28}$$

3. 希弗林松公式

适用于湍流粗糙区，它是个指数公式，形式简单，计算方便，工程上常采用。公式如下：

$$\lambda = 0.11\left(\frac{k_s}{d}\right)^{0.25} \tag{8.29}$$

4. 柯列勃洛克公式的拟合式

公式(8.27)虽然应用范围较广，但这是 λ 的隐函数形式，计算上会带来不便，将其拟合得出一个 λ 的显式表达式：

$$\lambda = 0.25\left[\lg \frac{k_s}{3.7d} + \frac{5.74}{Re^{0.9}}\right]^{-2} \tag{8.30}$$

为便于工程上计算，将相应的半经验公式列表，见表 8.3。

表 8.3　管道沿程摩阻因数 λ 的经验公式

阻力区	范　　围	λ 的理论半经验公式	λ 的经验公式
层流区	$Re < 2\,300$	$\lambda = \dfrac{64}{Re}$	$\lambda = \dfrac{75}{Re}$
过渡区	$2\,300 < Re < 3\,000$		$\lambda = 0.002\,5Re^{1/3}$
湍流光滑区	$3\,000 < Re < 22.2\left(\dfrac{d}{k_s}\right)^{8/7}$	$\dfrac{1}{\sqrt{\lambda}} = 2\lg(Re\sqrt{\lambda}) - 0.8$（普朗特-史里希廷公式）	当 $Re < 10^5$ 时，$\lambda = \dfrac{0.316\,4}{Re^{0.25}}$
	$3\,000 < Re < 4 \times 10^6$		
	$4\,000 < Re < 10^5$	$\lambda = \dfrac{0.316\,4}{Re^{0.25}}$（布拉休斯公式）	当 $10^5 < Re < 3 \times 10^6$ 时，$\lambda = 0.003\,2 + \dfrac{0.221}{Re^{0.237}}$
湍流过渡区	$4\,000 < Re < 10^8$	$\dfrac{1}{\sqrt{\lambda}} = -2.0\lg\left(\dfrac{2.51}{Re\sqrt{\lambda}} + \dfrac{k_s/d}{3.7}\right)$（柯列勃洛克公式）	$\lambda = 0.11\left(\dfrac{k_s}{d} + \dfrac{68}{Re}\right)^{0.25}$
	$22.2\left(\dfrac{d}{k_s}\right)^{9/8} < Re < 537\left(\dfrac{d}{k_s}\right)^{9/8}$	$\dfrac{1}{\sqrt{\lambda}} = -2\lg\left(\dfrac{k_s}{3.7d} + \dfrac{2.51}{Re\sqrt{\lambda}}\right)$	
粗糙区（阻力平方区）	$Re > 597\left(\dfrac{d}{k_s}\right)^{9/8}$	$\lambda = \dfrac{1}{\left[2\lg\left(3.7\dfrac{d}{k_s}\right)\right]^2}$	$\lambda = 0.11\left(\dfrac{k_s}{d}\right)^{0.25}$
	$Re > 4\,160\left(\dfrac{d}{2k_s}\right)^{0.85}$	$\lambda = \dfrac{1}{\left[1.74 + 2\lg\left(\dfrac{d}{2k_s}\right)\right]^2}$（冯·卡门公式）	

注：最后一栏经验公式准确性较差，但公式简单便于计算，有时也可用经验公式求第一近似值，然后将其作为迭代法的初值。

例 8.6　汽油流过内径 $d = 152$ mm 的铸铁管，汽油的运动黏度 $\nu = 0.37 \times 10^{-6}\ \mathrm{m^2/s}$，密度 $\rho = 670\ \mathrm{kg/m^3}$，若流量 $Q = 170$ L/s，试求：(1)单位长度圆管壁所受到的流体阻力 F；(2)湍流核心区的时均速度分布。

解　(1)根据题意，查表 8.2，取铸铁管当量粗糙 $k_s = 0.26$ mm。

相对粗糙度
$$\frac{k_s}{d} = \frac{0.26}{152} = 0.001\,71$$

管内流动平均速度
$$V = \frac{Q}{\frac{\pi}{4}d^2} = \frac{0.17}{\frac{\pi}{4} \times 0.152^2} = 9.373\ \mathrm{m/s}$$

流动雷诺数
$$Re = \frac{Vd}{\nu} = \frac{9.373 \times 0.152}{0.37 \times 10^{-6}} = 3.851 \times 10^6$$

根据上述$\frac{k_s}{d}$及Re，查穆迪图得$\lambda = 0.022$，倘若应用公式(8.30)，则得$\lambda = 0.02247$(两者相差2%)。

方法一：

管壁黏性切应力

$$\tau_0 = \frac{1}{8}\lambda\rho V^2 = \frac{1}{8} \times 0.022 \times 670 \times 9.373^2 = 161.9\ \text{Pa}$$

单位长度圆管受到的流体阻力

$$F = \tau_0 \pi d \cdot 1 = 161.9 \times 3.14 \times 0.152 \times 1 = 77.27\ \text{N}$$

方法二：

由达西公式，单位长度压强降损失

$$\Delta p = \lambda \frac{l}{d} \frac{\rho}{2} V^2 = 0.022 \times \frac{1}{0.152} \times \frac{670}{2} \times 9.373^2 = 4\,259.7\ \text{Pa}$$

整个圆截面上的压力降为

$$\Delta P = \Delta p A = 4\,259.7 \times \frac{\pi}{4} \times 0.152^2 = 77.27\ \text{N}$$

以上力和流体阻力F相平衡，即$F = 77.27\ \text{N}$。

(2) 先求得切应力速度u_*，得

$$u_* = \sqrt{\frac{\tau_0}{\rho}} = \sqrt{\frac{161.9}{670}} = 0.4916\ \text{m/s}$$

再求得粗糙雷诺数Re_*，得

$$Re_* = \frac{u_* k_s}{\nu} = \frac{0.4916 \times 0.26 \times 10^{-3}}{0.37 \times 10^{-6}} = 345.4$$

由于$Re_* > 70$，故属完全粗糙区。

则时均速度分布按式(8.23)，可得

$$\begin{aligned} u &= u_* \left(8.48 + 2.5\ln \frac{y}{k_s}\right) \\ &= 0.4916 \times \left(8.48 + 2.5\ln \frac{y}{0.26 \times 10^{-3}}\right) \\ &= 14.314 + 1.229\ln y \end{aligned}$$

例 8.7 给水管为新铸铁管，长100 m，直径$d = 75$ mm，流量$Q = 7.3$ L/s，水温$t = 20$℃，试求该管段的沿程水头损失。

解 查表8.2，取水管当量粗糙$k_s = 0.26$ mm

相对粗糙度 $$\frac{k_s}{d} = \frac{0.26}{75} = 0.0035$$

计算平均流速，得 $$V=\frac{Q}{A}=\frac{7.3\times10^{-3}}{\frac{\pi}{4}\times0.075^2}=1.653\ \text{m/s}$$

再查表 1.3，$t=20℃$ 时水的运动黏度 $\nu=1.011\times10^{-6}\ \text{m}^2/\text{s}$

流动雷诺数 $$Re=\frac{Vd}{\nu}=\frac{1.653\times0.075}{1.011\times10^{-6}}=122\,626$$

由$\frac{k_s}{d}$及 Re 查穆迪图，得 $\lambda=0.027$

按式(8.14)，得

$$h_f=\lambda\frac{l}{d}\frac{V^2}{2g}=0.027\times\frac{100}{0.075}\times\frac{1.653^2}{2\times9.81}=5.01\ \text{m}$$

8.5 管道流动的局部水头损失

在各种工业管道中，往往设有一些阀门、弯头、三通等配件……，它们的作用是控制和调节管内的流动。当流体流经这类配件时，由于均匀流动受到破坏，流速的大小、方向或分布发生变化，由此产生的流量损失称为管道流动的局部水头损失。工程中有许多管路系统如水泵吸水管，在进口处往往要安装拦污格栅等部件或其他设备，局部能量损失占了很大的比重。因此，了解局部水头损失的分析方法和计算方法有重要的意义。

8.5.1 局部水头损失产生的原因

工程管路系统中的局部水头损失主要发生在管的出入口，管截面变化部位，弯头和三通，各种阀门等部件。图 8.15(a)～(e)就是几种典型的局部阻碍。引起局部能量损失的原因主要是：

(1) 截面变化引起速度的重新分布。

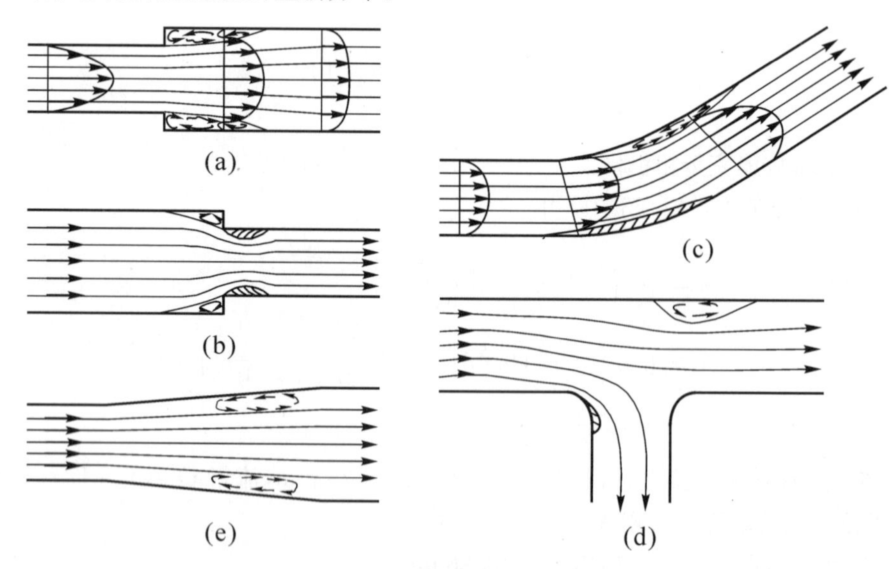

图 8.15 几种典型的局部阻碍

(a) 突扩管 (b) 突缩管 (c) 圆弯管 (d) 圆角分流三通 (e) 渐扩管

(2) 流体质点相互碰撞和增加摩擦。

(3) 两次流。

(4) 流动分离形成涡旋。以突扩管为例(图 8.15(a)),沿程为减速增压,紧贴壁面的低速质点受反向压差的作用,速度减少至零,以至于出现所谓的“死角”,即局部产生倒流现象并形成旋涡区。质点旋涡运动的集中耗能是局部水头损失产生的主要原因。同时,旋涡运动的质点被主流带向下游,在一定范围内加剧了主流的湍流程度,从而加大了能量损失。

综上所述,由于主流脱离管壁,旋涡区的形成则是局部水头损失产生的主要原因。倘若在局部阻碍处旋涡区很大,那么旋涡强度越大,局部水头损失也越大。由于大多数部件的内部流场十分复杂,难以对局部损失作理论分析,因此一般情形均由实验测定。

8.5.2 局部水头损失的计算

1. 局部水头损失公式

通过实验,局部水头损失 h_m 可以按下式计算:

$$h_m = \zeta \frac{V^2}{2g} \tag{8.31}$$

式中:

ζ——局部水头损失因数(局部阻力因数),由实验确定;

V——ζ 对应断面的平均流速(一般均指后来断面的平均流速)。

如果管道流动中,有 n 个局部阻碍,那么总的局部水头损失

$$h_m = \sum_{i=1}^{n} \zeta_i \frac{V_i^2}{2g} \tag{8.32}$$

2. 几种典型的局部水头损失因数

上述局部水头损失计算公式中,局部水头损失因数 ζ 在实用工程手册中可查找,几种典型的局部水头损失因数如下:

(1) 突然扩大管(图 8.16)。有下式:

$$\zeta = \left(1 - \frac{A_1}{A_2}\right)^2 \tag{8.33}$$

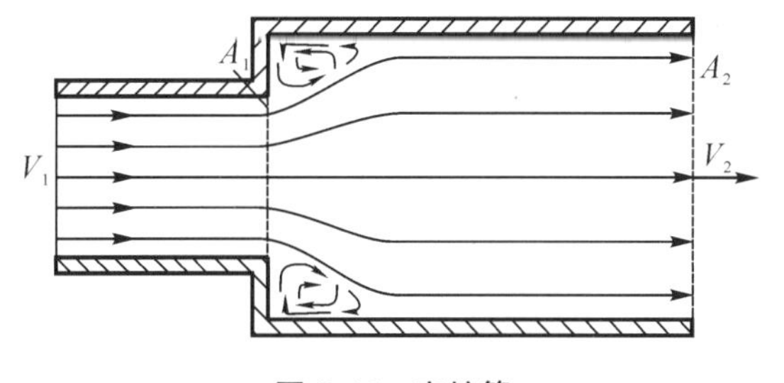

图 8.16 突扩管

这是少有的可以直接计算出的理论公式。其中,A_1,A_2 分别为小管和大管的过流断面积,公式(8.31)中的 V 取小管中平均流速。

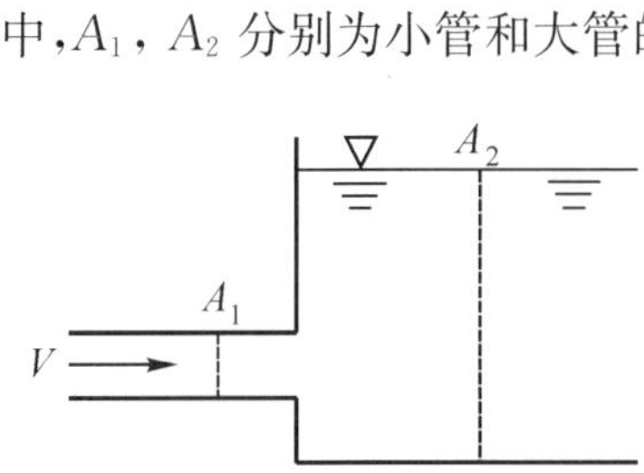

当流体在淹没情况下,流入断面很大容器时(图 8.17),此时

$$\frac{A_1}{A_2} \approx 0$$

$$\zeta = 1,$$

图 8.17 管道出口

ζ 称为管道出口损失因数,但公式中平均流速取断面 A_1 处。

(2) 突然缩小管(图 8.18)。有下式：

$$\zeta = 0.5\left(1-\frac{A_2}{A_1}\right) \tag{8.34}$$

图 8.18　突缩管

当流体由断面很大的容器流入管道时(图 8.19)，此时

$$\frac{A_2}{A_1} \approx 0$$

$$\zeta = 0.5$$

ζ称为管道入口损失因数。

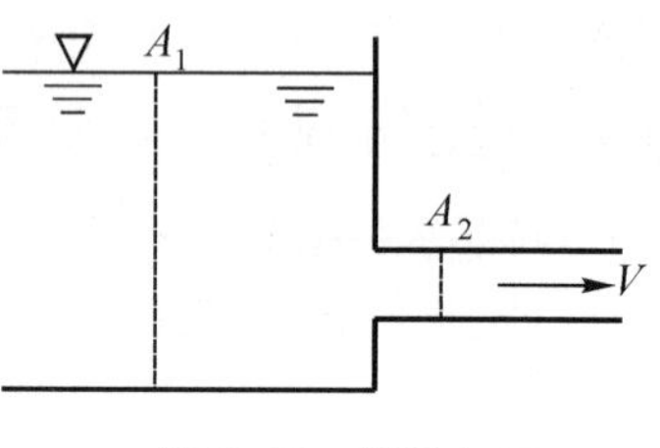

图 8.19　管道入口

(3) 弯管的局部水头损失因数见表 8.4。

弯管的几何形状取决于转角 θ 和曲率半径 R 与管径 d 之比$\frac{R}{d}\left(或\frac{R}{b}\right)$，对矩形断面的弯管还有高宽比$\frac{h}{b}$(图 8.20)。表 8.4 给出了四种断面形状的弯管在不同 θ 角和$\frac{R}{d}\left(或\frac{R}{b}\right)$时的 ζ。

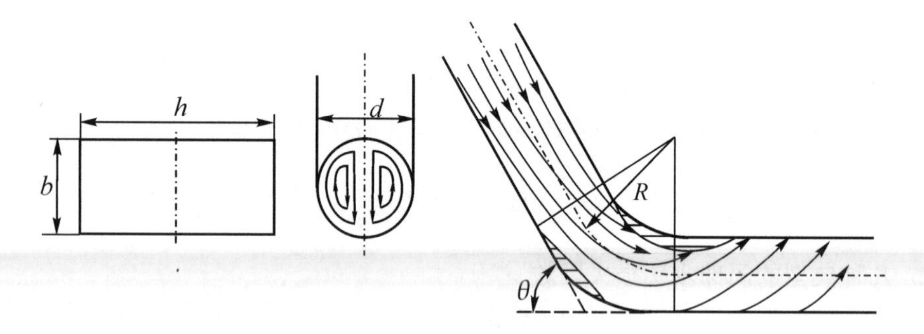

图 8.20　弯管的参数

表 8.4　弯管的局部水头损失因数

断面形状	R/d 或 R/b	$\theta=30°$	$\theta=45°$	$\theta=60°$	$\theta=90°$
圆形	0.5	0.120	0.270	0.480	1.000
	1.0	0.058	0.100	0.150	0.246
	2.0	0.066	0.089	0.112	0.159
方形 $h/b=1.0$	0.5	0.120	0.270	0.480	1.060
	1.0	0.054	0.079	0.130	0.241
	2.0	0.051	0.078	0.102	0.142
矩形 $h/b=0.5$	0.5	0.120	0.270	0.480	1.000
	1.0	0.058	0.087	0.135	0.220
	2.0	0.062	0.088	0.112	0.155
矩形 $h/b=2.0$	0.5	0.120	0.280	0.480	1.080
	1.0	0.042	0.081	0.140	0.227
	2.0	0.042	0.063	0.083	0.113

注：90°圆截面弯管的局部水头损失因数见表 8.5。

表 8.5　不同$\dfrac{R}{d}$的 90°弯管的 ζ 值

R/d	0	0.5	1	2	3	4	6	10
ζ	1.14	1.00	0.246	0.159	0.145	0.167	0.20	0.24

例 8.8　两水池水位恒定，已知管道直径 $d=10\ \text{cm}$，管长 $l=20\ \text{m}$，沿程摩阻因数 $\lambda=0.042$，局部水头损失因数 $\zeta_{弯}=0.8$，$\zeta_{阀}=0.26$，通过的流量 $Q=65\ \text{L/s}$，如图 8.21 所示，试求：(1)若水是从高水池流到低水池，求这两水池水面高度差；(2)若水是从上述高度差水池的低水池流入到高水池，其他条件不变，则增设水泵的扬程需要多大？

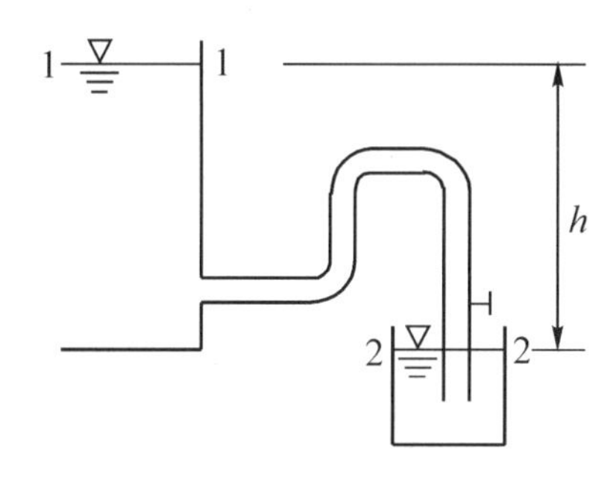

图 8.21　两水池间的管流

解　据题意，管中流速

$$V=\frac{Q}{\frac{\pi}{4}d^2}=\frac{65\times10^{-3}}{\frac{\pi}{4}\times0.1^2}=8.28\ \text{m/s}$$

(1) 设高水池水面为 1－1，低水池水面为 2－2，则自 1－1 断面至 2－2 断面的伯努利方程为

$$z_1+\frac{p_1}{\gamma}+\frac{v_1^2}{2g}=z_2+\frac{p_2}{\gamma}+\frac{v_2^2}{2g}+h_{\text{L}}$$

即

$$h=h_{\text{L}}=h_{\text{f}}+h_{\text{m}}$$

其中

$$h_{\text{f}}-\lambda\frac{l}{d}\frac{V^2}{2g}$$

$$h_{\text{m}}=\sum_{i=1}^{6}\zeta_i\frac{V^2}{2g}=(0.5+3\times0.8+0.26+1)\frac{V^2}{2g}=4.16\frac{V^2}{2g}$$

故

$$h=\left(0.042\times\frac{20}{0.1}+4.16\right)\times\frac{8.28^2}{2\times9.81}=43.9\ \text{m}$$

(2) 当水流从低水池流入高水池，则在管路中需添加水泵，水泵的扬程 H_{m}指的是单位重量液体通过水泵所获得的能量。故列自 2－2 断面至 1－1 断面的伯努利方程

$$z_2+\frac{p_2}{\gamma}+\frac{V_2^2}{2g}+H_{\text{m}}=z_1+\frac{p_1}{\gamma}+\frac{V_1^2}{2g}+h_{\text{f}}+h_{\text{m}}$$

即

$$H_{\text{m}}=h+h_{\text{f}}+h_{\text{m}}=2h=2\times43.9=87.8\ \text{m}$$

故水泵的扬程为 $H_{\text{m}}=87.8\ \text{m}$。

8.6　明渠流动

在环境工程、给排水工程、水利工程及交通运输工程中广泛采用明渠输送水流。它是一种具有自由表面水流的渠道，由于其表面上的压力均为大气压，因此明渠流通常也称为无压流。根据它形成的方式，一般可分为天然明渠和人工明渠这两大类。前者如天然河道；后者如人工输水渠道、运河以及未充满水流的管道等。

在明渠流中，在任何固定的空间点水流的流动参数（如速度、加速度和密度等）皆不随时间而变化，则称为明渠恒定流；反之则称为明渠非恒定流。而在明渠恒定流中，如果流线是一族平行直线，它的水深、断面、平均流速以及流速分布均沿程不变，则称为明渠恒定均匀流；倘若流线不是平行直线，则称为明渠恒定非均匀流。

本节仅对明渠恒定均匀流进行简单的阐述。

8.6.1 明渠的过流断面及水力要素

人工明渠的横断面一般为规则的几何形状。常见的有梯形、矩形和圆形等。如表 8.6 所示。而天然河道的横断面一般多为不规则形状，而且同一条河道各处的断面形状和尺寸往往差别很大。如图 8.22 所示，当流量小、水位低时，水流集中在主槽中；当流量大、水位高时，水流漫至边滩，此时横断面就由主槽和边滩这两部分组成。

表 8.6 明渠过水断面的水力要素

断面形状	水面宽度 B	过水断面面积 A	湿周 P	水力半径 r_h
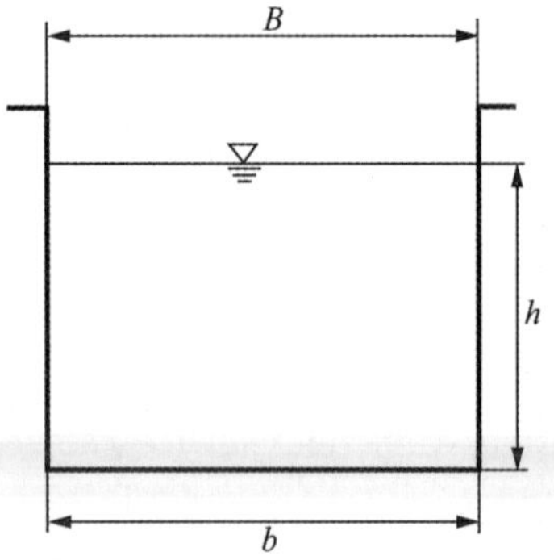 B, h, b	b	bh	$b+2h$	$\frac{bh}{b+2h}$
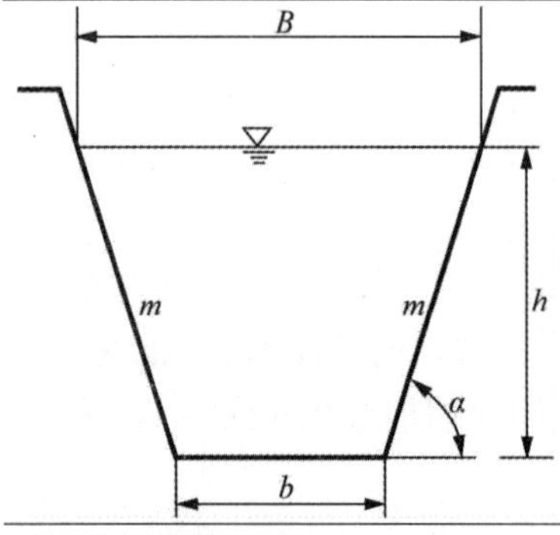 B, m, m, h, α, b	$b+2mh$	$(b+mh)h$	$b+2h\sqrt{1+m^2}$	$\frac{(b+mh)h}{b+2h\sqrt{1+m^2}}$
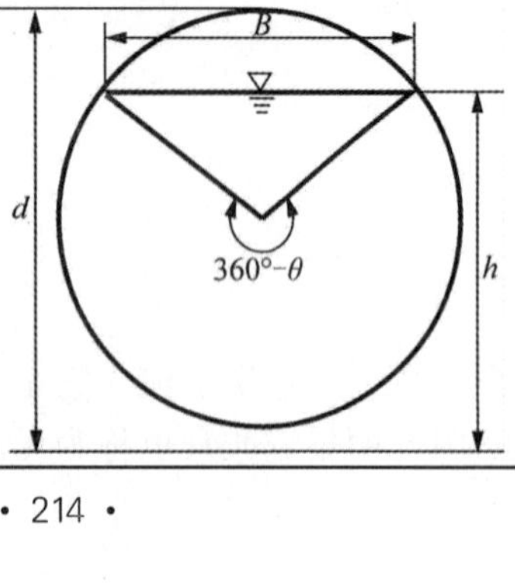 B, d, 360°−θ, h	$2\sqrt{h(d-n)}$	$\frac{d^2}{8}(\theta-\sin\theta)$	$\frac{1}{2}\theta\cdot d$	$\frac{d}{4}\left(1-\frac{\sin\theta}{\theta}\right)$

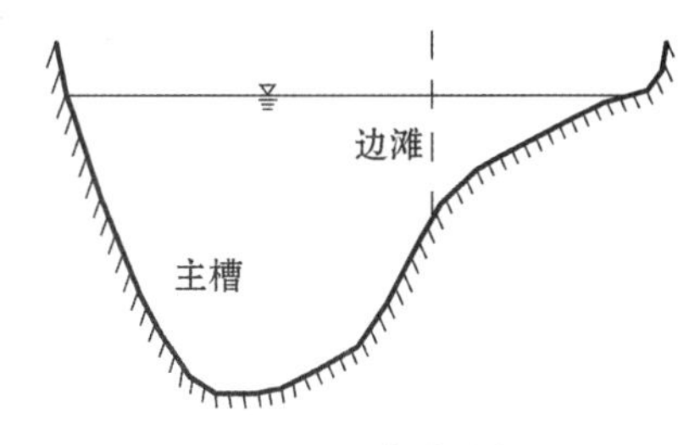

图 8.22　河道过流断面

当明渠修筑在土质地基上时，往往将它建成梯形断面，其两侧的倾斜程度可用边坡系数 m 来表示（这里 $m=\mathrm{ctg}\alpha$），它的大小应根据土质松软程度以及护面情况而定（见表 8.7）。

而矩形断面往往建于岩石中的开凿以及两侧用条石砌筑而成；混凝土渠或木渠也常作成矩形断面。圆形断面由于施工要求高，难度大一般很少采用。

表 8.7　梯形渠道的边坡系数 m

土壤种类	边坡系数
细沙	3.0～5.3
沙壤土	1.5～2.0
黏壤土，黄土式黏土	1.25～1.5
卵石和砌石	1.25～1.5
风化的岩石	0.25～0.5
未风化的岩石	0～0.25

在实际应用计算中，由于明渠的横断面一般是指渠道的轮廓，而明渠的过流断面是指与流线垂直的断面，一般而言，过流断面与渠底相垂直，所以它与铅垂面之间存在一个夹角，但这个夹角往往是很小的。因此通常将这两个断面其大小不作严格的区别。

下面以工程中应用最广的梯形断面为例，说明计算中常用到的过流断面的水力要素。如表 8.6 所示。

（1）水深 h，是指过流断面上渠底的最低点到水面距离，但由于在测量水深上往往是量取铅直水深，由于这两者差别很小，所以用后者的大小来替代，误差是很小的。

（2）水面宽度 B，$B=b+2mh$（b 为渠底宽度）　　(8.35)

（3）过流断面面积 A，$A=(b+mh)h$　　(8.36)

（4）湿周 P，$P=b+2h\sqrt{1+m^2}$　　(8.37)

（5）水力半径 $r_h=\dfrac{A}{P}=\dfrac{(b+mh)h}{b+2h\sqrt{1+m^2}}$　　(8.38)

对于矩形和圆形断面，其过流断面的水力要素如表 8.6 所示。图中的 θ 以 rad 计。

8.6.2　明渠的底坡和均匀流

1. 明渠的底坡

渠道的纵向对称平面与渠底的交线称为底坡线（或称河底线），而它的纵向倾斜程度称

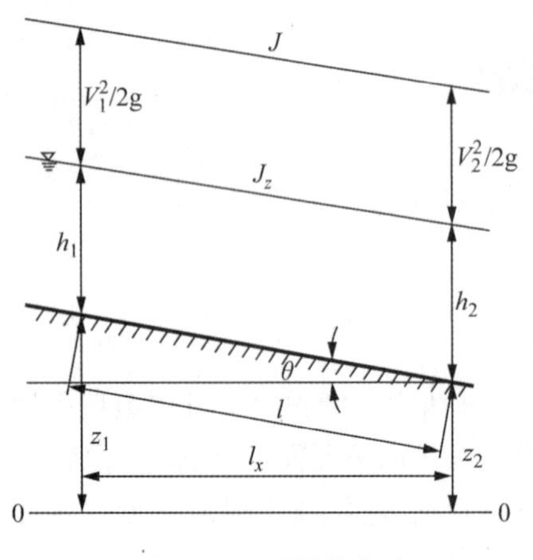

图 8.23 明渠的底坡

为明渠的底坡，用 i 来表示，很显然 $i=\sin\theta$，其中 θ 为底坡线与水平线之间的夹角(图 8.23)。在图 8.23 中，0—0为基准高度，1—1 断面的基准高度为 z_1，2—2 断面的基准高度为 z_2，l 为底坡线在该两个断面间的距离。

$$i=\sin\theta=\frac{z_1-z_2}{l}=\frac{\Delta z}{l}$$

当 θ 很小时，可认为 l 与其在水平投影长度 l_x 相等，所以

$$i=\frac{\Delta z}{l_x}=\tan\theta$$

当明渠渠底沿程下降时，称为正(顺)坡渠道，此时底坡 $i>0$；当明渠渠底水平时，称为平坡渠道，此时底坡 $i=0$；当渠底沿程升高时，称为负(逆)坡渠道，此时底坡 $i<0$。由于天然河道的河底往往是高低不平的，其底坡沿流往往在变化，故对于某段河流常取底坡的平均值作为计算值。

2. 明渠均匀流

明渠均匀流是指水深、断面平均流速及断面流速分布均沿程不变的流动。从图 8.23 中可看出，其中底坡线、测压管水头线(即水面线)和总水头线是相互平行的。所以对底坡 i，测压管坡度 J_z 以及水力坡度 J 三者是相等的。

若对明渠流中相距 l 的两过流断面 1-1 和 2-2 之间列粘性流体的伯努利方程，可得到 $\Delta z=h_L$，此式表明在明渠流动中，单位重量水流沿程一定距离其位置势能的减少恰好等于该水流克服沿程阻力的能量损失，或称水头损失。因此明渠均匀流是靠重力在水流方向的分力来克服流动阻力的自然流动。

明渠均匀流发生的条件是：

(1) 流动为恒定流，流量沿程不变；

(2) 渠道横断面的形状和尺寸均沿程不变，且是长直渠道(称为棱柱体明渠)；

(3) 渠道中无闸、坝等建筑物的局部干扰。

在工程实际中，多数明渠为非均匀流，但是只要基本满足上述条件(1)，且渠道有足够的长度以及计算段离进、出口或建筑物(闸、坝)有一定距离，此时明渠水流仍可视为均匀流。对天然河道来讲，一般不会产生均匀流，但如果河道较为平坦，整齐的河段仍可按均匀流来处理，这给计算上带来很大的方便。

8.6.3 明渠均匀流的基本计算公式

在实用计算中，往往要计算水力要素与明渠流量之间的相互关系，其基本公式是谢才公式：

$$V=C\sqrt{r_h J} \tag{8.39}$$

式中：

V——过流断面的平均流速；

r_h——水力半径；

J——水力坡度；

C——谢才系数。

对于明渠均匀流，水力坡度 J 和底坡 i 相等，故(8.39)式可写成

$$V = C\sqrt{r_{\mathrm{h}} i} \tag{8.40}$$

由于明渠中水流多处于完全粗糙区(阻力平方区)，工程界中广泛采用曼宁公式

$$C = \frac{1}{n} r_{\mathrm{h}}^{1/6} \tag{8.41}$$

式中：

n——渠道的粗糙系数；

r_{h}——水力半径。

分析表明，渠道粗糙系数 n 对谢才系数 C 的影响较大，故正确选定粗糙系数对明渠的计算有重要意义，各种材料明渠的粗糙系数见表 8.8。

表 8.8　各种材料明渠粗糙系数 n 值

明渠壁面材料情况		表面粗糙情况		
		较好	中等	较差
土渠	清洁，形状正常	0.020	0.022 5	0.025
	不通畅，并有杂草	0.027	0.030	0.035
	渠线略有弯曲，有杂草	0.025	0.030	0.033
	挖泥机挖成的土渠	0.0275	0.030	0.033
	沙砾渠道	0.025	0.030	0.033
	细砾石渠道	0.027	0.030	0.033
	土底，石砌坡岸渠	0.030	0.033	0.035
	不光滑的石底，有杂道土坡渠	0.030	0.035	0.040
石渠	清洁的，形状正常的凿石渠	0.030	0.033	0.035
	粗糙的断面，不规则的凿石渠	0.04	0.045	
	光滑且均匀的石渠	0.025	0.035	0.04
各种材料护面的渠道	三合土(石灰、沙、煤渣)护面	0.014	0.016	
	浆砌砖护面	0.012	0.015	0.017
	条石砌面	0.013	0.015	0.017
	浆砌块石护面	0.017	0.0225	0.030
	干砌块石护面	0.023	0.032	0.035
混凝土渠道	抹灰的混凝土或钢筋混凝土护面	0.011	0.012	0.013
	无抹灰的混凝土或钢筋混凝土护坡	0.013	0.014～0.015	0.017
	喷浆护面	0.016	0.018	0.021
木质	刨光木板	0.012	0.013	0.014
	未刨光的木板	0.013	0.014	0.015

由连续方程，明渠的流量为

$$Q = CA\sqrt{r_{\mathrm{h}} i} = K\sqrt{i} \tag{8.42}$$

式中，$K = CA\sqrt{r_{\mathrm{h}}}$ 称为流量模数，单位 $\mathrm{m^3/s}$。它是一个综合反映明渠断面形状、尺寸和粗糙系数对渠道水流量影响的量。

在实际计算中，粗糙系数的选择很重要。倘若 n 值选得偏小，那么由于过流断面设计偏小，导致实际流量达不到设计要求，以致容易发生水流漫溢渠道而造成事故；由于实际流量小，易使泥沙淤积。相反，倘若 n 值选得偏大，由于过流断面尺寸偏大造成工程投资的浪费，同时因实际流速过大易引起对渠道坡面的冲刷。

8.6.4 水力最佳断面和允许流速

1. 水力最佳断面

在设计渠道时，底坡 i 一般依地形条件或其它技术要求而定，粗糙系数主要取决于渠道选用的建筑材料。所以当这两个量确定后，渠道的水流量由渠道的断面形状和尺寸所决定。所谓水力最佳断面是指当过流断面形状的面积最小时，流量达到要求；或者当过流断面面积一定时，通过的流量为最大。

从理论上讲，在面积相等的几何图形中，圆形具有最小的周长，但由于它施工难度大，因此一般开挖的明渠渠道往往采用梯形断面。

设 β_{opt} 为梯形水力最佳断面的宽深比

$$\beta_{\mathrm{opt}} = \frac{b}{h}$$

可推得

$$\beta_{\mathrm{opt}} = \frac{b}{h} = 2(\sqrt{1+m^2} - m) \tag{8.43}$$

式中：

b——梯形底宽；

h——渠道水深；

m——边坡系数。

为方便计算，不同 m 值的水力最佳断面宽深比 β_{opt} 值列于表 8.9。

表 8.9 梯形断面的最佳宽深比 β_{opt} 值

m	0	0.25	0.5	0.75	1.00	1.25	1.50	1.75	2.00	2.5	3.0
β_{opt}	2.00	1.56	1.24	1.00	0.83	0.70	0.61	0.53	0.47	0.39	0.32

对于矩形过流断面，由于边坡系数 $m=0$，$\beta_{\mathrm{opt}}=2$，此时矩形水力最佳断面底宽为水深的两倍。

显然，梯形水力最佳断面的面积为

$$A_{\mathrm{opt}} = (2\sqrt{1+m^2} - m)h^2 \tag{8.44}$$

最佳湿周

$$P_{\mathrm{opt}} = (2\sqrt{1+m^2} - m)h \tag{8.45}$$

最佳水力半径 $$r_{opt} = \frac{A_{opt}}{P_{opt}} = \frac{h}{2} \quad (8.46)$$

上式表明梯形水力最佳断面的水力半径等于水深的一半。

对于小型渠道，土方量决定了工程造价，因此水力最佳断面是渠道的经济断面；但对于较大型渠道，由于按水力最佳断面设计使得渠道窄而深，使得渠道的施工和养护较困难，因此一般不宜采用。

2. 允许流速

在设计渠道时，流速过大会引起水流对渠道的过度冲刷和破坏；过小又会导致泥沙沉淀而产生淤积，从而降低渠道的过流能力。因此应使断面的平均流速 V 在一个允许和合理的范围内即

$$V_{min} \leqslant V \leqslant V_{max}$$

式中：

V_{max}——渠道的最大允许流速（不冲流速）

V_{min}——渠道的最小允许流速（不淤流速）

最大、最小允许流速的取值可参照相应规范，表 8.10 摘录部分规定数值，供参考。该表适用的水深 $h=0.4\sim1.0$ m，如水深在此范围外，应乘以相应的修正系数 k：当 $h<0.4$ m，k 取 0.85，当 1.0 m$<h<$2.0 m，k 取 1.25；当 $h>2.0$ m，k 取 1.4。

表 8.10 渠道最大允许流速 V_{max}

序号	渠道壁面材料性质	最大允许流速(m/s)
1	粗砾或低塑性粉质黏土	0.8
2	粉质黏土	1.0
3	黏土	1.2
4	石灰岩或中砂岩	4.0
5	草皮护面	1.0
6	干砌块石	2.0
7	浆砌块石或浆砌砖	3.0
8	混凝土	4.0

最小允许流速则由经验公式确定

$$V_{min} = e\sqrt{r_h}$$

式中，r_h 为水力半径，e 是与悬浮泥沙直径，水力粗度（泥沙颗粒在静水中的沉降速度）、渠壁粗糙系数相关的系数。例如，对于粘土、砂土渠道，如取 $n=0.025$、悬浮泥沙直径不大于 0.25 mm时，e 取 0.50。

实用上在排水工程中一般取 $V_{min}=0.4$ m/s；在北方寒冷地区，为防止冬季渠水结冰取 $V_{min}=0.6$ m/s。

8.6.5 明渠均匀流的水力计算

按式(8.40)
$$V = C\sqrt{r_h i}$$
及式(8.42)
$$Q = K\sqrt{i}$$
可解决工程中大多数的明渠均匀流的计算问题。以梯形断面为例来说明经常遇到的几类问题的计算方法。

按式(8.42)可看出，各水力要素函数关系为

$$Q = CA\sqrt{r_h i} = f(b, h, m, n, i)$$

在这6个参变量中，边坡系数 m 及粗糙系数 n 是事先确定的。因此梯形断面明渠均匀流的水力计算是根据渠道所担负的生产任务、施工条件、地形地质状况预先选定 Q, b, h, i 4个参数中的3个，然后应用基本公式求另一个量。

工程中以明渠均匀流的水力计算，通常有以下几种类型：

(1) 已知渠道的断面尺寸 b 及底坡 i，粗糙系数 n，求流量和流速。这一类问题属于对已设计渠道进行校核的水力计算。

例 8.9 有一坚实黏土的梯形渠道，已知底宽 $b=8$ m，正常水深 $h=2$ m，粗糙系数 $n=0.022\,5$，边坡系数 $m=1.5$ m，底坡 $i=0.000\,2$，试求：流量 Q 与断面平均流速 V。

解 首先计算梯形断面的水力要素

过流断面面积 $A = h(b+mh) = 2\times(8+1.5\times 2) = 22\ \text{m}^2$

湿周
$$P = b + 2h\sqrt{1+m^2} = 8 + 2\times 2\sqrt{1+1.5^2} = 15.21\ \text{m}$$

水力半径
$$r_h = \frac{A}{P} = \frac{22}{15.21} = 1.446\ \text{m}$$

按曼宁公式，式(8.41)，谢才系数

$$C = \frac{1}{n} r_h^{1/6} = \frac{1}{0.022\,5}\times 1.446^{1/6} = 47.26\ \text{m}^{1/2}/\text{s}$$

按式(8.42)，流量

$$Q = CA\sqrt{r_h i} = 47.26\times 22\sqrt{1.446\times 0.000\,2} = 17.68\ \text{m}^3/\text{s}$$

因此平均流速

$$V = \frac{Q}{A} = \frac{17.68}{22} = 0.81\ \text{m/s}$$

查得最大允许流速 $V_{max}=1.5$ m/s，最小允许流速 $V_{min}=0.4$ m/s。故设计符合规范要求。

(2) 已知渠道的设计流量 Q 及部分断面尺寸和底坡 i，边坡系数 m 等，求水深。

例 8.10 有一坚实的长土渠，通过流量 $Q=10\ \text{m}^3/\text{s}$，底宽 $b=5$ m，边坡系数 $m=1$，粗糙系数 $n=0.020$，底坡 $i=0.000\,4$，试求正常水深 h。

解 首先求流量模数 $K = \dfrac{Q}{\sqrt{i}} = \dfrac{10}{\sqrt{0.000\,4}} = 500\ \text{m}^3/\text{s}$

过流断面面积

$$A=(b+mh)h=Sh+h^2$$

湿周

$$P=b+2h\sqrt{1+m^2}=5+2h\sqrt{1+1^2}=5+2.828h$$

按式(8.42)

$$K=CA\sqrt{r_h}=\frac{1}{n}r_h^{1/6}Ar_h^{1/2}$$

$$=\frac{1}{n}A^{\frac{5}{3}}P^{\frac{2}{3}}=\frac{1}{0.02}(5h+h^2)^{\frac{5}{3}}(5+2.828h)^{-\frac{2}{3}}=500$$

要解此方程，一般是采用逐次逼近法，即先假定一个水深值，代入方程，然后再假定一个……，逐次逼近方程的解。当然如假定水深恰当，会很快解出。

设 $h_1=1.4$ m，解得 $K_1=448$；$h_2=1.5$ m，解得 $K_2=505$；$h_2=1.49$ m，解得 $K_3=498$。因此该渠道水深 $h=1.49$ m。

(3) 已知渠道的设计流量 Q，水深 h 以及底坡 i 和边坡系数 m，求底宽 b。

例 8.12 有一梯形断面渠道，已知流量 $Q=35\ \mathrm{m^3/s}$，均匀流水深 $h=1.68$ m，边坡系数 $m=1.5$，粗糙系数 $n=0.025$，底坡 $i=0.000\,65$，试求底宽 b。

解 流量模数

$$K=\frac{Q}{\sqrt{i}}=\frac{35}{\sqrt{0.000\,65}}=1\,372.8\ \mathrm{m^3/s}$$

过流断面面积

$$A=(b+mh)h=1.68b+4.234$$

湿周

$$P=b+2h\sqrt{1+m^2}=b+6.057$$

$$K=\frac{1}{n}A^{\frac{5}{3}}P^{-\frac{2}{3}}=\frac{1}{0.025}(1.68b+4.234)^{\frac{5}{3}}(b+6.057)^{-\frac{2}{3}}=1\,372.8$$

用逐次逼近法，算得 $b=14$ m。

(4) 已知渠道的设计流量 Q，断面的水里要素等，求渠道底坡。

例 8.11 有一浆砌块石的矩形断面长渠道，底宽 $b=3.2$ m，渠中水深 $h=1.6$ m，粗糙系数 $n=0.025$，通过流量 $Q=6\ \mathrm{m^3/s}$。试求该渠道的底坡 i。

解 按式(8.42)

$$i=\frac{Q^2}{K^2}=\frac{Q^2}{C^2A^2r_h}$$

根据已知条件，矩形断面面积

$$A=bh=3.2\times1.6=5.12\ \mathrm{m^2}$$

湿周

$$P = b + 2h = 3.2 + 2 \times 1.6 = 6.4\ \text{m}$$

水力半径

$$r_h = \frac{A}{P} = \frac{5.12}{6.4} = 0.8\ \text{m}$$

谢才系数

$$C = \frac{1}{n} r_h^{1/6} = \frac{1}{0.025} \times 0.8^{1/6} = 38.54\ \text{m}^{1/2}/\text{s}$$

故底坡

$$i = \frac{6^2}{38.54^2 \times 5.12^2 \times 0.8} = 0.001\,16$$

(5) 已知渠道的设计流量 Q,底坡 i,边坡系数 m 等,求设计渠道的过流断面尺寸。

这一类问题主要求水深 h 和底宽 b 两个未知量,一般可设定多组 h 和 b 的组合来满足方程。当然须结合工程要求和经济条件先定出一个值,或者根据渠道最大允许流速使问题有唯一的解。

例 8.13 开挖一梯形断面土渠,已知流量 $Q=10\ \text{m}^3/\text{s}$,边坡系数 $m=1.5$,粗糙系数 $n=0.020$,为防止冲刷取最大允许流速 $V_{max}=1.0\ \text{m/s}$。

求:(1) 按水力最佳断面设计断面尺寸;(2)底坡 i。

解 (1) 断面过流面积 $A = \dfrac{Q}{V_{max}} = \dfrac{10}{1.0} = 10\ \text{m}^2$

按水力最佳断面设计

按式(8.43)梯形宽深比

$$\beta_{opt} = \frac{b}{h} = 2(\sqrt{1+m^2} - m) = 2(\sqrt{1+1.5^2} - 1.5) = 0.606$$

故底宽 $b=0.606$ m。

按式(8.36) $A_{opt} = (b + mh)h = (0.606h + 1.5h)h = 10$

解得 $h=2.18\text{m}, b=1.32\text{m}$。

(2)按式(8.45)最佳湿周

$$P_{opt} = 2(2\sqrt{1+m^2} - m)h = 2(2\sqrt{1+1.5^2} - 1.5) \times 2.18 = 9.18\ \text{m}$$

且湿周 $P = \left(\dfrac{i^{1/2} A^{2/3}}{nV_{max}}\right)^{3/2}$

故 $9.18 = \left(\dfrac{i^{1/2} 10^{2/3}}{0.02 \times 1.0}\right)^{3/2}$

解得 $i=0.000\,36$。

习　　题

选择题(单选题)

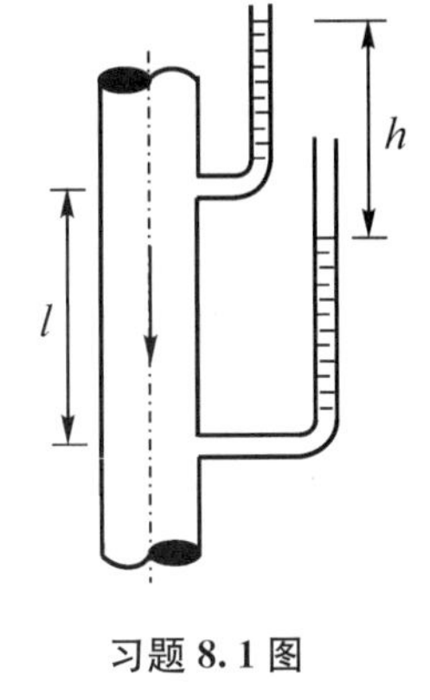

习题 8.1 图

8.1 如习题 8.1 图所示，水在垂直管内由上向下流动，在相距 l 的两断面间，测得测压管水头差 h，两断面间沿程水头损失 h_f，则(a)$h_f = h$；(b)$h_f = h + l$；(c)$h_f = l - h$；(d)$h_f = l$。

8.2 如习题 8.2 图所示，圆管层流流动过流断面上的切应力分布为：(a)在过流断面上是常量；(b)管轴处是零，且与半径成正比；(c)管壁处是零，向管轴线性增大；(d)按抛物线分布。

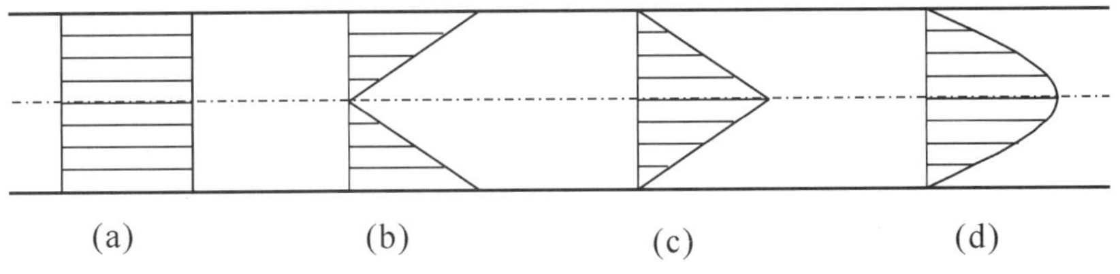

习题 8.2 图

8.3 在圆管流动中，湍流的断面流速分布符合(a)均匀规律；(b)直线变化规律；(c)抛物线规律；(d)对数曲线规律。

8.4 在圆管流动中，层流的断面流速分布符合(a)均匀规律；(b)直线变化规律；(c)抛物线规律；(d)对数曲线规律。

8.5 有一变直径管流，小管直径 d_1，大管直径 $d_2 = 2d_1$，两断面雷诺数的关系是：(a)$Re_1 = 0.5Re_2$；(b)$Re_1 = Re_2$；(c)$Re_1 = 1.5Re_2$；(d)$Re_1 = 2Re_2$。

8.6 有一圆管层流，实测管轴上流速为 0.4 m/s，则断面平均流速为：(a)0.4 m/s；(b)0.32 m/s；(c)0.2 m/s；(d)0.1 m/s。

8.7 圆管湍流过渡区的沿程摩阻因数 λ(a)与雷诺数 Re 有关；(b)与管壁相对粗糙度 k_s/d 有关；(c)与 Re 及 k_s/d 有关；(d)与 Re 及管长 l 有关。

8.8 圆管湍流粗糙区的沿程摩阻因数 λ(a)与雷诺数 Re 有关；(b)与管壁相对粗糙度 k_s/d 有关；(c)与 Re 及 k_s/d 有关；(d)与 Re 及管长 l 有关。

8.9 工业管道的沿程摩阻因数 λ，在湍流过渡区随雷诺数的增加而(a)增加；(b)减少；(c)不变；(d)不定。

8.10 两根直径相同的圆管，以同样的速度输送水和空气，不会出现____情况。(a)水管内为层流状态，气管内为湍流状态；(b)水管、气管内都为层流状态；(c)水管内为湍流状态，气管内为层流状态；(d)水管、气管内都为湍流状态。

8.11 圆管内的流动状态为层流时，其断面的平均速度等于最大速度的________倍。(a)0.5；(b)1.0；(c)1.5；(d)2.0。

8.12 湍流附加切应力是由于________而产生的。(a)分子的内聚力；(b)分子间的动量交换；(c)重力；(d)湍流元脉动速度引起的动量交换。

8.13 沿程摩阻因数不受 Re 影响，一般发生在________。(a)层流区；(b)水力光滑区；(c)粗糙度足够小时；(d)粗糙度足够大时。

8.14 圆管内的流动为层流时，沿程阻力与平均速度的________次方成正比。(a)1；(b)1.5；(c)1.75；(d)2。

8.15 两根直径不同的圆管，在流动雷诺数 Re 相等时，它们的沿程阻力因数 λ ______。(a)一定不相等；(b)可能相等；(c)粗管的一定比细管的大；(d)粗管的一定比细管的小。

计算题

8.16 设水以平均流速 $V=14\,\text{cm/s}$ 流经内径为 $d=50\,\text{mm}$ 的光滑铁管，试求铁管的沿程摩阻因数(水温为 20℃)。

8.17 设水以平均流速 $V=60\,\text{cm/s}$ 流经内径为 $d=20\,\text{cm}$ 的光滑圆管，试求：(1)圆管中心的流速；(2)管壁剪切应力(水温为 20℃)。

8.18 今要以长 $l=800\,\text{m}$，内径 $d=50\,\text{mm}$ 的水平光滑管道输油，不计管道进、出口压强差，若输油流量要等于135 L/min，用以输油的油泵扬程为多大？(设油的密度 $\rho=920\,\text{kg/m}^3$，黏度 $\mu=0.056\,\text{Pa}\cdot\text{s}$)

8.19 一压缩机润滑油管，管长 $l=2.2\,\text{m}$，内径 $d=10\,\text{mm}$，油的运动黏度 $\nu=1.98\,\text{cm}^2/\text{s}$。若流量 $Q=0.1\,\text{L/s}$，试求沿程水头损失 h_f。

8.20 试利用圆管湍流速度的分布对数律，求出层流底层的无因次厚度。

8.21 15℃的水流过内径 $d=0.3\,\text{m}$ 的铜管。若已知在 $l=100\,\text{m}$ 的长度内水头损失 $h_f=2\,\text{m}$。试求管内的流量 Q(设铜管的当量粗糙度 $k_s=3\,\text{mm}$)。

8.22 弦长为 10 cm 的对称翼型，在水温为 20℃的水中以 10 m/s 的速度直线前进，试求：(1)距前缘 1 cm 下游处的层流底层厚度；(2)距前缘 5 cm 下游处的层流底层厚度。

8.23 如习题 8.23 图所示，一水箱通过内径为 75 mm，长为 100 m 的水平光滑管道向大气中排水，已知入口处局部损失因数 $\zeta=0.5$，试问：要求管内产生出 $0.03\,\text{m}^3/\text{s}$ 的体积流量时，水箱中应维持多大的水面高度 h？

8.24 今假定：由储水池通过内径为 40 cm 的管道跨过高为 50 m(距水池水面)的小山，用水泵送水。已知 AB 段的管道长度为 2 500 m，流量为 $0.14\,\text{m}^3/\text{s}$，沿程摩阻因数 $\lambda=0.028$，试求：要使管路最高点 B 的压强为 12 m 水柱高时，水泵所需的功率(设水泵的效率为 0.75)。(见习题 8.24 图)

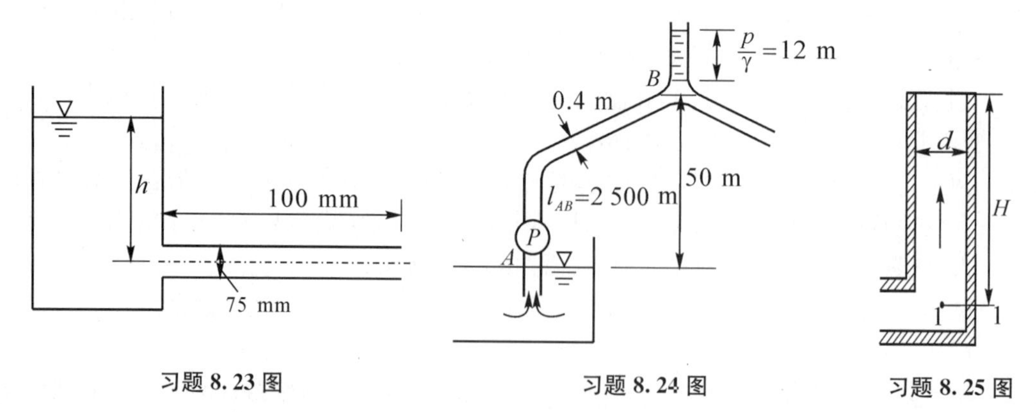

习题 8.23 图　　习题 8.24 图　　习题 8.25 图

8.25 如习题 8.25 图所示，烟囱的直径 $d=1\,\text{m}$，通过的烟气流量 $Q_m=18\,000\,\text{kg/h}$，烟气的密度 $\rho=0.7\,\text{kg/m}^3$，外面大气的密度按 $\rho_a=1.29\,\text{kg/m}^3$ 计算。如烟道的 $\lambda=0.035$，要保证烟囱底部 1-1 断面的负压不小于 100 Pa，烟囱的高度至少应为多少？

8.26 如习题 8.26 图所示，一直径 $d = 350\ \mathrm{mm}$ 的虹吸管，将河水送至堤外供给灌溉。已知堤内外水位差 $H = 3\ \mathrm{m}$，管出口淹没在水面以下，虹吸管沿程阻力因数 $\lambda = 0.04$，其上游 AB 段长 $l_1 = 15\ \mathrm{m}$，该段总的局部阻力因数 $\zeta_1 = 6$，下游 BC 段长 $l_2 = 20\ \mathrm{m}$，该段总的局部阻力因数 $\zeta_2 = 1.3$，虹吸管顶部的安装高度 $h = 4\ \mathrm{m}$。试确定：(1)该虹吸管的输水量 Q；(2)管顶部的压强 p_B，校核是否会出现空泡？（设饱和蒸气压 $p = -98.7\ \mathrm{kPa(g)}$）。

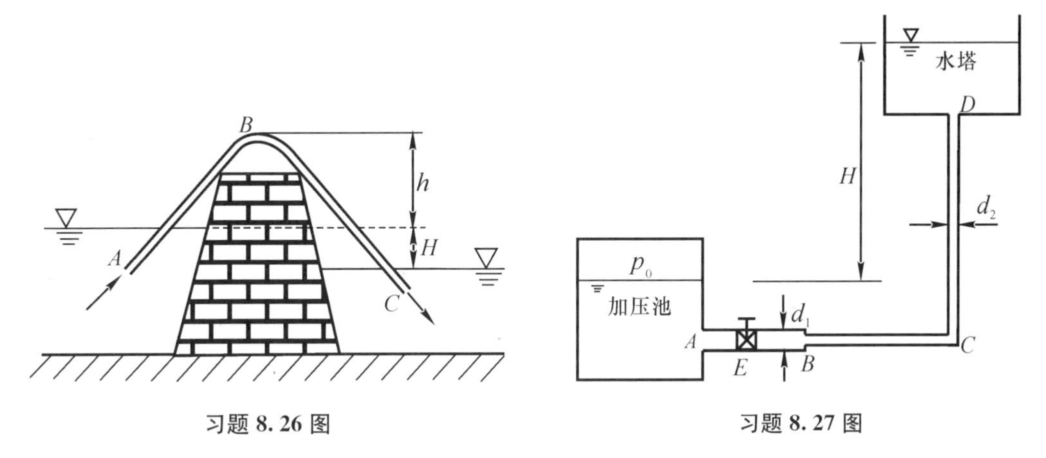

习题 8.26 图　　　　习题 8.27 图

8.27 如习题 8.27 图所示，从密闭加压池通过普通镀锌钢管 $ABCD$（其绝对粗糙度 $k_s = 0.39\ \mathrm{mm}$）向水塔送水，已知流量 $Q = 0.035\ \mathrm{m^3/s}$，而水池水位差 $H = 50\ \mathrm{m}$，水管 AB 段长 $l_{AB} = 40\ \mathrm{m}$，直径 $d_1 = 15\ \mathrm{cm}$，水管 BCD 段长 $l_{BCD} = 70\ \mathrm{m}$，直径 $d_2 = 8\ \mathrm{cm}$，水的运动黏度 $\nu = 1.141 \times 10^{-6}\ \mathrm{m^2/s}$，且局部阻力分别为：$\zeta_A = 0.5$，$\zeta_E = 4.0$，$\zeta_C = 1.0$，$\zeta_D = 1.0$，$\zeta_B = 0.4$（以细管速度为基准）。试问：为维持这一流动，加压池的表面压强（表压）p_0 应为多大？（按恒定流动计算）

8.28 一条输水管，长 $l = 1\,000\ \mathrm{m}$，管径 $d = 0.3\ \mathrm{m}$，设计流量 $Q = 0.055\ \mathrm{m^3/s}$。水的运动黏度 $\nu = 10^{-6}\ \mathrm{m^2/s}$。如果要求此管段的沿程水头损失 $h_f = 3\ \mathrm{m}$，试问：应选择相对粗糙度 k_s/d 为多少的管道？

8.29 一条水管，长 $l = 150\ \mathrm{m}$，水流量 $Q = 0.12\ \mathrm{m^3/s}$，该水管总的局部水头损失因数为 $\zeta = 5$，沿程水头损失因数可按 $\lambda = \dfrac{0.02}{d^{0.3}}$ 计算。如果要求水头损失 $h_L = 3.96\ \mathrm{m}$，试求管径 d。

8.30 有一梯形断面的粘土渠道，其渠道底宽 $b=5\ \mathrm{m}$，水深 $h=2.5\ \mathrm{m}$，边坡系数 $m=1.5$，底坡 $i=0.000\,4$，粗糙系数 $n=0.025$，试求水渠中流量并校核是否会产生冲刷或淤积。

8.31 有一梯形断面渠道，底坡 $i=0.000\,6$，边坡系数 $m=1.0$，粗糙系数 $n=0.03$，底宽 $b=1.5\ \mathrm{m}$，求通过流量 $Q=1\ \mathrm{m^3/s}$ 时的水深 h。

8.32 有一矩形断面引水渡槽，其底宽 $b=1.5\ \mathrm{m}$，槽长 $l=116.5\ \mathrm{m}$，进口处槽底基准高度 $z_1=52.06\ \mathrm{m}$，槽身为普通混凝土，设计流量 $Q=7.65\ \mathrm{m^3/s}$，槽中水深 $h=1.7\ \mathrm{m}$，求渡槽出口处底部基准高度 z_2。

8.33 有一梯形断面渠道，其流量为 $Q=3\ \mathrm{m^3/s}$，底坡 $i=0.003\,6$，$m=1.0$，粗糙系数 $n=0.025$，试求：(1)按最大允许流速 $V_{\max}=1.4\ \mathrm{m/s}$ 设计底宽 b 和水深 h；(2)按水力最佳断面设计 b 和 h。

第9章 边界层理论

本章主要研究流体绕经物体时所受到的绕流阻力(黏性阻力)问题。

绕流运动一般有两类,一类是流体绕过静止物体的运动;另一类是物体在静止流体中作等速运动,当然也可以两者皆有。前者运动像河水绕过桥墩,风吹过建筑物;后者像船在水中运动,飞机在大气中飞行,以及粉尘、泥沙在空气和水中的沉降等。对于后一种情况,可以将坐标系固定在作等速运动的物体上,并转换成流体相对于该动坐标系的运动。而研究流体与物体之间相互作用力的问题,两者是等价的。

流体绕经物体时,对物体的作用力可分解成两种:一种是平行于来流方向的分力,称为绕流阻力;另一种是垂直于来流方向的分力,称为升力。绕流阻力与边界层有着密切的关系,而升力则在第5章已作了介绍。

9.1 边界层概念

在雷诺数较大的绕流中,物体表面的流体速度为零,但在距物体表面很近处,流体速度迅速增大并接近按势流计算的数值。也就是说,在紧贴物体表面有一层速度梯度很大的流体薄层。由于其速度梯度很大,尽管流体的黏度 μ 很小,但是这两者的乘积也可能具有很大的数值,因而这一薄层内的流体黏性力不能略去不计,这一流体薄层就称为边界层(附面层)。在日常生活中,空气和水是人们经常接触到的两种流体,它们的黏度都很小,这意味着当空气和水在运动时,雷诺数就很大,即 $Re \gg 1$ 的流动。例如,一般物体的特征长度 l 在 0.01~10 m 之间,当物体在空气或水中运动速度 U 在 0.1~100 m/s 之间,那么相应的雷诺数大约在 100~10^9 之间。通常汽车和船舶在空气和水中以正常速度运动时,雷诺数约在 10^6 以上。因而大 Re 数流动是种普遍现象。

边界层的概念是德国力学家普朗特(Prandtl)在1904年首先提出的。普朗特通过几个简单实验来说明边界层理论。即当流体的黏度很小或雷诺数较大的流动中,流经物体的流动可以分成两个性质不同的区。贴近物体表面的流体薄层内是黏性流体,由于边界层很薄,使得求解黏性流体的运动微分方程N-S方程可大为简化,求解也成为可能;而边界层以外,黏性影响可以忽略不计,可作为理想流体来处理,称为主流区(势流区),从而使流体的绕流问题大为简化。

9.1.1 平板上的边界层

设一长度为 l 的薄平板,顺流将它置于速度为 U_0 的均流中,设 x 轴位于板面内,指向流动方向,y 轴向上,原点在平板前缘,此流动称为零攻角无分离的流动。如图9.1所示。在平板的前缘处,流体的速度仍是均匀的,边界层的厚度为零。过了前缘,因紧贴平板的一层流体在壁面上无滑移,流体质点速度 $u=0$,而沿平板法线方向速度很快增大,达到来流速度 $u=U_0$,在这一薄层出现很大的速度梯度 $\frac{du}{dy}$ 而形成边界层。

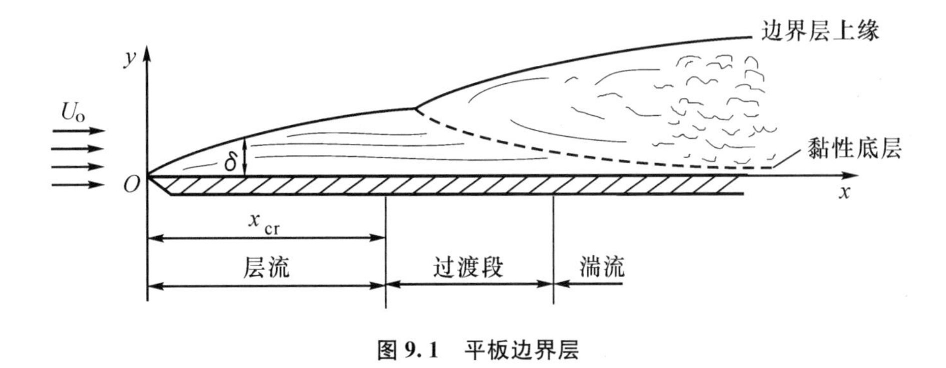

图 9.1 平板边界层

随着沿平板流动的深入，黏性的影响也由此开始逐步向平板的外侧方向扩展，边界层随之逐渐增厚。

根据不同需要，可以定义不同的边界层厚度。

1. 名义厚度(或称边界层厚度)

如果用 u 表示边界层内 x 方向的速度分量，当 y 增加时，u 是以渐近的方式趋近于 U_0，因此边界层与主流区之间无明显的分界线，为此规定，将 $u = 0.99U_0$ 处的 y 值定义为边界层的名义厚度 $\delta(x)$。在这厚度范围内要考虑黏性的作用。由实验测定，边界层厚度 δ 是 x 的函数，其中，x 是离开平板前缘的距离，并且可表示成函数式：

$$\delta(x) = f(U_0,\ x,\ \nu) \tag{9.1}$$

而 $\dfrac{\delta}{x}$ 称为边界层的相对厚度。

例如，20℃空气以均匀流速 $U_0 = 10\ \text{m/s}$ 绕过平板，测得 $x = 1\ \text{m}$，$\delta = 1.8\ \text{mm}$；而 $x = 2\ \text{m}$，$\delta = 2.5\ \text{mm}$。

由于名义厚度具有一定的任意性，要准确地确定它比较困难，为了使用方便，故在工程中常常定义以下两种边界层厚度，它们不仅与边界层内的速度分布有关，而且具有明确的物理意义。

2. 位移厚度

对某一给定 x，边界层内任一距离 y 处的速度为 u，则通过微元 $\mathrm{d}y$(单位宽度)质流量为 $\rho u\mathrm{d}y$，如果把它和理想流体同样通过该微元的质流量 $\rho U_0\mathrm{d}y$ 相比，由于边界层的存在，在该处少流过(或亏损)质流量为 $\rho(U_0 - u)\mathrm{d}y$，也就是说，在单位时间内，有这些质量的流体被排挤入主流区中，对于整个边界层厚度，总的质流量亏损为

$$\int_0^{\delta} \rho(U_0 - u)\mathrm{d}y$$

若定义一厚度为 δ_{d}，使得这些被排挤(或亏损)的质流量正好与理想流体在壁面附近厚度为 δ_{d} 的质流量相等。如图 9.2(a)所示，则

$$\rho U_0 \delta_{\mathrm{d}} = \int_0^{\delta} \rho(U_0 - u)\mathrm{d}y$$

对不可压缩流体，有

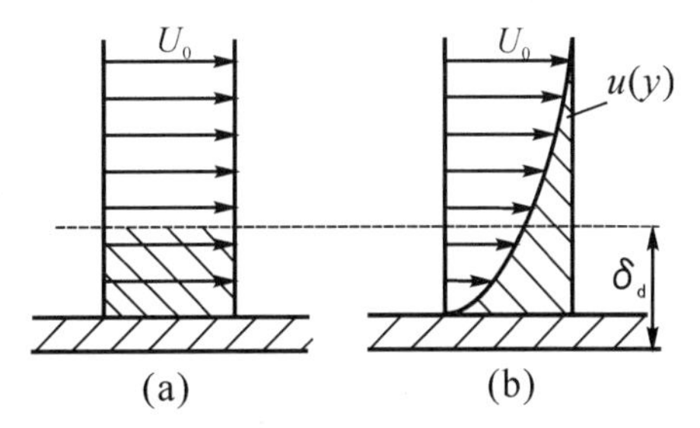

图 9.2 位移厚度

$$\delta_{\mathrm{d}}=\int_{0}^{\delta}\left(1-\frac{u}{U_{0}}\right)\mathrm{d}y \tag{9.2}$$

位移厚度的物理意义是，保持有黏性流动与无黏性流动的质流量相等。在用理想流体设计固壁或管道时，应将管壁向外放大 δ_{d}，如图 9.2(b)所示。当边界层内速度分布确定后，按式(9.2)计算的 δ_{d} 是一个确定值。

在边界层外，由于 $\frac{u}{U_{0}}\approx 1$，则 $\int_{\delta}^{\infty}\left(1-\frac{u}{U_{0}}\right)\mathrm{d}y=0$

故

$$\begin{aligned}\delta_{\mathrm{d}}&=\int_{0}^{\delta}\left(1-\frac{u}{U_{0}}\right)\mathrm{d}y+\int_{\delta}^{\infty}\left(1-\frac{u}{U_{0}}\right)\mathrm{d}y\\&=\int_{0}^{\infty}\left(1-\frac{u}{U_{0}}\right)\mathrm{d}y\end{aligned} \tag{9.3}$$

3. 动量厚度

在 x 处，无黏性流与有黏性流通过边界层内 $\mathrm{d}y$ 微元(单位宽度)的动量流量分别为 $\rho U_{0}u\mathrm{d}y$ 和 $\rho u^{2}\mathrm{d}y$。

该处的动量流量亏损为 $\rho u(U_{0}-u)\mathrm{d}y$，也就是说，单位时间内有这些动量要被排挤到主流中。对于整个边界层厚度，总的动量流量亏损为

$$\int_{0}^{\delta}\rho u(U_{0}-u)\mathrm{d}y$$

若定义一厚度为 δ_{m}，使这些被排挤的动量流量正好与无黏性流体在壁面附近厚度为 δ_{m} 的动量流量相等，即

$$\rho U_{0}^{2}\,\delta_{\mathrm{m}}=\int_{0}^{\delta}\rho u(U_{0}-u)\mathrm{d}y$$

对于不可压缩流体，有

$$\delta_{\mathrm{m}}=\int_{0}^{\delta}\frac{u}{U_{0}}\left(1-\frac{u}{U_{0}}\right)\mathrm{d}y \tag{9.4}$$

式中，δ_{m} 称为动量厚度，当边界层内速度分布确定后，上式计算的 δ_{m} 也是一个确定值。

同理，在边界层外，由于 $\frac{u}{U_{0}}\approx 1$，故上式又可写成：

$$\delta_{\mathrm{m}}=\int_{0}^{\infty}\frac{u}{U_{0}}\left(1-\frac{u}{U_{0}}\right)\mathrm{d}y \tag{9.5}$$

4. 平板的局部雷诺数

边界层厚度 δ 是离平板前缘距离 x 的函数，在边界层中，雷诺数中的特征长度也可用 x 表示，称

$$Re_{x}=\frac{U_{0}x}{\nu} \tag{9.6}$$

为平板的局部雷诺数。当 $x=l$ 时，其中，l 为平板沿流方向的长度，则 $Re_{l}=\frac{U_{0}l}{\nu}$ 称为平板的雷诺数。

边界层内是黏性流体，因此也存在层流和湍流两种流态。在边界层的前部，由于厚度很

薄，速度梯度很大，流动主要受黏性力控制，故边界层内呈层流。随着边界层向后顺延，边界层的厚度增大，速度梯度逐渐减小，黏滞力的影响也减弱，最终在某一处 $x = x_{cr}$ 处，由层流经过渡流转变为湍流。

测量表明，实现转捩的下临界局部雷诺数为

$$Re_{xcr} = (3.5 \sim 5.0) \times 10^5$$

在计算中，一般取 $Re_{xcr} = 5.0 \times 10^5$。

如果以边界层厚度为特征尺度，相应的临界雷诺数约为

$$Re_{\delta cr} = \frac{U_0 \delta_{cr}}{\nu} = 2\,800$$

平板边界层流动状态的转捩点位置为

$$x_{cr} = 5.0 \times 10^5 \frac{\nu}{U_0} \tag{9.7}$$

当平板的纵向长度 $l < x_{cr}$，或 $Re_l = \dfrac{U_0 l}{\nu} < Re_{xcr}$，称此平板边界层为层流边界层；如图 9.1 所示。当 $l > x_{cr}$ 时，或 $Re_l > Re_{xcr}$，称此平板边界层为混合边界层，即在平板上，x_{cr}以前是层流边界层，x_{cr}以后 $(l - x_{cr})$ 是湍流边界层；当 $l \gg x_{cr}$ 时，或 $Re_l \gg Re_{xcr}$，则称平板边界层为湍流边界层，即平板边界层中绝大部分是湍流，层流仅是平板前部很小的部分。如同黏性流体在圆管中流动一样，在湍流边界层内，紧靠平板也有一层极薄的呈层流，称之为黏性底层。

例 9.1 已知某边界层的速度分布为

$$\begin{cases} u(y) = U_0(1 - e^{\frac{-y}{\delta}}) & y \leqslant \delta \\ u(y) = U_0 & y > \delta \end{cases}$$

上式中 y 为垂直坐标，δ 为边界层名义厚度。试求：(1)位移厚度 δ_d；(2)动量厚度 δ_m(均以 δ 表示)。

解 由式(9.2)得位移厚度

$$\delta_d = \int_0^\delta \left(1 - \frac{u}{U_0}\right) dy = \int_0^\delta (e^{\frac{-y}{\delta}}) dy$$

引入无量纲坐标 $\dfrac{y}{\delta} = \eta$，$dy = \delta d\eta$

则

$$\delta_d = \delta \int_0^1 (e^{-\eta}) d\eta = 0.632\,1\delta$$

由式(9.4)得动量厚度

$$\begin{aligned} \delta_m &= \int_0^\delta \frac{u}{U_0}\left(1 - \frac{u}{U_0}\right) dy \\ &= \int_0^\delta (1 - e^{\frac{-y}{\delta}}) e^{\frac{-y}{\delta}} dy \\ &= \delta \int_0^1 (1 - e^{-\eta}) e^{-\eta} d\eta = 0.199\,8\delta \end{aligned}$$

一般来说，位移厚度 δ_d 总是大于动量厚度 δ_m。

9.1.2 层流边界层的微分方程

设某来流流经一物体表面，产生了层流边界层。由于边界层厚度 δ 很小，所以对于小曲率表面的物体而言，当曲率半径 R_b 满足 $\frac{l}{R_b} \ll 1$ 时，曲率可略去不计，这时可将物体作为平板来处理(图 9.3)。

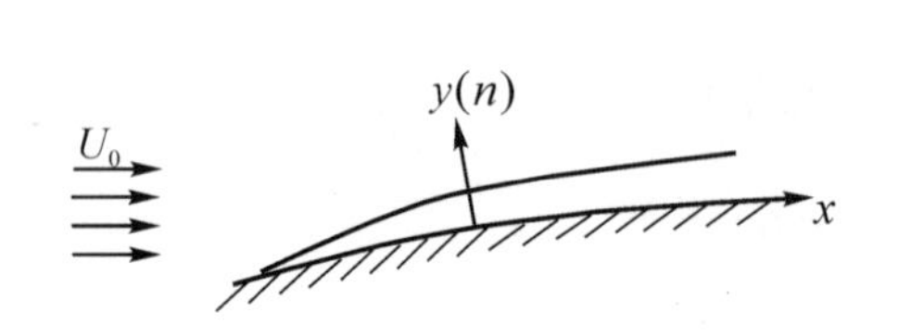

图 9.3 绕小曲率表面的物体流动

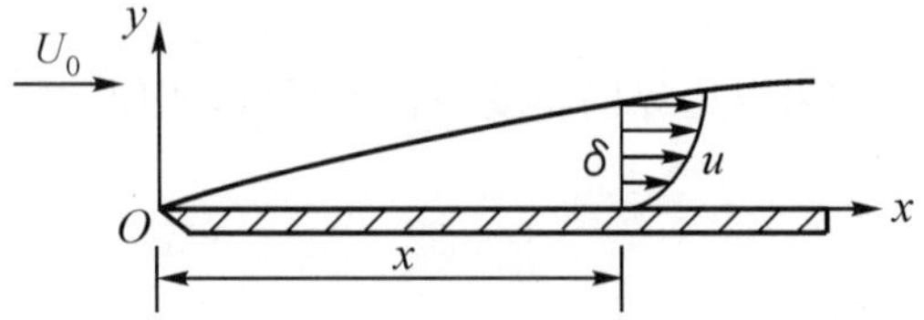

图 9.4 平板层流边界层

现来研究平板层流边界层内流体运动的微分方程式。如图 9.4 所示，流体沿平板的表面流动，并假定如下条件：

(1) 平板的表面是沿 x 轴的直线，在 x 处边界层厚度为 δ；

(2) 流体的流动为恒定的平面流动；

(3) 不计质量力中的重力。

根据黏性流体的 N－S 方程及连续性方程：

$$\begin{cases} u\dfrac{\partial u}{\partial x}+v\dfrac{\partial u}{\partial y}=-\dfrac{1}{\rho}\dfrac{\partial p}{\partial x}+\nu\left(\dfrac{\partial^2 u}{\partial x^2}+\dfrac{\partial^2 u}{\partial y^2}\right) \\ u\dfrac{\partial v}{\partial x}+v\dfrac{\partial v}{\partial y}=-\dfrac{1}{\rho}\dfrac{\partial p}{\partial y}+\nu\left(\dfrac{\partial^2 v}{\partial x^2}+\dfrac{\partial^2 v}{\partial y^2}\right) \\ \dfrac{\partial u}{\partial x}+\dfrac{\partial v}{\partial y}=0 \end{cases} \tag{9.8}$$

方程式(9.8)适用于边界层内部，即 $0<y<\delta$。

普朗特应用推理方法，将上述 N－S 方程进行简化。假定：

(1) 物体表面的边界层很薄，其厚度 δ 与主流方向物体特征长度 l 相比为小量，即 $\delta \ll l$，或 $\frac{\delta}{l} \ll 1$；

(2) 若物体远前方来流速度为 U_0，则 $Re=\frac{U_0 l}{\nu}$，它的值极大，和 $\left(\frac{l}{\delta}\right)^2$ 为同一量级。

在边界层中，黏性力和惯性力是同一数量级。在此基础上，比较式(9.8)中各项的数量级，以找出方程中相对来说是比较次要的，且作用不大的项，并略去它们，从而使方程简化。

现得到普朗特边界层方程为

$$\begin{cases} u\dfrac{\partial u}{\partial x}+v\dfrac{\partial u}{\partial y}=-\dfrac{1}{\rho}\dfrac{\mathrm{d}p}{\mathrm{d}x}+\nu\dfrac{\partial^2 u}{\partial y^2} \\ \dfrac{\partial p}{\partial y}=0 \\ \dfrac{\partial u}{\partial x}+\dfrac{\partial v}{\partial y}=0 \end{cases} \tag{9.9}$$

式(9.9)称为沿壁面不可压缩流体层流边界层方程组。式中，$\frac{\partial p}{\partial y}=0$ 表明在边界层内压强沿 y 方向为常量，如果边界层外主流区的 p 分布是已知的，那么边界层内的 p 分布也是可知的，这样沿壁面上的压强分布 $p=p(x)$ 是已知量。

上述微分方程式的边界条件是：

在壁面 $y=0$ 上，$u=v=0$；

当 $y=\delta$ 或 $y\to\infty$ 时，$u=U(x)$，且 $\frac{\partial u}{\partial y}=0$。

9.1.3 平板边界层的动量积分方程

尽管普朗特将 N-S 方程简化得到了边界层的方程式，但具体在求解时还是十分复杂(因方程的非线性性质未变)，在解决边界层问题中，近似计算法具有很大的实际意义，而理论基础则是边界层的动量方程。

如图 9.5 所示，设在平板恒定边界层前取控制面 $OABC$。其中，AB 为边界层外一流线，它与边界层的外边界相交于 B 点，且 $OA=h$，$CB=\delta(x)$，OC 为平板。

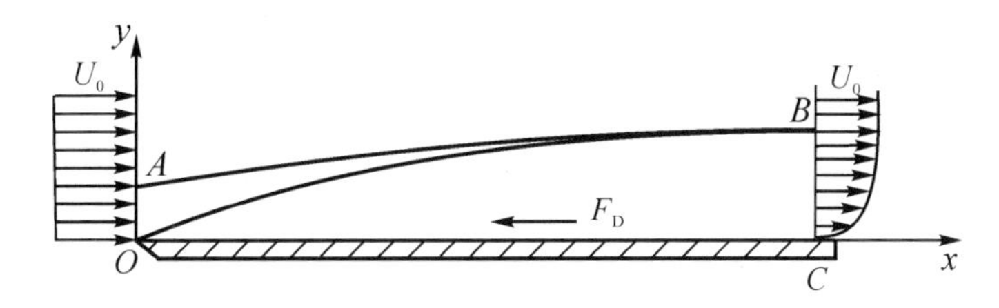

图 9.5 平板边界层动量定理的推导

由恒定流的动量定理式(4.19)，沿 x 方向投影式为

$$\sum F_x=\int_A \rho v_n u\,\mathrm{d}A \tag{a}$$

由于在流线 AB 上无流体进出，且主流区为理想流体，切应力为零，主流区流速均为 $u=U_0$，压强 p 均相同，作用在 AO 及 BC 面上压力的合力等于零。在平板壁面上，流体受到切应力为 $\tau_0(x)$，则合力为

$$F_D=\int_0^x \tau_0\,\mathrm{d}x \quad 或者 \quad \frac{\mathrm{d}F_D}{\mathrm{d}x}=\tau_0 \tag{b}$$

因此(a)式为

$$-F_D=-\int_0^h \rho U_0 U_0\,\mathrm{d}y+\int_0^\delta \rho uu\,\mathrm{d}y$$

整理得

$$F_D=\rho U_0^2 h-\int_0^\delta \rho u^2\,\mathrm{d}y \tag{c}$$

由连续方程 $U_0 h=\int_0^\delta u\,\mathrm{d}y$，得

$$h=\int_0^\delta \frac{u}{U_0}\mathrm{d}y \tag{d}$$

将式(d)代入式(c)并整理，可得

$$F_D = \rho U_0^2 \int_0^\delta \frac{u}{U_0}\left(1 - \frac{u}{U_0}\right) dy = \rho U_0^2 \delta_m \tag{e}$$

上式中 δ_m 为动量厚度。

将式(e)对 x 求导数，并考虑到(b)式，得

$$\frac{dF_D}{dx} = \rho U_0^2 \frac{d\delta_m}{dx} = \tau_0 \tag{9.10}$$

若定义平板局部摩擦因数

$$C_f = \frac{\tau_0}{\frac{1}{2}\rho U_0^2}$$

则

$$C_f = 2\frac{d\delta_m}{dx} \tag{9.11}$$

公式(9.10)和(9.11)称为平板边界层的动量积分方程，由卡门首先导出，又称为卡门方程。它适用于无压强梯度的平板恒定层流或湍流的边界层。只要知道边界层的动量厚度 δ_m，就可利用以上两公式求出平板表面的切应力分布和摩擦阻力 F_D。

此公式也可推广到沿具有曲率物面的边界层。若外部势流区流速不是常量，而是 $U = U(x)$，边界层外边界上 p 的分布，由伯努利方程可得

$$p + \frac{\rho}{2}U^2 = 0,$$

故

$$\frac{dp}{dx} = -\rho U \frac{dU}{dx}$$

此时作用在控制面上 x 方向的外力还有压强的合力，相应的动量积分方程为

$$\tau_0 = \rho \frac{d}{dx}(U^2 \delta_m) + \rho \delta_d U \frac{dU}{dx} \tag{9.12}$$

式中 δ_d 为位移厚度，式(9.12)适用于边界层不分离的流动。

式(9.10)或式(9.11)中有三个未知函数 $\delta(x)$，$u(x, y)$，τ_0。如果假定了 u 和 τ_0 的表达式，那么就可求出边界层名义厚度 $\delta(x)$ 和动量厚度 δ_m。这种近似解在工程中应用很广。

一般对于层流边界层，边界层速度廓线 u 的常用表达式如下：

直线 $$\frac{u}{U_0} = \eta$$

二次曲线 $$\frac{u}{U_0} = 2\eta - \eta^2$$

三次曲线 $$\frac{u}{U_0} = \frac{3}{2}\eta - \frac{1}{2}\eta^3$$

四次曲线 $$\frac{u}{U_0} = 2\eta - 2\eta^3 + \eta^4$$

正弦曲线 $$\frac{u}{U_0} = \sin\left(\frac{\pi}{2}\eta\right)$$

上式中 $$\eta = \frac{y}{\delta}$$

此外 $$\tau_0 = \mu \frac{\partial u}{\partial y}\bigg|_{y=0}$$

对湍流边界层，时均速度 u 分布满足 1/7 指数律，即

$$u = U_0 \eta^{1/7}$$

由于此时 $\frac{\partial u}{\partial y}\bigg|_{y=0} = \infty$，因此 τ_0 的关系式一般借助于圆管湍流的结果，如布拉休斯公式，当 $4\,000 < Re < 10^5$ 时，

$$\lambda = \frac{0.316\,4}{Re^{1/4}}$$

将它运用到边界层中来时，取 $\delta = R = \frac{d}{2}$，故

$$\tau_0 = \frac{1}{8}\lambda\rho V^2 = 0.023\,3\left(\frac{\nu}{U_0\delta}\right)^{1/4}\rho U_0^2$$

例 9.2 若平板层流边界层的速度分布为 $u = U_0 \sin\left(\frac{\pi}{2}\eta\right)$ $\left(其中\ \eta = \frac{y}{\delta}\right)$，试用边界层动量积分方程式计算：(1)边界层的厚度 $\delta(x)$；(2)长度为 l(单位宽度)平板(单面)的摩阻因数 $C_{Df} = \frac{F_D}{\frac{1}{2}\rho U_0^2 A}$ (F_D 为平面摩擦阻力，A 为平板面积，单面 $A = 1l$)。

解 由于 $$\frac{u}{U_0}\left(1 - \frac{u}{U_0}\right) = \sin\left(\frac{\pi}{2}\eta\right)\left[1 - \sin\left(\frac{\pi}{2}\eta\right)\right] = \sin\left(\frac{\pi}{2}\eta\right) - \frac{1}{2}\left[1 - \cos(\pi\eta)\right]$$

因此由式(9.4)可得动量厚度为

$$\delta_m = \int_0^\delta \frac{u}{U_0}\left(1 - \frac{u}{U_0}\right)dy = \delta\int_0^1 \left\{\sin\left(\frac{\pi}{2}\eta\right) - \frac{1}{2}\left[1 - \cos(\pi\eta)\right]\right\}d\eta = 0.136\,9\delta$$

由牛顿内摩擦定律

$$\begin{aligned}\tau_0 &= \mu \frac{\partial u}{\partial y}\bigg|_{y=0} = \mu \frac{U_0}{\delta}\frac{\partial}{\partial \eta}\left(\frac{u}{U_0}\right)\bigg|_{\eta=0} \\ &= \mu \frac{U_0}{\delta}\frac{\partial}{\partial \eta}\left(\sin\frac{\pi}{2}\eta\right)\bigg|_{\eta=0} = \frac{\mu U_0 \pi}{2\delta}\end{aligned} \tag{a}$$

由式(9.11) $$\frac{\tau_0}{\rho U_0^2} = \frac{d\delta_m}{dx}$$

将(a)式代入上式，得 $$11.468\frac{\mu}{\rho U_0}dx = \delta d\delta$$

两边积分得 $$\delta = 4.788\sqrt{\frac{\mu x}{\rho U_0}} \tag{b}$$

平板的摩擦阻力(单面)为

$$F_D = \int_o^l \tau_0 \mathrm{d}x = \int_o^l \frac{\mu U_0 \pi}{2\delta} \mathrm{d}x$$

以(b)式代入,得
$$F_D = 0.327\,8 U_0 \sqrt{\mu\rho U_0} \int_0^l \frac{1}{\sqrt{x}} \mathrm{d}x$$
$$= 0.655\,6 U_0 \sqrt{\mu\rho U_0 l}$$

故摩擦因数
$$C_{Df} = \frac{F_D}{\frac{1}{2}\rho U_0^2 l \times 1} = 1.312(Re_l)^{-1/2}$$

9.2 平板层流边界层

绕薄平板的流动是一种最为简单的绕流问题,因为它只有摩擦阻力而无形状阻力。这一节讨论流体以均匀速度 U_0 沿平板方向作恒定流动,且边界层内为层流边界层,即满足 $Re_l < Re_{xcr}$ 条件。由于平板极薄且无曲率,因此边界层外缘速度可视为常量,即 U_0=常量,沿边界层外缘上各点压强相同,即 $\frac{\mathrm{d}p}{\mathrm{d}x} = 0$,且流体为不可压缩流体,$\rho$=常量。

现补充边界层内的速度分布,$u = f_1(y)$,假设层流边界层中的速度分布和圆管中层流的速度分布相同,即对应于式(8.8)

$$v = v_{\max}\left(1 - \frac{r^2}{R^2}\right)$$

其中边界层厚度 δ 对应于 R,$(\delta - y)$ 对应于 r,U_0 对应于 $v_{\max}$,u 对应于 v,这样边界层内的速度分布可写成:

$$\frac{u}{U_0} = 2\eta - \eta^2 \quad \left(\text{其中 } \eta = \frac{y}{\delta}\right) \tag{a}$$

对于补充方程
$$\tau_0 = f_2(\delta)$$

$$\tau_0 = \mu \frac{\mathrm{d}u}{\mathrm{d}y}\bigg|_{y=0} = \frac{\mu}{\delta}\frac{\mathrm{d}u}{\mathrm{d}\eta}\bigg|_{\eta=0} = \mu\frac{2U_0}{\delta} \tag{b}$$

动量厚度

$$\delta_m = \int_0^\delta \frac{u}{U_0}\left(1 - \frac{u}{U_0}\right)\mathrm{d}y = \delta\int_0^1 (2\eta - 5\eta^2 + 4\eta^3 - \eta^4)\mathrm{d}\eta = \frac{2}{15}\delta \tag{c}$$

将(b),(c)式代入平板边界层动量积分公式(9.10)

$$\mu\frac{2U_0}{\delta} = \rho U_0^2 \frac{2}{15}\frac{\mathrm{d}\delta}{\mathrm{d}x}$$

得
$$\delta = 5.477\sqrt{\frac{\nu x}{U_0}} \tag{9.13}$$

边界层的相对厚度

$$\frac{\delta}{x} = \frac{5.477}{\sqrt{Re_x}} \tag{9.14}$$

当 $x=l$（平板沿来流方向的长度）时，边界层最大的厚度

$$\delta_l = 5.477\sqrt{\frac{\nu l}{U_0}}$$

将式(9.13)代入(b)式并简化，则

$$\tau_0 = 0.365\sqrt{\frac{\mu\rho U_0^3}{x}} \tag{9.15}$$

设作用在平板单面上的摩擦阻力为 F_D，则

$$F_D = \int_0^l \tau_0 b \mathrm{d}x$$

式中 b 为平板的横向宽度。

将式(9.15)代入上式积分得

$$F_D = 0.73b\sqrt{\mu\rho U_0^3 l}$$

平板的摩阻因数

$$C_{Df} = \frac{F_D}{\frac{1}{2}\rho U_0^2 A} = \frac{1.46}{\sqrt{Re_l}} \tag{9.16}$$

式中：

A ——平板面积，$A = lb$；

ρ ——流体密度；

U_0 ——来流速度。

布拉休斯将速度分布式 $u=f_1(y)$ 展开成一个无穷级数，并用它来代替上述抛物线分布式，于是得到一个更为准确的结果：

$$C_{Df} = \frac{1.328}{\sqrt{Re_l}} \tag{9.17}$$

9.3 平板湍流边界层

若平板边界层为湍流边界层，即 $Re_l \gg Re_{xcr}$，或者平板长度 $l \gg x_{cr}$，此时层流缩到平板靠近前缘的很小一部分，整个边界层可以视为湍流边界层。

此时，假设边界层中速度分布相对于圆管中湍流的速度指数分布规律式：

$$u = U_0\left(\frac{y}{\delta}\right)^{1/7}$$

相应的切应力公式利用实验结果如下式：

$$\tau_0 = \xi\frac{\rho U_0^2}{2}\left(\frac{U_0\delta}{\nu}\right)^{-m} \tag{a}$$

其中 ξ 取 0.022 5，m 取 1/4。

仿上节方法，得

$$\delta = 0.37\left(\frac{\nu}{U_0 x}\right)^{1/5} x \tag{9.18}$$

或者边界层的相对厚度

$$\frac{\delta}{x} = 0.37\left(\frac{\nu}{U_0 x}\right)^{1/5} = 0.37 Re_x^{-1/5} \tag{9.19}$$

从式(9.13)可看出，在层流边界层时，边界层的厚度 δ 与 $x^{\frac{1}{2}}$ 成正比，而为湍流边界层时，边界层厚度 δ 与 $x^{\frac{4}{5}}$ 成正比。可知湍流边界层的厚度比层流边界层的厚度增长得快。

将式(9.18)代入(a)式，化简后得

$$\tau_0 = 0.029\rho U_0^2\left(\frac{\nu}{U_0 x}\right)^{\frac{1}{5}} = 0.029\rho U_0^2\, Re_x^{-\frac{1}{5}} \tag{9.20}$$

平板切应力 τ_0 沿 x 方向的变化情形，在层流边界层时，由式(9.15)，$\tau_0 \propto x^{-\frac{1}{2}}$；而在湍流边界层时，由式(9.20)，$\tau_0 \propto x^{-\frac{1}{5}}$。显然，湍流中 τ_0 沿 x 方向减小要比层流慢一些。

同理得到湍流边界层的平板摩擦阻力因数

$$C_{\mathrm{Df}} = \frac{0.072}{\sqrt[5]{Re_l}} \tag{9.21}$$

实验修正的结果为

$$C_{\mathrm{Df}} = \frac{0.074}{\sqrt[5]{Re_l}} \tag{9.22}$$

式(9.22)称为普朗特-卡门公式。

式(9.22)对于平板雷诺数 $Re_l = 3\times10^5 \sim 10^7$ 的范围内相当准确。倘若雷诺数 Re_l 再增加，边界层内流速按对数分布规律计算，则平板摩擦阻力因数

$$C_{\mathrm{Df}} = \frac{0.455}{(\lg Re_l)^{2.58}} \quad (10^5 < Re_l < 10^9) \tag{9.23}$$

式(9.23)称为普朗特-史里希廷(Prandtl-Schlichting)公式。

在船舶阻力中，应用相当平板来计算船体摩擦阻力，通常船舶的雷诺数范围为 $4\times 10^6 < Re < 3\times10^9$，其中船舶雷诺数 $Re = \frac{Ul}{\nu}$，U 为船速，l 为船长。常用的计算公式为：

(1) $C_{\mathrm{Df}} = \frac{0.0306}{Re^{\frac{1}{7}}}$；

(2) $\frac{0.242}{\sqrt{C_{\mathrm{Df}}}} = \lg(Re C_{\mathrm{Df}})$　此式称为桑海氏(Schoenherr)公式；

(3) $C_{\mathrm{Df}} = \frac{0.455}{(\lg Re)^{2.58}}$。

9.4 平板混合边界层

平板混合边界层是指在边界层中一部分是层流，而另一部分是湍流，即平板雷诺数

$Re_1 > Re_{xcr}$，或者平板长度 $l > x_{cr}$。实际上混合边界层是指流体流经平板时，在靠近平板前端处，由于局部雷诺数 $Re_x = \frac{U_0 x}{\nu}$ 较小，所以产生层流；随着平板长度的增加，局部雷诺数增大，于是成为过渡流；当局部雷诺数达到一定数值时全部变成湍流。

9.4.1 平板混合边界层计算原则

由于平板混合边界层相对较复杂，为了计算平板的阻力，使问题简化，普朗特作出如下假定(如图 9.6 (a)，(b)所示)：

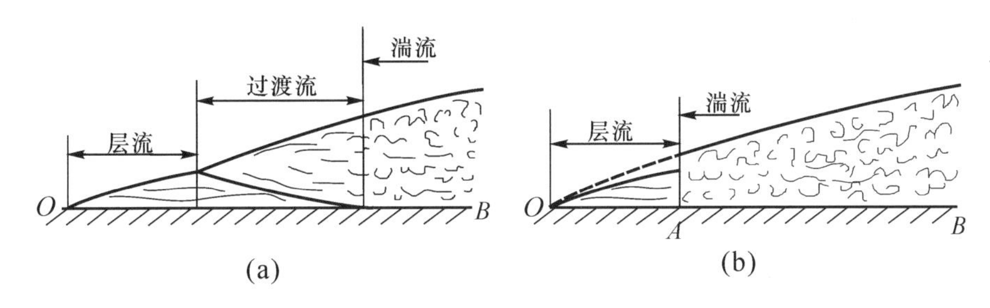

图 9.6 平板混合边界层

(1) 边界层内不存在过渡区，层流边界层在某一处(如图 9.6 中 A 点)突然全部转捩为湍流边界层；

(2) 湍流界层厚度的变化不是从 A 点起始，而是从平板前端 O 点开始。

根据上述假定，可用下列方法计算平板的摩擦阻力。

整个平板的摩擦阻力是由 OA 段层流边界层和 AB 段湍流边界层这两部分摩擦阻力所组成，即

$$\begin{aligned}(F_D)_{OAB} &= (F_D)'_{OA} + (F_D)''_{AB} \\ &= (F_D)'_{OA} + (F_D)''_{OB} - (F_D)''_{OA} = (F_D)''_{OB} - [(F_D)''_{OA} - (F_D)'_{OA}]\end{aligned}$$

上式中，F'_D 为层流边界层，F''_D 为湍流边界层的摩擦阻力。

在计算上式各段摩擦阻力时，分别用层流和湍流边界层的摩擦阻力因数公式。

例 9.3 一平板长 5 m，宽 0.5 m，以速度 1 m/s 在温度为 15℃的水中运动，试分别按平板横向和纵向运动来计算平板的摩擦阻力。

解 首先判断流动的状态：

$$Re_{xcr} = \frac{U_0 x_{cr}}{\nu} = 5.0 \times 10^5$$

$$x_{cr} = \frac{5.0 \times 10^5 \nu}{U_0} = \frac{5.0 \times 10^5 \times 1.146 \times 10^{-6}}{1} = 0.573\ \text{m}$$

当平板作纵向运动时，由于 $l = 5\ \text{m} \gg x_{cr} = 0.573\ \text{m}$，边界层可视为湍流边界层；

当平板作横向运动时，由于 $b = 0.5\ \text{m} < x_{cr}$，边界层可视为层流边界层。

(1) 平板作横向运动时，按层流边界层计算平板摩擦阻力因数 C_{Df}，用式(9.17)

$$C_{Df} = \frac{1.328}{\sqrt{Re_1}}$$

其中，平板雷诺数 $$Re_b=\frac{U_0 b}{\nu}=\frac{1\times0.5}{1.146\times10^{-6}}=4.36\times10^5$$

故 $$C_{Df}=\frac{1.328}{\sqrt{4.36\times10^5}}=2.01\times10^{-3}$$

平板单面摩擦阻力

$$F_D=C_{Df}\frac{1}{2}\rho U_0^2 A=2.01\times10^{-3}\times0.5\times1\,000\times1^2\times5\times0.5=2.51\text{ N}$$

(2) 平板作纵向运动时，按湍流边界层计算平板摩擦阻力因数 C_{Df}，用式(9.22)

$$C_{Df}=\frac{0.074}{\sqrt[5]{Re_l}}$$

其中 $$Re_l=\frac{U_0 l}{\nu}=\frac{1\times5}{1.146\times10^{-6}}=4.36\times10^6$$

故 $$C_{Df}=\frac{0.074}{\sqrt[5]{4.36\times10^6}}=3.478\times10^{-3}$$

平板单面摩擦阻力

$$F_D=C_{Df}\frac{1}{2}\rho U_0^2 A=3.478\times10^{-3}\times0.5\times1\,000\times1^2\times5\times0.5=4.348\text{ N}$$

本题若按混合边界层来计算，则层流和湍流在 A 点 $x_{cr}=0.573$ m 处突然转捩，

则 $$(F_D)'_{OA}=(C_{Df})'_{OA}\frac{1}{2}\rho U_0^2 A_{OA}$$

其中 $$(C_{Df})'_{OA}=\frac{1.328}{\sqrt{5.0\times10^5}}=1.878\times10^{-3}$$

将它代入上式，得

$$(F_D)'_{OA}=1.878\times10^{-3}\times0.5\times1\,000\times1^2\times0.573\times0.5=0.269\text{ N}$$

$$(F_D)''_{OA}=(C_{Df})''_{OA}\frac{1}{2}\rho U_0^2 A_{OA}$$

其中 $$(C_{Df})''_{OA}=\frac{0.074}{\sqrt[5]{Re_{xcr}}}=\frac{0.074}{\sqrt[5]{5.0\times10^5}}=5.363\times10^{-3}$$

则 $$(F_D)''_{OA}=5.363\times10^{-3}\times0.5\times1\,000\times1^2\times0.573\times0.5=0.768\text{ N}$$

$$(F_D)''_{OB}=(C_{Df})''_{OB}\frac{1}{2}\rho U_0^2 A=4.348\text{ N}$$

故整个平板(单面)的摩擦阻力为

$$F_D=(F_D)'_{OA}+[(F_D)''_{OB}-(F_D)''_{OA}]=0.269+(4.348-0.768)=3.849\text{ N}$$

9.4.2 混合边界层摩阻因数计算公式

根据实验可确定，当湍流边界层的摩阻因数为 C_{Df} 时，而作为混合边界层，它的摩阻因数

要作如下修正：

$$(C_{\mathrm{Df}})_{混合} = C_{\mathrm{Df}} - \frac{1\,700}{Re_1} \tag{9.24}$$

若湍流边界层摩阻因数用式(9.23)，那么

$$(C_{\mathrm{Df}})_{混合} = \frac{0.455}{(\lg Re_1)^{2.58}} - \frac{1\,700}{Re_1} \tag{9.25}$$

当雷诺数 Re_1 很大时，即$\frac{1\,700}{Re_1} \to 0$，则式(9.24)就成为湍流摩阻因数

$$C_{\mathrm{Df}} = \frac{0.455}{(\lg Re_1)^{2.58}}$$

在大雷诺数时，平板边界层前端层流部分的影响就可以忽略不计。

从上述可知，层流边界层越长，则平板摩阻因数越小。物体在流体中运动时，如能保持较长的层流边界层段，则可以减小摩擦阻力。在航空工程界，这方面已获得显著成效，根据上述原则，所设计出的层流翼型，其摩擦阻力比一般机翼要小。

9.5 沿曲面的边界层及其分离现象

上面讨论了流体绕平面壁的流动，由于边界层是很薄的，因此在界层以外沿 x 方向的流速可以认为是不变的，即界层之外的速度 $U = U_0$（常量）。但当流体流经曲面时，边界层外缘的速度沿 x 轴方向是变化的，即 $U = U(x)$。

9.5.1 沿曲面的边界层

如图 9.7 所示，流体流经曲面，取物体轮廓线为 x 轴，方向同流动方向，则在边界层外缘的流动，可以应用拉格朗日方程：

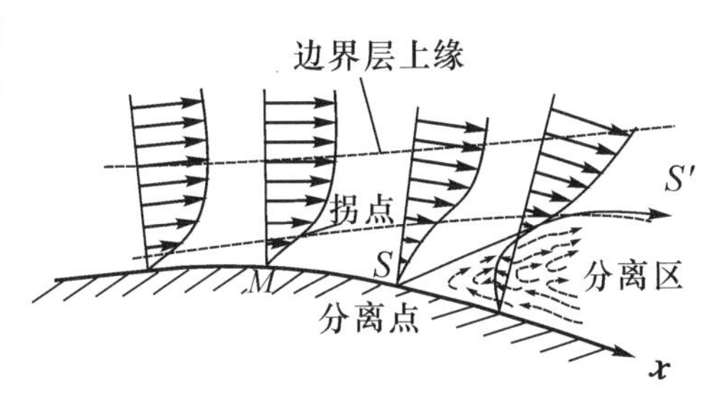

图 9.7 沿曲面边界层

$$p + \frac{\rho}{2}U^2(x) = 常量$$

将上式对 x 进行微分，得

$$\frac{\partial p}{\partial x} + \rho U \frac{\partial U}{\partial x} = 0$$

或
$$\frac{\partial p}{\partial x} = -\rho U \frac{\partial U}{\partial x}$$

当沿平面壁流动时，$U(x)=$常量，$\frac{\partial U}{\partial x} = 0$，则 $\frac{\partial p}{\partial x} = 0$；

当沿曲面流动时，$U(x)\neq$常量，故 $\frac{\partial p}{\partial x} \neq 0$。

在物体前部，当 $\frac{\partial U}{\partial x} > 0$ 时，表示外部势流区域流动为加速过程，此时 $\frac{\partial p}{\partial x} < 0$，表示在边界层的内、外部为减压过程。

在物体后部，当 $\frac{\partial U}{\partial x} < 0$ 时，表示外部势流区域流动为减速过程，此时 $\frac{\partial p}{\partial x} > 0$，表示在边

界层的内、外部为增压过程。

9.5.2 边界层分离现象

在图 9.7 中，设曲面表面上有一点 M，在 M 点前为物体前部，在 M 点后为物体后部。根据以上所述，在 M 点前方，边界层内压强沿程减小，$\frac{\partial p}{\partial x}<0$，在曲面的前方为顺压区，在边界层内，虽然流体受黏滞作用有使流体质点减速的趋势，但较强的顺向压强仍使流体质点前进并使其加速；当进入 M 点后方时，边界层内压强沿程增大，$\frac{\partial p}{\partial x}>0$，在曲面的后方为逆压区，在界层内流体受黏性力阻滞作用，在紧近曲面处流体所受黏性阻滞为最大，因此，在 M 点后一段距离，流体质点受到逆压和黏性力双重阻力而逐渐减速，至 S 点时动能耗尽，速度为零，在此下游靠近壁面的流体，在逆压的作用下，将产生倒流现象，并发展成旋涡，这就是曲面边界层的分离现象，S 点称为分离点。SS' 线后为分离区。一旦产生边界层分离，边界层厚度就会显著增加。一般来讲，边界层分离的根本原因是黏性的存在，分离的条件是逆压梯度的存在，分离的实际发生则是由流体质点的滞止和倒流引起的。

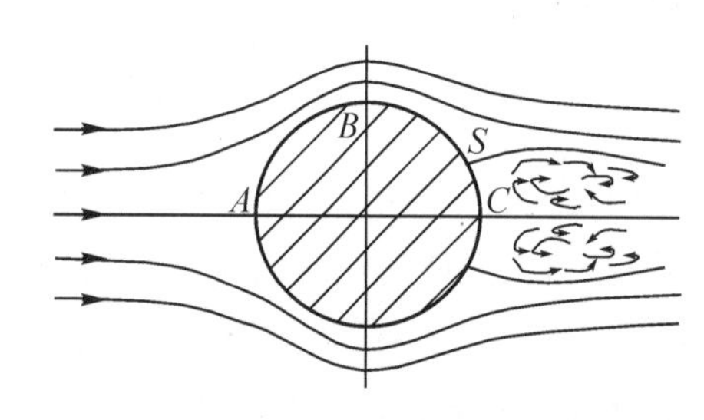

图 9.8　圆柱体绕流的界层分离现象

以绕圆柱体流动为例，图 9.8 说明边界层分离现象。在圆柱前部边界层 AB 区域内，虽然流体受圆柱面黏性阻滞，但因流动受顺压梯度作用，故流体能顺利到达 B 点；但当流体过了 B 点时，流体质点将减速，因受逆压梯度和圆柱面黏滞阻力的双重作用，在到达 S 点时流体质点的动能耗尽，速度为零，而无力到达 C 点，故 S 点即为边界层的分离点。在该处出现流体的堆积，与此同时，较强的逆向压强使下游的流体倒流过来，以填补 SC 之间的空穴，从而造成大量旋涡的产生。SC 称为脱体区。

9.5.3 圆柱绕流与卡门涡街

分析钝体绕流阻力最典型例子是圆柱绕流。流体绕圆柱体流动时，在圆柱体后半部，尾流的形态图形主要取决于流动雷诺数 $Re=\frac{U_0 d}{\nu}$。

(1) 当 $Re \ll 1$ 时，称为低雷诺数流动，或称为蠕动流。流体可平顺地绕过圆柱，几乎无流动分离。此时阻力几乎全是摩擦阻力且与速度一次方成正比例，如图 9.9(a)所示。

(2) 当 $1 \leqslant Re \leqslant 500$ 时，此时要产生流动分离。当 $Re>4$，圆柱后部出现一对驻涡，如图 9.9(b)所示。当 $Re>60$ 时，从圆柱后部交替释放出涡旋且被带向下游，这些涡旋排成两列呈有规则的交错组合，称为卡门涡街，如图 9.9(c)所示。此时阻力中既有摩擦阻力又有形状阻力，大致与速度 1.5 次方成比例。卡门涡街会引起物体振动，造成声响。例如：电线的“风鸣声”；在管式热交换器中使管束振动，并发出强烈的振动噪声。更为严重的是，它对绕流周期性的压强合力可能会引起共振。美国华盛顿州塔克马吊桥（Tacoma，1940）因设计不当，在一次暴风雨中由桥体诱发的卡门涡街在几分钟内将桥摧毁。卡门涡街不仅仅限于圆柱绕流，一般钝体后也会出现。

(3) 当 $500 \leqslant Re \leqslant 2\times10^5$ 时，此时流动严重分离。从 $Re=10^4$ 起，边界层甚至从圆柱的前部就开始分离，如图 9.9(d)所示，形成相当宽的分离区。此时阻力以形状阻力为主，且

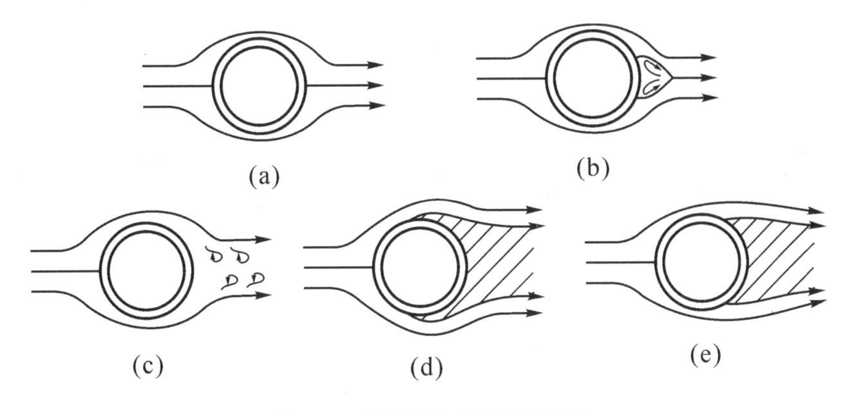

图 9.9　圆柱绕流(不同雷诺数)

与速度的二次方成比例。

(4) 当 $2\times10^5 \leqslant Re \leqslant 5\times10^5$ 时,由于分离点前的层流边界层变为湍流边界层,使得分离点往后推移,从而分离区大大缩小(图 9.9(e))。至 $Re=5\times10^5$ 时分离区为最小。阻力因数达到最小, $C_D=0.3$。

(5) 当 $5\times10^5 \leqslant Re \leqslant 5\times10^6$ 时,分离点又向前移,阻力因数 C_D 有所回升。

(6) 当 $Re>3\times10^6$,此时分离区相对稳定,一般称为自动模拟区。

9.5.4　形状阻力

边界层分离现象是流体力学中的一个重要问题,因为它直接与物体所受到的阻力有关。在绕流物体边界层分离点下游形成的旋涡区,通常称为尾流。由于尾流中旋涡耗能,使得尾流区物体表面的压强低于来流的压强,而物体迎流面的压强大于来流的压强,造成物体表面非对称压强分布,即物体前部是高压区,后部是低压区,前后部的压力差就导致形状阻力的产生,所以形状阻力也称为压差阻力。要减小形状阻力,一般应尽量避免或推迟边界层分离现象,以减小尾流的范围。工程中,经常将物体设计成流线形物体(图 9.10),它的形状相对于钝性物体如圆柱、圆球等可大大减缓边界层分离现象,所以在同样的迎流面积下,流线形物体的形状阻力要比钝性物体小得多。

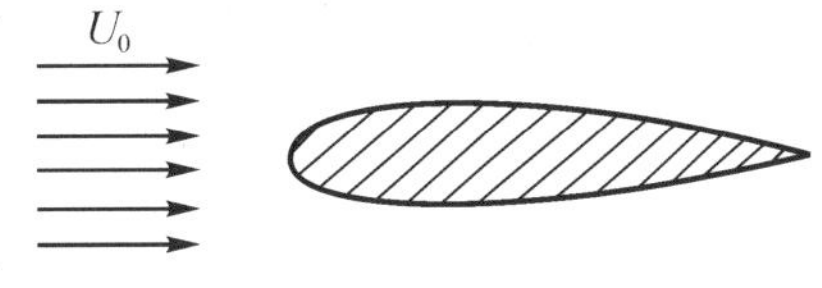

图 9.10　流线形物体

当有严重边界层分离时,此时的物体形状阻力计算比较困难,目前主要靠实验来决定。在无边界层分离情况下,形状阻力可类似于摩擦阻力,利用边界层理论来计算,其方法的主要步骤是:

(1) 在不考虑流体黏性影响的情况下进行势流计算。

(2) 根据势流计算结果进行边界层计算,求出沿物体表面由于边界层的存在流线要外移的距离,即所谓的位移厚度的分布。

(3) 将这一位移厚度加到物体的厚度上面,然后对这一变厚了的物体重新进行势流计算,并求出压强的分布。

(4) 将以上压强分布移至原来的物体表面,然后沿物体表面积分,就可得到形状阻力。

以上的计算过程一般称为边界层的 2 次近似计算。

9.6 绕流阻力

流体绕经物体,其作用在物体上的力可分解为绕流阻力和升力。绕流阻力包括摩擦阻力和形状阻力两部分,摩擦阻力是由于流体与物体表面摩擦而产生的切应力。边界层理论用于计算摩擦阻力,而形状阻力一般依靠实验来决定。

绕流阻力的计算公式和平板阻力计算式相同。公式如下:

$$F_D = C_D \frac{\rho U_0^2}{2} A \tag{9.26}$$

式中:

F_D ——物体受到的绕流阻力;

C_D ——绕流阻力因数;

U_0 ——未受干扰时的来流速度;

ρ ——流体的密度;

A ——物体与来流垂直方向的迎流投影面积。

9.6.1 绕流阻力的一般分析

绕流阻力因数 C_D 主要由以下因素决定:雷诺数、物体的形状、物体表面粗糙度等。一般情况下,C_D 很难由理论计算得出,多由实验确定。图 9.11 是圆球、圆盘及无限长圆柱的绕流阻力因数 C_D 的实验曲线。

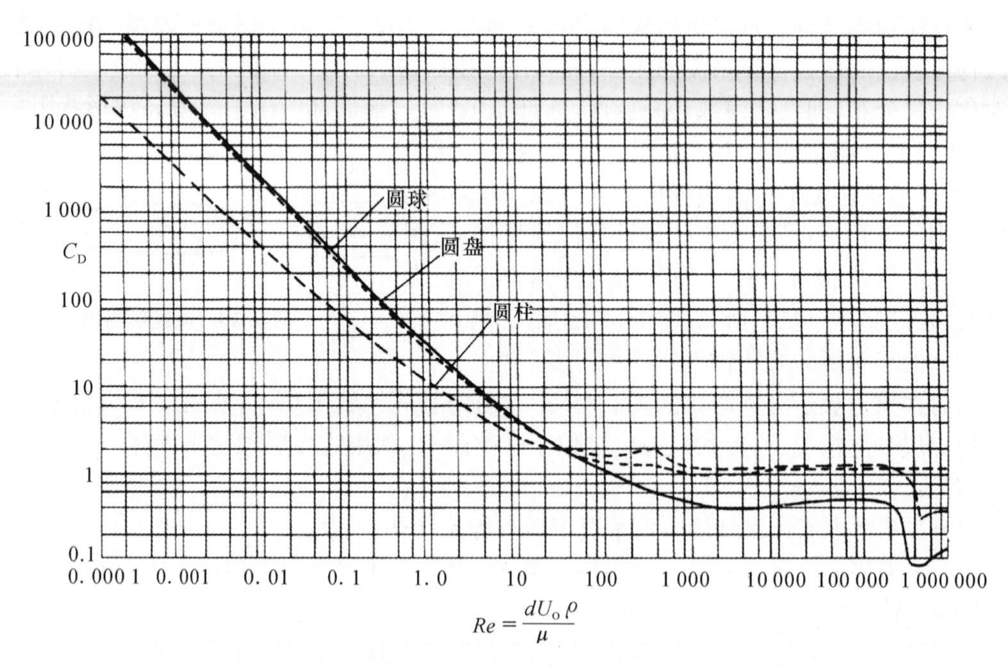

图 9.11 圆球、圆盘及无限长圆柱的绕流阻力因数曲线

下面以三维钝体圆球绕流为例,来分析绕流阻力因数 C_D 的变化规律。

（1）当圆球的雷诺数 $Re=\frac{U_0 d}{\nu}<1$（d 为圆球直径，U_0 为来流速度）时，流体平顺地绕过球体，不产生边界层分离现象，尾部不产生旋涡，此时

$$C_D=\frac{24}{Re} \tag{9.27}$$

式(9.27)称为斯托克斯公式。此时圆球总阻力可近似地用式(9.26)表达为：

$$F_D=3\pi\mu d U_0 \tag{9.28}$$

式(9.28)称为斯托克斯圆球阻力公式。式(9.27)和式(9.28)常用于分析小颗粒或小液滴在流体中的沉降运动。对于这种小雷诺数的流动，只出现在黏度很大的流体，如油类，或者黏度不大但直径很小的物体，如空气中的尘埃、雾珠，静水中的泥沙颗粒等。

（2）当雷诺数 $Re>1$ 时，球后部表面出现层流边界层的分离，且分离点随 Re 的增大而前移，同时绕流阻力中摩擦阻力比重下降而形状阻力比重上升，$C_D=f(Re)$ 曲线下降的坡度逐渐变缓。

（3）当雷诺数 $Re=10^3\sim3\times10^5$ 时，边界层分离点位置相对稳定，约在前驻点算起 80° 附近，此时摩擦阻力占的比重很小，C_D 值在 0.4 左右，几乎与 Re 无关。

（4）当雷诺数 $Re=3\times10^5$ 时，由于分离点上游的边界层由层流转变为湍流，湍流的掺混作用，使边界层内靠近壁面的流体质点的动能得到较多的补充，因而造成分离点的后移，尾流区域减小，而大大降低了形状阻力，故绕流阻力出现“跌落”现象，C_D 值迅速减小至 0.1 左右。

垂直于来流的圆盘，其阻力因数 C_D 在 $Re>10^3$ 后为一常数，这是因为边界层分离点固定在圆盘的边缘上，尾流的范围不随 Re 变化的缘故。

几种典型物体绕流的阻力因数见附录 C。

9.6.2 计算实例

例 9.4 圆柱形烟囱，高 $H=20$ m，直径 $d=0.6$ m，当风以速度 $U_0=18$ m/s 横向吹过时，求烟囱受到的总推力。设空气的密度 $\rho=1.21$ kg/m^3，运动黏度 $\nu=15.7\times10^{-6}$ m^2/s。

解 绕圆柱形烟囱流动的雷诺数

$$Re=\frac{U_0 d}{\nu}=\frac{18\times0.6}{15.7\times10^{-6}}=6.88\times10^5$$

由图 9.11 查得绕流阻力因数 $C_D=0.39$

烟囱受到的总推力，即为绕流阻力

$$F_D=C_D\frac{\rho U_0^2}{2}A=0.39\times\frac{1.21}{2}\times18^2\times20\times0.6=917.37\ \text{N}$$

例 9.5 气球质量为 0.32 kg，直径 $d=1$ m，以 $U_0=3.7$ m/s 的速度在静止空气中上升，(1)试确定它的阻力因数；(2)若用绳子固定此气球于空中(图 9.12)，气流水平速度为 3.5 m/s，试确定绳子的张力和斜角。设空气的密度 $\rho=1.25$ kg/m^3，运动黏度 $\nu=14.7\times10^{-6}$ m^2/s。

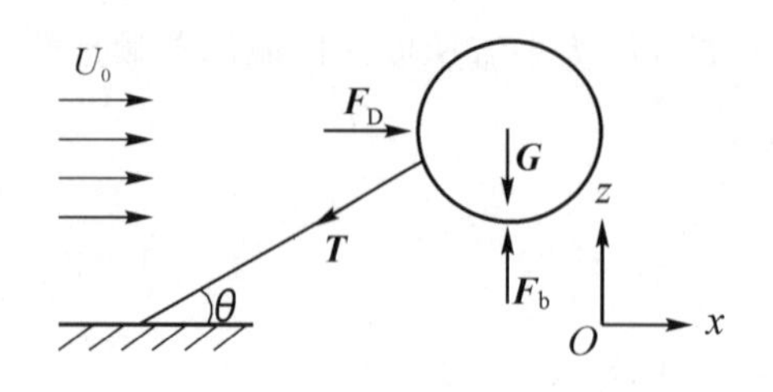

图 9.12 气流中的气球

解 (1) 当气球在静止空气中上升时，它受到的三个力大小分别是：

重力 $G = mg = 0.32 \times 9.81 = 3.14\ \text{N}$ (方向向下)

浮力 $F_b = \gamma V = 1.25 \times 9.81 \times \frac{\pi}{6} \times 1^3 = 6.42\ \text{N}$ (方向向上)

阻力 F_D

当气球作匀速运动时，以上三个力在铅垂方向的投影之和等于零，即

$$-G + F_b - F_D = 0$$

故
$$F_D = 6.42 - 3.14 = 3.28\ \text{N}$$

阻力因数

$$C_D = \frac{F_D}{\frac{\rho U_0^2}{2} A} = \frac{3.28}{\frac{1.25}{2} \times 3.7^2 \times \frac{\pi}{4} \times 1^2} = 0.488$$

此时流动雷诺数

$$Re = \frac{U_0 d}{\nu} = \frac{3.7 \times 1}{14.7 \times 10^{-6}} = 2.5 \times 10^5$$

(2) 将气球用绳子固定，气球受到的力大小为：

重力 $G = 3.14\ \text{N}$ (方向向下)

浮力 $F_b = 6.42\ \text{N}$ (方向向上)

风的推力 $F_D = C_D \frac{\rho}{2} U_0^2 A$

由于流动的雷诺数

$$Re = \frac{U_0 d}{\nu} = \frac{3.5 \times 1}{14.7 \times 10^{-6}} = 2.38 \times 10^5$$

此时的雷诺数同上面一样，$Re = 2.5 \times 10^5$，它们均处于阻力平方区，此时 C_D 取 0.488。故

$$F_D = 0.488 \times \frac{1.25}{2} \times 3.5^2 \times \frac{\pi}{4} \times 1^2 = 2.93\ \text{N}$$

列 x 方向的投影式 $F_D - T\cos\theta = 0$

列 z 方向的投影式 $F_b - G - T\sin\theta = 0$

即
$$\begin{cases} 2.93 - T\cos\theta = 0 \\ 6.42 - 3.14 - T\sin\theta = 0 \end{cases}$$

解得绳子张力 $T = 4.4\ \text{N}$

故与水平方向的夹角 $\theta = 48.2°$

例 9.6 在煤粉炉膛中，烟气上升的速度 $U_0 = 0.5\ \text{m/s}$，烟气密度 $\rho = 0.2\ \text{kg/m}^3$，运动

黏度 $\nu = 230 \times 10^{-6}\ \mathrm{m^2/s}$，煤粉密度 $\rho_m = 1\,300\ \mathrm{kg/m^3}$，直径 $d = 0.1\ \mathrm{mm}$，问煤粉将沉降下来还是被上升的烟气带走？若要使煤粉悬浮在空中，则悬浮速度为多少？

解 设煤粉受力如图(9.13)所示，其中：

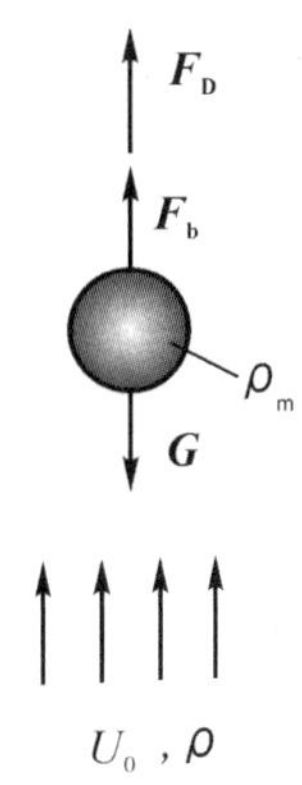

图 9.13 悬浮速度

重力 $G = \rho_m g \dfrac{\pi}{6} d^3 = 1\,300 \times 9.81 \times \dfrac{\pi}{6} \times (1 \times 10^{-4})^3$

$= 66.74 \times 10^{-10}\ \mathrm{N}$

浮力 $F_b = \rho g \dfrac{\pi}{6} d^3 = 0.2 \times 9.81 \times \dfrac{\pi}{6} \times (1 \times 10^{-4})^3$

$= 1.027 \times 10^{-12}\ \mathrm{N}$

推力 F_D 的计算如下：

流动雷诺数 $Re = \dfrac{U_0 d}{\nu} = \dfrac{0.5 \times 0.1 \times 10^{-3}}{230 \times 10^{-6}} = 0.217$

由斯托克斯圆球阻力公式(9.28)

$$F_D = 3\pi\mu d U_0 = 3 \times 3.14 \times 230 \times 10^{-6} \times 0.2 \times 0.1 \times 10^{-3} \times 0.5$$
$$= 2.167 \times 10^{-8}\ \mathrm{N}$$

由于 $$F_D + F_b = 2.168 \times 10^{-8}\ \mathrm{N} > G = 66.74 \times 10^{-10}\ \mathrm{N}$$

可见煤粉将被上升气流带走。

所谓悬浮速度是指当气流速度为 u 时，使得煤粉既不上升也不沉降，即悬浮在空中，此时的气流速度即称为悬浮速度。

设在悬浮速度 u 的气流作用下阻力公式为

$$F_D = 3\pi\mu d u$$

此时应满足 $$G = F_D + F_b$$

即 $$66.74 \times 10^{-10} = 4.33 \times 10^{-8} u + 1.027 \times 10^{-12}$$

故解得 $$u = 0.154\ \mathrm{m/s}$$

验证流动雷诺数 $$Re = \frac{ud}{\nu} = \frac{0.154 \times 0.1 \times 10^{-3}}{230 \times 10^{-6}} = 0.067 \ll 1$$

此时可应用斯托克斯阻力公式。

另外，悬浮速度 u 可按下公式进行计算：

当 $Re < 1$ 时， $$u = \frac{1}{18\mu} d^2 (\rho_m - \rho) g \tag{9.29}$$

否则按右式计算 $$u = \sqrt{\frac{4}{3C_d}\left(\frac{\rho_m - \rho}{\rho}\right) g d} \tag{9.30}$$

其中，当 $Re = 10 \sim 10^3$ 时， $$C_d = \frac{13}{\sqrt{Re}}$$

当 $Re = 10^3 \sim 2 \times 10^5$ 时， $$C_d = 0.48$$

习　题

选择题(单选题)

9.1 汽车高速行驶时所受到的阻力主要来自于________。(a)汽车表面的摩擦阻力;(b)地面的摩擦阻力;(c)空气对头部的碰撞;(d)尾部的旋涡。

9.2 边界层内的流动特点之一是________。(a)黏性力比惯性力重要;(b)黏性力与惯性力量级相等;(c)压强变化可忽略;(d)流动速度比外部势流区小。

9.3 边界层的流动分离发生在________。(a)物体后部;(b)零压梯度区;(c)逆压梯度区;(d)后驻点。

计算题

9.4 一长 1.2 m、宽 0.6 m 的平板,顺流放置于速度为 0.8 m/s 的恒定水流中,设平板上边界层内的速度分布为

$$\frac{u}{U_0}=\frac{y}{\delta}\left(2-\frac{y}{\delta}\right)$$

其中,δ 为边界层厚度,y 为至平板的垂直距离。试求:(1)边界层厚度的最大值;(2)作用在平板上的单面阻力。(设水温为 20℃)

9.5 一平板顺流放置于均流中。今若将平板的长度增加一倍,试问:平板所受的摩擦阻力将增加几倍?(设平板边界层内的流动为层流)

9.6 设顺流长平板上的层流边界层中,板面上的速度梯度为 $k=\left.\frac{\partial u}{\partial y}\right|_{y=0}$。试证明板面附近的速度分布可用下式来表示:

$$u=\frac{1}{2\mu}\frac{\partial p}{\partial x}y^2+ky$$

式中,$\frac{\partial p}{\partial x}$为板长方向的压强梯度,$y$ 为至板面的距离。(设流动为恒定)

9.7 设一平板顺流放置于速度为 U_0 的均流中,如已知平板上层流边界层内的速度分布 $u(y)$可用 y(y 为该点至板面的距离)的 3 次多项式表示,试证明这一速度分布可表示为:

$$\frac{u}{U_0}=\frac{3}{2}\frac{y}{\delta}-\frac{1}{2}\left(\frac{y}{\delta}\right)^3$$

其中 δ 为边界层厚度。

9.8 一长为 50 m、浸水面积为 469 m^2的船,以 15 m/s 的速度在静水中航行。试求该船的摩擦阻力,以及为克服此阻力所需的功率。(设水的运动黏度 $\nu=0.011\,cm^2/s$,摩擦阻力可按同一长度的相当平板计算。)

9.9 一矩形平板,其长、短边的边长各为 4.5 m 及 1.5 m。今设它在空气中以 3 m/s 的速度在自身平面内运动。已知空气的密度 $\rho=1.205\,kg/m^3$,$\nu=1.5\times10^{-5}\ m^2/s$。试求:(1)平板沿短边方向运动时的摩擦阻力;(2)沿长边方向运动时的摩擦阻力,以及两种情况下摩擦阻力之比。

9.10 15℃的空气以 25 m/s 的速度流过一与流动方向平行的薄平板。试求距前缘 0.2 m 及 0.5 m 处边界层的厚度。(设 $\nu = 1.5 \times 10^{-5}\ \mathrm{m^2/s}$, $Re_{xcr} = 5 \times 10^5$)

9.11 如习题 9.11 图所示,标准状态的空气从两平行平板构成的流道内通过,在入口处速度是均匀的,其值 $U_0 = 25\ \mathrm{m/s}$。今假定:从每个平板的前缘起,湍流边界层向下游逐渐发展,边界层内速度分布和厚度可近似表示为:

$$\frac{u}{U} = \left(\frac{y}{\delta}\right)^{1/7}$$

$$\frac{\delta}{x} = 0.38 Re_x^{-1/5} \left(Re_x = \frac{U_0 x}{\nu}\right)$$

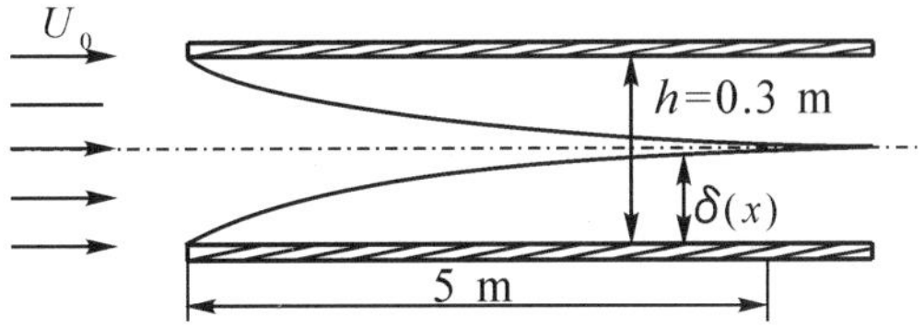

习题 9.11 图

式中,U 为中心线上的速度,它为 x 的函数。设两板相距 $h = 0.3\ \mathrm{m}$, 板宽 $b \gg h$(即边缘影响可忽略不计),试求从入口至下游 5 m 处的压强降。($\nu = 1.32 \times 10^{-5}\ \mathrm{m^2/s}$)

9.12 有两辆迎风面积相同,$A = 2\ \mathrm{m^2}$ 的汽车,其一为上世纪 20 年代的老式车,绕流阻力因数 $C_D = 0.8$,另一为当今有良好外形的新式车,阻力因数 $C_D = 0.28$。若两车在气温为 20℃,无风的条件下,均以 90 km/h 的车速行驶,试求为克服空气阻力各需多大的功率?

9.13 有 45 kN 的重物从飞机上投下,要求落地速度不超过 10 m/s,重物挂在一张阻力因数 $C_D = 2$ 的降落伞下面,不计伞重。设空气密度为 $\rho = 1.2\ \mathrm{kg/m^3}$,求降落伞应有的直径。

9.14 炉膛的烟气以速度 $U_0 = 0.5\ \mathrm{m/s}$ 向上升腾,气体的密度为 $\rho = 0.25\ \mathrm{kg/m^3}$,黏度 $\mu = 5 \times 10^{-5}\ \mathrm{Pa \cdot s}$,粉尘的密度 $\rho_m = 1\ 200\ \mathrm{kg/m^3}$,试估算此烟气能带走多大直径的粉尘?

第 10 章　一维气体动力学基础

在前面的章节中，都将流体视为不可压缩流体，即流体的密度 ρ= 常量，且流体内的压强变化仅与流速变化有关。一般情况下对于液体和低速运动的气体是正确的，它使得理论研究得到简化，和实际结果也相当接近。但是在工程实际问题中，当气体的流速很高，压差很大，温度变化很大且伴随热效应时，气体的密度会发生显著的变化，此时气体的运动规律和不可压缩流体大相径庭。研究此类问题时必须采用可压缩流体模型。本章主要讨论完全气体(在热力学中称理想气体)一维恒定流动。空气，燃气，烟气等常用气体在通常温度和压强范围内均可看作完全气体；而大多数工程流动，如输气管道，汽轮机，燃气轮机，喷气发动机的进气管，喷管及叶片的流动均可简化为一维恒定流动。在学习本章过程中，不仅需要流体力学知识，还需要一定的热力学知识。在进行气体动力学计算时，压强只能用绝对压强，温度只能用开尔文温度。

本章简要介绍一维气体动力学的基本理论。

10.1　声速和马赫数

在气体动力学中，声速与马赫数是两个很重要的基本概念，现分别介绍如下。

10.1.1　声速

当弹拨琴弦时，使弦周围的空气受到微小的扰动，压强、密度发生微弱的变化，这种微小扰动以波的形式向外传播，传到人耳就能接收到琴声。凡是微小扰动在流体介质中的传播速度都定义为声速，它是气体动力学的重要参数。

对于小扰动波的传播过程，可通过下例说明。

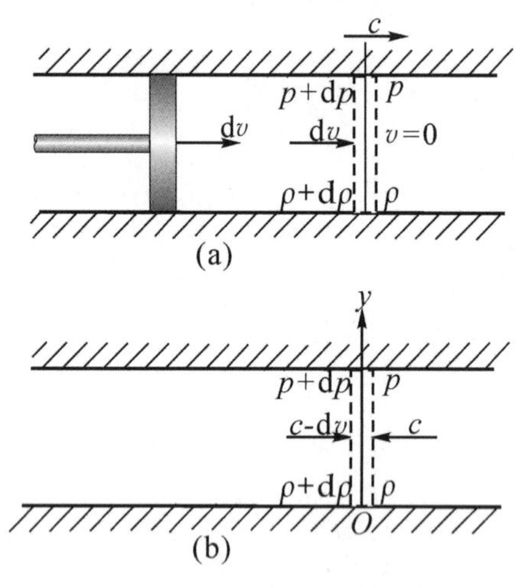

图 10.1　声速传播过程

取等断面积为 A，左端带活塞的直长管，如图 10.1(a)所示，管中充满静止的可压缩气体，压强为 p，密度为 ρ。活塞在力的作用下，以微小速度 $\mathrm{d}v$ 向右移动，紧贴活塞的一层气体受到扰动，也以速度 $\mathrm{d}v$ 向右移动，同时气体的压强和密度也发生微小的变化，分别为 $p+\mathrm{d}p$ 和 $\rho+\mathrm{d}\rho$，此时产生的一个微小扰动平面波不断地从左端波及到右端，波的传播速度即声速，以符号 c 表示。倘若定义扰动与未扰动的分界面称为波阵面，那么波阵面的传播速度就是声速，波阵面所到之处，气体的压强就变为 $p+\mathrm{d}p$，密度变为 $\rho+\mathrm{d}\rho$，速度变为 $\mathrm{d}v$，但波阵面未到之处，气体仍处于静止状态，压强为 p，密度为 ρ。特别要注意的是，声速 c 与气体受扰动后的速度 $\mathrm{d}v$ 是不同的，声速 c 是由流体的弹性来进行传播的，数值很大，而 $\mathrm{d}v$ 是扰动所到之处，引起的速度增量，它的数值是很小的。

对于地面观察者而言，这是一个非恒定流动。为了便于分析波阵面前后流体状态参数的变化关系，将坐标系固定在波阵面上，如图 10.1(b)所示，这样，对位于该坐标系的观察者而言，流体的流动是恒定的。

为了导出有关声速公式，应用动量定理，将波阵面的两侧虚线及活塞壁面所围的区域作为控制体，那么，右边的流体以压强为 p，密度为 ρ，并以速度为 c，由右控制面流入，然后以压强为 $p+\mathrm{d}p$，密度为 $\rho+\mathrm{d}\rho$，以速度为 $c-\mathrm{d}v$，由左控制面流出。

由式(3.16)连续性方程得

$$\rho cA = (\rho+\mathrm{d}\rho)(c-\mathrm{d}v)A$$

将上式展开并略去二阶微量，可得

$$\rho\mathrm{d}v = c\mathrm{d}\rho \tag{a}$$

对上述控制体列一维动量方程式(4.18)，由于控制体很薄，忽略了壁面摩擦力，仅考虑两侧面上的压强合力，故可得

$$(\rho+\mathrm{d}\rho)(c-\mathrm{d}v)^2A-\rho c^2A = pA-(p+\mathrm{d}p)A$$

将上式展开并略去二阶微量并整理，得

$$\rho c\,\mathrm{d}v = \mathrm{d}p \tag{b}$$

由(a)，(b)两式得

$$c^2\mathrm{d}\rho = \mathrm{d}p$$

或

$$c = \sqrt{\frac{\mathrm{d}p}{\mathrm{d}\rho}} \tag{10.1}$$

事实上，拉普拉斯在 1816 年曾提出，声音的传递是一个等熵过程。上述的推导也是在这几个假定下，即在声波传递过程中，热力学参数的变化是无穷小量，忽略了黏性作用，因而整个过程可视为可逆的绝热过程(即等熵 $s=$常量)，那么式(10.1)更精确的表达式为：

$$c = \sqrt{\left(\frac{\mathrm{d}p}{\mathrm{d}\rho}\right)_s} \tag{10.2}$$

式(10.2)中下标 s 代表等熵过程。式(10.2)不仅适用于微小扰动平面波，也适用于球面波，它对气体、液体也均适用。

对于完全气体等熵流体的状态参数方程式为

$$\frac{p}{\rho^\gamma} = \text{常量} \tag{10.3}$$

式中 γ 称为比热比(或称为绝热指数)，对于空气 $\gamma\approx 1.4$。

于是可导出完全气体的理论声速公式

$$c = \sqrt{\gamma RT} \tag{10.4}$$

式中 R 称为气体常数，对于空气，$R=287\ \mathrm{J/(kg\cdot K)}$。

常用气体的物理性质见表 10.1。

由以上声速公式可得出：

(1) $\frac{d\rho}{dp}$是反映流体的压缩性，当$\frac{d\rho}{dp}$越大，表示流体越易压缩，此时由式 (10.1)$c=\sqrt{\frac{dp}{d\rho}}$越小；反之，当流体越不易压缩，则声速 c 越大，若流体为不可压缩流体，那么声速 $c\to\infty$。因而声速是反映流体压缩性大小的物理参数。

(2) 由式(10.4)可知，不同的气体有不同的比热比，以及不同的气体常数 R，因而不同的气体声速是不同的。如在常压下，15℃空气中，

$$c=\sqrt{\gamma RT}=\sqrt{1.4\times 287\times(273+15)}=340\ \mathrm{m/s}$$

在相同的压强和温度下，氢气的声速为 $c=1\,295\ \mathrm{m/s}$。

(3) 声速与气体热力学温度 T 有关，如在常压下空气中声速为

$$c=20.1\sqrt{T} \tag{10.5}$$

由于在气体动力学中，温度是空间坐标的函数，所以声速也是空间坐标的函数，为此，常称它为当地声速。

(4) 对于液体，由式(1.10)液体的弹性模量 E 和压缩系数 k 的关系为

$$E=\frac{1}{k}=\rho\frac{dp}{d\rho}$$

将它代入式(10.1)，得到声速公式的另一种形式：

$$c=\sqrt{\frac{E}{\rho}} \tag{10.6}$$

表 10.1 常用气体的物理性质(标准大气压强)

气体名称	温度 T/℃	密度 $\rho/\mathrm{kg\cdot m^{-3}}$	动力黏度 $\mu/\mathrm{Pa\cdot s}$	运动黏度 $\nu/\mathrm{m^2\cdot s^{-1}}$	气体常数 $R/\mathrm{J\cdot kg^{-1}\cdot K^{-1}}$	比热比 γ
空气	15	1.25	1.79E-5	1.46E-5	286.9	1.40
一氧化碳	20	1.15	1.69E-5	1.50E-5	296.8	1.40
二氧化碳	20	1.83	1.47E-5	8.03E-6	188.9	1.3
氦气	20	1.63	1.94E-5	1.15E-4	2 077.0	1.66
氢气	20	0.822	8.84E-6	1.05E-4	4 124.0	1.41
氮气	20	1.16	1.76E-5	1.52E-5	296.8	1.40
氧气	20	1.33	2.04E-5	1.53E-5	259.8	1.40
甲烷	20	0.667	1.10E-5	1.65E-5	518.3	1.31
水蒸气	107	0.586	1.27E-5	2.17E-5	461.4	1.30

10.1.2 马赫数和马赫锥

1. 马赫数

由第 7 章已知，马赫数是惯性力与由压缩引起的弹性力之比，它是气体动力学中最重要的相似准数，即定义马赫数：

$$Ma = \frac{v}{c}$$

式中：

v——当地气流速度；

c——当地声速。

当气流速度越大，声速越小，则压缩现象越显著，此时马赫数越大；反之，当气流速度越小，声速越大，则压缩现象越不显著，此时马赫数越小。

在气体动力学中，依据马赫数对可压缩气流进行分类：

$Ma > 1$，即 $v > c$，称为超声速流动；

$Ma = 1$，即 $v = c$，称为声速流；

$Ma < 1$，即 $v < c$，称为亚声速流动。

这三种流动在物理上有着本质的区别。对于气体流动，以 $Ma = 0.3$ 为界，对于 $Ma < 0.3$，为不可压缩流动，对于 $Ma > 0.3$，为可压缩流动。

例 10.1 用声纳探测仪探测水下物体，已知水温 20℃，水的弹性模量 $E = 1.88 \times 10^9$ Pa，密度 ρ 为 998.2 kg/m^3，今测得往返时间为 6 s，求声源到该物体的距离。

解 由式(10.6) $c = \sqrt{\dfrac{E}{\rho}} = \sqrt{\dfrac{1.88 \times 10^9}{988.2}} = 1\,379.3$ m/s

从声源到物体之间的距离为

$$ct = 1\,379.3 \times 3 = 4\,138 \text{ m}$$

例 10.2 某飞机在海平面和 11 000 m 高空均以速度 319.4 m/s 飞行，问这架飞机在这两个高度飞行时的马赫数相同吗？

解 由于海平面的声速 $c = 340$ m/s

故在海平面的飞行飞机 $Ma = \dfrac{v}{c} = \dfrac{319.4}{340} = 0.94$

此为亚声速飞行。

在 11 000 m 高空飞行时，该处的温度为 216.5 K(见第 2 章)，则由式(10.5)：

$$c = 20.1\sqrt{T} = 295.8 \text{ m/s}$$

故在该高度飞行的飞机 $Ma = \dfrac{v}{c} = \dfrac{319.4}{295.8} = 1.08$

此为超声速飞行。

2. 马赫锥

图 10.2 是一小扰动波(例如点声源)在四种流动中的传播。

(1) 当小扰动波在静止流场中传播 $\left(v = 0, Ma = \dfrac{v}{c} = 0\right)$ 时，如图 10.2(a)所示，此

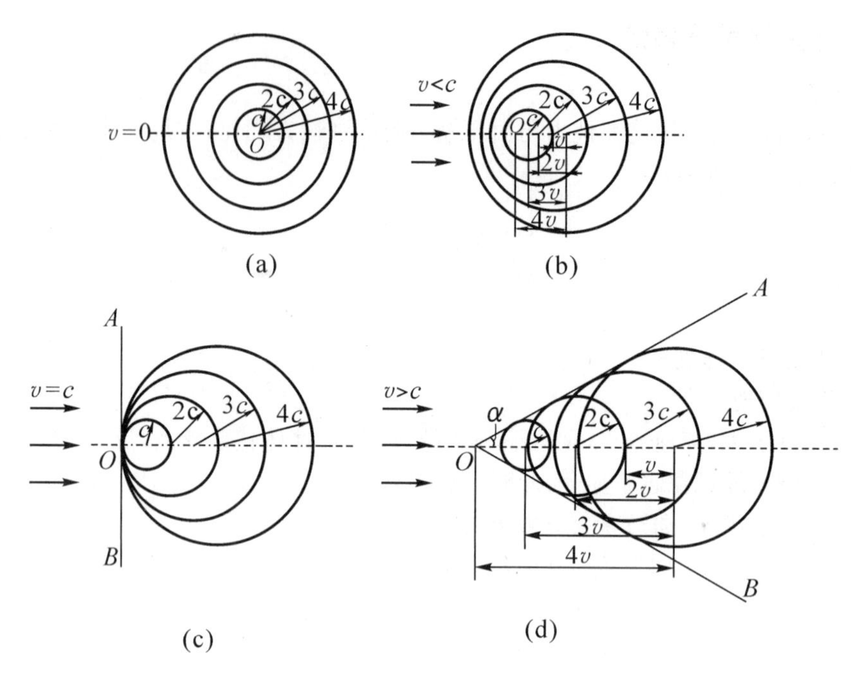

图 10.2 小扰动波在不同来速流场内的传播

时，点声源的扰动波以声速 c 向四面八方传播，它的波阵面是以点声源(固定点 O)为原点 O，半径为 ct 的圆心球面。

(2) 当小扰动波在亚声速流场中传播 ($0<v<c$，$0<Ma<1$) 时，如图 10.2(b)所示，此时点声源为动坐标的原点(称为扰动中心)，动坐标与流体速度 v 大小相同方向一致作平动，而小扰动波在动坐标中仍以声波 c 向四面八方传播，其波阵面是以点声源为动坐标原点，半径为 ct 的球面。在绝对坐标系中，声波向四面八方传播的速度，除了相对速度 c 外，还要叠加一个牵连速度 v，绝对速度顺流处为 $c+v$，逆流处为 $c-v$，由于 $v<c$，因此小扰动波仍可向四周传播。由于动坐标的原点以 vt 速度相对于固定点 O 在移动，因而小扰动波阵面对固定点(或者是绝对坐标)是一族偏心的球面。位于不同位置的人将听到不同频率的声音(这是由于声波疏密不同而引起的)，此现象称为多普勒效应。

(3) 当小扰动波在声速流场中传播($v=c$，$Ma=1$)，此种情况同上面(2)相同。对绝对坐标而言，顺流处小扰动波阵面的传播速度为 $2c$，而逆流处传播速度为零。即小扰动波只能在和所有球面相切的平面 AOB 的右半平面内传播，而无法传播到 AOB 的左半平面(图 10.2(c))，这两个区分别称为扰动区和寂静区。在寂静区是听不到声音的，在扰动区将听到不同频率的声音。由于各波阵面的球面其圆心离开固定点移动的距离和半径随时间 t 变化的大小是相等的，因此 AOB 平面是所有小扰动波的包络面，称为马赫波。它是寂静区和扰动区的分界面。

(4) 当小扰动波在超声速流场中传播 ($v>c$，$Ma>1$) 时，此时，除了小扰动波不能向逆流方向传播外，每个波阵面相对于动坐标而言，传播速度仍为声速 c，在 t 时刻构成以扰动中心为圆心，半径为 ct 的球面。而扰动中心又以 $v>c$ 的速度在顺流运动，此时的马赫波不再保持为平面，而是以固定点 O 为顶点向右扩张的旋转圆锥面，这个圆锥面称为马赫锥，圆锥顶角的一半 α 称为马赫角，如图 10.2(d)所示。

其中，马赫角

$$\alpha = \arcsin \frac{c}{v} = \arcsin \frac{1}{Ma} \tag{10.7}$$

当马赫数 $Ma \to \infty$ 时，马赫角 $\alpha \to 0$；当马赫数降低时，角 α 增大，当 $Ma = 1$ 时，$\alpha = \alpha_{\max} = 90°$；当 $Ma < 1$ 时，α 不存在。马赫锥只有在超声速流中才存在。从上面分析可知，亚声速流和超声速流在性质上是截然不同的流动。而马赫数是一个鉴别的标准，它是一个很重要的物理参数。对于完全气体的马赫数可表示为：

$$Ma = \frac{v}{\sqrt{\gamma RT}} \tag{10.8}$$

由于温度是气体分子运动动能的度量，所以式(10.8)说明了马赫数是流体宏观运动动能和分子运动动能之比。

例 10.3 飞机在距地面 1 000 m 的上空，飞过人所在的位置 600 m 时，才听到飞机的声音，当地气温为 15℃，试求飞机的速度、马赫数及飞机的声音传到人耳所需的时间。

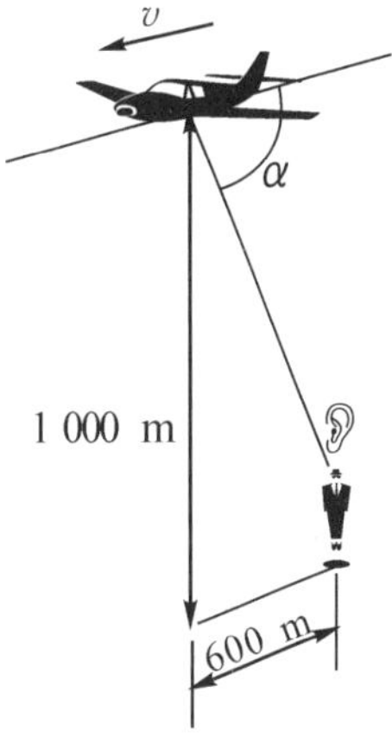

图 10.3 马赫锥

解 当地声速为

$$c = \sqrt{\gamma RT} = \sqrt{1.4 \times 287 \times (273 + 15)} = 340 \text{ m/s}$$

马赫角 α 为（图 10.3）

$$\alpha = \arctan \frac{1\,000}{600} = 59°$$

由式(10.7) $\qquad \alpha = \arcsin \frac{1}{Ma} = 59°$

故马赫数 $\qquad Ma = 1.167$

飞机速度 $\qquad v = cMa = 340 \times 1.167 = 397 \text{ m/s}$

声音传到人耳所需要的时间 $\qquad t = \frac{600}{397} = 1.51 \text{ s}$

10.2 气体一维恒定流动的基本方程

前面已对不可压缩流体作了详细的介绍，但是对于可压缩流体，它的密度 ρ 是在变化，此时气体的运动规律与基本方程和不可压缩流体是完全不同的。本节主要讨论完全气体作一维恒定流动的基本方程。其结果对于大多数实际气体而言，例如空气、燃气、烟气等在常温、常压下，若不考虑黏性则完全是适用的。基本方程主要由连续性方程、欧拉运动微分方程和能量方程等组成。

10.2.1 一维恒定气流连续性方程

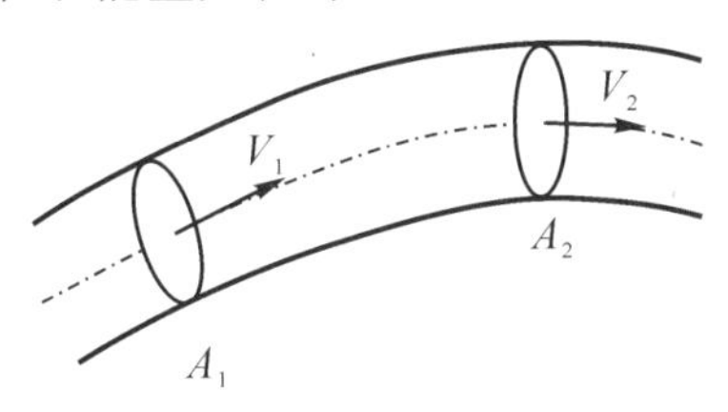

图 10.4 一维气体流动

如图 10.4 所示，为一维恒定气流，任取两个过流断面 A_1，A_2，面上的流速分别为 V_1，V_2，密度分别为 ρ_1，ρ_2。由于为恒定流，故根据质量守恒定律，通过该两个断面气流的质流量相等，即

$$\rho_1 V_1 A_1 = \rho_2 V_2 A_2$$

或者对任一过流断面满足：

$$\rho VA = C \tag{10.9}$$

式(10.9)即为一维恒定气流的连续性方程，它的微分形式为：

$$\frac{d\rho}{\rho} + \frac{dV}{V} + \frac{dA}{A} = 0$$

10.2.2 一维恒定气流欧拉运动微分方程

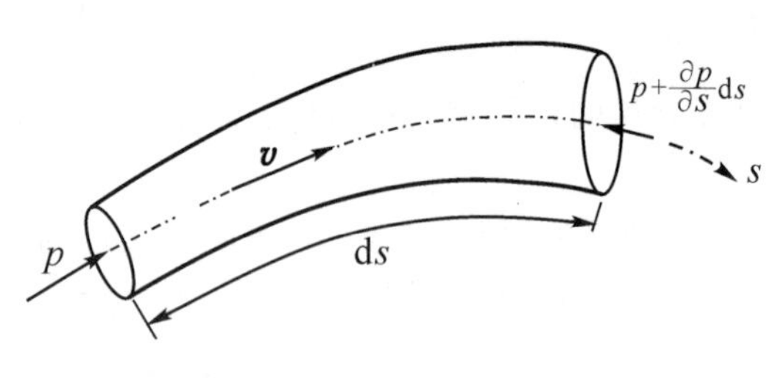

图 10.5 一维气流微段

在一维恒定气流中，取长度为 ds 微段，并沿轴线方向为 s 轴。应用理想流体欧拉运动微分方程式(4.1)，并以 s 代替 x 方向，以 f_s 代替式中重力在 x 轴上的投影 f_x，如图 10.5 所示，即可得到

$$\frac{dv}{dt} = f_s - \frac{1}{\rho}\frac{\partial p}{\partial s}$$

对于一维恒定流动，上式中

$$\frac{dv}{dt} = \frac{dv}{ds}\frac{ds}{dt} = \frac{dv}{ds}v$$

由于

$$\frac{1}{\rho}\frac{\partial p}{\partial s} = \frac{1}{\rho}\frac{dp}{ds}$$

又在大多数工程气体动力学问题中，气体的重力可略去不计，故这里不计 f_s，则得

$$\frac{dv}{ds}v = -\frac{1}{\rho}\frac{dp}{ds}$$

即

$$\frac{dp}{\rho} + v dv = 0 \tag{10.10}$$

或

$$\frac{dp}{\rho} + d\left(\frac{v^2}{2}\right) = 0$$

上式称为完全气体一元恒定流动的欧拉运动微分方程式。式中的密度 ρ 不再是常量，而 ρ，v，p 三者之间的关系由微分方程式来确定。为求解此方程式，除了要应用气流的连续性方程外，还必须补充气体状态方程或热力学过程方程。

连续性方程和欧拉运动微分方程也可引用马赫数 Ma 来表示，如下面的推导：

由式(10.9)和式(10.10)联立，消去 ρ，且将 $c^2 = \frac{dp}{d\rho}$，$Ma = \frac{v}{c}$ 代入，则连续性方程可表达为：

$$\frac{dA}{A} = (Ma^2 - 1)\frac{dv}{v} \tag{10.11}$$

欧拉运动微分方程为

$$\frac{\mathrm{d}\rho}{\rho}=-Ma^{2}\frac{\mathrm{d}v}{v} \tag{10.12}$$

10.2.3 不同形式的能量方程

由第 4 章可知，将理想流体欧拉运动微分方程在一定条件下积分可得伯努利方程。为此，式(10.10)在下列条件下，可得到不同形式的能量方程。

(1) 气体一维定容流动：

定容指的是比容保持不变的热力学过程，或者指单位质量气体所占有的容积不变。因而定容过程实际上就是气体的密度不变，或者它是不可压缩气体。

当 ρ=常数时，积分式(10.10)可得

$$\frac{p}{\rho}+\frac{v^{2}}{2}=C \tag{10.13}$$

或
$$\frac{p}{\gamma}+\frac{v^{2}}{2g}=C \tag{10.14}$$

式(10.14)为不可压缩流体，不计质量力的能量方程。它表示一维气流各断面上单位质量(或重量)具有的压能和动能之和守恒。

(2) 气体一维等温流动：

等温过程是指气体在温度 T 不变条件下的热力过程。在等温流动中，T=常量，则气体状态方程

$$\frac{p}{\rho}=RT=C$$

以 $\rho=\dfrac{p}{C}$ 代入式(10.10)并积分，可得

$$C\ln p+\frac{v^{2}}{2}=\text{常量}$$

即
$$\frac{p}{\rho}\ln p+\frac{v^{2}}{2}=\text{常量} \tag{10.15}$$

或
$$RT\ln p+\frac{v^{2}}{2}=\text{常量}$$

(3) 气体一维等熵流动：

在热力学中，无能量损失且与外界又无热量交换的情况下，为可逆的绝热过程，又称等熵过程。

在等熵过程中，由式(10.3)，则

$$\rho=p^{\frac{1}{\gamma}}C^{-\frac{1}{\gamma}}$$

将上式代入式(10.10)并积分，得

$$\frac{\gamma}{\gamma-1}\frac{p}{\rho}+\frac{v^{2}}{2}=\text{常量} \tag{10.16}$$

或
$$\frac{\gamma}{\gamma-1}RT+\frac{v^{2}}{2}=\text{常量}$$

又或
$$\frac{1}{\gamma-1}\frac{p}{\rho}+\frac{p}{\rho}+\frac{v^2}{2}=\text{常量}$$

将式(10.13)和式(10.16)比较的话，后者比前者多了一项 $\frac{1}{\gamma-1}\frac{p}{\rho}$，在热力学中，这项正是在等熵过程中，单位质量气体所具有的内能 e。式(10.16)表示为：

$$e+\frac{p}{\rho}+\frac{v^2}{2}=C \tag{10.17}$$

它表明在完全气体的等熵流中，沿流任意断面上，单位质量气体所具有的内能、压能和动能之和是不变的。

在实际的流动中，并不存在绝对的定容流动、等温流动和等熵流动，主要取决于工程中实际情况和哪一种最为接近，就用该流动条件下的能量方程。至于完全气体等熵流动的能量方程式(10.16)，不仅适用于无摩阻的绝热流动中，而且也可适用于有黏性的实际气流中，只要管材不导热，摩擦所产生的热量仍将保存在管道中即可，只是消耗的机械能转化为内能，但能量的总和仍保持不变。

例 10.4 用文丘里流量计来测量空气流量(图 10.6)，流量计进口直径 $d_1=50\ \text{mm}$，喉管直径 $d_2=20\ \text{mm}$，实测进口断面处压强 $p_1=35\ \text{kPa}$（相对压强），温度为 20℃，喉管处压强 $p_2=15\ \text{kPa}$（相对压强），试求空气的质流量。（设当地大气压 $p_a=101.3\ \text{kPa}$）

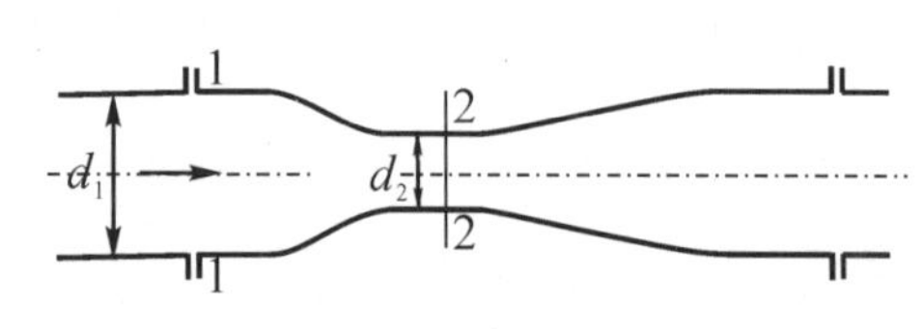

图 10.6 文丘里流量计

解 气流通过文丘里流量计时，由于流速大，流程短，气流和壁面接触时间短，来不及进行热交换，且摩擦损失也可不计，因此按一维恒定等熵流动来处理。

首先计算进口断面 1 - 1 处，喉管断面 2 - 2 处空气的密度：

由式 $\rho=\frac{p}{RT}$，进口断面空气的密度

$$\rho_1=\frac{p_1}{RT_1}=\frac{(35+101.3)\times10^3}{287\times(273+20)}=1.62\ \text{kg/m}^3$$

由式(10.3)，$\frac{p_1}{\rho_1^\gamma}=\frac{p_2}{\rho_2^\gamma}$，即

$$\rho_2=\rho_1\left(\frac{p_2}{p_1}\right)^{\frac{1}{\gamma}}=1.62\times\left(\frac{101.3+15}{101.3+35}\right)^{\frac{1}{1.4}}=1.446\ \text{kg/m}^3$$

由连续性方程式(10.9)，$\rho_1V_1A_1=\rho_2V_2A_2$，得

$$V_2=\frac{\rho_1}{\rho_2}\frac{A_1}{A_2}V_1=\frac{1.62\times\frac{\pi}{4}\times0.05^2}{1.446\times\frac{\pi}{4}\times0.02^2}V_1=7V_1$$

将以上量代入等熵能量方程式(10.16)，得

$$\frac{\gamma}{\gamma-1}\frac{p_1}{\rho_1}+\frac{V_1^2}{2}=\frac{\gamma}{\gamma-1}\frac{p_2}{\rho_2}+\frac{V_2^2}{2}$$

$$\frac{1.4}{1.4-1}\times\frac{136.3\times10^3}{1.62}+\frac{V_1^2}{2}=\frac{1.4}{1.4-1}\times\frac{116.3\times10^3}{1.446}+\frac{(7V_1)^2}{2}$$

解得
$$V_1=23.25\ \mathrm{m/s}$$

故空气的质流量

$$Q_m=\rho_1V_1A_1=1.62\times23.25\times\frac{\pi}{4}\times0.05^2=0.074\ \mathrm{kg/s}$$

例 10.5 氦气($\gamma=1.67$, $R=2\,077\ \mathrm{J/(kg\cdot K)}$)作等熵流动,在管道截面 1-1 处参数为 $T_1=61$℃, $V_1=65\ \mathrm{m/s}$, 测得截面 2-2 处的速度为 $V_2=180\ \mathrm{m/s}$, 求该截面上的 T_2 及$\frac{p_2}{p_1}$值。

解 由等熵流动能量方程式(10.16):

$$\frac{\gamma}{\gamma-1}\frac{p}{\rho}+\frac{v^2}{2}=\text{常量}$$

从 1-1→2-2 截面:

$$\frac{\gamma}{\gamma-1}RT_1+\frac{V_1^2}{2}=\frac{\gamma}{\gamma-1}RT_2+\frac{V_2^2}{2}$$

因此
$$\frac{1.67}{1.67-1}\times2\,077\times(273+61)+\frac{65^2}{2}=\frac{1.67}{1.67-1}\times2\,077\times T_2+\frac{180^2}{2}$$

解得
$$T_2=331.28\ \mathrm{K}\qquad \text{或}\ T_2=58.28℃$$

由等熵过程,得
$$\frac{p_2}{p_1}=\left(\frac{T_2}{T_1}\right)^{\frac{\gamma}{\gamma-1}}=\left(\frac{331.28}{273+61}\right)^{\frac{1.67}{1.67-1}}=0.979\,8$$

10.2.4 一维等熵流动气体动力学函数

1. 用滞止状态参数表示的气体动力学函数

当流体质点由某一个真实状态经等熵过程速度降为零时,(可以假想)这时流体质点的状态称为对应于真实状态的滞止状态。流体质点所具有的流体参数,称为该真实状态的滞止参数,以下标"0"表示。例如,以 p_0, ρ_0, T_0, c_0 分别表示滞止压强,滞止密度,滞止温度,以及滞止声速。一个真实流动过程中每一状态都有相对应的滞止状态和滞止参数,一般来讲它们是不相同的。在工程中,如气体从大体积的容器中流出(如煤气储气罐等),容器内气体的流速可视为零,那么其他参数就是滞止参数;当气流绕过某物体时,则驻点处气流的流动参数也是滞止参数。

利用等熵流动关系式:

$$\left(\frac{T}{T_0}\right)^{\frac{\gamma}{\gamma-1}}=\frac{p}{p_0}=\left(\frac{\rho}{\rho_0}\right)^{\gamma}\tag{10.18}$$

可将式(10.16)改写成关于马赫数的无量纲式:

$$
\begin{cases}
\dfrac{T}{T_0}=\left(1+\dfrac{\gamma-1}{2}Ma^2\right)^{-1} & (10.19(a)) \\
\dfrac{p}{p_0}=\left(1+\dfrac{\gamma-1}{2}Ma^2\right)^{-\frac{\gamma}{\gamma-1}} & (10.19(b)) \\
\dfrac{\rho}{\rho_0}=\left(1+\dfrac{\gamma-1}{2}Ma^2\right)^{-\frac{1}{\gamma-1}} & (10.19(c)) \\
\dfrac{c}{c_0}=\left(1+\dfrac{\gamma-1}{2}Ma^2\right)^{-\frac{1}{2}} & (10.19(d)) \\
\dfrac{v}{c_0}=\dfrac{v}{c}\dfrac{c}{c_0}=Ma\left(1+\dfrac{\gamma-1}{2}Ma^2\right)^{-\frac{1}{2}} & (10.19(e))
\end{cases}
$$

上述公式称为用滞止参数表示的等熵流动气体动力学函数。

图 10.7 表示气体动力学函数的曲线，可以看到 T，p，ρ 随 Ma 变化的趋势是一致的，即 Ma 增大时，$\dfrac{T}{T_0}$，$\dfrac{p}{p_0}$，$\dfrac{\rho}{\rho_0}$ 和 $\dfrac{c}{c_0}$ 将减小，而 $\dfrac{v}{c_0}$ 将增大。

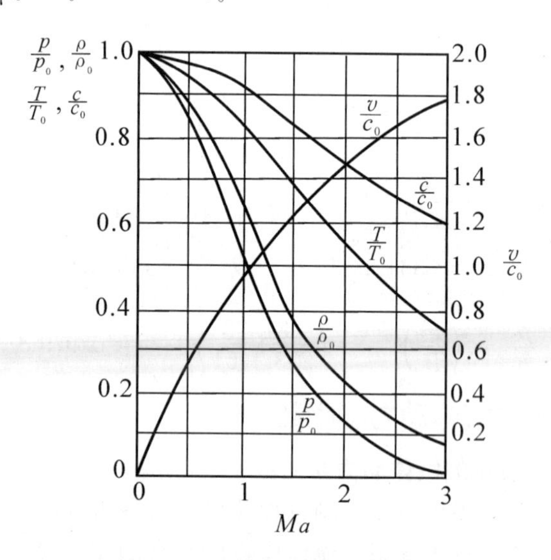

图 10.7　气体动力学函数曲线

为便于计算，气体动力学函数列表 10.2 如下。

表 10.2　气体动力学函数数值关系(一维等熵关系)

Ma	$p/p_0 = f_1(Ma)$	$\rho/\rho_0 = f_2(Ma)$	$T/T_0 = f_3(Ma)$	$c/c_0 = f_4(Ma)$	v/c_0	$A_*/A = q$	$y = \dfrac{q}{f_1(Ma)}$
0.0	1.000 0	1.000 0	1.000 0	1.000 0	0.000 0	0.000 0	0.000 0
0.1	0.993 0	0.995 0	0.998 0	0.999 0	0.099 9	0.171 8	0.173 0
0.2	0.972 5	0.980 3	0.992 1	0.996 0	0.199 2	0.337 4	0.346 9
0.3	0.939 5	0.956 4	0.982 3	0.991 1	0.297 3	0.491 4	0.523 0
0.4	0.895 6	0.924 3	0.969 0	0.984 4	0.393 7	0.628 8	0.702 2

续 表

Ma	$p/p_0=f_1(Ma)$	$\rho/\rho_0=f_2(Ma)$	$T/T_0=f_3(Ma)$	$c/c_0=f_4(Ma)$	v/c_0	$A_*/A=q$	$y=\frac{q}{f_1(Ma)}$
0.5	0.843 0	0.885 2	0.952 4	0.975 9	0.487 9	0.746 4	0.885 3
0.6	0.784 0	0.840 5	0.932 8	0.965 8	0.579 5	0.841 6	1.073 5
0.7	0.720 9	0.791 6	0.910 7	0.954 3	0.668 0	0.913 8	1.267 5
0.8	0.656 0	0.740 0	0.886 5	0.941 6	0.753 2	0.963 2	1.468 2
0.9	0.591 3	0.687 0	0.860 6	0.927 7	0.834 9	0.991 2	1.676 4
1.0	0.528 3	0.633 9	0.833 3	0.912 9	0.912 9	1.000 0	1.892 9
1.1	0.468 4	0.581 7	0.805 2	0.893 1	0.987 0	0.992 1	2.118 4
1.5	0.272 4	0.395 0	0.689 7	0.830 5	1.245 7	0.850 2	3.121 2
2.0	0.127 8	0.230 0	0.555 6	0.745 4	1.490 7	0.592 0	4.636 7
2.5	0.058 5	0.131 7	0.444 4	0.666 7	1.666 7	0.379 3	6.480 0
3.0	0.027 2	0.076 2	0.357 1	0.597 6	1.792 8	0.236 2	8.674 5
5.0	0.001 9	0.011 3	0.166 7	0.408 2	2.041 2	0.040 0	21.164 0

2. 临界状态和临界参数

在气流速度 v 等熵地加速或减速到当地声速 c 的状态，也就是流动的马赫数等于 1（可以假想）。此状态称为对应于真实状态的临界状态。临界状态的流动参量称为临界参数。以下标“ $*$ ”表示。例如记作 p_*，ρ_*，T_*，c_* 等。

同滞止参量相仿，利用等熵公式可得

$$\frac{p}{p_*}=\left(\frac{\rho}{\rho_*}\right)^{\gamma}=\left(\frac{T}{T_*}\right)^{\frac{\gamma}{\gamma-1}}=\left(\frac{c}{c_*}\right)^{\frac{2\gamma}{\gamma-1}} \tag{10.20}$$

并代入式(10.16)，式(10.19)，可得

$$\left\{\begin{aligned}
&\frac{T}{T_*}=\left[\frac{2+(\gamma-1)Ma^2}{\gamma+1}\right]^{-1} && (10.21(a))\\
&\frac{p}{p_*}=\left[\frac{2+(\gamma-1)Ma^2}{\gamma+1}\right]^{-\frac{\gamma}{\gamma-1}} && (10.21(b))\\
&\frac{\rho}{\rho_*}=\left[\frac{2+(\gamma-1)Ma^2}{\gamma+1}\right]^{-\frac{1}{\gamma-1}} && (10.21(c))\\
&\frac{c}{c_*}=\left[\frac{2+(\gamma-1)Ma^2}{\gamma+1}\right]^{-\frac{1}{2}} && (10.21(d))
\end{aligned}\right.$$

以 $Ma=0$ 代入上式，可得到某真实状态所对应的滞止状态参数和临界状态参数之间的关系式：

$$\begin{cases} \dfrac{T_*}{T_0} = \dfrac{2}{\gamma+1} & (10.22(a)) \\ \dfrac{p_*}{p_0} = \left(\dfrac{2}{\gamma+1}\right)^{\frac{\gamma}{\gamma-1}} & (10.22(b)) \\ \dfrac{\rho_*}{\rho_0} = \left(\dfrac{2}{\gamma+1}\right)^{\frac{1}{\gamma-1}} & (10.22(c)) \\ \dfrac{c_*}{c_0} = \left(\dfrac{2}{\gamma+1}\right)^{\frac{1}{2}} & (10.22(d)) \end{cases}$$

对于空气 ($\gamma = 1.4$)，具体数值如下：

$$\begin{cases} \dfrac{T_*}{T_0} = 0.833 & (10.23(a)) \\ \dfrac{p_*}{p_0} = 0.528 & (10.23(b)) \\ \dfrac{\rho_*}{\rho_0} = 0.634 & (10.23(c)) \\ \dfrac{c_*}{c_0} = 0.913 & (10.23(d)) \end{cases}$$

3. 最大速度状态

在等熵的条件下，当温度降到绝对零度时，此时，速度达到最大 v_{max} 的状态称为最大速度状态。由于真实温度不可能达到绝对零度，因此最大速度状态只具有理论意义，仅反映气流总能量的大小。

由等熵流能量方程式：

$$\frac{\gamma}{\gamma-1}RT + \frac{v^2}{2} = \frac{c^2}{\gamma-1} + \frac{v^2}{2} = \text{常量}$$

得

$$\frac{v_{max}^2}{2} = \frac{\gamma}{\gamma-1}RT + \frac{v^2}{2} = \frac{\gamma}{\gamma-1}RT_0 = \frac{c_0^2}{\gamma-1} \tag{10.24}$$

最大速度和滞止参数关系为：

$$v_{max} = \sqrt{\frac{2\gamma}{\gamma-1}RT_0} = \sqrt{\frac{2}{\gamma-1}}c_0 \tag{10.25}$$

最大速度与临界速度(声速)的关系为：

$$v_{max} = \sqrt{\frac{\gamma+1}{\gamma-1}}c_* = \sqrt{\frac{\gamma+1}{\gamma-1}}v_* \tag{10.26}$$

对于空气 ($\gamma = 1.4$)，则

$$v_{max} = 2.45v_*$$

例 10.6 大容积压缩空气罐中的压缩空气，经一收缩喷管向大气喷出，设喷嘴出口处的大气绝对压强为 101.3 kPa，温度为 5℃，流速为 234 m/s，试求压缩空气罐中的压强和温度。

解 本流动可看作等熵流动。

方法一：

压缩空气罐中的空气速度可视为零，其流动参数为滞止参数。

喷口出口处声速 $c=\sqrt{\gamma RT}=\sqrt{1.4\times 287\times(273+5)}=334.2\ \text{m/s}$

马赫数 $Ma=\dfrac{v}{c}=\dfrac{234}{334.2}=0.7$

由式(10.19(b))

$$p_0=p\left(1+\frac{\gamma-1}{2}Ma^2\right)^{\frac{\gamma}{\gamma-1}}$$
$$=101.3\times\left(1+\frac{1.4-1}{2}\times 0.7^2\right)^{\frac{1.4}{1.4-1}}=140.5\ \text{kPa}$$

由式(10.19(a))

$$T_0=T\left(1+\frac{\gamma-1}{2}Ma^2\right)=278\times\left(1+\frac{1.4-1}{2}\times 0.7^2\right)=305.2\ \text{K}=32.2^\circ\text{C}$$

方法二：

由式(10.16)，压缩空气罐中的温度为

$$T_0=\frac{\dfrac{\gamma}{\gamma-1}RT+\dfrac{v^2}{2}}{\dfrac{\gamma}{\gamma-1}R}=\frac{3.5\times 287\times(273+5)\times\dfrac{234^2}{2}}{3.5\times 287}=305.2\ \text{K}$$

由完全气体状态方程

$$\rho_1=\frac{p_1}{RT_1}=\frac{101.3\times 10^3}{287\times 278}=1.27\ \text{kg/m}^3$$

由等熵过程方程式 $\dfrac{p}{\rho^\gamma}=C$，得

$$\rho_0=\rho_1\left(\frac{p_0}{p_1}\right)^{\frac{1}{\gamma}}=1.27\times\left(\frac{p_0}{101.3}\right)^{\frac{1}{1.4}}$$

将上式代入(10.16)式，得

$$3.5\times\frac{p_0\times 10^3}{1.27\times\left(\dfrac{p_0}{101.3}\right)^{\frac{1}{1.4}}}=3.5\times\frac{101.3\times 10^3}{1.27}+\frac{234^2}{2}$$

解得
$$p_0=140.5\ \text{kPa}$$

从以上两种解法可看出，本题应用滞止参数表示的等熵流动气体动力学函数方法要简单得多。

例 10.7 空气气流在收缩喷管进口截面上的参数为 $p_1=3\times 10^5\ \text{Pa}$，$T_1=340\ \text{K}$，$V_1=150\ \text{m/s}$，$d_1=46\ \text{mm}$，在出口截面上，$Ma=1$，试求出口处的压强，温度和直径。

解 本题也视为等熵流动。

进口处 $$Ma_1 = \frac{V_1}{\sqrt{\gamma R T_1}} = \frac{150}{\sqrt{1.4 \times 287 \times 340}} = 0.405\,8$$

现求滞止温度，由式(10.19(a))

$$\frac{T_1}{T_0} = \left(1 + \frac{1.4 - 1}{2} Ma_1^2\right)^{-1}$$

得 $$T_0 = 351.2\ \text{K}$$

出口处 $Ma = 1$，气流达到临界状态。

出口处的温度，由式(10.23(a))

$$T_* = 0.833 T_0 = 292.5\ \text{K}$$

由式(10.19(a))和式(10.19(b))

$$\frac{p_0}{p_1} = \left(\frac{T_0}{T_1}\right)^{3.5}$$

得 $$p_0 = 3.360\,4 \times 10^5\ \text{Pa}$$

由式(10.23(b)) $$p_* = 0.528 p_0 = 1.774 \times 10^5\ \text{Pa}$$

$$\rho_* = \frac{p_*}{R T_*} = \frac{1.774 \times 10^5}{287 \times 292.5} = 2.113\ \text{kg/m}^3$$

$$V_* = c_* = \sqrt{\gamma R T_*} = \sqrt{1.4 \times 287 \times 292.5} = 342.82\ \text{m/s}$$

$$\rho_1 = \frac{p_1}{R T_1} = \frac{3 \times 10^5}{287 \times 340} = 3.074\ \text{kg/m}^3$$

由连续方程式(10.9)

$$\rho_* V_* A_* = \rho_1 V_1 A_1$$

解得 $$d_* = \sqrt{\frac{\rho_1 V_1}{\rho_* V_*}} d_1 = \sqrt{\frac{3.074 \times 150}{2.113 \times 342.82}} \times 46 = 36.7\ \text{mm}$$

10.2.5 气流按不可压缩流体处理的限度

在前面对不可压缩流体的研究中曾指出，对于低速气流，可忽略气体容易压缩的个性，而按照不可压缩流体处理。那么“低速”的限度就是下面要讨论的内容。

完全气体一维流动，按不可压缩流体时，能量方程为

$$p_0 = p + \frac{\rho v^2}{2}$$

或写成：

$$\frac{p_0 - p}{\frac{\rho v^2}{2}} = 1 \tag{a}$$

按可压缩流体等熵流动计算，由式(10.19(b))

$$\frac{p_0}{p} = \left(1 + \frac{\gamma - 1}{2} Ma^2\right)^{\frac{\gamma}{\gamma-1}}$$

上式按二项式定理展开，并取前三项，得

$$\frac{p_0}{p} = 1 + \frac{\gamma}{2} Ma^2 + \frac{\gamma}{8} Ma^4 = 1 + \frac{\gamma}{2} Ma^2 \left(1 + \frac{Ma^2}{4}\right) \tag{b}$$

由于

$$Ma = \frac{v}{c} = \sqrt{\frac{\rho v^2}{\gamma p}},$$

故

$$Ma^2 = \frac{\rho v^2}{\gamma p}$$

将上式代入(b)式并整理，得

$$\frac{p_0 - p}{\frac{\rho v^2}{2}} = 1 + \frac{Ma^2}{4} \tag{c}$$

比较无量纲式(a)和(c)，气流按不可压缩流体处理时，能量方程式的计算相对误差为

$$\delta = \frac{Ma^2}{4} \tag{10.27}$$

在常温(15℃)下，空气的声速 $c = 340$ m/s，倘若允许的相对误差为1%，那么，相应的 $Ma = 0.2$，此时相应的气流速度

$$v = cMa = 340 \times 0.2 = 68 \text{ m/s}$$

即，当气流速度小于68 m/s时，按不可压缩流体来处理时，其相对误差 $\delta < 1\%$。实际上气流按不可压缩流体来处理的限度是由计算要求的精度来决定的。

由式(10.19(c))密度比式

$$\frac{\rho_0}{\rho} = \left(1 + \frac{\gamma - 1}{2} Ma^2\right)^{\frac{1}{\gamma-1}}$$

当 $Ma = 0.2$ 时，空气 $\gamma = 1.4$，将其代入上式，得

$$\frac{\rho_0}{\rho} = \left(1 + \frac{1.4 - 1}{2} \times 0.2^2\right)^{\frac{1}{1.4-1}} = 1.02$$

密度的相对变化为：

$$\frac{\rho_0 - \rho}{\rho} = 1.02 - 1 = 2\%$$

计算表明：在同样的气流速度下，按不可压缩流体处理的话，其密度的相对变化较大。若要求气流密度的变化不超过1%，则相当的马赫数为 $Ma = 0.141$，相应的气流速度 v 为48 m/s。

例 10.8 在某空气动力计算中，允许压强的相对误差 $\delta = \frac{\Delta p}{\frac{\rho v^2}{2}} \leqslant 1.5\%$，对于常温下的

空气速度小于多少时可按不可压缩流体来处理；此时密度的相对变化为多少？

解 按式(10.27)，压强的相对误差

$$\delta=\frac{Ma^2}{4}$$

据题意
$$\delta=\frac{Ma^2}{4}\leqslant 1.5\%$$

故
$$Ma\leqslant 0.245$$

常温下声速
$$c=340\ \mathrm{m/s}$$

气流速度
$$v=cMa=340\times 0.245=83.3\ \mathrm{m/s}$$

即空气速度小于 $v=83.3\ \mathrm{m/s}$ 时，可按不可压缩流体来处理。

由式(10.19(c))，得

$$\frac{\rho_0}{\rho}=\left(1+\frac{1.4-1}{2}\times 0.245^2\right)^{\frac{1}{1.4-1}}=1.030$$

故密度的相对变化

$$\frac{\rho_0-\rho}{\rho}=1.03-1=3\%$$

10.3 喷管的等熵出流

喷管是指在很短的流程内，通过改变断面的几何尺寸来控制气流速度的装置。由于高速气流在喷管内流动时来不及和外界进行热交换，同时，摩擦阻力也可忽略不计，这样的流动过程可作为等熵流动。研究喷管的出流问题不仅在工程中有实际意义，同时可分析流动参数随截面积变化的关系，从而有助于对完全气体一维流动特征的认识。

由式(10.12)

$$\frac{\mathrm{d}\rho}{\rho}=-Ma^2\frac{\mathrm{d}v}{v}$$

将它代入等熵过程方程 $\frac{p}{\rho^\gamma}=C$ 的微分式，整理得

$$\frac{\mathrm{d}p}{p}=\gamma\frac{\mathrm{d}\rho}{\rho}=-\gamma Ma^2\frac{\mathrm{d}v}{v}\tag{10.28}$$

将式(10.12)及(10.28)代入完全气体状态方程 $\frac{p}{\rho}=RT$ 的微分式，整理得

$$\frac{\mathrm{d}T}{T}=-(\gamma-1)Ma^2\frac{\mathrm{d}v}{v}\tag{10.29}$$

将式(10.11) $\frac{\mathrm{d}A}{A}=(Ma^2-1)\frac{\mathrm{d}v}{v}$，分别代入式(10.12)，式(10.28)，式(10.29)，得

$$\frac{d\rho}{\rho} = \frac{Ma^2}{1-Ma^2}\frac{dA}{A} \tag{10.30}$$

$$\frac{dp}{p} = \frac{\gamma Ma^2}{1-Ma^2}\frac{dA}{A} \tag{10.31}$$

$$\frac{dT}{T} = (\gamma-1)\frac{Ma^2}{1-Ma^2}\frac{dA}{A} \tag{10.32}$$

利用上述关系式，将断面面积 A、气流速度 v、压强 p、密度 ρ 及单位面积的质流量 ρv 与马赫数 Ma 之间的关系，能很清楚地表示如表 10.3 所列。

表 10.3　一维气体各流动参数随马赫数 *Ma* 的变化关系

	$Ma<1$		$Ma>1$	
	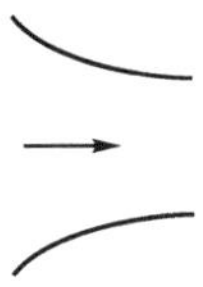 收缩管	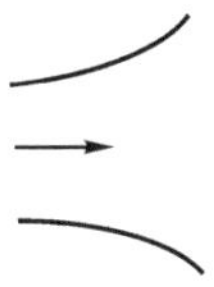 扩张管	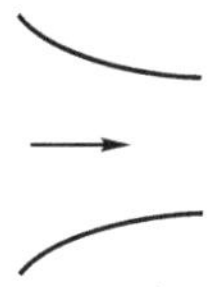 收缩管	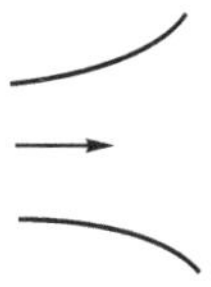 扩张管
v	↑	↓	↓	↑
p, ρ, T	↓	↑	↑	↓

几点结论：

(1) 亚声速气流 ($Ma<1$) 在收缩管 ($dA<0$) 中，将加速 ($dv>0$) 和减压 ($dp<0$)；在扩张管 ($dA>0$) 中，将减速 ($dv<0$) 和增压 ($dp>0$)，这和不可压缩流体相似。

(2) 超声速气流 ($Ma>1$) 在收缩管 ($dA<0$) 中，将减速 ($dv<0$) 和增压 ($dp>0$)；在扩张管 ($dA>0$) 中，将加速 ($dv>0$) 和减压 ($dp<0$)，这与亚声速流恰好相反。

由式

$$\frac{dA}{A} = (Ma^2-1)\frac{dv}{v}$$

得

$$\frac{dA}{dx} = \frac{A}{v}(Ma^2-1)\frac{dv}{dx}$$

由于$\frac{dv}{dx}$为有限值，当 $Ma=1$ 时，上式右边等于零，即$\frac{dA}{dx}=0$，因此 A 达到极值。这说明当流速达到声速时，所在截面不是最小就是最大。但最大截面产生声速是不可能的，必在最小截面处。图 10.8 为一收扩管，流体自左向右流动。若在该管道中达到声速，必定在最小截面处即喉部，称喉部的截面为临界截面，记作 A_*。在扩张段流体被加速成超声速，并不断加速。这种流动称为喷管流。

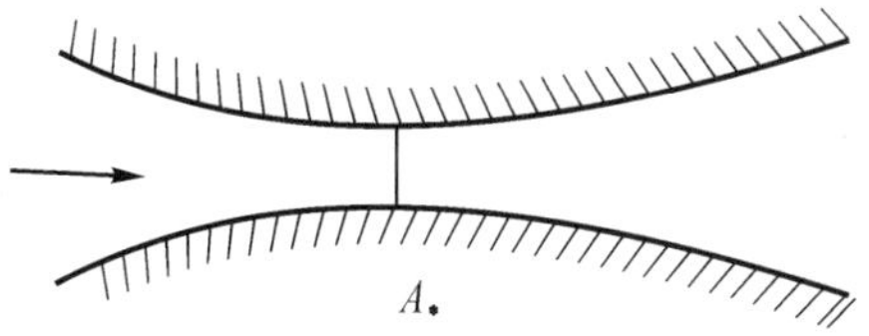

图 10.8　收扩管

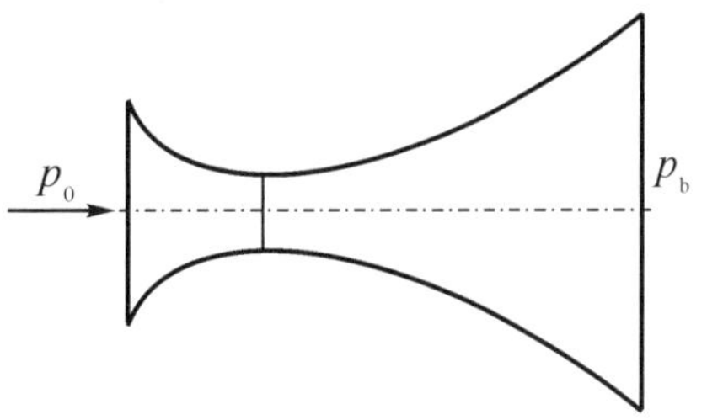

图 10.9　拉伐尔喷管

1883 年，瑞典工程师拉伐尔(Laval)将先收缩后扩大的喷管——拉伐尔喷管(图 10.9)，用于蒸气涡轮机中。拉伐尔喷管在冲压式喷气发动机、超声速风洞等工程中被广泛地应用。

例 10.9 滞止压强 $p_0=3\times10^5\,\text{Pa}$，滞止温度 $T_0=330\,\text{K}$ 的空气流经一个拉伐尔喷管，出口处温度为 -13℃，求出口马赫数；如果拉伐尔管喉部面积为 $A_*=10\,\text{cm}^2$，求喷管的质流量。

解 对于拉伐尔喷管的计算与收缩管相似，但是，要注意的是，拉伐尔喷管出口压强总是和背压 p_b 相等。倘若出口处压强 $p<p_*$，则喉部达到临界状态，质流量按 $Q_m=\rho_* v_* A_*$ 计算。如果出口处压强 $p>p_*$，则整个拉伐尔管内出现的都是亚声速流。质流量计算同收缩喷管相同。

出口处状态参数的计算：

$$T=273-13=260\,\text{K}$$

由式(10.19(a))

$$\frac{T}{T_0}=\left(1+\frac{\gamma-1}{2}Ma^2\right)^{-1}$$

$$\frac{260}{330}=(1+0.2Ma^2)^{-1}$$

解得

$$Ma=1.160\,2$$

由题意，在喉部恰好达到临界状态。

由式(10.23(a))

$$\frac{T_*}{T_0}=0.833$$

故

$$T_*=0.833\times330=274.9\,\text{K}$$

$$v_*=c_*=\sqrt{\gamma RT_*}=\sqrt{1.4\times287\times274.9}=332.35\,\text{m/s}$$

由式(10.22(b))

$$\frac{p_*}{p_0}=\left(\frac{2}{\gamma+1}\right)^{\frac{\gamma}{\gamma-1}}$$

故

$$p_*=p_0\left(\frac{2}{1.4+1}\right)^{3.5}=3\times10^5\times0.528\,2=1.584\,8\times10^5\,\text{Pa}$$

$$\rho_*=\frac{p_*}{RT_*}=\frac{1.584\,8\times10^5}{287\times274.9}=2.009\,\text{kg/m}^3$$

$$Q_m=\rho_* v_* A_*=2.009\times332.35\times10\times10^{-4}=0.667\,7\,\text{kg/s}$$

10.4 可压缩气体管道流动

在实际工程中，管道输送气体的应用极为广泛，如煤气、天然气管道、高压蒸气管道等等。对于可压缩气体的管道流动，有时要考虑摩擦阻力和热交换对压缩性的影响，需要针对不同的热力过程进行分析计算。

10.4.1 一维恒定等熵管流

在工程中，绝大多数管流，由于管道截面的横向尺度远小于管的纵向尺度，因此都可以将它们作为一维流动来处理。此时管内的流动参量都取管道截面上的平均值。下面主要对变截面管道内的流动进行分析。

管道截面的变化对亚声速流和超声速流的影响是截然不同的，表 10.3 反映了流动参量随截面变化的基本规律。

1. 管道截面积和流动马赫数的关系

由于流体在管道中作恒定等熵流，因此对任意两个截面上的滞止参量都相等，即

$$\frac{A_2}{A_1}=\frac{\rho_1 v_1}{\rho_2 v_2}=\frac{\rho\left(\frac{v_1}{c_0}\right)}{\rho\left(\frac{v_2}{c_0}\right)}$$

由式(10.19(c))及式(10.19(e))，得

$$\frac{A_2}{A_1}=\frac{Ma_1}{Ma_2}\left[\frac{2+(\gamma-1)Ma_2^2}{2+(\gamma-1)Ma_1^2}\right]^{\frac{\gamma+1}{2(\gamma-1)}} \tag{10.33}$$

式(10.33)反映了变截面管道中管道截面积 A 和流动马赫数 Ma 之间的相互关系。只要知道两处截面的面积及其中一处的马赫数，就可以根据上式求出另一处的 Ma 数，从而可根据气体动力学函数式(10.19)求出流动参量。

但是，若已知 A_1 和 A_2 及某一处的马赫数，如 Ma_1，此时要求另一 Ma_2，却并不是很容易。为此，假定一个参考截面 A_*，当流动至该截面马赫数 $Ma=1$ 时，该截面流动参量就是临界参量，这个截面可实际存在于管流中，也可以是假想的。这样式(10.33)可写成：

$$\frac{A_*}{A}=Ma\left[\frac{\gamma+1}{2+(\gamma-1)Ma^2}\right]^{\frac{\gamma+1}{2(\gamma-1)}} \tag{10.34}$$

公式(10.34)在一维管流的计算中被大量使用，公式算得的数据已列于表 10.2 之中。图 10.10 是根据上式绘制的 $\frac{A_*}{A}$-Ma 曲线。对于一个 Ma 值，有唯一的 $\frac{A_*}{A}$ 值与之对应；但对于一个 $\frac{A_*}{A}$ 却有两个 Ma 与之对应。这说明管道任意截面都可能存在亚声速流和超声速流这两种不同的流态。

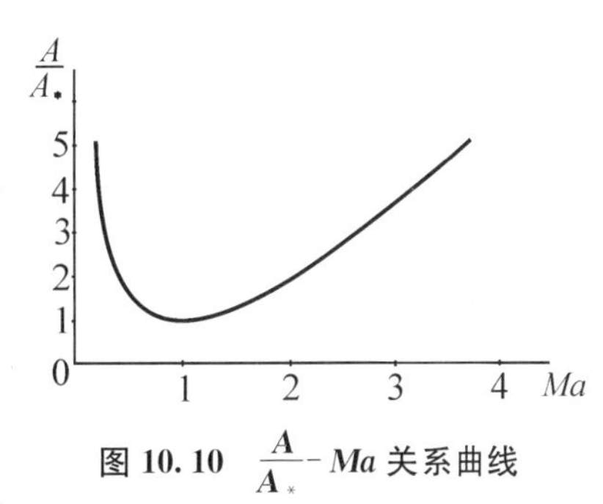

图 10.10 $\frac{A}{A_*}$-Ma **关系曲线**

例 10.10 设一喷管内为等熵流，出口截面积 $A_e=0.003\ \text{m}^2$，出口 $Ma_e=0.8$，求喷管内截面积为 $A_x=0.005\ \text{m}^2$ 处的 Ma。

解 由于 $A_x>A_e$，说明这是一个收缩喷管。由 $Ma_e=0.8$，查等熵流气动函数表，

可得
$$\frac{A_*}{A}=0.963\,2=\frac{A_*}{A_e}$$

$$A_*=0.963\,2\times0.003=0.002\,89\ \text{m}^2$$

此处 A_* 为假想的临界截面，即假想流体沿继续延伸的喷管流动，在截面积 A_* 处达到声速，喷管其他截面上的参数与该假想临界截面上的参数关系，符合等熵流气动函数关系。现

$$\frac{A_*}{A_x} = \frac{0.00289}{0.005} = 0.578$$

由表10.2,按 $A_*/A = 0.578$ 插入,可查得 $Ma = 0.36$。

2. 质流量的计算公式

质流量 $Q_m = \rho VA = \frac{\rho}{\rho_0}\rho_0 \frac{V}{c}\frac{c}{c_0}c_0 A$

利用式(10.19(b))和式(10.4)及 $Ma = \frac{V}{c}$, 整理得

$$Q_m = \rho_0 \sqrt{\gamma RT_0} Ma\left(1+\frac{\gamma-1}{2}Ma^2\right)^{-\frac{\gamma+1}{2(\gamma-1)}} A \tag{10.35}$$

$$= \sqrt{\frac{\gamma}{R}}\frac{p_0}{\sqrt{T_0}} Ma\left(1+\frac{\gamma-1}{2}Ma^2\right)^{-\frac{\gamma+1}{2(\gamma-1)}} A$$

由 $\frac{dQ_m}{dMa} = 0$, 可得到如下公式:

当管道内存在临界截面 A_* ($Ma = 1$) 时,那么该处质流量达到最大值为

$$Q_{m,\max} = \sqrt{\frac{r}{R}}\frac{p_0}{\sqrt{T_0}}\left(\frac{\gamma+1}{2}\right)^{-\frac{\gamma+1}{2(\gamma-1)}} A_* \tag{10.36}$$

或

$$Q_{m,\max} = A_*\left[\gamma p_0 \rho_0\left(\frac{2}{\gamma+1}\right)^{\frac{\gamma+1}{\gamma-1}}\right]^{\frac{1}{2}} \tag{10.37}$$

例 10.11 一个容积很大的密闭容器中装满氮气,氮气的 $\gamma = 1.4$, $R = 297\,\mathrm{J/(kg\cdot K)}$, 容器中 $p_0 = 4\times10^5\,\mathrm{Pa}$, $T_0 = 298\,\mathrm{K}$, 氮气通过一收缩管向外流出,设出口处直径为 $d = 50\,\mathrm{mm}$, 背压为 $p_b = 10^5\,\mathrm{Pa}$, 求流出氮气的质流量。

解 工程上常称管外的环境压强为背压(或反压),用 p_b 表示,当封闭容器中压强 $p_0 = p_b$ 时管内无流动。当 $p_0 > p_b$ 时,在压差作用下产生流动。本题首先要判断在流动中管内是否会出现临界状态。

由式(10.22(a))
$$\frac{T_*}{T_0} = \frac{2}{\gamma+1}$$

故
$$T_* = 298\times\frac{2}{1.4+1} = 248.33\,\mathrm{K}$$

由式(10.23(b)) $p_* = p_0\times0.528 = 4\times10^5\times0.528 = 2.112\times10^5\,\mathrm{Pa}$

由于 $p_b < p_*$, 则说明在管道出口处前已出现临界状态,流量为最大,以后管内流动不再变化,通常称这种现象为壅塞现象。出口处的压强 $p_e = p_*$, 不再等于 p_b,气流流出后经稀释过程才降到 p_b。

方法一:

按式(10.37)

$$Q_{m,\max} = A_*\left[\gamma p_0 \rho_0\left(\frac{2}{\gamma+1}\right)^{\frac{\gamma+1}{\gamma-1}}\right]^{\frac{1}{2}}$$

其中 $$\rho_0 = \frac{p_0}{RT_0} = \frac{4\times10^5}{297\times298} = 4.52\ \mathrm{kg/m^3}$$

故 $$Q_m = \frac{\pi}{4}\times0.05^2\times\left[1.4\times4\times10^5\times4.52\times\left(\frac{2}{1.4+1}\right)^{\frac{1.4+1}{1.4-1}}\right]^{\frac{1}{2}}$$
$$=1.807\ \mathrm{kg/s}$$

方法二：

上面已分析，由于 $p_b < p_*$，则收缩管出口处 $p_e = p_*$，质流量按 $Q_m = \rho_* v_* A$ 计算。

由式(10-23(c)) $$\rho_* = 0.634\rho_0 = 0.634\times4.52 = 2.866\ \mathrm{kg/m^3}$$
$$v_* = c_* = \sqrt{\gamma RT_*} = \sqrt{1.4\times297\times248.33} = 321.33\ \mathrm{m/s}$$

故 $$Q_m = \rho_* v_* A = 2.866\times321.33\times\frac{\pi}{4}\times0.05^2 = 1.807\ \mathrm{kg/s}$$

10.4.2 绝热摩擦管流

实际管流一般有两种，一种是在隔热的长管中流动，即具有摩擦但不考虑热交换的流动，如果这种流动在等截面管中流动，被称为范诺(Fanno)流动。另一种由于管道很长，气体与外界能够进行充分的热交换，使管道中气流与周围环境保持相同温度，这是等温管流。本节仅对绝热摩擦管流作一些简单的介绍。

1. 几个实用公式

设可压缩流体在等截面管中作恒定流动。由一维连续方程式得

$$\rho V = 常量 \tag{a}$$

由于绝热管流与外界无能量交换，称之为绝能流，对完全气体一维恒定绝能流的能量方程式为

$$\frac{\gamma}{\gamma-1}RT + \frac{V^2}{2} = \frac{c^2}{\gamma-1} + \frac{V^2}{2} = 常量 \tag{b}$$

而一维恒定流动的动量方程为(图 10.11)

$$\rho VA\,\mathrm{d}V = -A\mathrm{d}p - \tau_0\mathrm{d}x\cdot\pi d \tag{c}$$

式中，A 等截面管的面积；d 为直径。

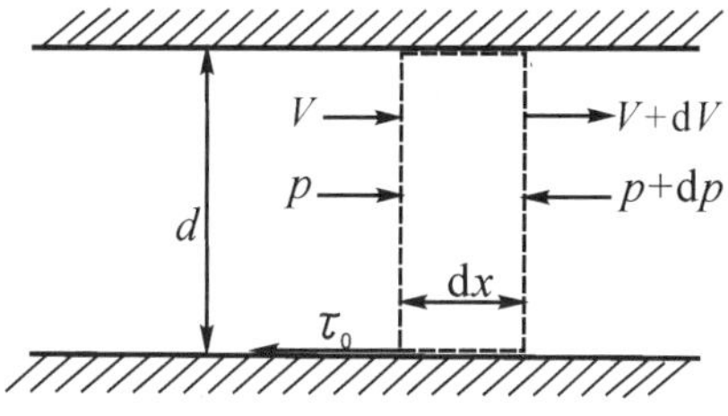

图 10.11　动量定理推导

由状态方程 $\frac{p}{\rho} = RT$ 及声速公式 $c = \sqrt{\gamma RT} = \frac{V}{Ma}$ 以及 $\tau_0 = \frac{1}{8}\lambda\rho V^2 = \frac{1}{8}\lambda\gamma pMa^2$，将(c)式动量方程整理为

$$\frac{\mathrm{d}p}{p} = -\frac{\rho V\mathrm{d}V}{p} - \frac{\lambda}{d}\frac{\gamma Ma^2}{2}\mathrm{d}x = -\frac{\gamma Ma^2}{2}\frac{\mathrm{d}(V^2)}{V^2} - \frac{\lambda}{d}\frac{\gamma Ma^2}{2}\mathrm{d}x \tag{d}$$

由(a)，(b)，(d)式可得到范诺流的气体动力学函数：

$$\begin{cases} \dfrac{T}{T_*} = \dfrac{\gamma+1}{2+(\gamma-1)Ma^2} & (10.38(a)) \\ \dfrac{\rho}{\rho_*} = \dfrac{1}{Ma}\sqrt{\dfrac{T_*}{T}} = \dfrac{1}{Ma}\left[\dfrac{2+(\gamma-1)Ma^2}{\gamma+1}\right]^{\frac{1}{2}} & (10.38(b)) \\ \dfrac{p}{p_*} = \dfrac{1}{Ma}\left[\dfrac{\gamma+1}{2+(\gamma-1)Ma^2}\right]^{\frac{1}{2}} & (10.38(c)) \end{cases}$$

若管流两截面压强分别是 p_1 和 p_2，那么可推导出管流的质流量为

$$Q_m = \rho_1 V_1 A_1 = \sqrt{\frac{\pi^2 d^5}{8\lambda l}\frac{\gamma}{\gamma+1}\frac{p_1^2}{RT_1}\left[1-\left(\frac{p_2}{p_1}\right)^{\frac{\gamma+1}{\gamma}}\right]} \quad (\text{kg/s}) \tag{10.39}$$

式中 λ 为管道沿程摩阻因数，对于亚声速流，可直接利用穆迪图确定。对于超声速流 $(1 < Ma < 3)$，通常取 $\lambda = 0.002 \sim 0.003$；对于绝热摩擦管流，也同样存在一个最大长度 l_{max}，若气流在该处已达到临界状态，当实际管长 $l > l_{max}$ 时将发生壅塞现象。此时，对亚声速流造成的压强扰动可向上游传播至入口，使入口处溢流而造成流量减小直至出口截面正好为临界截面。对超声速流，壅塞在管中产生激波，从而使临界截面移至出口截面。

最大管长为

$$l_{max} = \frac{d}{\lambda}\left\{\frac{1-Ma^2}{\gamma Ma^2} + \frac{\gamma+1}{2\gamma}\ln\left[\frac{(\gamma+1)Ma^2}{2+(\gamma-1)Ma^2}\right]\right\} \tag{10.40}$$

管道进、出口马赫数的关系式为：

$$\lambda\frac{l}{d} = \frac{1}{\gamma}\left(\frac{1}{Ma_1^2} - \frac{1}{Ma_2^2}\right) + \frac{\gamma+1}{2\gamma}\ln\left[\left(\frac{Ma_1}{Ma_2}\right)^2 \frac{1+\frac{\gamma-1}{2}Ma_2^2}{1+\frac{\gamma-1}{2}Ma_1^2}\right] \tag{10.41}$$

2. 计算实例

例 10.12 马赫数为 $Ma_1 = 3$ 的空气超声速气流，进入一个沿程摩阻因数 $\lambda = 0.02$ 的绝热管道，管道的直径 $d = 200$ mm。若要求管道出口马赫数 $Ma_2 = 2$，试求管道长度 l。

解 由式(10.41)，对于空气 $\gamma = 1.4$，按题意 $\lambda = 0.02$，$d = 0.2$ m，$Ma_1 = 3$，$Ma_2 = 2$，

则
$$\lambda\frac{l}{d} = \frac{1}{1.4}\left(\frac{1}{9} - \frac{1}{4}\right) + \frac{2.4}{2.8}\ln\left[\frac{9}{4}\times\frac{1+0.2\times 4}{1+0.2\times 9}\right]$$

得
$$l = 2.1716 \text{ m}$$

例 10.13 空气流在等截面管道作绝热摩擦流动，进口处状态参数 $p_1 = 2\times 10^5$ Pa，$T_1 = 323$ K，$V_1 = 200$ m/s。若管径 $d = 100$ mm，沿程摩阻因数 $\lambda = 0.025$，试求：(1)最大管长 l_{max}及出口处压强和温度；(2)若管长为 $l = 3.5$ m，试计算进口的马赫数。

解 (1) 进口处马赫数 $Ma_1 = \dfrac{V_1}{\sqrt{\gamma RT_1}} = \dfrac{200}{\sqrt{1.4\times 287\times 323}} = 0.555$

现要求最大管长，即出口截面为临界状态 $Ma_2 = 1$，由式(10.40)

$$l_{max}=\frac{0.1}{0.025}\left\{\frac{1-0.555^2}{1.4\times0.555^2}+\frac{1.4+1}{2\times1.4}\ln\left[\frac{(1.4+1)\times0.555^2}{2+(1.4-1)\times0.555^2}\right]\right\}$$
$$=2.80\ \mathrm{m}$$

出口处温度由式(10.38(a))

$$\frac{T}{T_*}=\frac{\gamma+1}{2+(\gamma-1)Ma^2}$$

$$T_*=323\times\frac{2+(1.4-1)\times0.555^2}{1.4+1}=285.75\ \mathrm{K}$$

出口处压强由式(10.38(c))

$$p_*=2\times10^5\times0.555\times\left[\frac{1.4+1}{2+(1.4-1)\times0.555^2}\right]^{-\frac{1}{2}}$$
$$=1.04\times10^5\ \mathrm{Pa}$$

(2) 由于按照初始条件,最大管长为$l_{max}=2.8\,\mathrm{m}$,现实际管长为$l=3.5\,\mathrm{m}$,因此将发生壅塞现象。即出口处达到临界状态,进口处的Ma_1不再保持0.555,而将由式(10.41)确定,式中,$Ma_2=1$, $l=3.5\ \mathrm{m}$, $d=0.1\ \mathrm{m}$, $\lambda=0.025$, $\gamma=1.4$,将它们代入该方程,得

$$0.875=\frac{1}{1.4}\left(\frac{1}{Ma_1^2}-1\right)+\frac{2.4}{2.8}\ln\left(\frac{Ma_1^2}{1+0.2Ma_1^2}\times1.2\right)$$

令$x=\frac{1}{Ma_1^2}$,则上面代数方程经化简为:

$$f(x)=\frac{x}{1.2}-\ln(0.2+x)-1.6718=0$$

或
$$x=1.2[\ln(0.2+x)+1.6718]$$

设初始马赫数$Ma_1=0.5$,即$x_0=4$,应用简单迭代法解得 $x=3.6119$,因此进口处马赫数$Ma_1=0.526$。该流动的实际情况是当管长$l=3.5\ \mathrm{m}>l_m=2.8\,\mathrm{m}$时,进口处亚声速气流发生膨胀减速,马赫数由0.555减小到0.526后才进入绝热摩擦管,如图10.12所示。

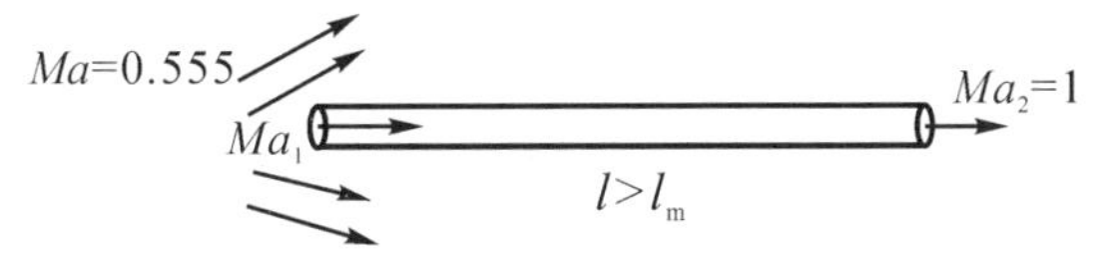

图 10.12 气流进入绝热摩擦管

习　题

选择题(单选题)

10.1 在完全气体中,声速正比于气体的:(a)密度;(b)压强;(c)热力学温度;(d)以上都不是。

10.2 马赫数Ma等于:(a)$\frac{v}{c}$;(b)$\frac{c}{v}$;(c)$\sqrt{\gamma\frac{p}{\rho}}$;(d)$\frac{1}{\sqrt{\gamma}}$。

10.3 在变截面喷管内,亚声速等熵气流随截面面积沿程减小而(a)v减小;(b)p增大;(c)ρ增大;(d)T下降。

10.4 有摩阻的超声速绝热管流，沿程：(a)v 增大；(b)p 减小；(c)ρ 增大；(d)T 下降。

10.5 收缩喷管中临界参数如存在，它将出现在喷管的________。(a)进口处；(b)出口处；(c)出口处前某处；(d)出口处某假想面。

10.6 超声速气体在收缩管中流动时，速度________。(a)逐渐增大；(b)保持不变；(c)逐渐减小；(d)无固定变化规律。

计算题

10.7 飞机在气温 20℃的海平面上，以 1 188 km/h 的速度飞行，马赫数是多少？若以同样的速度在同温层中飞行，求此时的马赫数。

10.8 已知一飞机在观察站上空，高度 $H = 200$ m，以速度 1 836 km/h 飞行，空气的温度 $T = 15$℃，求飞机飞过观察站正上方到观察站听到飞机的声音要多少时间？

10.9 二氧化碳气体作等熵流动，某点的温度 $T_1 = 60$℃，速度 $v_1 = 14.8$ m/s，在同一流线上，另一点的温度 $T_2 = 30$℃，已知二氧化碳 $R = 189$ J/(kg·K)，$\gamma = 1.29$，求该点的速度。

10.10 空气作等熵流动，已知滞止压强 $p_0 = 490$ kPa，滞止温度 $T_0 = 20$℃，试求：滞止声速 c_0 及 $Ma = 0.8$ 处的声速、流速和压强。

10.11 高压蒸气由收缩喷管流出，在喷管进口断面处，流速为 200 m/s，温度为 350℃，压强为 1 MPa(ab)，气流在喷管中被加速，在出口处 $Ma = 0.9$。已知蒸气 $R = 462$ J/(kg·K)，$\gamma = 1.33$，求出口速度。

10.12 储气室的参数为：$p_0 = 1.52$ MPa(ab)，$T_0 = 27$℃，空气从储气室通过一收缩喷管流入大气，设喷管的出口面积 $A_e = 31.7\ \text{mm}^2$，背压 $p_b = 101$ kPa(ab)，不计损失。试求：(1)出口处压强 p_e；(2)通过喷管的质流量 Q_m。

10.13 如习题 10.13 图所示，空气从一个大容器经收缩喷管流出，容器内空气的压强为 1.5×10^5 Pa，温度为 27℃，喷管出口的直径 $d = 20$ mm，背压 $p_b = 10^5$ Pa。如果用一块平板垂直地挡住喷管出口的气流，试求固定此平板所需外力 F 的值。

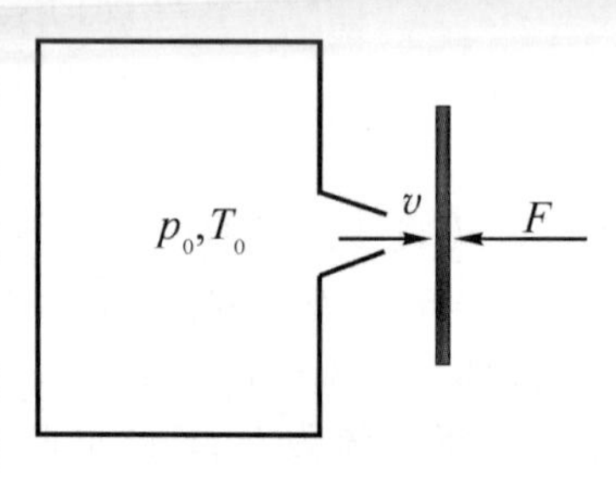

习题 10.13 图

10.14 空气从气罐经拉伐尔喷管流入背压 $p_b = 0.981 \times 10^5$ Pa 的大气中，气罐中的气体压强 $p_0 = 7 \times 10^5$ Pa，温度 $T_0 = 313$ K。已知拉伐尔管喉部的直径 $d_* = 25$ mm，试求：(1)出口马赫数 Ma_2；(2)喷管的质流量；(3)喷管出口截面的直径 d_2。

附录A 符 号 表

1. 拉丁字母

A 面积 m^2

A 横截面面积 m^2

A_0 波幅 m

$\boldsymbol{a}(a_x, a_y, a_z)$ 加速度矢量(分量) m/s^2

(a, b, c) 流体质点拉格朗日坐标 m

a 半径 m

a_1 椭圆半长轴 m

B 任意物理量

B_* 临界值

B_0 滞止值

$\bar{B}$ 时均值

b 宽度,厚度 m

b_1 椭圆半短轴 m

C 几何图形周界

C 常量,系数,形心,浮心

C_f 局部摩擦因数

C_p 压强因数

C_D 阻力因数

C_{Df} 摩阻因数

Ca 柯西数

c 声速,波速 m/s

c 翼弦长 m

c_g 波群速 m/s

D 直径 m

D 压强中心

$\frac{D}{Dt}$ 质点导数(随体导数)

d 直径,深度 m

d 比重

d_h 水力直径 m

E 体积弹性模量 Pa, N/m^2

E 总能量 J

E_k 动能 J

E_p 势能 J

Eu 欧拉数

e 单位质量流体的内能 J/kg, m^2/s^2

$\boldsymbol{e}_r$, $\boldsymbol{e}_\theta$, $\boldsymbol{e}_z$ 柱坐标系三个正交单位矢量

e 压强中心纵向偏心距 m

$\boldsymbol{F}(F_x, F_y, F_z)$力矢量(分量) N

F_b 总质量力,浮力 N

F_s 总表面力 N

$\boldsymbol{F}(x, y, z, t)=0$ 运动固壁方程

F_D 绕流阻力,平板摩擦阻力 N

F_L 升力 N

F_t 总阻力 N

F_f 船体摩擦阻力 N

F_w 波浪阻力 N

F_e 形状阻力 N

Fr 弗劳德数

$\boldsymbol{f}(f_x, f_y, f_z)$ 质量力矢量(分量) m/s^2

f 摩擦因数

f, f_m 翼型弯度(最大弯度) m

f 压强中心横向偏心距 m

f 频率 1/s

$f(z)$ 复势函数

G 比压降 N/m^3

G 重力 N

G 重心

g 重力加速度 m/s^2

H 高度,深度;总水头,波高 m

H_m 扬程 m

h 高度;淹深 m

h_L 水头损失 m

h_f 沿程水头损失 m

h_m 局部损失 m

h_p 测压管高度(压强水头) m

h_v 真空高度 m

I 冲量 N·s

I_x, I_{xy} 惯性矩,惯性积 m^4

I_m 复数虚部

i 虚部单位

$\boldsymbol{i}, \boldsymbol{j}, \boldsymbol{k}$ 直角坐标系三个正交单位矢量

k 流速因数,波数,卡门通用常量

k 压缩系数 m^2/N

k_s 管壁绝对粗糙度 m

L 长度量纲

L 长度 m

l 长度;混合长度,翼展 m

M 质量量纲

M 力矩 N·m

M 偶极子强度 m^3/s

M 浮体稳心

Ma 马赫数

m 质量 kg

m 源、汇强度 m^3/s

$\boldsymbol{m}$ 动量矩 $kg \cdot m^2/s$

$\boldsymbol{n}$ 单位法向矢量

n 气体分子量

n 转速 r/min

Ne 牛顿数

P 湿周 m

P 功率 W

p_m 全压 Pa

$\boldsymbol{p}$ 动量 kg·m/s

p 压强 Pa

p_{ab} 绝对压强 Pa

$p_g(p)$ 相对压强(表压) Pa

p_v 真空压强 Pa

p_a 大气压强 Pa

p_b 背压 Pa

p_e 出口压强 Pa

p_∞ 无穷远压强 Pa

Δp 压强降损失 Pa

Q 流量(体积流量) m^3/s

Q_V 体积流量 m^3/s

Q_m 质量流量 kg/s

R 半径 m

R 气体常数 J/(kg·K)

R_b 曲率半径 m

Re 雷诺数

Re 复数实部

Re_* 粗糙雷诺数

Re_x 局部雷诺数

Re_{xcr} 临界局部雷诺数

Re_l, Re_b 平板雷诺数

r 半径,初稳心半径 m

r_h 水力半径 m

s 单位质量流体的熵(比熵) J/(kg·K)

Sr 斯特劳哈尔数

T 时间量纲

T 周期 s

T 温度 K

t, t_m 翼型厚度(最大厚度) m

t 时间 s

U 速度 m/s

U_0 均流速度 m/s

u 悬浮速度 m/s

u, v, w 直角坐标系速度分量 m/s

u', v', w' 速度脉动值 m/s

u_τ 壁面摩擦速度 m/s

V 平均速度 m/s

V 体积 m^3

V_p 压力体体积 m^3

V_a 绝对速度 m/s

V_r 相对速度 m/s

V_e 牵连速度 m/s

$\boldsymbol{v}$ 速度

v_r, v_θ, v_z 柱坐标系速度分量 m/s

W 重量 N

W 功 N·m, J

$W(z)$ 复势

x, y, z 直角坐标系的自变量

y, z 高度

z 物理平面,复自变量

2. 希腊字母

α 角度,马赫角 rad

α 动能修正因子

α 膨胀系数 1/℃

β 角度 rad

Γ 速度环量 m^2/s

γ 重度 N/m^3

γ 比热比(绝热指数)

γ 角度 rad

$\dot{\gamma}$ 角变形速率 1/s

δ 角度机翼后掠角 rad

δ 边界层名义厚度 m

δ_d 位移厚度 m

δ_m 动量厚度 m

ζ 局部阻力因数

ζ 映射平面

$\zeta(x, y, t)$ 波面高度 m

ε 线应变率

η 分布函数;效率

Θ 温度量纲

θ 角度;位相 rad

λ 波长 m

λ 展弦比

λ 管道阻力因数

μ 黏度 Pa·s

μ 流量修正因数

ν 运动黏度 m^2/s

ξ, η, ζ 辅助坐标系三个坐标量

π 相似准则数

π 圆周率

ρ 密度 kg/m^3

Σ 西格马效应

Σ 马格纳斯效应

σ 附加法向应力 Pa

σ 空泡数

τ 切应力 Pa

τ_0 壁面切应力 Pa

$\bar{\tau}$ 湍流切应力 Pa

$\bar{\tau}_1$ 黏性切应力 Pa

$\bar{\tau}_2$ 惯性切应力 Pa

φ 速度势(函数) m^2/s

ψ 流函数 m^2/s

Ω 涡量 1/s

Ω 船体湿面积 m^2

$\boldsymbol{\omega}$ 角速度矢量 rad/s

ω 圆频率 1/s

ω_x, ω_y, ω_z 直角坐标系角速度分量 rad/s

ω_r, ω_θ, ω_z 柱坐标系角速度分量 rad/s

3. 其他

∇ 哈密顿算子

∇^2 拉普拉斯算子

dim 量纲符号

div 散度符号

grad 梯度符号

rot 旋度符号

附录 B　常见截面的几何特征量

	截面形状	形心位置	惯性矩
1	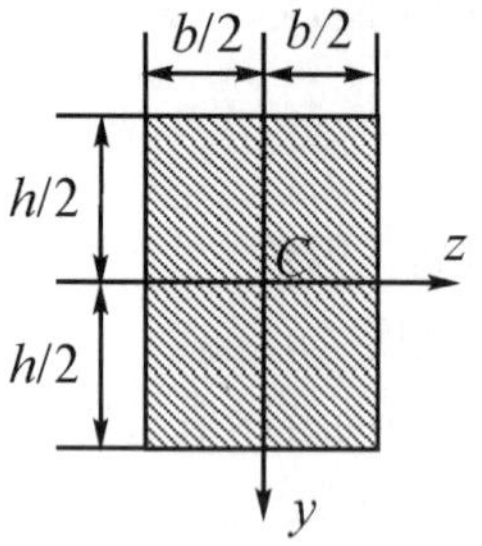	截面中心	$I_z = \frac{bh^3}{12}$
2	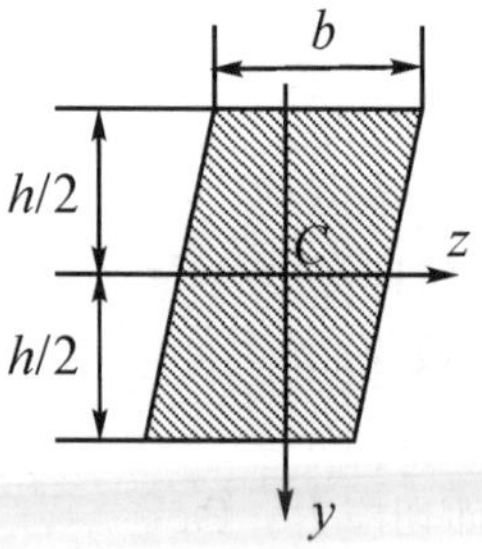	截面中心	$I_z = \frac{bh^3}{12}$
3	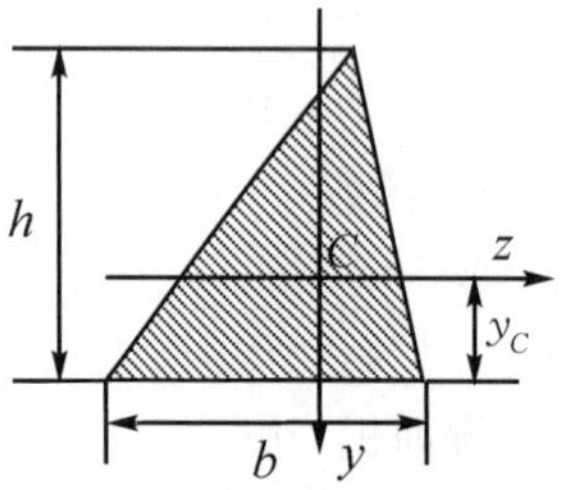	$y_C = \frac{h}{3}$	$I_z = \frac{bh^3}{36}$
4	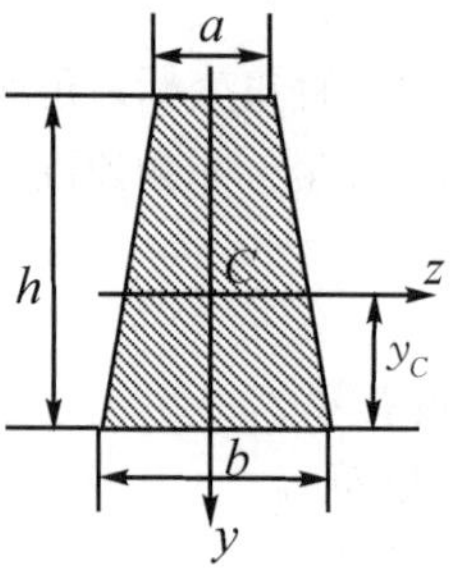	$y_C = \frac{h(2a+b)}{3(a+b)}$	$I_z = \frac{h^3(a^2+4ab+b^2)}{36(a+b)}$

续 表

	截面形状	形心位置	惯性矩
5		圆心处	$I_z = \dfrac{\pi d^4}{64}$
6		圆心处	$I_z = \dfrac{\pi(D^4 - d^4)}{64} = \dfrac{\pi D^4}{64}(1 - a^4)$ $a = d/D$
7		圆心处	$I_z = \pi R_0^3 \delta$
8		$y_C = \dfrac{4R}{3\pi}$	$I_z = \dfrac{(9\pi^2 - 64)R^4}{72\pi} = 0.1098R^4$
9		$y_C = \dfrac{2R\sin\alpha}{3a}$	$I_z = \dfrac{R^4}{4}\left(a + \sin\alpha\cos\alpha - \dfrac{16\sin^2\alpha}{9a}\right)$
10		椭圆中心	$I_z = \dfrac{\pi ab^3}{4}$

附录 C　几种典型物体绕流的阻力因数

表 C1　二维钝体阻力因数(无限长，$Re>10^4$，A 为迎风面积)

形状	C_D	C_D
薄平板	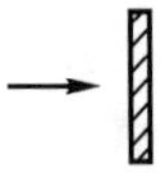 $C_D=2.0$	
半圆壳	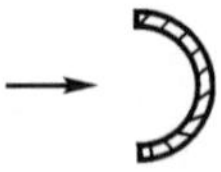 2.3	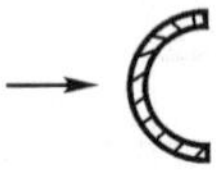 1.2
半圆柱	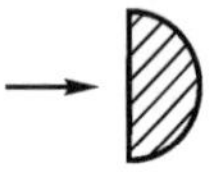 2.15	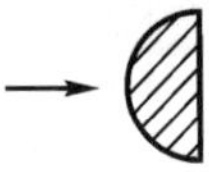 1.2
三角形	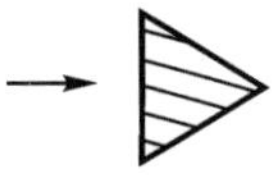 2.15	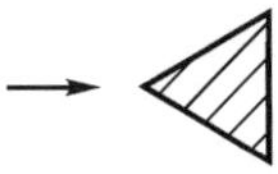 1.6
正方形	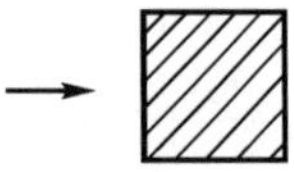 2.2	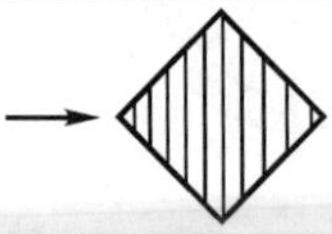 1.6
H 型柱	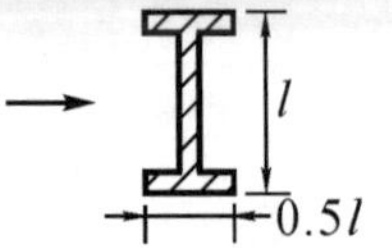 2.05	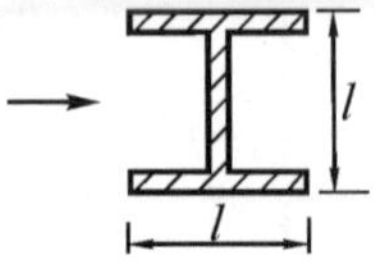 1.6

矩形柱

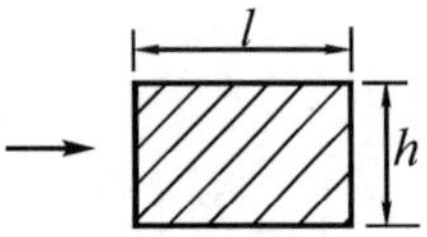

l/h	0.5	0.65	1	2	4	6
C_D	2.5	2.9	2	1.6	1.25	0.9

椭圆柱

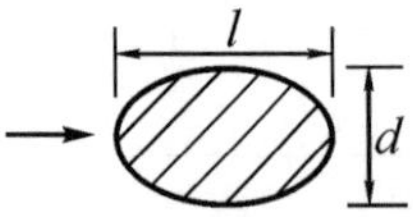

l/d	0.5		1	2	4	8
C_D	1.6		1.0	0.6	0.35	0.25(层流)

圆头矩形柱

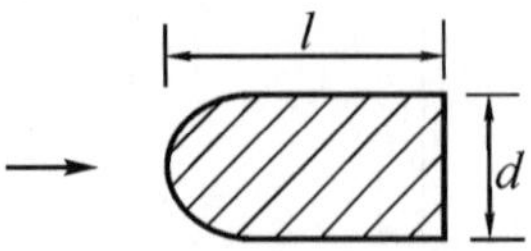

l/d	0.5		1	2	4	6
C_D	1.16		0.9	0.7	0.68	0.64

表 C2　三维钝体阻力因数($Re>10^4$,A 为迎风面积)

薄圆板	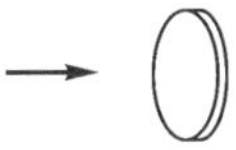	$C_D=1.17$		
半球壳	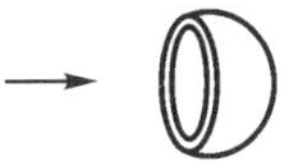	1.4	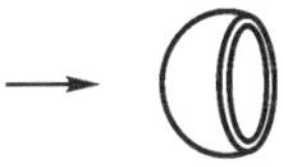	0.4
半球体	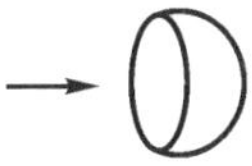	1.17	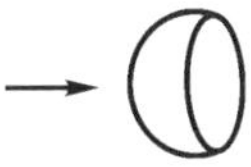	0.42
正方体	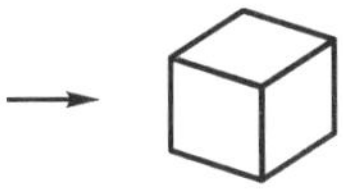	1.05	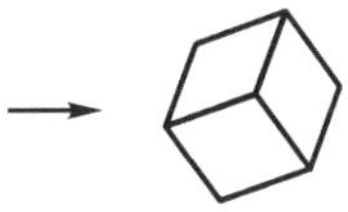	0.8
矩形薄平板	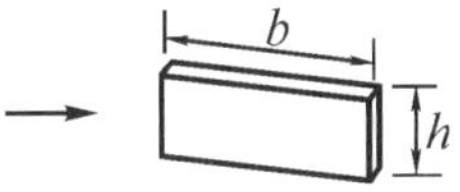	b/h: 0.5, 1, 2, 4, 8, ∞ C_D: 1.1, 1.05, 1.1, 1.12, 1.2, 2.0		
圆柱体	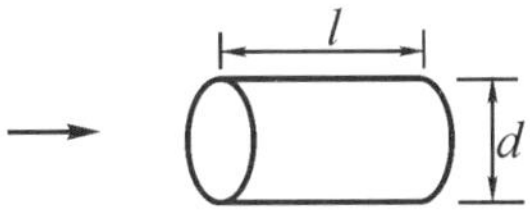	l/d: 0.5, 1, 2, 4, 6 C_D: 1.15, 0.93, 0.83, 0.85, 0.85		
椭球体	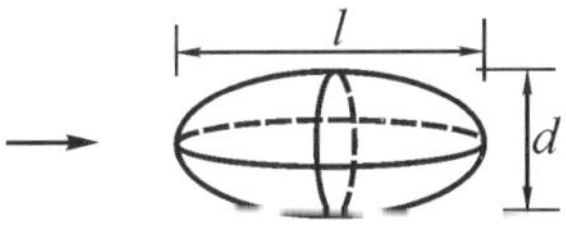	l/d: 0.75, 1, 2, 4, 8 C_D: 0.5, 0.47, 0.27, 0.25, 0.2 (层流)		
圆锥体	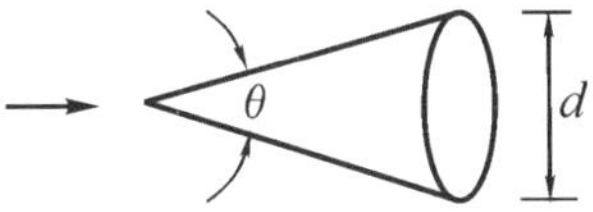	θ: 10°, 20°, 30°, 60°, 90° C_D: 0.3, 0.4, 0.55, 0.8, 1.15		

自然物			
降落伞	垂直下落 1.4		
人体(平均值)	站立 1.15	蹲伏 0.4	躺姿 0.2
高层建筑	方形截面 1.4	圆形截面 0.75	
火车头	蒸汽机 0.98	内燃机 0.4	流线型 0.1
普通自行车	上身直立 1.1	俯姿 0.88	
厢式卡车	普通型 0.96	带顶部导流罩 0.70	

附录D 模拟试卷

试卷1

一、选择题

1. 流体的切应力________。
   A. 当流体处于静止状态时不会产生；
   B. 当流体处于静止状态时，由于内聚力，可以产生；
   C. 仅仅取决于分子的动量交换；
   D. 仅仅取决于内聚力。
2. 在重力作用下静止液体中，等压面是水平面的条件是________。
   A. 同一种液体　　B. 相互连通
   C. 不连通　　D. 同一种液体，相互连通
3. 不可压缩流体的总流连续性方程 $Q=VA$ 适用于________。
   A. 恒定流　　B. 非恒定流
   C. 恒定流及非恒定流　　D. 均不适用
4. 雷诺实验中，由层流向紊流过渡的临界流速 V'_{cr} 和由紊流向层流过渡的临界流速 V_{cr} 之间的关系是________。
   A. $V'_{cr}>V_{cr}$　　B. $V'_{cr}<V_{cr}$　　C. $V'_{cr}=V_{cr}$　　D. 不确定
5. 流函数满足拉氏方程的条件是________。
   A. 平面不可压缩流体的流动　　B. 平面有势流动
   C. 不可压缩流体的有势流动　　D. 不可压缩流体的平面有势流动

二、填空题

1. 根据如图1所示，试绘出壁面 ABC 上的相对压强分布图，并注明大小。
2. 流线是一条光滑的曲线，除驻点外流线不能________，在________中流线与迹线重合。
3. 毕托管是将流体________(选填“动能”、“压能”或“位能”)转化为________(选填“动能”、“压能”或“位能”)，从而通过测压计测定流体运动速度的仪器。

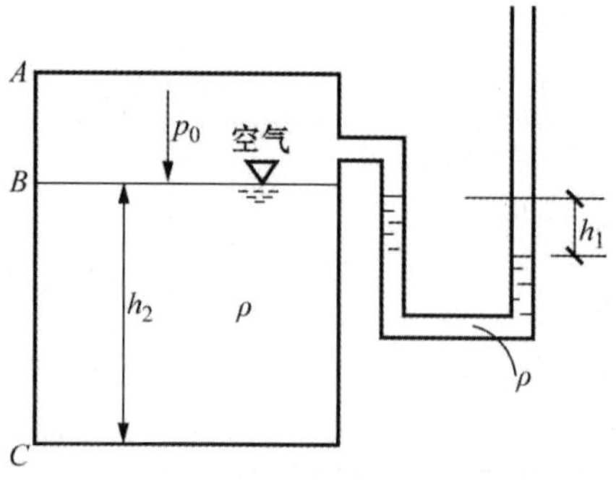

图1

4. 如果考虑模拟的流动，主要作用力为黏滞力，则流动水力相似应考虑采用________准则。如模型设计采用的长度比尺 $\lambda_l=20$，若模型的

流体与原型相同，模型中流速为 50 m/s 时，则原型流速为________ m/s。

5. 在物体表面附近，紊流边界层的速度梯度$\left.\frac{\partial u_x}{\partial y}\right|_{y=0}$比相应层流边界层的速度梯度________（选填“大”或“小”），所以它比层流边界层________（选填“易”或“不易”）产生分离。

三、计算题

1. 如图 2，闸门可绕 O 轴旋转。但因受右端建筑物的限制，只能沿顺时针方向旋转打开。若 $a=1.5\text{m}$，闸门自重忽略不计，求水深超过转轴中心线多少时闸门才会自动打开。

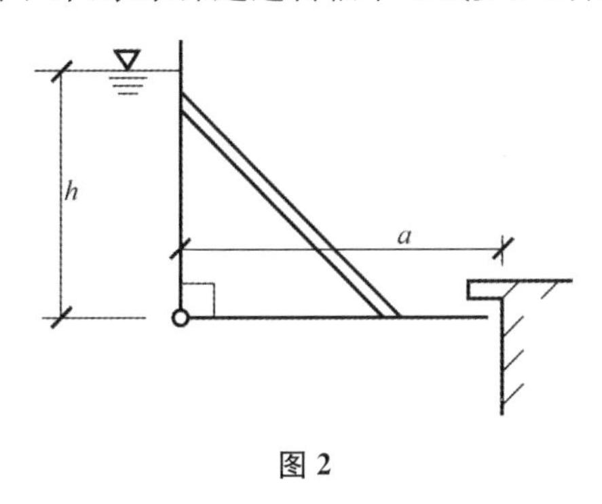

图 2

2. 某水电站岔管镇墩如图 3 所示，流量 Q 由进口 1 输入，由支管 2 和 3 以$\frac{1}{3}Q$和$\frac{2}{3}Q$流出。1 和 3 管直径为 d，岔管水平放置。已知 $h_{f1-3}=1.0\frac{V_3^2}{2g}$，$h_{f1-2}=0.5\frac{V_2^2}{2g}$，$Q=30\text{m}^3/\text{s}$，$D=2.0\text{m}$，$d=1.0\text{m}$，来流 $p_1=40\text{mH}_2\text{O}$。
求：水流对镇墩的作用力大小及方向。

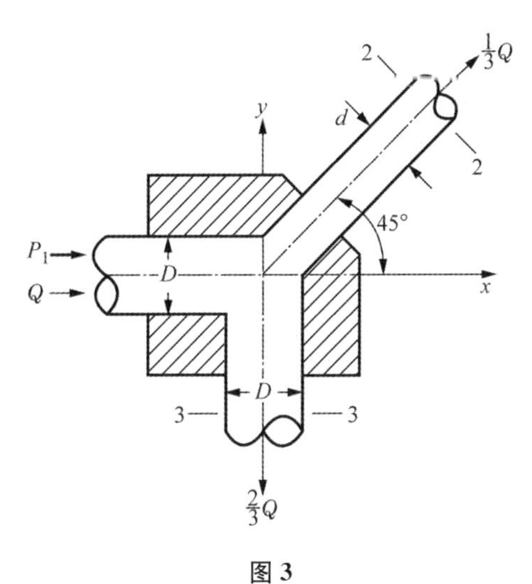

图 3

3. 密度 $\rho_p=800\text{kg/m}^3$ 的原油，动力黏度 $\mu_p=7\times10^{-2}\text{Pa}\cdot\text{s}$，在直径 $d=60\text{mm}$ 的输油管道中，以速度 $V=10\text{m/s}$ 流动，为测该管某一段的压强损失，以长度比尺 $\lambda_l=10$ 制作一水力相似的模型，在模型中以水代油作试验，水的密度 $\rho_m=1\,000\text{kg/m}^3$，黏度 $\mu_m=10\times10^{-4}\text{Pa}\cdot\text{s}$，若在模型中测出某一段的压强损失 $\Delta p_m=150\text{mmH}_2\text{O}$，试求原型油管中此段的压强损失 Δp 为多少 kPa。

试卷 2

一、选择题

1. 流体是________一种物质。

   A. 不断膨胀直到充满容器的；

   B. 实际上是不可压缩的；

   C. 不能承受剪切力的；

   D. 在任一剪切力的作用下不能保持静止的。

2. 用 4m×1m 的矩形闸门垂直挡水，见图 4，水压力对闸门底部门轴的力矩等于________。

   A. 104.53kN·m　　B. 156.8kN·m

   C. 249.24kN·m　　D. 627.2kN·m

3. 若流动是一个坐标量的函数，又是时间 t 的函数，则流动为________。

   A. 一元流动　　B. 二元流动

   C. 一元非恒定流动　　D. 一元恒定流动

图 4

4. 某溢流堰原型坝高 $H_p=12\text{m}$，最大泄流量 $Q_p=60\text{m}^3/\text{s}$，拟采用模型进行水力试验，设计模型坝高 $H_m=0.48\text{m}$，则模型最大泄流量 Q_m 为________。

   A. $2.4\text{m}^3/\text{s}$　　B. $0.0192\text{m}^3/\text{s}$　　C. $0.192\text{m}^3/\text{s}$　　D. $0.24\text{m}^3/\text{s}$

5. 在边界层内________与________有同量级大小。

   A. 惯性力，表面张力　　B. 惯性力，重力

   C. 惯性力，弹性力　　D. 惯性力，黏滞力

二、填空题

1. 水的黏度随温度升高而____________________。空气的黏度随温度的升高而____________________。

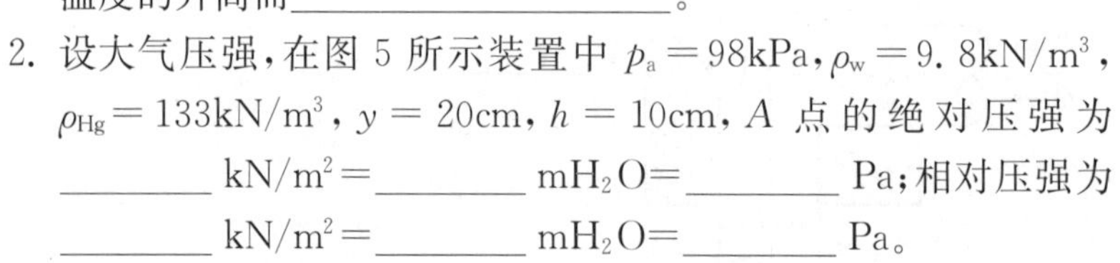

2. 设大气压强，在图 5 所示装置中 $p_a=98\text{kPa}$，$\rho_w=9.8\text{kN/m}^3$，$\rho_{Hg}=133\text{kN/m}^3$，$y=20\text{cm}$，$h=10\text{cm}$，$A$ 点的绝对压强为________ kN/m^2=________ mH_2O=________ Pa；相对压强为________ kN/m^2=________ mH_2O=________ Pa。

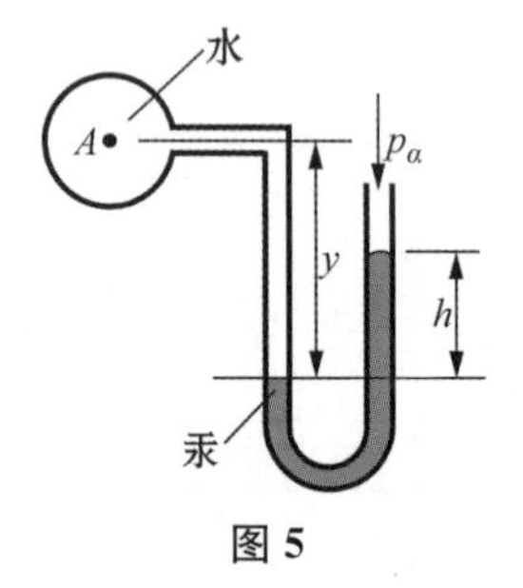

图 5

3. 绘出图 6 中半球面及圆柱体的压力体并指出铅垂分力的方向。（实压力体和虚压力体的重叠部分不要画出）

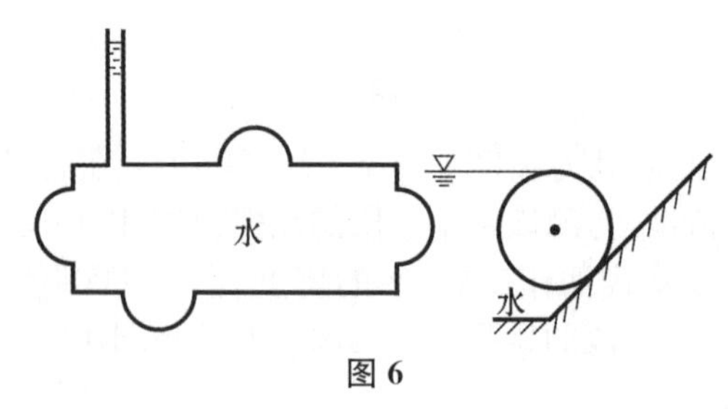

图 6

4. 在研究紊流阻力系数的变化规律时，根据黏性底层与粗糙高度 k 的关系，将流动分为________区，________区和________区。________区内只与相对粗糙度 k/d 有关，与雷诺数 Re 无关。
5. 液体中，测压管水头的能量意义是________________________________。

三、计算题

1. 有一个半径 $R=0.3\text{m}$，重 $G=1\,000\text{N}$ 的球形塞。如图 7 所示，问 h 需要多大时，该球形塞才能自动开启？

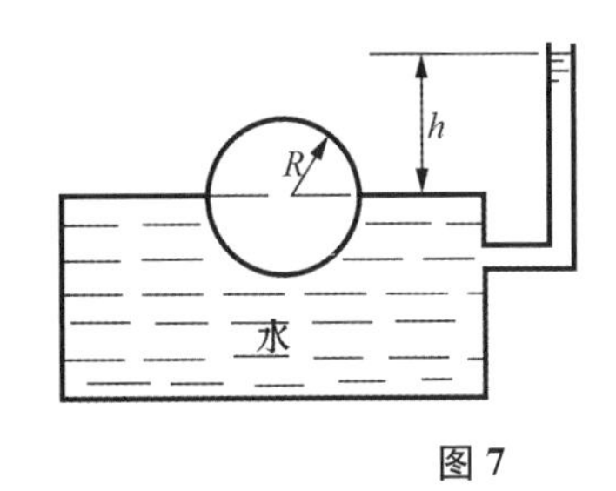

图 7

2. 长度比尺 $\lambda_l=20$ 的管道模型，原型流体为空气，模型中流体为水，其动力黏度为空气黏度的 50 倍，密度为空气密度的 800 倍。试问：(1)当空气流速 $v_\text{p}=10\text{m/s}$ 时，模型中水流速 $v_\text{m}=$？(2)在模型中测得压降 Δp_m 为 300kPa，试求原型中气流的压降是多少？
3. 设不可压缩流体平面无旋流动的速度势为 $\phi=x^3y=xy^3$。
   (1)它是否满足流体的连续性条件；(2)求流函数。

试卷 3

一、选择题

1. 理想液体的特征是________。

   A. 黏度为常数　　B. 无黏性　　C. 不可压缩　　D. 符合$\frac{p}{\rho}=RT$

2. 如图 8,一密闭容器内下部为水,上部为空气,液面下 4.2m 处的测压管高度为 2.2m,设当地压强为 9 800Pa,则容器内液面的绝对压强为________ mH_2O。

   A. 2m　　B. 1m

   C. 8m　　D. −2m

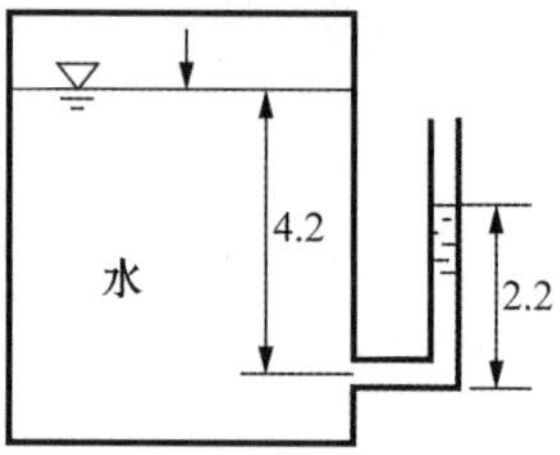

图 8

3. 方程$\frac{\partial u}{\partial x}+\frac{\partial v}{\partial y}+\frac{\partial w}{\partial z}=0$($u$、$v$、$w$ 分别为速度在三个坐标轴方向的分量)成立的条件是________。

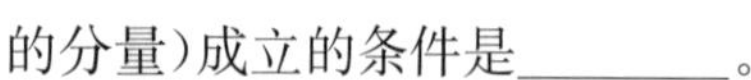

   A. 理想流体　　B. 流体不可压缩　　C. 连续介质模型　　D. 流动无旋

4. 理想流体流经管道突然放大断面时,其测压管水头线________。

   A. 只可能上升　　B. 只可能下降

   C. 只可能水平　　D. 以上三种情况均有可能

5. 一密闭容器内下部为密度为的水,上部为空气,空气的压强为 p_0。若容器由静止状态自由下落,则在下落过程中容器内水深为 h 处的压强为________。

   A. $p_0+\rho gh$　　B. p_0　　C. 0　　D. $p_0-\rho gh$

二、填空题

1. 作用于流体上的质量力是指________________________________,质量力是非接触力,常见的质量力有____________和____________等。

2. 图 9 所示,两块无限大平行平板间的流动,速度分布为抛物线,A、B、C 三点的切应力最大的是________点,最小的是________点。

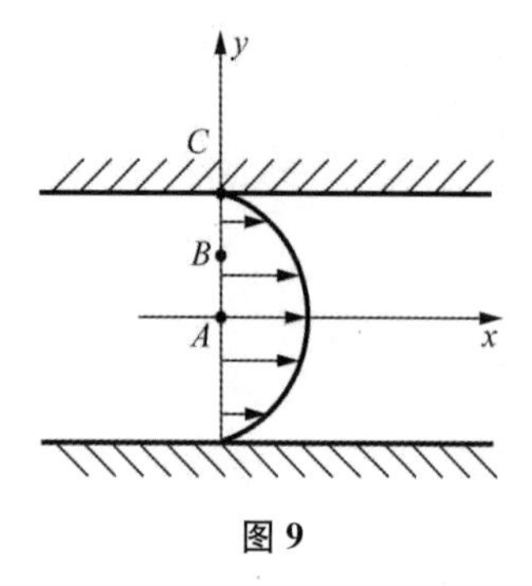

图 9

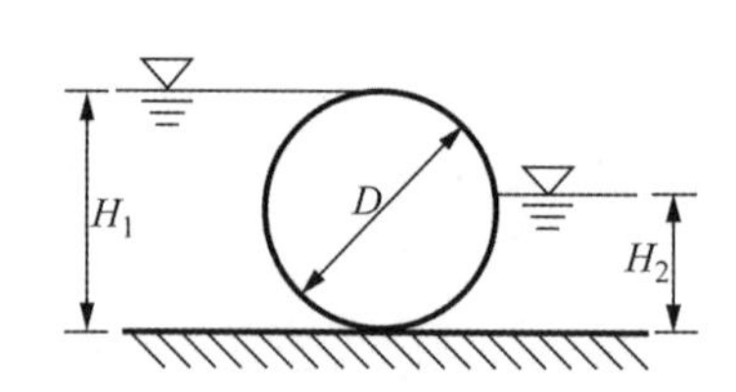

图 10

3. 绘出如图 10 所示圆柱体表面的压力体,并标出铅垂分力的方向。(实压力体和虚压力体的重叠部分不要画出)

4. 用拉格朗日法描述液体运动时,液体的运动的轨迹线叫________。流线的概念是从

________法引出的，在这条曲线上所有各质点的流速矢量都和该曲线________，在恒定流中，质点的迹线和流线________。

5. 具有自由液面的液体流动，主要受________力作用，一般采用________相似准则设计模型。

三、计算题

1. 圆柱形锅炉，位置水平，两端均系垂直平板，其内装满水（见图 11），求上下两个半圆弧柱面上的铅垂总压力之比。

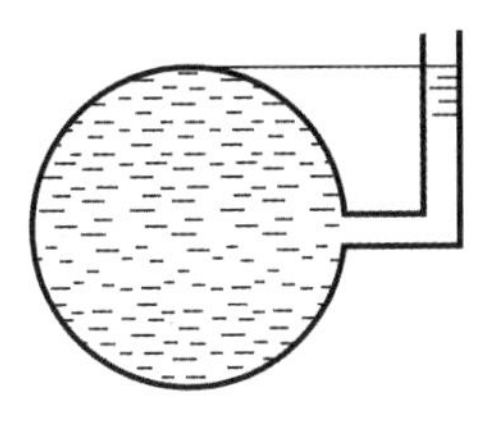

图 11

2. 图 12 所示，喷射水流垂直撞击一块重量为 G 的光滑平板，使平板平衡在某一高度，水流受撞击后沿平板水平方向四周扩散，然后下降，水流通气条件良好。已知喷射口水流流速 $V_0=17.72\text{m/s}$，喷射口直径 $d_0=4\text{cm}$，喷射高度为 $h=15.75\text{m}$，问该平板的重量 G 为多少？（所有阻力忽略不计）

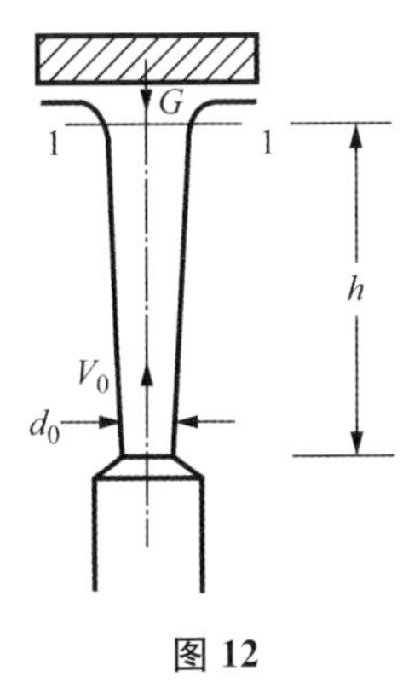

图 12

3. 已知三种不可压缩流体平面流动的流速分量分别是：

(1) $u_x=A+By$ (2) $u_x=Ay$ (3) $u_x=Ax$

$u_y=0$ $U_y=Ax$ $u_y=-Ay$

式中 A、B 皆为常数。

试判别上述三种情况是否存在速度势 ϕ，如存在，求 ϕ 的表达式。

试卷 4

一、选择题

1. 在研究流体运动时，按照是否考虑流体的黏性，可将流体分为________。

   A. 牛顿流体及非牛顿流体　　B. 可压缩流体与不可压缩流体

   C. 均质流体与非均质流体　　D. 理想流体与实际流体

2. 如图 13 所示，用 U 形水银测压计测 A 点压强，$h_1 = 500\text{mm}$，$h_2 = 300\text{mm}$，A 点的真空值为________。

   A. 63.70kPa；　　B. 69.58kPa

   C. 104.37kPa；　　D. 260kPa

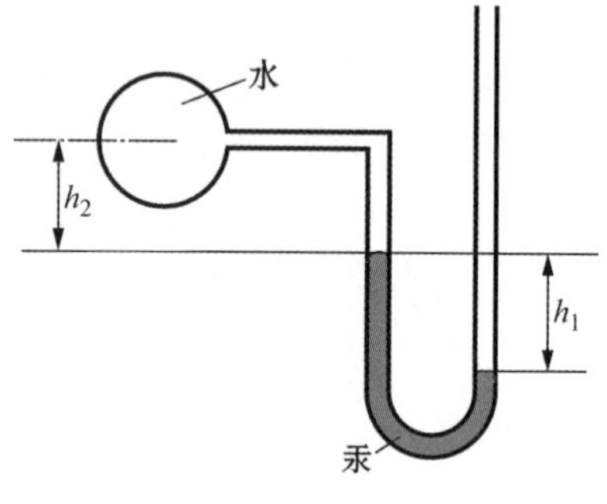

图 13

3. 由功率 P、流量 Q、密度 ρ、重力加速度 g 和作用水头 H 组成一个无量纲数是________。

   A. 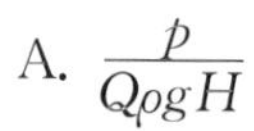 $\dfrac{p}{Q\rho gH}$　　B. $\dfrac{pQ}{\rho gH}$

   C. 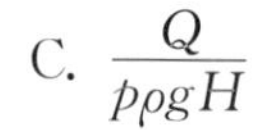 $\dfrac{Q}{p\rho gH}$　　D. $\dfrac{H}{pQ\rho g}$

4. 水流在管道直径、水温、沿程阻力系数都一定时，随着流量的增加，黏性底层的厚度就________。

   A. 增加　　B. 减小　　C. 不变　　D. 不定

5. 一密闭容器内下部为密度为 ρ 的水，上部为空气，空气的压强为 p_0。若容器由静止状态自由下落，则在下落过程中容器内水深为 h 处的压强为________。

   A. $p_0 + gh$　　B. p_0　　C. 0　　D. $p_0 gh$

二、填空题

1. 某平面流动的流速分布方程为 $u = 1.5y - y^2$，流体的动力黏度 $\mu = 1.14 \times 10^{-3}\,\text{Pa} \cdot \text{s}$，距壁面 $y = 10\text{cm}$ 处的黏性切应力 $\tau =$________ Pa。

2. 试定性画出图示相对平衡液体的自由液面形状(图 14 中虚线为静止时的液面)。

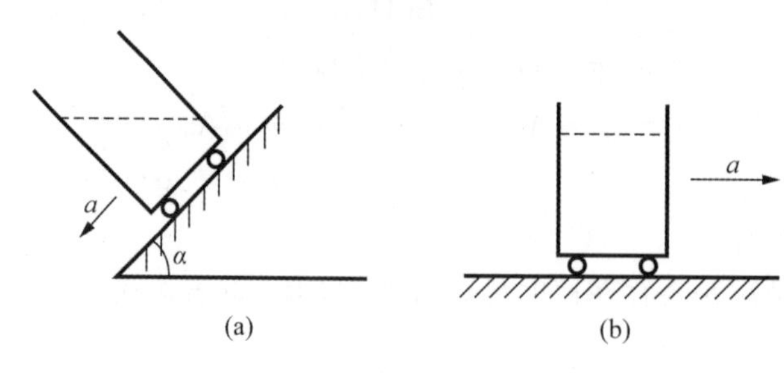

图 14

3. 弗劳德准数 Fr 表达式为________，是________力与________力的比值。雷诺数 Re 表达式为________，是________力与________力的比值。

4. 流体的动力黏性系数 μ 的量纲是________________________________。

5. 当地大气压 $p_a = 100\text{kPa}$，如果某点的真空压强为 35kPa，则该点的绝对压强为____ kPa。

三、计算题

1. 一矩形挡水板如图 15 所示，板宽 2m，α 板高 3m，$\alpha=60^\circ$。试求作用于平板的静水总压力的大小及作用点。

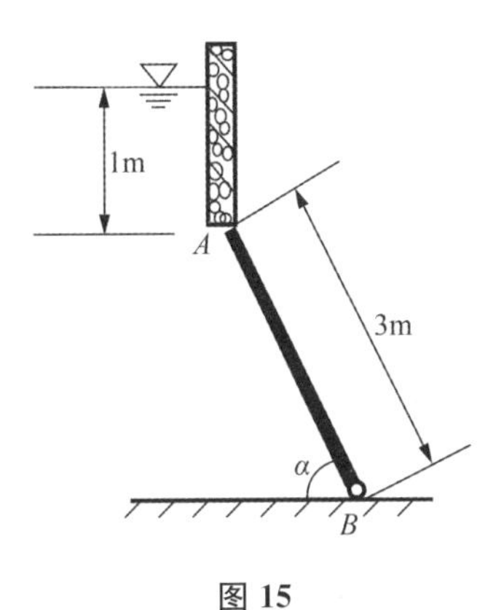

图 15

2. 图示水泵运行时，进水口的真空表读数为 $3\mathrm{mH_2O}$，吸水管 $d_1=400\mathrm{mm}$，压力表读数为 $28\mathrm{mH_2O}$，压水管 $d_2=300\mathrm{mm}$，流量 $Q=0.15\mathrm{m^3/s}$，求泵的扬程。(扬程是指单位重量流体通过泵所获得的能量)

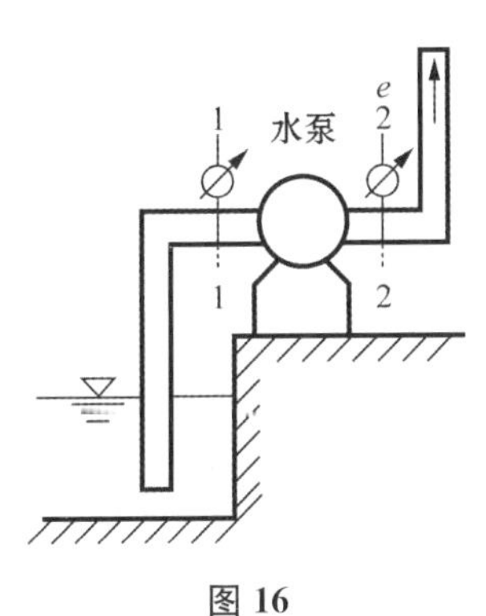

图 16

3. 两个公轴圆筒，外筒固定，内筒旋转，两筒筒壁间充满不可压缩的黏性流体。设筒的转矩 M_d 只与筒的长度 L、直径 d、流体密度 ρ、运动黏度 ν 及内筒的旋转角速度 ω 有关，试用 π 定理推导转矩 M_d 的表达式。

试卷 5

一、选择题

1. 在研究流体运动时，按照是否考虑流体的黏性，可将流体分为________。
   A. 牛顿流体及非牛顿流体　　B. 可压缩流体与不可压缩流体
   C. 均质流体与非均质流体　　D. 理想流体与实际流体
2. 水深为 4m 的宽浅河道，实验室中与之相似的模型河道水深为 1m，如果河道中的平均流速为 1m/s，那么模型河道中的流速为________。
   A. 0.25m/s　　B. 0.50m/s　　C. 1.0m/s　　D. 2.0m/s
3. 水流流动方向一定应该是________。
   A. 从高处向低处流
   B. 从压强大处向压强小处流
   C. 从流速大的地方向流速小的地方流
   D. 从单位重量流体机械能高的地方向低的地方流
4. 水和空气两种不同流体在相同条件圆管内流动，临界雷诺数 Re_{cr} 的关系是________。
   A. $Re_{cr水}>Re_{cr空气}$　　B. $Re_{cr水}<Re_{cr空气}$
   C. $Re_{cr水}=Re_{cr空气}$　　D. 因温度和压力不同而不同
5. 输送流体的管道，长度及两段的压强差不变，在层流流态，欲使流量增大一倍，$Q_2=2Q_1$，管径 d_2/d_1 应为________。
   A. $\sqrt{2}$　　B. $\sqrt[4]{2}$　　C. 4　　D. 16

二、填空题

1. 若某一流体，沿水平方向(x 正方向)以等加速度 a 在地球重力场内运动，那么它所受到的单位质量力在 x、y、z 三个轴上的分力分别为：$X=$________，$Y=$________，$Z=$________。坐标轴选择如图 17 所示。

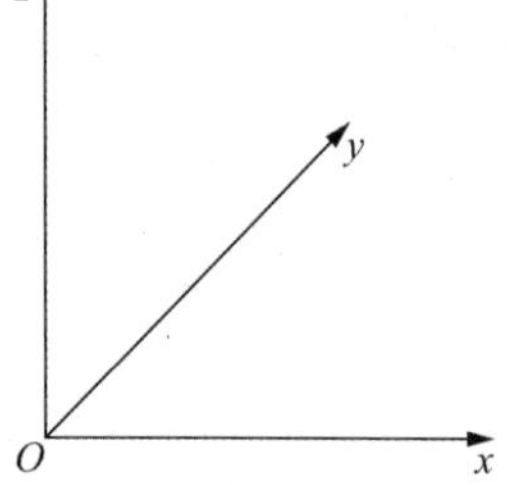

图 17

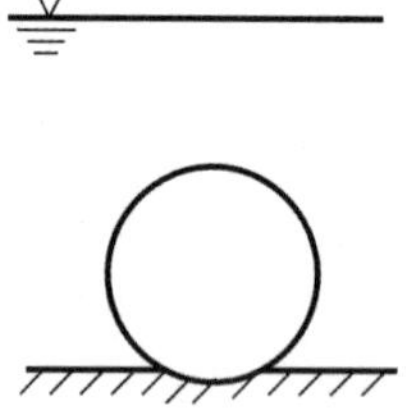

图 18

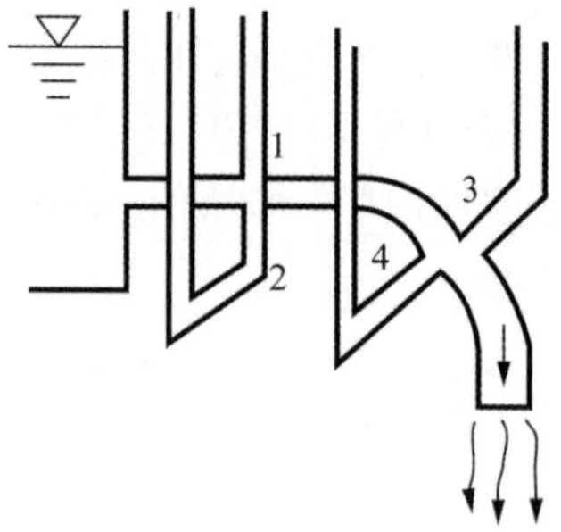

图 19

2. 绘出如图 18 所示球体的压力体并标出铅垂分力的方向。(实压力体和虚压力体的重叠部分不要画出)
3. 如图 19 所示，等直径圆管内的恒定水流，点 1 和点 2、点 3 和点 4 分别在同一断面上，请比较测压管 1 和管 2，测压管 3 和管 4 的水面(用等于、高于和低于填空)：

(1) 管 1 水面________管 2 水面；

(2) 管 3 水面________管 4 水面。

4. 圆管层流运动过流断面上的断面平均流速 V 与最大流速 V_{max} 的关系为________________________。圆管层流沿程阻力系数 λ 与雷诺数 Re 的关系为 $\lambda=$________。

5. 平板紊流边界层的厚度沿板长的增加比层流边界层________(选填“快”或“慢”)，壁面切应力沿板长的减小比层流边界层________(选填“快”或“慢”)，摩擦阻力比层流边界层________(选填“大”或“小”)。

三、计算题

1. 如图 20 所示的挡水闸板 MN，该闸板可绕 N 轴转动。求为使闸门关紧所需施加给转轴多大的力矩。已知闸板宽 2m，$h_1=3\text{m}$，$h_2=2\text{m}$。

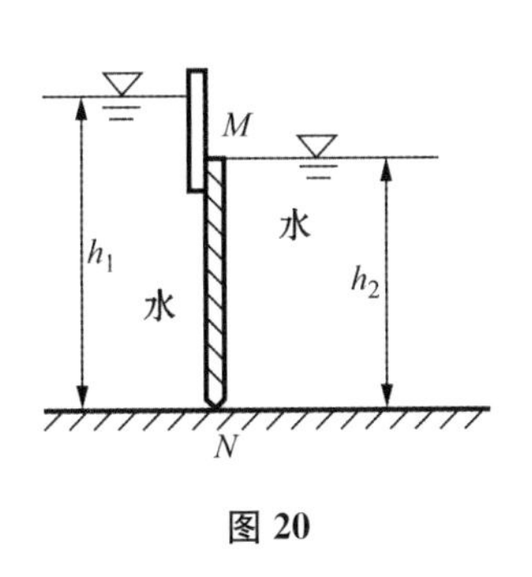

图 20

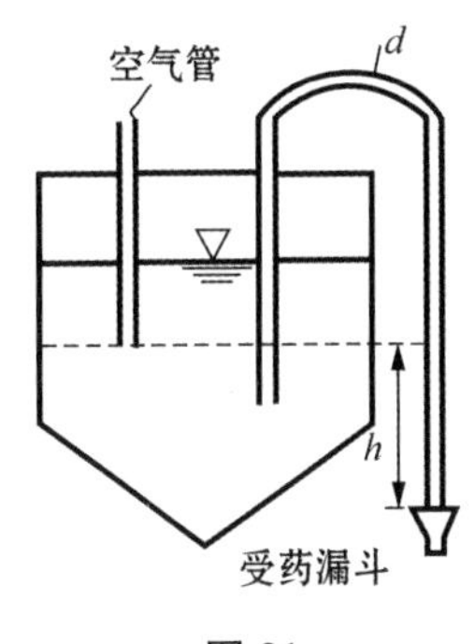

图 21

2. 一定量投药设备如图 21 所示，当投药箱内液体下降时，空气将通过空气管进入箱内，以自动调整箱内的表面压强，使出流为定常(恒定)流动，设液体不低于空气管出口所在的水平面。

(1) 已知 $h=10\text{cm}$，虹吸管直径 $d=1\text{cm}$，求药液的出流量。(不计阻力)；

(2) 试述用哪些措施可以增大虹吸管的出流量。

3. 用模型在风洞中吹风的办法确定汽车的空气动力阻力(如图 22 所示)，已知车高 $h=1.5\text{m}$，最大风速 $V_p=108\,000\text{m/h}$，风洞中模型吹风速度 $V_m=45\text{m/s}$，原型与模型的物理特性一致。试求：

(1) 为保证黏滞力相似，模型尺寸 h_m 应为多少？

(2) 模型所受阻力 $P_m=14.7\text{N}$，汽车所受的正面阻力是多少？

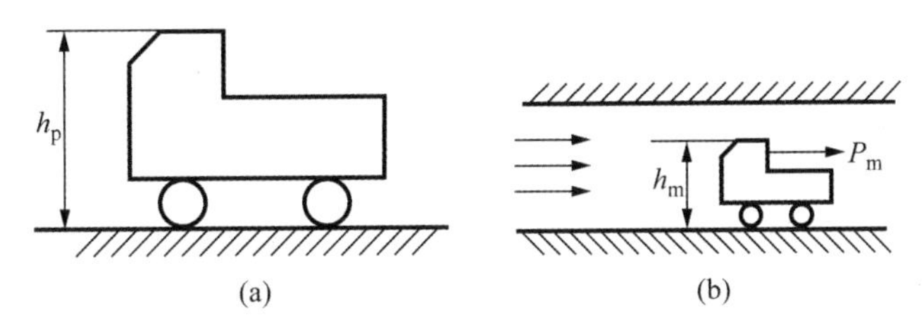

图 22

习题参考答案

1.10 11.76×10^{-2} Pa

1.11 2.917 Pa·s

1.12 38.83 N·m

1.13 $\frac{\pi\mu\omega d^4}{32\delta}$

1.14 2.5×10^8 Pa

1.15 $\boldsymbol{F}=\omega^2 x\boldsymbol{i}+\omega^2 y\boldsymbol{j}-g\boldsymbol{k}$

1.16 0.2 m^3

1.17 435.4 kPa

1.18 12 转

1.19 $\mu=\dfrac{M}{\dfrac{\omega}{a}\pi r_1^4\left[\dfrac{1}{2}+\dfrac{2ar_2H}{r_1^2(r_2-r_1)}\right]}$

2.12 55.419 kPa

2.13 (1) 46.086 kPa

(2) 8.731 kPa

2.14 126 Pa

2.15 6.065 rad/s

2.16 $\cos\theta=-\dfrac{g}{a\omega^2}$(球中心下方)

2.17 0.207 m

2.18 $\sqrt{2}$ m

2.19 45.18 kN, $h_D=2.035$ m

2.20 1.33 m

2.21 $H_D-\dfrac{2}{3}H$

2.22 1.155 m, 2.11 m, 2.73 m

2.23 (1) $p_v=27.37$ kPa

(2) 无影响

2.24 2.57 kN(↑), 7.063 kN(↓), 4.824 kN(↙)

2.25 4.05 kN

2.26 $\pi r^3(0.125\gamma+\gamma_1)$

2.27 0.172 5 m

2.28 4.078 m, 3 340.59 kN·m

2.29 $\cos^2\theta<\left(\dfrac{\rho_1}{\rho_2}\right)^{\frac{1}{3}}$

2.30 191.3 kN

2.31 （1）0.692 8

（2）0.506 3

3.19 （1）$x=(a+1)e^t-t-1$，$y=(b+1)e^t+t-1$，$z=C$

（2）$u=C_1e^t-1$，$v=C_2e^t+1$，$w=0$

（3）$u=x+t$，$v=y-t+2$，$w=0$

（4）相同

3.20 （1）非恒定

（2）$a_x=3-t$，$a_y=1+t$，$a_z=2$

3.21 $x-y=1$，$x-y=1$

3.22 （1）$x^2-y^2=C$

（2）有旋

3.23 （1）$B=C$，$A=-D$

（2）$\varphi=\frac{1}{2}A(x^2-y^2)+Bxy$

3.24 $\varepsilon_{xx}=\varepsilon_{yy}=\varepsilon_{zz}=0$

$\dot{\gamma}_{xy}=\frac{\pi v_0}{4a}, \dot{\gamma}_{xz}=\dot{\gamma}_{yz}=0$

$p_{xx}=p_{yy}=p_{zz}=p$

$\tau_{yz}=\tau_{zx}=0$

$\tau_{xy}=\frac{\mu\pi v_0}{2a}$

3.26 $3x-2y=C$

3.27 $u=-2x-2xy+f(y, t)$

3.28 $\frac{4}{3}bu_{\max}$

3.29 （1）有旋 $\dot{\gamma}_{xy}=\dot{\gamma}_{xz}=\dot{\gamma}_{yz}=0$

（2）无旋 $\dot{\gamma}_{xy}=\frac{-c(x^2-y^2)}{(x^2+y^2)^2}, \dot{\gamma}_{xz}=\dot{\gamma}_{yz}=0$

3.30 （1）满足连续方程

（2）有旋

（3）$\psi=x^2y+2xy-2y^2$

3.31 （1）$\psi=\frac{m}{2\pi}\theta$

（2）$\psi=-\frac{\Gamma}{2\pi}\ln r$

3.32 （1）$v=e^{-x}\sinh y$

（2）$\psi=e^{-x}\sinh y+y$

3.33 $\psi=-3xy^2+x^3$

$Q=11$

4.6 $0.192\ \mathrm{m^3/s}$，$p_v=78.46\ \mathrm{kPa}$，$4.16\ \mathrm{m}$

4.7 $\frac{h_1}{h_2}=\left(\frac{A_2}{A_1}\right)^2$，$Q=A_1\sqrt{2gh_1}$

4.8 （1）7 m/s，3.5 m/s，7 m/s，14 m/s，$Q=0.035\ \mathrm{m^3/s}$

(2) $H=10$ m

4.10 0.013 2 m^3/s，0.046 8 m^3/s

4.11 29.67 min

4.12 (1) 5.19 m^3/s

(2) 1%

4.13 (1) $\dfrac{A_a}{A_e}>\sqrt{\dfrac{h_e}{h}}$

(2) $\dfrac{A_a}{A_e}>\sqrt{\dfrac{h_e+h_s}{h}}$

4.14 7.92 m/s，0.8 m，80.6 mm

4.15 220.8 N

4.16 456.5 N，$\alpha=30°$

4.17 (1) $\rho\dfrac{\pi}{4}d^2v^2(1-\cos\alpha)$

(2) $\rho\dfrac{\pi}{4}d^2(v-u)^2(1-\cos\alpha)$

4.18 63.74 Pa

4.19 (1) 3.26 kN

(2) 5.25 kN

4.20 2.321 kN

5.1 $\alpha=54.74°$

5.3 $\Gamma=-4\pi$，$Q=4\pi$

5.4 (1) $\Gamma=0$，$Q=0$

(2) $\Gamma=-2\pi$，$Q=2\pi$

(3) $\Gamma=0$，$Q=0$

5.5 (2) $\varphi=m\ln\dfrac{\sqrt{r^4-2r^2\cos 2\theta+1}}{r}$，$\psi=m\arctan\left(\dfrac{r^2+1}{r^2-1}\tan\theta\right)$

(3) $Q=\dfrac{m\pi}{2}$

(4) $\dfrac{y(x^2+y^2+1)}{x(x^2+y^2-1)}=C$

5.6 (1) $\Gamma=-100\pi$

(2) $u=20$ m/s，$v=0$

(3) $\ln(0.2\sqrt{x^2+y^2})+0.2y+1=0$

5.7 点(0，1) $u_1=4.14$ m/s，$v_1=0.318$ m/s，$V_1=4.15$ m/s，$p_1=21$ Pa

点(1，1) $u_2=4.46$ m/s，$v_2=-2.55$ m/s，$V_2=5.13$ m/s，$p_2=12.81$ Pa

5.8 $W(z)=\dfrac{\Gamma}{2\pi i}\ln(z^n-R^n)$，$\dfrac{dW}{dz}=\dfrac{\Gamma}{2\pi i}\dfrac{nz^{n-1}}{z^n-R^n}$

5.9 (a) $W(z)=U_0ze^{-i\alpha}$

(b) $W(z)=-U_0z$

(c) $W(z)=-iU_0z$

(d) $W(z)=U_0e^{-i\alpha}\left(z+\dfrac{a^2e^{2i\alpha}}{z}\right)$

(e) $W(z) = U_0 e^{-i\alpha}\left(z - z_0 + \dfrac{a^2 e^{2i\alpha}}{z - z_0}\right)$

5.11 $W(z) = \dfrac{m}{4\pi}\ln\dfrac{(z - z_0)^2}{z}$

5.12 $W(z) = \dfrac{m}{\pi}\ln\left(\cosh\dfrac{\pi z}{h} - 1\right)$

$$\frac{dW}{dz} = \frac{m}{h}\,\frac{\sinh\dfrac{\pi z}{h}}{\cosh\dfrac{\pi z}{h} - 1}$$

5.13 (1) $\theta_B = -110^\circ$，压强最小点 $\theta = 110^\circ$

(2) $F_L = 1\ 159.5\ \mathrm{N}$，方向垂直 U_0

5.14 (1) $W(z) = \dfrac{i\Gamma}{2\pi}\ln\dfrac{x^2 + y^2 - x\left(b + \dfrac{1}{b}\right) + 1 + iy\left(\dfrac{1}{b} - b\right)}{(x - b)^2 + y^2}$

$$\varphi = -\frac{\Gamma}{2\pi}\arctan\frac{\left(\dfrac{1}{b} - b\right)y}{x^2 + y^2 - x\left(b + \dfrac{1}{b}\right) + 1}$$

$$\psi = \frac{\Gamma}{2\pi}\ln\frac{\sqrt{\left[x^2 + y^2 - x\left(b + \dfrac{1}{b}\right) + 1\right]^2 + \left[y\left(\dfrac{1}{b} - b\right)\right]^2}}{(x - b)^2 + y^2}$$

(3) $F_L = -\dfrac{\rho b\Gamma^2}{2\pi(1 - b^2)}$

5.15 绕中心作等速圆周运动，$\omega = \dfrac{\Gamma}{2\pi(a^2 - b^2)}$

5.17 $W(z) = U_0\left(z + \dfrac{a^2}{z}\right) + \dfrac{\Gamma}{2\pi i}\ln\dfrac{(z - z_0)\left(z - \dfrac{a^2}{z_0}\right)}{(z - \overline{z_0})\left(z - \dfrac{a^2}{\overline{z_0}}\right)}$

6.1 $\omega = 1.57\ \mathrm{s^{-1}}$，$k = 0.251\ \mathrm{m^{-1}}$，$\lambda = 39\ \mathrm{m}$，$c = 6.25\ \mathrm{m/s}$

6.2 $\lambda = 39\ \mathrm{m}$，$c = 7.81\ \mathrm{m/s}$，$c_g = 3.90\ \mathrm{m/s}$，$W = 6\ 886.6\ \mathrm{N/s}$

6.3 (1) $\lambda = 31.4\ \mathrm{m}$，$c = 6.87\ \mathrm{m/s}$，$T = 4.57\ \mathrm{s}$

(2) $\zeta = \cos(0.2x - 1.37t)$

(3) $\dfrac{x^2}{0.43^2} + \dfrac{(z + 5)^2}{0.32^2} = 1$

6.4 $\lambda = 32.6\ \mathrm{m}$，$u_A = 0.5\ \mathrm{m/s}$，$p_A = 3\ 342\ \mathrm{Pa}$

6.5 $\psi = A_0 c\dfrac{\sinh k(z + d)}{\sinh kd}\cos(kx - \omega t)$，$W(Z) = \dfrac{A_0 c}{\sinh kd}\sin[k(Z + id) - \omega t]$

6.6 $\omega^2 = gk$ 及 $\omega^2 = gk\dfrac{(\rho - \rho')(1 - e^{-2kd'})}{(\rho + \rho') + (\rho - \rho')e^{-2kd'}}$

7.13 $s = kgt^2$

7.16 (1) $\pi_1 = t\sqrt{\dfrac{g}{h}}$

(2) $\pi_2 = \dfrac{\mu}{\rho d^{\frac{3}{2}}\sqrt{g}}$

7.17 $M = \rho v^2 d^3 f\left(\dfrac{\mu}{\rho v d}, \dfrac{\omega d}{v}\right)$

7.18 $Q=\frac{\pi d^2}{4}\sqrt{gH}f\left(\frac{d}{H},\frac{VH\rho}{\mu}\right)$

7.19 $T=\sqrt{\frac{l}{g}}f\left(\frac{\mu}{\rho l\sqrt{gl}}\right)$

7.20 $Q=k\sqrt{2gH}a^2$，其中　$k=\sqrt{\frac{1}{2f(Re)}}$，$f(Re)=\frac{\Delta p}{Q^2a^{-4}\rho}$

7.21 迎风面 $p=74.67$ Pa，背风面 $p=-35.56$ Pa

7.22 150 min

7.23 8 320 kN

7.24 (1) $Q_m=0.017\,9$ m³/s

(2) $H_p=3.6$ m

7.25 (1) $\nu_m=0.067\times10^{-4}$ m²/s

(2) $Q_m=2.504$ L/s

(3) $h=3$ m

7.26 (1) $v_P=1.81$ m/s

(2) 20.15 kW

7.27 (1) 3 m/s

(2) 1.6 N

7.28 (1) 1 226.25 kN

(2) 9.81 N

7.29 (1) 53.85 m/s

(2) 94.39 N

8.16 $\lambda=0.034\,6$

8.17 (1) 0.71 m/s

(2) 0.783 Pa

8.18 72.84 m(油柱)

8.19 18.17 m(油柱)

8.20 11.63

8.21 0.124 m³/s

8.22 (1) 8.23×10^{-3}mm

(2) 9.67×10^{-3}mm

8.23 45.5 m

8.24 133.8 kW

8.25 27 m

8.26 (1) $Q=0.22$ m³/s

(2) $p_B=-61.87$ kPa

8.27 1.287 MPa

8.28 4.13×10^{-3}

8.29 0.280 7 m

8.30 $Q=23.54$m³/s，$V=1.03$m/s 满足规范要求

8.31 $h=0.81$m

8.32 $Z_2=51.57$m

8.33 (1) $b=3.2$m　$h=0.57$m

(2) $b=0.85$m　$h=1.03$m

9.4 (1) 6.75 mm

(2) 0.345 N

9.5 $\sqrt{2}$倍

9.8 1 304 kW

9.9 (1) 0.177 N

(2) 0.195 N，1.10

9.10 1.90 mm，12.1 mm

9.11 52.7 Pa

9.12 15.06 kW，5.27 kW

9.13 $d \geqslant 21.85$ m

9.14 $d < 1.955 \times 10^{-4}$ m

10.7 0.96，1.12

10.8 0.436 s

10.9 225.1 m/s

10.10 $c_0 = 343.1$ m/s

$c = 323$ m/s

$v = 258.4$ m/s

$p = 321.5$ kPa

10.11 527.3 m/s

10.12 (1) $p_e = 803$ kPa(ab)

(2) $Q_m = 0.113$ kg/s

10.13 27 N

10.14 (1) $Ma_2 = 1.938$

(2) $Q_m = 0.785$ kg/s

(3) $d_2 = 31.73$ mm

参 考 文 献

1 周光坰,严宗毅,许世雄,等.流体力学.上册,第2版[M].北京:高等教育出版社,2000.
2 周光坰,严宗毅,许世雄,等.流体力学.下册,第2版[M].北京:高等教育出版社,2000.
3 普朗特·L,等.流体力学概论.郭永怀,等译.第1版[M].北京:科学出版社,1981.
4 Frank M White 流体力学.第2版[M].台北:晓园出版社,1986.
5 丁祖荣.流体力学(上、中册)[M].北京:高等教育出版社,2003.
6 清华大学潘文全主编.流体力学基础(上册)[M].北京:机械工业出版社,1980.
7 清华大学潘文全主编.流体力学基础(下册)[M].北京:机械工业出版社,1980.
8 莫乃榕主编.工程流体力学[M].武汉:华中理工大学出版社,2000.
9 莫乃榕,槐文信.流体力学水力学题解[M].武汉:华中科技大学出版社,2002.
10 巴契勒·G.流体动力学引论.沈青,贾复译[M].北京:科学出版社,1997.
11 惠瑟姆·G·B.线性与非线性波.庄峰青,等译[M].北京:科学出版社,1986.
12 吴望一.流体力学(上册)[M].北京:北京大学出版社,1982.
13 吴望一.流体力学(下册)[M].北京:北京大学出版社,1982.
14 刘岳元,冯铁城,刘应中.水动力学基础.第1版[M].上海:上海交通大学出版社,1990.
15 董增南,章梓雄.非黏性流体力学[M].北京:清华大学出版社,2003.
16 刘鹤年.流体力学.第1版[M].北京:中国建筑工业出版社,2001.
17 蔡增基,龙天渝.流体力学泵与风机.第4版[M].北京:中国建筑工业出版社,1999.
18 文圣常,余宙文.海浪理论与计算原理.第1版[M].北京:科学出版社,1984.
19 张远君.流体力学大全[M].北京:北京航空航天大学出版社,1991.
20 大连工学院水力学教研室编.水力学解题指导及习题集.第2版[M].北京:高等教育出版社,1984.
21 国家技术监督局发布.量和单位[M].北京:中国标准出版社,1993.